岩溶地区工程地质技术丛书

岩溶地球物理探测技术

杜兴忠　王波　主编

楼加丁　李永铭　张伟　副主编

中国电力出版社
CHINA ELECTRIC POWER PRESS

内 容 提 要

本书为《岩溶地球物理探测技术》分册，主要内容包括岩溶对工程的影响、岩溶地球物理特征、岩溶地球物理探测方法与技术、探测实例。

本书旨在通过利用中国电建集团贵阳勘测设计研究院有限公司在岩溶地球物理勘探工作中的研究与应用成果，系统介绍岩溶成因、发育规律及地球物理勘探方法与技术，通过这些内容，为指导岩溶地球物理勘探工程技术人员提供指导，也适合从事水电行业地球物理探测、地质勘察、设计人员阅读，同时也可供其他工程地球物理探测及地质勘察工作者使用或作为地球物理勘探专业学生实习用书。

图书在版编目 (CIP) 数据

岩溶地球物理探测技术/杜兴忠，王波主编. --北京：中国电力出版社，2025.5. --（岩溶地区工程地质技术丛书）. -- ISBN 978-7-5198-9502-0

Ⅰ. P624

中国国家版本馆 CIP 数据核字第 20246HS784 号

出版发行：中国电力出版社
地　　址：北京市东城区北京站西街 19 号（邮政编码 100005）
网　　址：http://www.cepp.sgcc.com.cn
责任编辑：谭学奇　董艳荣
责任校对：黄　蓓　王小鹏
装帧设计：赵丽媛
责任印制：吴　迪

印　　刷：三河市万龙印装有限公司
版　　次：2025 年 5 月第一版
印　　次：2025 年 5 月北京第一次印刷
开　　本：787 毫米×1092 毫米　16 开本
印　　张：21.5
字　　数：467 千字
印　　数：0001—1000 册
定　　价：180.00 元

版 权 专 有　侵 权 必 究

本书如有印装质量问题，我社营销中心负责退换

《岩溶地区工程地质技术丛书》编委会

主　　任　余　波

副　主　任　郑克勋　杜兴忠　曾树元

委　　员　王　波　余　波　张　斌　杜兴忠　李永铭　郑克勋
　　　　　　赵兰浩　曾树元　胡大儒

《岩溶地球物理探测技术》编写人员

主　　编　杜兴忠　王　波

副　主　编　楼加丁　李永铭　张　伟

参编人员　杨新明　刘骅标　芦安贵　朱海东　孙永清　蒋才洋
　　　　　　李万荣　叶　勇　朱红锦　韩道林　杜　松　邵　瀚
　　　　　　朱云茂　闫凯鑫　杨　冶　陈晓乐　蒋家祥

序

　　地球是一个庞大而复杂的系统，是人类赖以生存的基础。人类在这颗星球上世代繁衍生息，通过生产和科学实践不断地研究和深化对地球的认识。随着人类文明的进步，诞生了数学、物理、化学和地质学、地球物理学等基础学科。地球物理学旨在探索地球各种物理现象本身的规律，通过对这些规律性的研究，并加以利用取得对地球的认识。水工物探是地球物理勘探的一个重要分支，以方法创新为特点、解决工程建设中出现的问题为目标，既有地球物理场作为理论依据，又有提取这些信息的设备为工具，从某种意义上讲，地球物理勘探又是认识地球内部物质的高科技手段，可以应用多种物理手段主动灵活地进行有目的的探测与研究，解决国民经济建设中出现的问题。

　　中国的国民经济建设规模宏伟，对地球内部地质条件的认识十分迫切。地球中存在多种场，如重力场、地磁场、地电场、地震波场等；地球物理方法可激发出多种不同尺度的人工场，如人工电场、电磁场、地震波场等，人类正确认识这些场并利用于探索地球，并能进行人类所需的矿产资源、能源索求、环境的监测和保护，以及各种各样自然灾害的监测与防治等。由于地质条件的复杂性，工程建设的难度越来越大，水电工程、铁路、公路、桥梁机场、码头的基础与桩基都需要地球物理工作者提供数据以解决问题。在资源、环境、水电工程各领域有着广泛的、大量的地球物理课题。深化地球物理工作迫在眉睫，探索其规律，这是时代的需要，必将有益于国民经济应用。

　　我国岩溶地区分布广泛，其中贵州省不仅是岩溶分布面积最广的地域，而且岩溶类型众多，其复杂的地质结构与形态备受国内外瞩目。因岩溶存在而引起工程地质问题在岩溶地区工程建设工作尤其是水电水利工程中尤为突出，直接关系民众日常生活，而岩溶探测工程因岩溶成因和地质环境的复杂性及其对工程的影响不同，探测技术效果不一。中国电建集团贵阳勘测设计研究院有限公司成立之初就在岩溶强烈发育的地质环境中从事水电水利勘测设计工作，先后承担了贵州省内绝大部分水电工程以及四川、云南、重庆、西藏等地区多个水电水利工程勘测设计工作，在岩溶地球物理勘探方面积累了丰富的实践经验和大量研究成果。为解决复杂的岩溶地质问题，单位物探工作者一直跟进国内外物探发展的最新技术，历时半个世纪，从技术学习到技术创新，针对复杂岩溶地质问题物探技术，积累了丰富的工程经验，在国内行业中树立良好的口碑。

本书旨在通过中国电建集团贵阳勘测设计研究院有限公司在岩溶地球物理勘探工作中的研究与应用成果，系统介绍岩溶成因、发育规律及地球物理勘探方法与技术，为从事岩溶地球物理勘探工程技术人员提供指导。

编　者

2023 年 12 月

前　言

　　物探（Geophysics）是地球物理勘探的简称，是地质学与物理学相结合的一门边缘学科，致力于探索地球内部各种物理现象本身的规律，并利用这些获得的规律取得对地球的认识。我国的水工物探始于 20 世纪 50 年代初，当时由于条件的限制，在水电工程中先开展电法勘探的试验工作。20 世纪 60～70 年代水工物探在挫折中缓慢发展。改革开放后，随着各项经济建设事业的蓬勃兴起，水工物探也得到迅速发展。作为应用地球物理的一个重要分支，水工物探以其适应性强、应用范围广的特点，在工程地质勘测领域中取得了许多有价值、有意义的理论与应用成果，为我国的工程领域发展贡献着巨大的力量。

　　我国境内岩溶分布广泛，特别是在西南地区。贵州属高原气候，降雨充沛，水利资源丰富，碳酸盐出露面积达 73%，特殊的地理环境、地质条件造就了许多鬼斧神工的地表和地下景观。要开发岩溶区域丰富的水利水电资源，就必须解决岩溶发育所带来的复杂的水文工程地质问题。

　　我国在 20 世纪 50～60 年代开始在岩溶地区进行水利水电工程建设，其中代表工程有水槽子、六郎洞、官厅，以及贵州境内猫跳河流域梯级水电站的开发，特别是代表着岩溶区水工坝型的博物馆的猫跳河流域梯级水电站。由于岩溶地区水文工程地质条件极其复杂，加上当时勘测手段有限以及对岩溶问题认识、研究深度的限制，岩溶存在而引起工程地质问题，在岩溶地区水电工程开发建设中带来了不小的损失。最为突出的是岩溶渗漏问题，因渗漏量大，河谷地形陡峻，地表查找岩溶渗漏通道难度非常大，给工程建设带来极大的隐患，其中最有代表性的工程为猫跳河四级电站，从建成运营起至 2012 年，渗漏量达 $22m^3/s$，鉴于岩溶成因问题和地质环境的复杂性，期间多次的研究和补充勘测与处理并未达到预期效果。

中国电建集团贵阳勘测设计研究院有限公司从事水电水利工程勘测设计工作六十年内先后承担了贵州省内绝大部分水电工程以及四川、云南、重庆、西藏等地区多个水电水利工程勘测设计工作，在岩溶地球物理勘探方面积累了丰富的实践经验和大量研究成果。经过几代人的不懈努力，以科研攻关项目为基础，采用先进的物探方法，开展了岩溶地区对岩溶管道精确查找及定位工作，并结合高精度钻探技术加以验证，彻底解决了猫跳河四级电站的长期渗漏问题。

本书旨在通过利用中国电建集团贵阳勘测设计研究院有限公司在岩溶地球物理勘探工作中的研究与应用成果，系统介绍岩溶成因、发育规律及地球物理勘探方法与技术，通过这些内容，为指导岩溶地球物理勘探工程技术人员提供指导，也适合从事水电行业地球物理探测、地质勘察、设计人员阅读，同时也可供其他工程地球物理探测及地质勘察工作者使用或作为地球物理勘探专业学生实习用书。

本书凝聚了专业技术骨干人员的心血与汗水，编写过程中得到了中国电建集团贵阳勘测设计研究院有限公司、中国电力出版社等相关人员的大力支持，在此表示诚挚的感谢。

本书编写任务由中国电建集团贵阳勘测设计研究院有限公司工程安全科学研究院/库坝中心承担，杜兴忠、王波担任主编。第一章由王波、刘骅标、叶勇、李永铭编写，第二章由蒋才洋、李万荣、杜松编写，第三章由杨新明、杨冶、陈晓乐编写，第四章由朱海东、闫凯鑫编写，第五章由芦安贵、楼加丁编写，第六章由杜兴忠、楼加丁编写，第七章由张伟、朱红锦、朱云茂、韩道林编写，第八章由孙永清、朱云茂、闫凯鑫编写，第九章由王波、邵瀚、蒋家祥编写。全书由杜兴忠、楼加丁、王波、韩道林、杜松负责统稿。

鉴于水平和时间所限，书中难免有疏漏、不妥之处，恳请广大读者批评指正。

编　者

2024 年 10 月

目 录

第一章

概　　述

岩溶又称"喀斯特"（Karst），喀斯特因前南斯拉夫喀斯特地区的岩溶地貌和水文现象而得名。岩溶是指可溶性岩石长期被水溶蚀以及由此引起各种地质现象和形态的总称。它既包括了地表和地下水流对可溶性岩石的化学溶蚀作用，也包含有机械侵蚀、溶解运移和再沉积等作用，并形成了各种地貌形态、溶洞、溶隙、堆积物、地下水文网，以及由此引起的重力塌陷、崩塌、地裂缝等次生现象。岩溶作用与其他作用的显著区别在于以化学溶蚀为特征，并在岩体中发育了时代不同、规模不等、形态各异的洞隙和管道水系统。

第一节　岩溶地质的基本理论

一、中国岩溶区域分布概况

我国碳酸盐岩系分布面积约为 $136 \times 104 km^2$，占全国总面积的 14%。其中尤以黔、滇、桂等地区分布最为集中，如云南省碳酸盐岩出露面积占全省土地面积的 52%，广西碳酸盐岩出露面积占全省土地面积的 43%，贵州省碳酸盐岩出露面积最大，约占全省土地面积的 74%。

根据气候、大地构造以及岩溶发育特点，可将我国划分为三个区：大致以六盘山、雅砻江、大理、贡山一线为界，以西为青藏高原西部岩溶区；以东分为两个区，以秦岭、淮河为界，北部为中温、暖温带亚干旱湿润气候型岩溶区，即华北岩溶区；南部为亚热带、热带湿润气候型岩溶区，即华南岩溶区。根据岩性、地貌及岩溶发育特征等因素，又可细分为黔桂溶原—峰林山地亚区、滇东溶原—丘峰山原亚区、晋冀辽旱谷—山地亚区、横断山溶蚀侵蚀区等亚区（详见表 1-1）。

表 1-1　　中国岩溶区域分区简表

岩溶大区	气候特征	岩溶亚区	范围	岩溶地貌特征	岩溶水文地质特征
I. 华南岩溶区	亚热带、热带湿润气候，年平降雨量>800mm，年平均气温>14℃，向南增至20～24℃，年平均相对湿度为75%～80%	I_{A1}. 川西南峡谷山地亚区	大渡河下游及金沙江下游地区，西至宜川全、东至盐津、昭通，南至云贵高原北麓	峡谷及中低山山地，具海拔2600～2700、2100～2200m剥夷面，且以中低山为剥夷面；地下岩溶不发育	主要含水透水地层为震旦系白云质灰岩，寒武系白云岩夹硅质灰岩，石炭系天泥灰岩，奥陶系灰岩互层，二叠系含燧石结构灰岩，泥盆系砂页岩夹层，二叠系砂页岩夹硅质灰岩，三叠系下统灰岩及泥页岩夹白云岩。由于新构造运行强烈，河谷深切、沟谷发育，多隔槽或隔档式褶皱，断裂条件好，地下水排泄条件伴到，地下水总体构造微弱，但汇断层条件发育有岩溶大泉发育；金沙江、大渡河及临江地区岩溶的落水洞，以下于金沙江畔支育普洞，鲁南山地区海拔2000m以上发育巨深的落水洞，互状灰岩岩溶多顺层发育，新构造上升缓慢地带岩溶相对较发育，水文地质问题较为特殊，应注意层面发育。深切河谷向下游及邻部分的渗漏问题（如水库子水库）支流水库向下游及邻近部位的渗漏问题
		I_{A2}. 滇东溶原-丘峰高原亚区	滇东及黔西，即赫章、水城、罗平以西，南罗平以西，元江以北，元江以西，谋以南地区	溶原与丘峰原地，具海拔2500～2600m（大娄山山期），2100～2200m（山盆期）剥夷面，后者发育为具有较厚古风化壳的溶原面，发育一系列断陷盆地，路南一带发育有闻名的石林地形	主要岩溶含水地层为震旦系白云岩，寒武系灰岩、白云岩、泥灰岩、泥质灰岩夹砂页岩，中石炭统灰岩、厚层灰岩，白云质灰岩及白云岩，二叠系下统灰岩。水文地质特征以短轴状、鼻状及夺状斜褶型、长断构造型如昆明一带，岩溶主要发育有块断构造和间互状灰岩系统，二叠系主要发育在石炭系中，周围为背斜封闭岩的地下构成多层状碳酸盐岩构成的地下多层含水层；同互状背斜褶皱型主要由背斜核部的互层状碳酸岩构成。由于深切，分水岭地区地下水位较高渗漏外，干流水库邻部不甚突出
		I_{A3}. 黔西溶洼-丘峰山原亚区	川南、黔西部，及滇东北部，赫章、水城，包括盐津、赫章、水城，云南罗平以东，南盘江以北桐梓以西，黔西、赤水以西以南的广大区域	大娄山期剥夷面从东部1500m向西逐断抬升至2000m，构成分水岭，面上为规模较小的山溶洼地（以下简称溶洼）与丘峰，高程1000～1500m为由溶洼、溶洞、溶峰与丘峰组成的山盆期剥夷面，乌江期形成深切河谷，发育多级阶段地与溶洞层	地表现露的主要岩层为寒武系白云岩、石炭系马平组、黄龙组灰岩，以二叠系灰岩、三叠系灰岩、白云质灰岩、泥盆系碳酸盐岩零星露出。褶皱构造宽缓、弧翼构造发育。背斜位置多较高并构成分水岭，向斜位置多为谷地。黔西震旦系至三叠系碳酸盐岩由于互状碳酸盐岩向斜或背斜褶皱型水文地质。震旦系至三叠系碳酸盐岩间互状系统多呈带状分布。在大片碳酸盐出露地区，地下含水系统及地下水流动系统多呈带状结构，黔西南及滇东一带的碳酸盐出露地区，地下水分隔层，主要为平缓型水文地质结构，在两岸斜坡地质结构上游的宽缓河流，由于南盘江急剧下切，在南盘江、乌江众多海子，以及斜坡地带后多形成暗河与暗河相应的宽缓河流，但至斜坡地带岩溶发育，地下水埋深大

续表

岩溶大区	气候特征	岩溶亚区	范围	岩溶地貌特征	岩溶水文地质特征
I. 华南岩溶区	亚热带、热带湿润气候，年平均气温>14℃，向南增至20~24℃，年平均湿度为75%~80%，年平均雨量>800mm，相对湿度为75%~80%	I_{A4}. 黔中岩溶高原-丘峰与峰林山原亚区	黔中高原部分及黔东南区为山地，北以乌江为界，南至独山、望谟，西至晴隆、纳雍、兴仁，安龙、东至水城、至凯里	长江和珠江水系的分水岭地区，黔中高原为山盆期溶原，山盆期夷面在安顺一带为1200~1300m，贵阳一带为100~1100m，大娄山期夷面（1500m）基本不解体，仅在黔西一带保留较好。北盘江形成峡谷，乌江、北盘江中更新世以来，进入峡谷多阶段发育地及溶洞	岩溶含水透水地层从震旦系至三叠系均有分布，但以二、三叠系碳酸盐岩出露最为广泛，主要强可溶地层为寒武系清虚洞组、永宁镇组、茅口组、三叠系大冶组，关岭组，具短轴及隔槽式、隔挡式褶皱。本区以隔槽型水文地质结构为主，六枝一带发育二叠三叠纪碳酸盐岩组成的隔水构造（堕脚背斜）和宽阔的向斜（朗岱向斜）、背斜多构成补给区，向斜多构成水汇之岭的向斜则为二叠纪灰岩成箱状或长条状背斜，地下水埋藏较深。黔南一带则由泥盆及石炭纪灰岩成长条状背斜向斜，并自青背斜区形成暗河（也穿行斜），安顺、平坝地区水文地质结构，显示典型山盆期剥蚀面貌景观，河谷地带有平缓水平缓型水盆结构，属均匀式碳酸盐岩出露多，地下水埋深达数百米，泉水及暗河垂直入渗带准基准面的或示多早期岩溶地貌景观，地下水面约20m（相当一级阶地化，暗河或岩溶管道出现快速下切，两岸年绵受阶型低于一级阶地，两岸首溶流多形成跌水或爆布；在干流河段建库建坝避开河流略低于一级阶地，支流首溶坝段建坝需避开河流裂点
		I_{A5}. 鄂黔岩溶洼-丘峰山地亚区	湘西、鄂西、川东、重庆，川北由巫山山脉、武陵山脉、大娄山脉等平行山脉构成平行于汉水平原与四川盆地之间地带	川、渝、鄂、黔一带大娄山期夷面约为1500m，山盆期剥蚀夷面为900~1200m，湘西一带为650~700、350~500m（三峡期、乌江期）谷期（三峡期），进入峡后，多形成5级夷面及相对应的溶洞，以丘峰、溶洼为主的层状地形主要分布在乌江、长江及其支流深切的峡谷地貌一直伸入两岸山地及山原中心，致使地貌山原破碎崎岖，形成与云贵高原上岩溶高原、山原早常破碎崎岖，岩溶地貌洞洞截然不同的地貌特征	除震旦纪早期、志留及泥盆纪为碎屑岩外，震旦系至三叠系中期普遍发育以碳酸盐岩为主的海相碳酸岩沉积。震旦系含硅白云岩，分布在鄂西、黔北一带；奥陶系灰岩、泥灰岩、白云质白云岩，分布广泛；灰质白云岩厚度大。震旦白云岩主要分布在鄂西，寒武系栖霞、三叠系主要分布在鄂西，湘西及黔北也有发育。茅口组灰岩地层有发育。断裂发育，灰岩出露，大类山-八面山转东西向，大娄山-八面山面向斜褶束延展方向较大，黔、湘、鄂省各部分均为寒武，灰岩地层，鄂西地层向延伸伴逐渐向北转东西向。支水流大都循箱状或同互生代大类山-八面山向斜褶束中的各个构造因志留纪碳酸盐岩将将早古生代灰岩褶束为主，清江水系为主，平行于构造线决定了各主要河流之间成不同的向斜成不同的水文地质单元，核心的背斜与中生代早期碳酸盐岩为核向的向斜岩化水岩特征，背斜部分的为寒武，三叠纪可溶岩交代白云岩类背溶岩化，各隔水岩体将过向溶岩层走向发育岩可溶管道。平行于构造线为沿水文地质线决定了各主要河流大，但需充分利用隔水岩系或溶弱河段选水或暗河，一般首溶谷渗漏较大，否则库首及绕坝渗漏问题较为严重，处理难度非常大

· 3 ·

续表

岩溶大区	气候特征	岩溶亚区	范围	岩溶地貌特征	岩溶水文地质特征
I. 华南岩溶区	亚热带、热带湿润气候，年降雨量>800mm，年平均气温>14℃，向南增至20~24℃，年平均相对湿度为75%~80%	I_A6 川东-渝西溶洼丘峰山地亚区	川东地区，西至广安、武胜县一线，西南至江津、云阳一线，北至忠县、达州、开县一带	北东-南西向的一系列平行褶皱山带像蚯蚓一样断续斜列排行在区内，狭窄的背斜核部碳酸盐岩受剥蚀溶蚀作用而呈浅丘起伏的砂岩地形成山脊，华蓥山岭翼部侏罗纪砂割溶蚀的负地形，长江、嘉陵江等干流河谷发育多一带地为320m，500~600m高程剥蚀面，最广泛发育的长江、嘉陵江等河谷发育多级阶地，但因地水位多阶地与相应岩溶层级溶蚀面对应并不明显	为川东弧形褶皱群区，背斜狭窄，向斜宽缓，为典型的隔档式褶皱，轴线掌西南至东，三叠系走向逆断层。此外，其余可溶岩均有出露；南部的中梁山等背斜核部也见二叠系灰岩层接触带发育的一系列以溶槽为主的负地形成为河口的特殊地貌形态是川东特殊的构造条件控制岩溶分布的特点之一。其岩溶发育情况多受切割溪西侧高的构造面控制，背斜西侧岩溶化程度小，岩溶者多形成规模较大的岩溶槽谷并有地表常年溪流。寒武、奥陶纪灰岩富水程度较小，远为其负地出露地层各个独立分布，两侧以防渗较弱，二叠系灰岩的岩溶发育，该地层中岩溶有夫。三叠系主要含水透水地层为中统嘉陵江统飞仙关组水层所处环境。盐岩含水层均被株罗纪隔碎屑岩系，每个背斜构造均成独立补给，排泄的间地下含水系统，并越过切割的垭口峡谷排向背向斜深埋暗河。上述独特的间江两侧岩溶发育，连地深陷且下伏侏罗纪隔水层的长河系统，口峡谷选址建筑。临江两侧地质结构可充分利用侏罗纪隔水层的阻限作用，二叠埋暗河，但应避免在其自成体系，可溶岩广泛分布，难以防渗处理的岩溶槽谷区建坝
		I_A7 渝鄂溶洼-丘峰山地亚区	重庆、鄂西，包括米仓山和大巴山脉，东南界在巫溪、兴山及房县一带	总的地貌特点是地形起伏大，沟谷深切，分水岭单薄，山高谷深，坡陡地流。主要发育2000、1500、1200~1300、1000、800m各级剥蚀面，尤以后两者较为发育	下古生界至三叠系可溶岩均有分布，其中古中生界地层分布在背斜核部，出露面积较小；三叠系可溶岩层出露面积在70%以上。主要可溶岩地层为上寒武统中厚层硅质灰岩及硅质灰岩，下奥陶统灰岩、白云岩，泥岩灰岩，下二叠统硅质灰岩，上二叠统长兴灰岩，茅口组灰岩，栖霞组灰岩，白云岩、中叠雷口坡组上部灰岩及白云岩，本区北部发育的白云岩、房县深断裂，上二叠系断裂，构造断裂并受上述深断裂的制约，多级成规模较大的弧形褶皱褶皱狭窄，向斜紧闭、镇坪、岩溶密集相间并见多期出露或与隔水层切割多见横向的长大暗河系统，可溶岩呈带状东西向背斜核部的接触带出露成泉。由于平管河道的并有深切河谷中的背斜核部沿河谷下切见多期出露岩溶出露以外，部分泉水基至在顺河向的内的岩溶规模较大，其出口除随河谷下切割多级宽的横切的河谷段，还可能存在着河向河床底部的岩成上涌出口。部分可溶岩分布较窄的河谷区，水库选址时应注意槽谷部分地下水深循环状况。岩溶顺河发育强烈，水库选址论证时应注意选择岩溶大泉，水库蓄水在顺河成，并注意沿河谷循环谷裂点上游，下游发育有岩溶大泉及河谷裂点上游，水库蓄水后存在严重的岩溶渗漏问题，即选择在河谷裂点上游，下游尚发育有岩溶大泉，水库蓄水后存在严重的渗漏问题

续表

岩溶大区	气候特征	岩溶亚区	范围	岩溶地貌特征	岩溶水文地质特征
I. 华南岩溶区	亚热带至热带湿润气候，年降雨量>800mm，年平均气温>14℃，向南增至20~24℃，年平均温度为向南增至20~24℃，相对湿度为75%~80%	I_A8·长江中游溶原-丘峰与低山丘陵亚区	鄂东南、鄂中、赣西北、皖南、浙南、苏南	本区碳酸盐岩多呈小面积斑点状或条带状分布，绝大部分属溶原-丘峰及低山丘陵区，也有溶蚀平原分布，浙西一带发育550~650、400~450、200~380m三级剥夷面，暗河分布也较广泛。部分封闭的溶洼、溶洞、溶段发育，河分布也较广泛。部分层间互特征影响，不具溶地貌特征育层组成及层组成受物质组成及层组成较特征	碳酸盐岩总厚度较大，但多呈零星地呈斑点状。条带状分布在浙西厚度最小，鄂东南及皖南一带厚度最大。鄂中随县及地区见中下元古界变质碳酸盐岩夹千枚岩、板岩，钟祥一带震旦系碎屑岩夹层，浙西震旦统为硅质白云岩，江苏滁县一带震旦系白云岩类，中震旦中奥陶纪普遍发育碳酸盐岩，鄂中与三峡碎屑岩互相似，从泥质白云岩逐渐过渡到灰质，鄂南等地中寒武统以深灰色灰岩，泥质灰岩为主，上统为泥质灰岩或泥质灰岩常含白云质，鄂东为较厚的白云岩，安徽中上寒武统灰岩，下统在东部常含白云质，黄龙组下部富白云岩，上震系分布广泛。浙西发育三叠系灰岩为主，向西多含泥质。二叠系灰岩，茅口、长兴组灰岩分布白云岩。中石炭纪系及大湖以西为灰岩，鄂东南、鄂中、赣西北为自的，皖东南岸江沿岸斜武纪斜武统，下部富白云，二叠系碳酸盐岩零星岩分布为灰岩。三叠系嘉陵江组为以白云组的系一般岩溶发育程度较弱，三叠系岩溶发育也有限，石炭、二叠系碳酸盐岩中岩溶普遍发育且岩水丰富
		I_B1·滇东南溶原-峰林高原亚区	罗平、广南、富宁以西、元阳、金水、平以东的滇东南地区	为南盘江与元江的分水岭地区，山势雄厚，剥夷面海拔2000~2400m，个旧蒙自地区的剥夷面保留有第三纪时发育的丘峰、埋藏石芽、溶斗、溶洼、中和营等，剥蚀面较平阔，溶洞溶洞等，平远街、文山等地发育峰林地貌。受断块运动影响，沿断层形成较多断陷盆地	下古生界可溶岩主要分布在麻栗坡地区的南溪河流域，以碎屑岩夹碳酸盐，岩分布特征。寒武系为变质碳酸盐岩，上古生界及三叠系可溶地层在在分布。个旧中北以三叠系白云质灰岩，其中北以三叠系白云岩及灰岩分布最广，断裂构造发育，以北中、北东及东北互相切割成的均匀状纯碳酸盐，个旧、蒙自一带的断陷盆地属个旧碎屑岩及火成岩区是元盐岩同构块断地南部为碎屑岩水层隔水，南侧山区是元江与南盘江的鸣鹫街一带有地下水分水岭与平远街地形高差大，界共同构成此水文地质单元的边界，溶盆与周围山区的地形高差原为旧、蒙自，草坝一带断陷盆地水文地质单元为，草坝以东的断陷盆地水下水排泄区，多见溶大泉分布。中和营，平远街一带为由个旧组碳酸盐组成的均匀状纯碳酸盐岩是元和营一带地下水从东、西，剥夷面上发育有孤峰、溶洞、大泉及岩溶漏水具发育广泛和营，南三个方向向六郎洞方向排出南盘、岩溶管道水具发育广泛和营，西，径流途径长且埋深大，流量大。南三个方向流作用强，修建水库可能存在强烈的渗漏问题水具流度大，水力坡度大，修建地下水深部径流作用强烈，可能存在强烈的渗漏问题

续表

岩溶大区	气候特征	岩溶亚区	范围	岩溶地貌特征	岩溶水文地质特征
I．华南岩溶区	亚热带、热带湿润气候，年降雨量>800mm，年平均气温>14℃，向南增至20～24℃，向南平均温度为20～24℃，相对湿度为75%～80%	I_{B1}．黔南-桂连-峰林山地亚区	黔南及广西中西部，为独山、望谟、册亨，西界是兴义、广南，西畴、屏边，与桂东溶原分界线在融安、隆安、大新、龙州一线	总的地貌景观由峰丛-溶洼向峰林-溶盆逐渐演化。桂西地区岩溶形态是密林的峰丛、溶洼、落水洞、天生桥、盲谷和伏流、红水河上游河床纵剖面较陡。桂西南地区主要溶态为峰林-溶洼或溶盆，暗河时出时没，但干地貌地势增多。红水河及右江中游地区地势降低，具过渡型特点，水平发育及垂直的岩溶形态均有发育，干溶谷地区均是发育暗河水系	主要发育上古生界碳酸盐岩。岩性纯，厚度大且分布广，给峰林地貌的发育奠定了物质基础。较纯的灰岩系主要为中石炭统黄龙、马平组灰岩，以及二叠统栖霞、茅口组灰岩。较纯白云岩及灰岩主要为中上泥盆统白云岩及灰岩、下石炭系上司段中厚层白云岩及灰岩、中石炭统黄龙组、马平组白云岩及灰岩，页岩。下石炭系地层下部的中厚层灰岩多夹泥质灰岩密集褶皱，局部发育线状水给水区。向斜倾角缓、埋藏浅，上层含青潜水含水层，深部含水层承压力不自由流。分水岭带岩溶发育强烈，各类岩溶形态均有，埋深30～50m，总体上地貌埋藏相对较浅。但地表明流少见，地下水以暗河式径流。红水河深切的凤凰山背斜地下水及来谷地貌埋藏相对较浅。该区处于由云贵高原向溶原过渡的地貌斜坡河段缓是干流河，干流河地表干旱。发育幼年期峰丛地形，地表低落伏溶谷、河流纵剖面较陡。河两岸水位岭较高，一般不会修建大型水库，应研究深部岩溶经流部的影响，但由干河流裂隙部岩溶的渗漏，库首岩溶渗漏及深部岩溶渗漏同题，以及深部谷合渗漏同题，应是研究的重点
		I_{B3}．粤桂溶原-峰林平原亚区	广西中东部及粤北大面积分布碳酸盐岩分布区，闽赣、粤等碳酸盐岩零星分布区	该区从新生代以来具同歇性缓慢隆起为特征的地壳运动，属于上升幅度的稳定区，因而溶蚀作用完善，溶洞层明显。发育了典型的溶原，典型者如桂林岩溶地貌。广西发育220～250，150，110～100m剥夷面；除层外均有溶洞层；在相对高度60～80，30～40m及以下还有溶洞层，以30～40m这一层发育最普通，相应的红土台地是溶原的主要台面	广泛分布古生代以来均匀状纯碳酸盐岩，泥盆、石炭、二叠系分布最广。发育最完善，桂东以中泥盆-下石炭系为主，桂中以石炭系为主。早石炭世，早二叠世等时期的非碳酸盐岩中分布中平发育有隔水层域性，因而在桂东大厚千余米，桂中厚约3000m的碳酸盐岩占97%～98%，以灰岩类为主。碳酸盐岩的纯度高，碳酸盐岩发育，多以平缓褶皱为主。在平缓褶皱为主的地质构造条件下，大面积连续分布的碳酸盐岩构成了状灰岩平缓褶皱而深刻的溶蚀程度。由于地质构造运动断裂连续岩溶构造发育时，更青长了岩溶发育的程度，地下水相对稳定主每次水上升幅度小，致使碳酸盐岩经受了强烈而深刻的溶蚀作用，地表、地下水丰富且理想埋藏浅，地下水水平径流为主。地下洞次系统发育完善，水库渗漏同题突出，应主要以修建低水头流电站为主。因岩溶发育强烈，水库渗漏同题突出，不宜建高坝高频大库

续表

岩溶大区	气候特征	岩溶亚区	范围	岩溶地貌特征	岩溶水文地质特征
Ⅰ.华南岩溶大区	亚热带、热带湿润气候 年平均降雨量＞800mm，年平均气温＞14℃，自南向增至20～24℃，年平均相对湿度为75%～80%	Ⅰ B·湘赣溶盆-丘峰山地与丘陵丘陵亚区	湘赣中南部及闽中北的南岭、雪峰山、武夷山等地区	溶盆-丘峰山地与丘陵地貌，各山系之间碳酸盐岩分布区构成丘峰与溶盆，溶盆规模数十数平方公里至数平方公里。湘南具海拔750～950、500～650，其中250～400m剥夷面上各岩溶形态发育。250～400m剥夷面以来的岩溶形态发育。更新世以来的岩溶发育在海拔50～200m之间，溶洼及溶盆继承性扩大；发育有四级溶河流阶地及相应溶洞	湖南境内主要碳酸盐岩发育在上泥盆统、石炭统、二叠统及下三叠统地层中，赣闽省境主要为零星分布的中上石炭统及下二叠统碳酸盐岩，由开阔褶皱及过渡型褶皱构造发育型的。主要发育向斜精褶敏型地下水含水系统，也有块断构造型的自流水盆地。下三叠统碳酸盐岩组成的上层潜水含水层。湘中及湘东南地区复向斜精褶敏发育了典型的岩溶地下水头，一般呈北东至南西向延伸，岩溶发育强度在补给区最弱，面积大，水量丰富，承压区居中，排泄区水循环影响，下二叠统灰中的岩溶盐岩承受压水强烈；另外，受压水深循环影响，如三明盆地石炭、二叠系灰岩埋深30～50m，碳酸盐岩块断隆起可达负海拔高程350m左右。上覆白垩系及新生界岩层，深部岩溶可发育至150～240m，钻孔承压水位高出地面0.6m
		Ⅰ C·滇西褶皱系古生代碳酸盐岩岩溶区	沿元江及红河、贡山一线以南地区	地貌为中山及高山山地，怒江及澜沧江为深切达1500m以上的河谷，两河之间的分水岭地块上保留着带状分布的平缓山原盆地。第三纪末期以来，本区块断强烈为水系普遍不对称有河流袭夺现象，发育溶物陷盆地，同一级高原面在不同地区有高度差异，抬升量北部大于南部，西部大于东部，如保山一带海拔 1700～2000m，临沧一带海拔 1400～1600m，勐海、勐遮一带海拔1300～1500m	均匀状灰岩主要有下石炭统含燧石条带厚层灰岩、下二叠系灰岩，中三叠统厚层灰岩为主。同互层状碳酸盐岩主要有上寒武统灰岩与砂页岩互层、中上奥陶统砂泥岩互层、中志留统灰岩夹砂页岩。区内灰岩泥岩互层，精褶敏较缓，石炭砂岩与生物碎屑灰岩介同互层状碳酸盐岩含水层内，复向斜内，核部由下二叠统灰岩组成，为向斜内主要含水层，中三叠统灰岩核部为下二叠系精褶敏。镇康地区一般向斜两翼向斜层面有大理岩，核部有勐简、北部水沿层面向斜，南西向勐堆两个向斜，为向斜内主要含水层。中志留系砂页岩区与下二叠统精褶敏，组成，核部有勐简、镇康盆地在古生界灰岩一端开阔，河流深切，地下水沿二叠统灰岩分别为均匀状白云岩及灰岩含水层，由于滇西地区强烈的下降，近代岩溶发育微弱，地下水的作用尚有暗河或溶蚀隙，仅在保山、耿马、施甸、孟连、耿马、缅甸

续表

岩溶大区	气候特征	岩溶亚区	范围	岩溶地貌特征	岩溶水文地质特征
I. 华南岩溶区	亚热带、热带湿润气候，年平均降雨量>800mm，年平均气温>14℃，年平均气温20~24℃，年平均相对湿度为75%~80%	I_D. 秦岭褶皱系晚古生代变质岩溶碳酸盐岩岩溶区	秦岭以南至大巴山，米仓山以北	位于侵蚀-溶蚀地区北缘。北坡陡峻的，东西走向的秦岭与长干北侧，构成黄河与长江流域的分水岭。本区皆属嘉陵江及汉江上游，属中等切割汉水流域，属中山（500~1000m）的中山山地，汉水谷地中见有低山与丘陵分布	上震旦统、寒武统、奥陶统、志留统、泥盆统、石炭统、二叠统、中三叠统地层中均见有碳酸盐岩分布，但碳酸盐岩分布狭窄，多为变质硬碳酸盐岩。常具碎屑夹层或基层，厚度及岩相变化均较显著。岩溶水文地质特征正具有过渡的特征，是现代岩溶封闭负地形分布的北部边界，既有东秦岭分布及大巴山北麓的溶蚀作用共同塑造状的山地地貌。溶斗、溶洼现象，又有西秦岭溶蚀作用共同塑造状的山地地貌。霜冻、泥石流作用与岩二叠系碳酸盐岩中岩溶较发育，近秦岭北缘则是岩溶草谷与常规山地。以岩溶裂隙水为主，也有岩溶管道水。东秦岭及大巴山北麓地表岩溶现象较西部丰富，沿条系带分布现象较西部形洼地、地表岩溶斗及条形洼地，岭及大巴山南坡碳酸盐岩中发育有串珠状岩溶斗及形洼地，地表岩溶洞穴规模较大，但也有岩溶草带分布并受断层切割，但地表下岩溶不是很发育
II. 华北岩溶区	中温、暖温带亚干旱湿润气候，年平均气温8~14℃，年平均降雨量400~800mm，年平均相对湿度为55%~70%	II_A1. 晋冀辽旱谷山地亚区	山西、河北为主，辽宁和内蒙古的南部，河南西部，陕西零星分布，所辖范围包括燕山、太行山及山西高原	燕山、太行山、吕梁山，属块状中山山地地形、沟谷发育，多悬崖切峡谷，岩溶发育较弱，岩溶形态单一，分布也不普遍，以溶洞、泉群居多，落水洞、溶沟等，其次为局部残留有溶斗。在山西高原及晋冀交界的太行山高原过渡地带，旱谷是常见的形态	均匀较纯的碳酸盐岩主要为中寒武统厚层鲕粒灰岩、下奥陶统白云质灰岩，中奥陶统厚层灰岩及白云质灰岩，同三状碳酸盐岩主要分布在上寒武统灰岩条带灰岩、竹叶状灰岩；另外、中下震旦系中上部为较纯的硅质白云岩，硅质灰岩。区内构造主要由褶皱和逆断层、状褶皱；喜山期则主要为正断层活动，大面积上升和下陷形成岩在燕山形箱状及的地垒隆起和地堑盆地。碳酸盐岩多沿复式背斜翼部分布。地堑边缘受构造影响，岩溶倾角较缓乱。地垒或地堑部分岩层则相对平缓，且以前两者为地质结构为均匀状纯碳酸岩平缓褶皱型、块断型及单斜型。主要分布在太行山中南段东南麓广主。均匀状平缓褶皱构造分布在太行山中奥陶统灰岩发育，但单个岩溶大泉，司马泊泉等岩溶大泉，均匀状块泛出露有中寒武统至中奥陶统灰岩地层中，司马娘子关泉、神头泉、司马泊泉等岩溶发育均匀，太行山两翼的地堑型盆地，岩溶裂隙水富集，底断构造水文地质问题广泛分布在奥陶系灰岩，太行山两翼的地下洞为地下洞至断裂带及水库渗漏等部多发育于上寒武统灰岩中，喜山期则主要分布太行山中南段东形成晋祠泉等岩溶大泉。主要水文地质问题，应重点关注断裂带及古溶洞的涌水、渗漏问题；在研究晋祠泉等岩溶大泉、古水库渗漏问题时，应重点关注地下洞至断裂带及古溶洞的影响

续表

岩溶大区	气候特征	岩溶亚区	范围	岩溶地貌特征	岩溶水文地质特征
II. 华北岩溶区	中温、暖温带亚干旱半湿润气候，年平均降雨量400~800mm，年平均气温8~14℃，年平均相对湿度为55%~70%	II_A2: 胶辽鲁山地亚溶区	山东、辽宁及淮河以北地区、北至开原，长白山，西以黄河为界，辽河平原及黄淮平原为界，东濒渤海与黄海，包括中南低山和丘陵区	为浅切割的低山与丘陵，旱地发育，仅有残留地形及较平封闭的负地形及溶沟、溶洼、溶洞、溶洞等现象，但不多普遍，它们多是岩溶发育过程中过程，并逐渐敛现代常态地貌所改造，山东地区具海拔700~800，500~600，300~400，250m等相应剥夷面，有时发育相应溶洞	徐淮地区震旦系上部为较厚的硅质白云岩、白云质灰岩夹页岩、辽北震旦系为巨厚质白云岩、灰岩、旅大、吉林祥江一带震旦系为巨厚灰岩，寒武、吉林地区寒武系下统各缝石结晶白云角砾状灰岩，山东地区寒武系下寒武纪张夏组含海绿石灰岩分布和冀部。白云质灰岩夹薄板状灰岩零星存在范围较广；中统由灰岩逐渐过渡为泥陶纪张组白云岩分布广；且受断裂切割而形成单斜残留面形成的溶沟、多溶洞残留面的溶沟、溶注及落水洞、石芽、溶洼见有小型溶洞分布现象较发育。地表早期剥蚀现象多为普遍；鲁中南一带，奥陶系在旅大海地区溶蚀近海拔200m以下，寒武、奥陶系单斜层走向发育的溶隙，平面80m以下溶孔发育峡，部分甚至不存在地下水的补给，泰山、沂蒙山以北敞近南北至东近西近东向断裂切割，尤其形成一系列单斜构造时，地表水多朝着单斜着向发育河流绕着河流的溶沟、溶洼河流顺层走向发育时，地下水分水岭不太发育，具有下水文地质特点，地下水多普遍，受阻水层阻挡，使含水层至不存在地下水资源寒武、奥陶系单斜水层走向不一致的地段，受隔水层阻挡；地下水分水岭为分水源透水性、构成具现代溶孔地段，并形成成类富富岩区含有均一的岩溶泉，如济南诸泉，地下水面的地下水含水系统。
		II_B: 祁连褶皱系元古代至古生代变质碳酸盐岩溶区	宁夏南部，甘肃东部	中山山地及黄土高原，主要表现为侵蚀地貌特征，霜冻、泥石流等外营力作用也有一定溶蚀作用盛行；新构造水侵蚀现象显著。在剥蚀面负地形残留尤其在较早的台面下继承早期岩溶现象进一步发育现代象外，总体上岩溶地貌不明显	零星分布有极少量变质碳酸盐岩、碎屑岩。碳酸盐岩分布区多居其青斜部分，产状倾斜较窄育斜倾紧闭的狭窄育斜部分，并伴随着向逆构造。受构造运紧，气候，降水及地下水的补，迳排等条件影响，总体上岩溶弱发育或不发育，沿着层带地下水可能较丰富，但岩溶现象仍不是很明显
III. 西部岩溶区	绝大部分地区属亚湿润气候，年平均降水量在500~1000mm，年平均气温低于12℃，南部为2~20℃	III_1: 大横断区溶蚀剥蚀区	沿西藏东部的昌都至四川的红原一线为其北界、亚热带热气带，东邻热候型侵蚀溶蚀地区及南抵国境线及云南的川、大理以北的滇、藏交界的大横断山区	主要是深刻割的高山及极高山，既有冰川、霜冻、泥石流等外营力作用，流水侵蚀作用强烈，在剥蚀面上有各种岩溶封闭负地形残留、尤其在金沙江中游的台面早代期岩溶现象进一步发育岩溶现代岩溶、中间、丽江一带夷平面、保存不甚好三级剥夷面，高程分别为3700~4200	主要可溶地层结构特征为褶皱系内的上古生界及中生界碳酸盐岩夹碎屑岩，且上古生界及中生界片岩以东的川西地区，木里分布在发育泥盆系碳酸盐，以及泥盆系二叠系大理岩，木里分布广及得荣、木里西南部，邛崃山区的石炭纪大理岩，结晶灰岩与石炭岩类厚逾干米、邛崃山区中略夹大理岩薄片；理县、丹巴一带石灰，二叠纪片岩与干枚岩中略夹大理岩复杂；理县，厚度大，普遍变质，甘改、雅江沿岸为上古生界片岩，结晶变质，二叠纪片岩及波里拉组灰岩为主；锦屏山一带中三叠统为厚巴塘等地二叠纪均以碳酸盐岩为主夹碎屑岩及少量碳酸盐夹约3000m的大理岩，雅江沿岸为二叠统为灰岩，结晶灰岩，褶皱态复杂；昌都，理塘、巴塘等地三叠纪以碳酸盐夹碎屑岩，在不同期构造变动影响下，碳酸岩与火山岩夹；昌都地区三叠纪均为灰岩，襄丙北丽江，该区新岩及火山岩片及火片为主夹碎屑岩及少量碳构造运动，褶裂变质，在不同期构造运动褶皱该区由于强烈的新构造运动导致河大理，一带有奥陶系为灰岩，结晶灰岩新构造运动显著，断裂强烈，该区新盐岩受强烈褶皱变质，区域变质，总体上，该区由于强烈的新构造运动导致河

续表

岩溶大区	气候特征	岩溶亚区	范围	岩溶地貌特征	岩溶水文地质特征
Ⅲ. 西部岩溶区	绝大部分地区属亚温润气候，绝大部分属干燥地区，年降水量多在500～1000mm，年平均气温2～12℃，南部为2～20℃	Ⅲ₁. 大黄断山区溶蚀剥蚀区		2700～3000，2000～2400m，大都构成分水岭，在后二级剥蚀夷面上岩溶发育，2700～3000m的高原面以下是宽广的盆地和谷地，如丽江、大理等地，再以下为深邃的峡谷。鹃屏山一带广泛有残留三级剥蚀面，后相级级面为高级及低级台阶。高程分别为4000、3000、2200m左右，第二级剥蚀面育，地表见有溶洼、天生桥洞、溶沟、石芽发育，溶断裂带局部发育岩溶大泉	谷深切，地势陡峻，山高谷深，大部分以流水溶蚀作用为主，物理风化作用强烈，碳酸盐岩溶速成地表径流，仅管具溶蚀作用微弱，但仍以流水溶蚀汇集来的岩溶发育的基础上，地下岩溶获得一定度的发育。盆地中在继承碳酸盐集中分布上，丽江、中等石炭，二叠、三叠统碳酸岩区多见溶蚀泉，地下水循环深。常见伏流，暗河发育，局部构造溶蚀盆地。沿着统碳酸盐区边溢出泉水，岩溶较发育。丽江、大理地区高原面保存较完整，主要沿大断裂发育，多为高悬于深切河谷之上的变质碳酸盐岩中，岩溶较弱。在横断山脉及东部的大雪山区的岩溶含水层之上的岩溶裂隙水，阴凉少数外，岩溶地下水丰，多分布于高悬于深切河谷之上的碳酸盐岩被隔离水岩组包围，地下水丰，大渡河以东金山夹金山中南段上古生界变质碳酸盐岩中泉水深部较大。鹃屏山区一带金山中南段的邛崃山区岩溶中等发育或较弱发育，以岩溶裂隙水及岩溶泉为主。澜沧江所剧烈分割而破碎的大理岩横切碳酸盐岩之一的岩溶水系统发育，多为裂隙溶蚀泉，海拔2800～2900m高原面，仅在盆地和高原面上保存着面积不大的平坦地面，溶注、发育有岩溶斗，溶注、岩溶相对贫乏，地下水富。其下的断陷湖泊或季节性积水，如香格里拉一带的纳帕海
	气候寒冷干燥，绝大部分属干燥地区，年降水量多在500mm以下，在可溶性高及山地的原高及山地区，年平均气温多低于2℃	Ⅲ₂. 新、藏干旱岩溶剥蚀溶蚀区	其东、南界线沿银川、西宁、红原、德格、昌都、措美一线以布，包括中国西部新疆、西藏、青海、内蒙古、甘肃、四川、宁夏等省区的全部或部分	新疆等地多为山盆地貌，青藏高原多为海拔4000m以上的高原与山地，外营力多以冰川、泥石流、风力作用及干燥地，霜冻、现代溶蚀作用居极次要地位。早期岩溶现象如溶沟与石芽、溶洞等时有发现，但逐渐受到破坏	碳酸盐岩多以昆仑山、喜马拉雅山岭、天山及燕山，印支及祁连山、喜马拉雅等褶皱系中，且多以天山与昆仑山、松潘、甘孜与唐古拉、拉萨，下古灰统碳酸变质碳酸盐岩为主，褶皱剧烈，断裂发育，几乎没有地表水的侵蚀与溶蚀作用。喜马拉雅山北包括古生界在内的寒武系，下古灰统的蒸发岩区。稀少的降雨量与强烈的侵蚀与溶蚀作用，各种期岩溶受高原环境及气候变化制约，北坡处于冰缘区，并在寒冷气候强烈影响下的霜冻，见有溶洞，天生桥，溶化剧烈，岩溶化程度不充分，并在寒冷气候强烈影响下的霜冻，见有溶洞，天生桥等，逐渐破坏既有的岩溶现象。念青唐古拉山地及天山山缘山岭岭一带，也有致碳酸盐岩溶化的残留岩溶洞，现代岩石芽等溶化现象。青藏高原北缘山地及岭岭，偶见规模不大的残留溶洞。山一带虽有丰富的碳酸盐的硫化物的矿床，但受气候影响，除早期残留规模不大的溶洞现象外，现代岩溶发育深度一般不大。该区岩溶总体以岩溶裂隙水，流量较大，一般沿岩溶裂隙发育，但深层深循环泉溶多为裂隙水，偶见岩溶裂隙现象，书连山及天以岩溶发育深度一般稳定；部分渗流通道补给水处于深循环泉时，也可导致泉水流量较大

注　本表引自《水利水电工程岩溶勘察与处理》[1]。

二、岩溶基本形态及类型

(一) 岩溶基本形态

1. 岩溶个体形态

(1) 石芽与溶沟。地表水沿可溶性岩石的节理裂隙流动，不断溶蚀和冲蚀形成沟槽，称为溶沟（见图1-1）。溶沟间凸起者为石芽。溶沟底部往往被红色黏土及碎石充填。石芽高度一般为1～2m，形态受地形、节理控制，多呈尖脊状、尖刀山状、车轨状、棋盘状、石柱状。

石芽与溶沟是岩溶发育的初级形态，一般在较平坦的纯石灰岩表面上较为典型，相反则发育较差。石芽进一步发展则演变为石林。石林是高大石芽伴随深陡溶沟的地表岩溶组合形态，见图1-2。

图1-1　石芽与溶沟

图1-2　云南路南石林

(2) 溶隙、溶缝、溶蚀空缝。地表水沿可溶岩的节理裂隙进行垂直运动，不断对裂隙四壁进行溶蚀和冲蚀，从而不断扩大成数厘米至1～2m宽的岩溶裂隙。宽度为1～2m的溶隙，称为溶缝，见图1-3、图1-4。按其是否充填还可分为充填、半充填或无充填三类，其中无充填的溶缝习称溶蚀空缝。

图1-3　危岩体中发育的陡倾角溶缝

图1-4　黏土充填垂直溶缝

（3）落水洞。落水洞是地表水流入地下河（暗河）的主要通道。它是地表水携带岩屑等对溶隙磨蚀，不断扩大顶板发生崩塌进而形成落水洞，通常分布于洼地和岩溶沟谷底部，也有分布在斜坡上。其形态不一，多为圆形或近圆形，直径在10m以内，深度100余米。如乌江思林水电站右岸地下厂房地表发育的K29号落水洞（见图1-5）。洞口高程500m，直径5～6m，可见深约7m，地下厂房开挖揭示已延伸至主变压器洞顶，垂直深100m。

（4）天坑。由于地壳上升和河流下切的影响，落水洞进一步扩宽、加深，向下发育而成。如著名的广西乐业县大石围天坑，长600m、宽420m、深613m，又如贵州水城县（花戛乡）"仰天麻窝"天坑，长660m、宽500m、深251m，发育于石炭系上统马平组灰岩中，见图1-6。天坑通常分布在分水岭地带。

图1-5 溶蚀洼地底部落水洞

图1-6 广西乐业县大石围天坑

（5）漏斗。为漏斗形或碟状的封闭洼地，底部直径在100m以内。底部常套有落水洞直通地下，起消水作用。它是形状特殊的小型溶蚀洼地，见图1-7。

（6）岩溶洼地。又称溶蚀洼地，是岩溶区一种常见的封闭状负地形，见图1-8。一般，岩溶洼地较平坦，覆盖着松散沉积物，可利于耕种。洼地可以由漏斗扩大而成，而几个洼地又可进一步扩大合并成为合成洼地，保留底部不规则的形态。岩溶洼地底部除了有落水洞外，也可有小河小溪，它们是周边泉水汇集而成，可在一端没于落水洞中。洼地常沿构造带发育为串珠状的圆洼地，以后合并成长条状的合成洼地。岩溶盆地则是超大型的溶蚀洼地。

（7）岩洞。主要由地表水冲蚀成的近似水平的洞穴，宽度大于高度3～5倍，深度不超过10m，通常分布在河谷两侧。岩洞洞顶常有钟乳石等沉积物。岩洞连通性差，沉积物为外源（河流）的砂卵砾石等。

（8）岩溶天窗。为地下河顶板的塌陷部分。开始塌陷时，范围不大，称为岩溶天窗。通过岩溶天窗可见地下河或溶洞大厅。

（9）天生桥。又称天然桥。暗河的顶板崩塌后留下的部分顶板，两端与地面连接而中间悬空的桥状地形，称为天生桥。天生桥下暗河通过的部分称为穿洞。

图1-7 岩溶洼地落水洞

图1-8 宜宾兴文天景洞天窗

2. 地下岩溶形态

（1）溶洞。地下水沿着可溶岩的层面、节理或裂隙、落水洞和竖井下渗的水，在地下水包气带内沿着各种构造不断向下流动，同时扩大空间，形成大小不一、形态各样的洞穴。最初形成的溶洞，规模较小，连通性差，洞内充填物多为石灰岩溶蚀后残留的红色或黄色黏土夹崩塌的碎块石（内源），随着岩溶作用不断进行，很多溶洞逐渐沟通，很多小溶洞就合并成大的溶洞系统，这时静水压力就可以在较大范围内起作用，形成一个统一的地下水面，位于地下水面附近的洞穴，往往形成水平溶洞，在邻近河谷处有出口，当地壳上升时，河流下切，地下水面下降，洞穴脱离地下水，就成为干溶洞。这些溶洞一般规模较大，延伸长度大于200m，甚至数千米，洞内充填物多为外源的砂卵砾石或冲积黏土等，洞内石灰华、钟乳石、石笋、石柱、石幔等洞穴沉积物种类繁多，琳琅满目，造型各异。见图1-9、图1-10。

图1-9 厅状溶洞

图1-10 某高铁隧洞开挖揭露溶洞

（2）暗河及岩溶管道水。暗河又称地下河，系地面以下的河流，在岩溶地区常发育于地下水面附近，是近于水平的洞穴系统，常年有水向邻近的地表河排泄。在贵州南部岩溶地区常见暗河发育。规模较小者称之为岩溶管道水。

（3）伏流。有明确进、出口的地下暗河，即地表河流入地下后，再从地下流出地表；

在地下潜行的河段称之为伏流。

（4）溶孔与晶孔。是指碳酸盐类矿物颗粒间的原生孔隙、解理等被渗流水溶蚀后，形成直径小于数厘米的小孔。晶孔则指被碳酸钙重结晶的晶簇所充填或半充填的溶孔。

（5）洞穴堆积物。洞穴堆积物分化学沉积、角砾堆积、流水堆积三类。主要的化学沉积类洞穴堆积物有：

1）石钟乳（见图 1-11）：由洞顶向下发展的碳酸钙沉积。当水流渗进洞穴，在洞顶成悬挂的水珠时，因蒸发散失 CO_2，便开始碳酸钙的沉积。随着水流不断渗入，碳酸钙不断向下加长、加粗成为钟乳石，它连续向下发展并与向上生长的石笋相连为石柱。

2）石管与石枝：空心的棒状石钟乳为石管。当生长的方向发生改变时，出现了不规则的分叉和向上弯曲，分枝的称为石枝，向上弯曲的称为卷曲石。

3）石幔：饱含碳酸钙的水流以薄膜状水流，沿着洞壁或洞顶裂缝缓慢地流出，便结晶出连续成片的沉积，晶体平行生长，不断地加宽和增长，形成布幔或帷幕状的洞壁沉积。

4）石笋：饱和碳酸钙的水流不断地滴落到洞穴底部，迅速地铺开，蒸发溢出 CO_2 进行碳酸钙沉积，可以盘状石饼，成层地累叠起来，以饼的中心部位最厚。如果滴流连续地以适当速率落在同一地点，这种沉积逐渐向上发展，成为锥状或柱形，即成石笋。

5）石柱：溶洞中钟乳石向下伸长、与对应的石笋相连接所形成的碳酸钙柱体。

6）石珍珠（见图 1-12）：在洞穴底小水洼或滴水坑里形成许多小的碳酸钙球珠，其核心通常为岩屑碎片、沙或黏土粒，外面包以碳酸钙，并且有同心状构造。

图 1-11 石钟乳、石笋及石柱

图 1-12 石珍珠

7）石灰华层：分布于洞底，或夹在其他类型的碎屑沉积层中，具有比较坚硬的钙质层。这是地下水渗入洞内，沿着洞穴或溶隙壁成薄层水流动时的结晶沉积。

角砾堆积是一种就地的崩塌堆积物，没有分选和磨损，角砾形状不规则而十分尖棱。其大小决定于洞壁和洞顶石灰岩层的构造、岩性及产生角砾的崩解方式。角砾直径可从几厘米到数米，甚至为 $10 \sim 20m$ 的大岩块。常夹杂溶蚀残余的细粒黏土物质，但数量不多。

流水堆积类洞穴堆积物主要来源于洞外，也有产自洞穴系统内。主要为砂、砾石和细粒黏土等。

（二）岩溶类型

1. 按形成年代分

（1）古岩溶：中生代及中生代以前形成的岩溶。

（2）近代岩溶：新生代以来形成的岩溶。

2. 按覆盖情况分

（1）裸露型岩溶：岩溶型态裸露或大部分裸露。

（2）覆盖型岩溶：岩溶形态完全或大部分为第四系松散堆积物覆盖。新生代以来形成的岩溶。

（3）埋藏型岩溶：岩溶型态完全或大部分为非可溶岩覆盖。

3. 按分布深度分

（1）浅岩溶：垂直及水平循环带的岩溶。

（2）深岩溶：水平循环带以下的岩溶。

4. 按岩性分

（1）碳酸盐岩岩溶：分布最广，形成速度慢。

（2）硫酸盐岩岩溶：形成速度快。

（3）氯化物岩岩溶：形成速度快。

5. 按气候带分

（1）北方岩溶：地表岩溶形态欠发育。

（2）南方岩溶：地表及地下岩溶形态均发育。

三、岩溶发育基本条件

岩溶发育的基本条件为：①岩石具有可溶性；②水具有溶蚀性和流动性；③具备水体渗流的通道。

岩石具有可溶性才会产生岩溶现象，同时岩石还须具有透水性，使水能够渗入其中并流动，从而在岩石内部产生溶蚀作用。水具有一定的溶蚀力才能对岩石产生溶蚀，当水中含有 CO_2 或其他酸性成分时，其溶蚀力较强。产生溶蚀作用的水还需要有流动性，使其保持不饱和溶液状态和溶蚀能力，岩溶作用才会持续不断。

除此以外，气候、地形、生物、土壤等自然条件对溶蚀作用也有不同程度的影响。

（一）岩石的可溶性

1. 可溶岩的分类

可溶岩按矿物成分分为四类。

(1) 碳酸盐岩类。常见的有石灰岩、灰质白云岩、白云岩、白云质灰岩、含泥质灰岩、泥灰岩、大理岩等。

(2) 硫酸盐类岩。主要有石膏、硬石膏、芒硝等。

(3) 卤素类岩石。即岩盐、钾盐等。

(4) 其他。如钙质胶结碎屑岩中的钙质砾岩、钙质砂岩等。

2. 岩石的可溶性

按可溶性排序,依次为卤素岩、硫酸盐岩、碳酸盐岩、钙质胶结碎屑岩。在同类碳酸盐岩中,因矿物成分、结构等不同,岩石的可溶性存在明显的差异。

碳酸盐岩一般以钙、镁为其主要成分,通常由方解石和白云石两种矿物组成。试验研究表明,在纯碳酸盐岩中随白云石成分的增多其溶解速度降低,相比方解石为易溶成分,白云石则相对较难溶解。碳酸盐岩中夹有不同成分、不同数量的不溶物质(如泥质与硅质),对岩石的可溶性影响较大,使溶蚀度明显降低。一般石灰岩的可溶性较白云岩强,也强于硅质灰岩、泥灰岩等。

岩石结构对溶蚀率的影响主要体现在岩石结晶颗粒的大小、结构类型及原生孔隙度三个方面。一般岩石结晶颗粒越小,相对溶解速度越大,隐晶结构一般具有较高的溶蚀率;鲕状结构与隐晶—细晶质结构的石灰岩有较大的溶解速度;不等粒结构石灰岩比等粒结构石灰岩的相对溶解度要大。但岩石的原生孔隙度对岩溶的影响更显著,通常孔隙度越高,越有利于岩溶的发育,因此结晶灰岩可溶性较隐晶质灰岩强,粗晶灰岩较细晶灰岩强。

岩石因变质重结晶对岩石的溶解速度也有明显的影响,其中大理岩的溶解速度较非变质灰岩低 50% 左右,白云岩的差异没这样显著。

3. 可溶性分类

卤素类及硫酸盐类岩石在地表分布有限,石灰岩分布很广,在很多工程中通常遇到碳酸盐类岩石,故本节中的可溶岩均指碳酸盐类岩石。碳酸盐岩的可溶性分三类。

(1) 强可溶岩。主要为纯碳酸盐岩类的均匀石灰岩,如泥晶灰岩、亮晶灰岩、鲕状灰岩、生物碎屑灰岩等,通常循层面或断层带发育规模较大的洞穴管道系统以及溶隙。

(2) 中等可溶岩。主要为次纯碳酸盐岩、变质重结晶的碳酸盐岩,如灰质白云岩、白云质灰岩、泥质灰岩、硅质灰岩、大理岩等。通常循层面或断层带发育单个溶洞及溶隙。

(3) 弱可溶岩。主要为纯碳酸盐岩类的均匀白云岩、次纯碳酸盐岩夹碎屑岩、不纯碳酸盐岩类的碎屑岩与酸盐互层,主要有白云岩、泥灰岩、硅质白云岩、石灰岩夹碎屑岩、石灰岩与碎屑岩互层等。岩溶发育微弱、极微弱或不发育。

根据岩性组合划分,常见碳酸盐岩岩组类型见表 1-2。

表1-2 常见碳酸盐岩岩组类型

分类	亚类	分类指标		岩性组合特征
		厚度百分比（%）		
		碳酸盐岩	碎屑岩	
纯碳酸盐岩类	均匀石灰岩层组	>90	<10	连续沉积的单层灰岩，无明显碎屑岩夹层（<5m），岩石化学成分中酸不溶物含量<10%
	均匀白云岩层组	>90	<10	连续型单层白云岩，无明显碎屑岩夹层（<5m），酸不溶物含量<10%
	均匀白云岩石灰岩层组	>90	<10	石灰岩、白云岩互层或夹层沉积，无明显碎屑岩夹层，碳酸盐岩酸不溶物含量<10%
次纯碳酸盐岩类	碳酸盐岩夹碎屑岩层组	70～90	30～10	夹层型沉积，碳酸盐岩连续厚度大，碎屑岩夹层明显，连续厚度>10%，酸不溶物含量大于10%、小于30%
不纯碳酸盐岩类	碎屑岩、碳酸盐岩间互层岩组	30～70	70～30	碳酸盐岩、碎屑岩互层、夹层沉积或碳酸盐岩较高的泥质、硅质、酸不溶物含量大于30%、小于50%

注 本表引自《水利水电工程岩溶勘察与处理》[1]。

（二）岩石的透水性

1. 岩石的透水性及分类

岩石的透水性是指岩石允许水透过本身的能力。对灰岩、白云岩及之间的过渡灰岩石，在构造不发育、岩溶不发育的情况下，其本身不透水；其透水性的强弱主要取决于岩石中裂隙的发育程度及溶蚀化程度，当可溶岩岩体不完整、岩溶发育强烈时岩石透水性强；反之，微弱。因此，对碳酸盐岩来说，其透水性主要指岩体的透水性。

（1）原生结构面：如层面或层理裂隙等，是在岩石形成过程中产生的。在构造变动微弱的地台区，层面或层理裂隙对岩石透水性起着决定性作用。

（2）构造结构面：如构造裂隙，是岩石受构造应力作用而产生的裂隙。其特点是延伸远，成组分布，是水对碳酸盐岩作用的主要通道。其方向、性质及密度，在很大程度上取决于该区的褶皱与断裂错动的关系，以及岩层的产状等。在背斜顶部张裂隙带（常常宽而深）、向斜轴部下方张裂隙带，以及大型断裂带与交汇部位，岩石破碎或裂隙密集分布，岩石透水性均较好，是岩溶强烈发育地区。

（3）次生结构面：如边坡剪切裂隙、风化裂隙等，由边坡卸荷与风化作用在边坡表层或岩石圈上层构造裂隙或层理裂隙变宽形成。这些岸剪裂隙带、风化裂隙带岩石透水性也较强，岩溶较为发育。

2. 透水性分类

（1）岩溶含水层组。按岩石可溶性与非可溶岩的组合关系以及可溶岩或非可溶岩能否构成独立的含水层或具有可靠的隔水性能等划分为以下五种基本类型：①均匀状的岩层组合的强岩溶含水层组；②中等岩溶含水层组；③弱岩溶含水层组；④相对隔水层组；⑤可溶岩与非可溶岩为间互状岩层组合的多层次含水层组。岩溶含水层组类型划分见表1-3。

表1-3　　　　　　　　　　　　　岩溶含水层组类型

岩层组合		岩溶含水层组类型
均匀状	强可溶岩	（1）强岩溶含水
	中等可溶岩	（2）中等岩溶含水
	弱可溶岩	（3）弱岩溶含水
	非可溶岩	（4）相对隔水层
互层状	可溶岩夹非可溶岩	（1）（2）（3）
		（5）多层次岩溶含水
	可溶岩与非可溶岩互层	（2）（3）
		（5）多层次岩溶含水
	非可溶岩夹可溶岩	（5）多层次岩溶含水
		（3）（4）

注　引自《岩溶地质》[2]。

可溶岩夹非可溶岩、可溶岩与非可溶岩互层、非可溶岩夹可溶岩三种间互状岩层组合，当非可溶岩被构造、侵蚀、岩溶塌陷等破坏不起隔水层的作用情况下，可单独构成强、中等、弱岩溶含水层组，其类型需视非可溶岩的连续性与百分含量，以及可溶岩的可溶性强弱来确定。如可溶岩为强可溶岩，非可溶岩不连续、厚度百分含量小于5%，可定为强岩溶含水层。

（2）岩溶透水层组。岩溶含水层组类型见表1-3。岩溶透水层组类型与岩溶含水层组类型基本对应，一般情况下强岩溶含水层组即为强岩溶透水层组，弱岩溶含水层组即为弱岩溶透水层组。但其差别在于某些岩溶含水层组的透水性具有方向性，即垂直与平行岩层层面方向的透水性能不同，甚至相差悬殊。往往建于水平状岩溶层组的水库很有可能发生渗漏，而且难于治理，而建于岩溶层组倾角陡倾的横向谷水库发生渗漏的可能性相对较小。

（三）溶蚀作用

1. 溶蚀作用类型

（1）碳酸盐溶蚀：侵蚀性二氧化碳对碳酸盐岩的溶蚀，取决于其中碳酸含量，即水中游离 CO_2 的含量。它与碳酸盐作用，转化为重碳酸，水的溶蚀力就可大大增加。

（2）硫酸盐溶蚀：侵蚀性水对硫酸盐岩的溶蚀。

（3）氯化物溶蚀：侵蚀性水对氯化物岩的溶蚀。

（4）混合溶蚀：两种或两种以上不同水温、不同水质的水混合后溶蚀作用加强。

（5）接触溶蚀：可溶岩与非可溶岩接触带，往往溶蚀作用加强，形成串珠状洼地及岩溶管道。

2. 溶蚀作用与侵蚀作用

如果说，在岩溶发育的初期（岩溶裂隙发育阶段），侵蚀作用只是起辅助作用，到了岩溶发育后期（地下河发育阶段），就很难说是以溶蚀作用为主还是以侵蚀作用为主。表现在，不难看出，砂卵砾石在侵蚀过程中起着重要的磨蚀作用；从洞顶分布的锅背状冲坑光滑面不难看出，有压漩涡流在侵蚀过程中也起着重要作用。在广西漓江桂林至阳朔河段两岸，平枯河水位高程断续分布的某些凹槽，显然也是侵蚀作用的结果。

3. 溶蚀作用与崩塌作用

当溶洞发育达到一定规模后，重力引起的崩塌作用不仅存在，甚至占据主导地位。表现在：大型溶洞底部无不分布有孤石、块石及碎石；天生桥塌陷不仅形成堰塞湖，而且还改变溶蚀作用的环境条件；岩溶塌陷导致上覆非可溶岩塌陷，形成天窗。

4. 溶蚀作用与堆积作用

岩溶塌陷与堆积作用的因果关系是不可分割的，有塌陷便有堆积；地下河中不仅有冲洪积形成的松散堆积物，而且还可以形成漫滩、台地，如同地表河；溶洞中的化学堆积物则更是塑造了溶洞的别有洞天。

总之，溶蚀与侵蚀、崩塌、堆积作用是很难分开的，只是在某一时期谁占主导地位，谁处次要地位。譬如南盘江的天生桥峡谷（俗称，下同）、坝索峡谷，北盘江的板江峡谷，六冲河的重阳峡谷、两扇门峡谷，猫跳河的窄巷口峡谷等，这些峡谷不仅两岸壁立，而且河谷深邃、水流暗涌，当出现崩塌后，又转而成为险滩急流。

四、影响岩溶发育的因素

影响岩溶发育的因素主要有地层岩性、地形地貌、构造特征、新构造运动、气候、水的腐蚀性等，其中以地层岩性、构造、地形地貌及气候影响最为突出。

（一）地层岩性

地层岩性是岩溶发育的物质条件。同一地区不同地层时代和地层组合岩溶发育程度也会出现差异。岩性决定岩石的可溶性，碳酸盐岩地层中岩性越纯越易溶蚀，岩溶越发育。根据试验资料，作为碳酸盐可溶程度主要标志的比溶解度随岩石中方解石含量的增加而增高，随着白云岩含量的增加而减小。

地层厚度对岩溶发育的影响主要表现为岩溶作用的深度和规模。碳酸盐岩地层厚度大，不受非可溶性岩层的阻隔，地下水运移和岩溶发育就可以进行得很深，发育岩溶的规模也较大，较深长。若碳酸盐岩地层厚度较小，则只能形成一些小规模的浅层岩溶或层间岩溶。因此从地层层组来看，厚层岩层的岩溶较薄层岩层发育，单一地层结构较互层或夹层状结构岩体溶蚀强烈。

可溶岩的上部，若无其他岩层或松散堆积物覆盖，可溶岩直接裸露于地表，岩溶就比

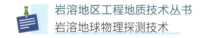

较发育。因此可溶岩居上时岩溶强烈发育；反之，则发育弱。

从地层时代来讲，老地层经历的构造运动多，完整性差，透水性好，易于岩溶发育。如贵州的寒武系石灰岩地层普遍较三叠系石灰岩地层溶蚀强烈。

（二）地质构造

褶皱、断层、节理裂隙等主要地质构造对地下水的入渗和循环运动的途径、方向起着明显的诱导作用，从而控制岩溶发育的方向和格局。

（1）层面构造是可溶岩的基本构造结构面，一般延伸较长，是地下水渗流的主要结构面，其倾角对岩溶发育影响较大，陡倾岩层较缓倾岩层溶蚀强烈，而水平岩层溶蚀相对较弱。

（2）褶皱构造影响岩溶发育的方向和部位，岩溶发育方向多平行于褶皱轴向，发育部位向斜核部较两翼强烈，倾伏端较扬起端强烈，背斜核部受张开结构面的影响表层溶蚀强烈，深部及两翼发育相对较强烈；向斜总体较背斜溶蚀强烈。

（3）断层或构造破碎带，是地下水集中渗入和循环地带，是岩溶现象密集分布的地带。总体上，张性断层比压性断层的岩溶发育，陡倾断层比缓倾断层的岩溶发育。

（4）节理、裂隙，是地下水入渗的基本结构面，与断层构造相似，倾角越陡溶蚀越强烈。常见的溶沟、溶槽多为陡倾产状。

（三）地形地貌

地形坡度影响到地表水的下渗流量。在地形平缓的地方，地表径流流速缓慢，下渗量就大，有利岩溶发育；反之，不利岩溶发育。

平原地区，地下水位较浅，垂直渗漏带较薄，易发育埋深较浅的地下廊道和暗河。深切的山地、高原地区，垂直渗漏带深厚，地下水埋藏较深，垂直型岩溶形态发育，只有在潜水面附近才发育水平向岩溶管道。

（四）新构造运动和水文网演变

新构造运动中尤以地壳间歇性抬升控制河谷地区水文网演变，进而影响河谷型岩溶发育。地壳抬升间歇时间越长，地表水文网包括干流、支流与支沟形成系统越充分发育，越有利于岩溶发育，可形成规模大、延伸长的暗河等管道系统。而地壳抬升间歇时间越短，抬升幅度越大，越不利于岩溶发育，岩溶发育速度慢于河流下切速度，在河谷两岸陡壁不同高程常见有溶洞或暗河出现。导致地下深处岩溶弱发育或微发育。

（五）地下水活动

地下水的运移方式和集中程度会影响到岩溶发育。在垂直渗流带，地下水以垂直运动为主，有利于垂直岩溶洞隙的生成；在地下水季节变动带内，地下水垂直运动与水平运动不断呈交替变化，垂直和水平向岩溶洞隙形态都有发育；在地下水饱水带内，地下水以水平运动为主,易发育水平状岩溶管道、暗河等。若存在地下水深部渗流循环,则会导致深岩溶的发育。

(六)气候

气候是影响岩溶发育的因素之一。在低温条件下,无论水的溶蚀力、流动交替和岩溶作用反应速度都比较慢,岩溶发育的过程缓慢;相反,则溶蚀作用较强。

降水多少不仅影响水和入渗条件和水交替运动,而且雨水通过空气和土壤层,带入游离 CO_2,还能使岩溶作用得到加强。

比较我国温带、亚热带和热带气候地带岩溶发育程度:热带最发育,而且地表、地下都很发育;亚热带地表、地下岩溶也发育,但发育程度和规模比热带差;温带只发育地下岩溶,地表岩溶不发育。

(七)植被和土壤

植被对岩溶发育影响主要表现如下。

(1)植物根部的游离 CO_2 有利于溶蚀作用和潜蚀作用。

(2)植被覆盖能增加空气湿度和降水量,增加水的下渗,促使地下岩溶发育。

(3)植被覆盖有利于阻碍地表水冲刷破坏,使得已形成的漏斗、洼地、溶隙和洞穴得以发育加大。

土壤能够影响地表水下渗和水中游离 CO_2 含量,进而影响岩溶发育,疏松的土壤有利于地表水下渗,并产生大量游离 CO_2。

五、岩溶发育的一般规律

(一)选择性

表现在岩性和地层两方面。对岩性的选择,总体说是碳酸钙含量越高,岩溶越发育。

对地层的选择,在贵州强岩溶地层主要有震旦系上统灯影组($Z_b d_n$),寒武系下统清虚洞组($\in_{1q}$),奥陶系下统红花园组(O_{1h})、中统宝塔组($O_2 b$),石炭系下统摆佐组上段($C_1 b^2$)、中统黄龙群($C_2 hn$)、上统马平群($C_3 mp$),二叠系下统栖霞组(P_{1q})、茅口组(P_{1m}),三叠系下统夜郎组第二段($T_1 y^2$)、永宁镇组第一、三段($T_1 yn^1$、$T_1 yn^3$)、茅草铺组第一、三、四段($T_1 m^1$、$T_1 m^3$、$T_1 m^4$),中统凉水井组($T_2 lj$)、坡段组($T_2 p$)、垄头组($T_2 l$)等。

(二)受控性

1. 受隔水岩组控制

当隔水岩组或相对隔水岩组具有一定厚度,且呈缓倾状态分布时,可以阻止岩溶向深发育,隔水岩组成为溶蚀基准面,多有悬挂泉、飞泉形成[见图1-13(a)];当隔水岩组具有一定厚度，且与可溶岩陡倾接触时，一方面可以阻止岩溶水平方向向前发育，另一方面由于接触溶蚀，又可以加剧岩溶的发育，多形成接触泉［见图 1-13(b)］；当可溶岩为隔水岩组所覆盖时，河流接近切穿非隔水岩组或切割下伏可溶岩不深时，多形成承压泉［见图 1-13(c)］。当有多组隔水岩组与可溶性透水岩组相间分布时，岩溶发育多具成层性，且多发育在接触带附近，但总体上岩溶发育程度不会太强。

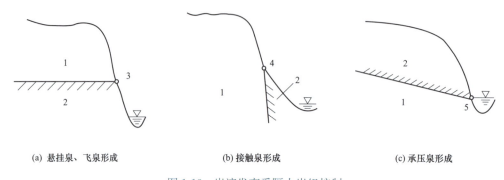

(a) 悬挂泉、飞泉形成   (b) 接触泉形成   (c) 承压泉形成

图 1-13 岩溶发育受隔水岩组控制

1—可溶岩；2—非可溶岩；3—悬挂泉；4—接触泉；5—承压泉

2. 受褶曲构造控制

在贵州向斜多形成盆地，有利地表水的汇集；同时向斜属汇水构造，有利地下水的汇集，丰富的地表水和地下水有利岩溶发育。间互状可溶岩形成的向斜，还可促使岩溶向深发育［见图 1-14(a)］，形成承压岩溶含水层。背斜多形成地形分水岭，不利地表水的汇集；同时背斜，特别是间互状可溶岩形成的背斜不利于地下水的汇集，因而岩溶发育相对弱。但是，当非可溶岩被剥蚀，背斜轴部的可溶岩出露后，则形成四周为非可溶岩包围的储水构造，也有利于岩溶的发育，在可溶岩与非可溶岩接触带多有泉水出露［见图 1-14(b)］。当可溶岩出露面积及接触泉与当地排泄基准面高差足够大时，接触泉还往往为温泉。

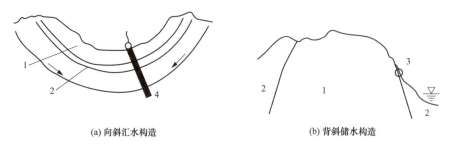

(a) 向斜汇水构造   (b) 背斜储水构造

图 1-14 岩溶发育受褶皱构造控制

1—可溶岩；2—非可溶岩；3—岩溶泉；4—断层或裂隙

3. 受断裂构造控制

导水断层、裂隙密集带有利于岩溶的发育，人们的认识几乎一致；阻水断层对岩溶发

育的影响，人们的认识截然不同。作者认为，阻水断层一方面可以阻止岩溶的发育，另一方面由于侧支断裂力学性质的改变及接触溶蚀作用的加强，又可加剧岩溶的发育。因此，阻水断层不是岩溶不发育，只是岩溶发育的部位不同而已，岩溶主要发育在两侧（尤其是上盘）影响带内，断层带内一般岩溶不是很发育；阻水断层也发育得有较多串珠状溶洞，多为两侧岩溶发育塌空后侵蚀的结果，且断层多分布在溶洞下方。

另外，断裂构造不仅控制岩溶发育的强弱，还控制岩溶发育的方向性。

4. 受新构造运动及地壳上升速度变化控制

地壳上升速度快时，岩溶发育以垂直形态为主；地壳运动相对稳定时，岩溶发育则以水平形态为主。因此，随着地壳上升运动间歇性变化，岩溶分布具有成层性，且这种成层性与新构造运动形成的剥夷面、阶地面具有较好的对应性。

5. 受气候控制

表现在我国北方的地表岩溶形态（如峰林、洼地等）不如南方发育；贵州峰林的相对高度不如广西。有人认为贵州峰林的高度不如广西是贵州峰林遭蚀余的结果。贵州地壳上升幅度比广西大，这种蚀余作用反而比广西强。

（三）继承性

对应地壳上升运动的每一个轮回，都有垂直、季节变动、水平及深部渗流带岩溶的发育；同时，先一轮回发育的岩溶带，又为后一轮回岩溶发育提供了条件，或者说后一轮回岩溶往往是追踪先一轮回岩溶发育。这种追踪可以是叠加，也可以是改造，或两者兼而有之。

（四）不均匀性

岩溶发育的选择性、受控性和继承性的结果是岩溶发育的不均匀性。因此可以说，不均匀性是岩溶发育的最大特点，是造成岩溶地下水系统性、孤立性、变迁性、悬托性、穿跨性等的前提条件。

另外，在河谷地带，岩溶发育常见有向岸边退移现象。当河谷两侧有明显的地下水位低槽带或岩溶大泉分布时，两岸地下水的循环多受岩溶大泉或岸坡地下水位低槽带的控制，而河床部分地下水主要表现为与地表河水联系紧密的浅部循环，此种情况下，河床部位的岩溶发育呈现停滞现象，现有的岩溶现象主要为早期岩溶发育的结果，且除表层岩溶外，河床深部的溶洞多呈充填状态，地下水的渗流条件较浅部差。

六、岩溶对工程的影响

中国岩溶地区分布广泛，贵州是岩溶分布面积最广的省份，岩溶类型众多，为国内外所瞩目。岩溶与各项建设，以及人民日常生活关系密切，在岩溶给人们带来绚丽多姿的自然风光与山清水秀的同时，也给工程建设带来了很多麻烦。纵观水利水电、公路及铁路、市政及工民建等工程中因岩溶造成的地质灾害也是屡见不鲜。

(一) 岩溶对水利水电工程的影响

岩溶地区水利水电工程最主要的工程地质问题涉及水库库水渗漏、岩溶空洞塌陷引起的库岸边坡稳定与水库岩溶诱发地震、岩溶浸没与淹没等。尤其是水库岩溶渗漏直接影响水库的正常功能及经济社会效益，还可能影响与水库相关的工程建筑物的安全及一系列环境问题地质灾害。岩溶地区坝基主要存在的工程地质问题有绕坝渗漏、岩溶坝基的不均匀变形、岩溶洞穴的压缩变形与破坏、岩溶化坝基的承载力、坝基抗滑稳定、边坡稳定等问题。岩溶地区地下洞室主要存在的工程地质问题除一般地区的围岩稳定问题、岩爆等外，还有岩溶稳定、岩溶涌水（涌泥）、外水压力等。

国内水库岩溶渗漏典型的如以礼河水槽子水库邻谷渗漏、猫跳河 4 级岩溶渗漏等。

猫跳河 4 级窄巷口水电站位于乌江右岸一级支流猫跳河下游，处于深山峡谷及岩溶强烈发育区。该水电站水库库容 $7.08×10^6 m^3$，多年平均流量为 $44.9 m^3/s$，引用流量为 $96.9 m^3/s$。该电站在勘测阶段，由于受勘探技术手段和勘探时间的限制，对发育复杂的岩溶问题未能完全查明。在施工阶段，由于各种原因未能完成设计的防渗面貌，且大部分是在蓄水后甚至在蓄水情况下以会战的形式完成，以及当时的施工技术、建筑材料和施工时间的限制等，造成电站建成后水库岩溶渗漏严重，初期渗漏量约 $20m^3/s$，约占多年平均径流量的 45%，经 1972 年和 1980 年两次库内堵洞渗漏处理取得一定效果，但渗漏量仍为 $17m^3/s$ 左右。

电站运行以来，中国电建集团贵阳勘测设计研究院有限公司为了查明深岩溶渗漏问题，于 1980 年起至 2009 年，历时近 30 年，多次补充进行了大量的地质勘探工作，并随着勘探技术、手段的不断进步，基本查清了该电站左坝肩渗漏特征及主要渗漏通道，提出了集中封堵与分散灌浆方式相结合的处理方案。2009 年，业主按中国电建集团贵阳勘测设计研究院有限公司提出的处理方案，对主要渗漏带及渗漏通道进行了分期治理，至 2012 年 5 月，根据下游渗漏量的监测数据表明，水库高水位时（1091.5m）其渗漏量仅为 $1.54m^3/s$，且主要来水以左岸山体天然地下水补给为主。总体上，防渗处理效果较好[1]。

(二) 岩溶对公路及铁路工程的影响

在西南山区修建工程，尤其是对速度、安全等多方面都有要求的公路、铁路，大部分区段以隧道形式穿越，且这些隧道都为越岭深埋型隧道，这种由于现代深部岩溶带来的工程地质问题就更具有破坏性和不可预知性。根据对以往深埋隧道资料的统计分析，现代深部岩溶导致的工程地质问题主要表现在如下几个方面。

1. 隧道突水、突泥问题

据统计到目前为止，我国隧道长 3km 以上、洞身穿过碳酸岩地层的隧道在 100 座以上，其中 90% 以上岩溶长隧道都不同程度地发生过岩溶突水、突泥灾害[3]。例如，2018 年 6 月 10 日，在某隧道工程隧道辅助坑道出口平导距洞口 1893m 处掌子面（PDK170＋

671）在发生初次钻孔喷水后，停止掘进，在进行辅助超前地质预报施工作业时，突发瞬时巨量涌水突泥。出口平导 PDK170＋394～PDK170＋814 段为二叠系灰岩夹页岩（P_1q），Ⅲ级围岩，采用Ⅲ级锚喷衬砌，按设计全断面施工，其中 PDK170＋671 处埋深约 230m。涌水突泥引发的后果事故共造成 3 人死亡，平导洞内开挖台架（距离洞口 1800m）、12m 二衬台车（距离洞口 716m），一直被泥水冲出平导洞外，洞口三台风机、应急物资库及值班房被整体冲走冲毁。岩溶地区隧道突水、突泥就成为了主要的工程地质问题之一。

2. 溶洞、隧道与溶洞间岩层失稳问题

隧道在施工过程中如果遇到岩溶发育区段，很容易发生溶洞、隧道与溶洞间岩层失稳现象。对于溶洞的失稳主要表现形式有溶洞顶、地板坍塌，溶洞充填物落石、掉块、掉渣等现象；而对于隧道与溶洞间岩层失稳主要表现形式有在临近溶洞的隧道围岩变形，施工过程中发生垮塌、冒顶等灾害现象。根据对中国西南地区已建和在建隧道的不完全统计，建于岩溶区的铁路长隧道中，几乎均不同程度地遇到了岩溶坍塌，给隧道的施工造成了一定影响，其中，发生过较大岩溶塌陷的隧道有 10 座之多，占总数的 40％，如西南隧道、圆梁山隧道、武隆隧道、歌乐山隧道等，其中，西南隧道在施工中就碰到大小洞穴 80 余处，岩溶顶、底板和侧边溶洞的突然塌陷或掉块引起隧道和支护结构破坏，并引发了大量塌方，严重影响了隧道的正常施工。

3. 高压水问题

高压水的问题则是另外一种现代深部岩溶导致的工程地质问题。这不同一般的突水、突泥，其主要特点是压力高、水量大、持续时间长，因此，对隧道的危险性非常大，往往会造成巨大的、无法估计的损失。这种问题往往出现在深埋隧道岩溶区段内，岩溶一般都较发育。例如，2007 年 8 月 5 日凌晨 1 时左右，由中国铁道建筑总公司十六局四公司负责施工某隧道（湖北省恩施州境内）Ⅰ线 DK124＋602 掌子面爆破后，在组织出砟过程中突发突水突泥事故，1.5h 内突水量 15.1 万 m^3，泥石量 5.35 万 m^3，正在隧道中作业的 52 名施工人员被困。经过紧张施救，救出 43 人（其中 1 人在医院抢救中死亡），发现 2 具尸体，7 人下落不明。经初步分析，这起事故发生的主要原因是当地连续降雨，事故发生地段地表雨水与地下岩腔及断层水系相通，并存有大容量承压水体，地质构造复杂。在设计和施工过程中，虽然也做了多方面的地质勘测工作，但由于工作措施不到位，未能发现不明承压水体；加之对岩层变化及实测出主要发育岩溶裂隙水超压先兆分析判断不够，未能采取有效措施。因此，当隧道岩体揭露后，造成岩溶水压的承载失衡，导致突水突泥重大事故的发生。再如，某电站引水隧洞全线埋深较大，一般为 1500～2000m，最大埋深为 2525m。在该隧洞的 A、B 辅助洞施工过程中发生了一系列高压突水事件。2005 年 1 月 8 日凌晨 3 时左右，辅助洞东端 B 洞掘进至 BK14＋888 掌子面，在掌子面拱顶超前钻孔至孔深 3.2m 时发生高压突水，呈雾状喷射，初始突水量 200L/s，喷距 50m，水压力约 5MPa；2005 年 3 月 30 日上午，在 A 洞 AK14＋762 掌子面放炮后，高压大水涌出，高压

水压力约 5MPa，岩塞被劈裂，形成宽 1～1.3m、高约 1.7m 的出水口；2006 年 3 月 15 日 8 点 30 分，A 洞 AK13＋878 掌子面右侧壁下部断层向外突水，喷距约 8.0m，流量约 2.7m/s，并携带大量黏土及粉砂，该点稳定水量为 0.3m³/s，2006 年 7 月 18 日 16 点 50 分，A 洞 AK13＋520 掌子面右侧壁拱肩向外突水，喷距约 30m，流量 1.26m³/s，并携带大量黏土及粉砂；2007 年 1 月 26 日下午 A 洞反向掘进至桩号 AK13＋489 时，张性破碎带向外突水，该带的总水量达 4.1m³/s，含大量黏土及粉砂[4]。这一系列的高压突水问题，不但严重影响了工程的施工进度，而且给国家的财产和人民的生命安全都带来了巨大的损失。因此，高压水问题是现代深部岩溶发育带来的主要工程地质问题之一。

（三）岩溶对市政及工民建的影响

在岩溶地区，建筑物地基中普遍存在溶洞和土洞，这些地质特征对地基基础的稳定性有着重要影响。在进行工程建设时，有些小型空洞、隐蔽的岩溶空洞或深部溶洞难以发现，这些空洞在上部结构作用和地下水侵蚀的影响下会逐渐扩大，从而对地基的稳定性造成危害。一些空洞可能会在建筑物和基础修建之后形成，因为地下水的溶蚀作用会破坏土层或基岩的完整性，导致承载力降低。高层建筑的竖向荷载大、集中、复杂，这会导致空洞地基出现较大变形和差异沉降。如果空洞顶部不能承受上部结构的负荷，就会发生坍塌，导致地基突然下沉或建筑物基础悬空，从而对上部结构造成损害。因此，在设计高层建筑下空洞地基时，需要对其稳定性进行严密的分析，了解岩溶空洞在高层建筑作用下的应力应变及变形规律，并根据岩溶空洞可能的变化来评估建筑物使用期限内的安全性，以确保在岩溶地质场地中进行工程建设的可行性和安全性[5]。

第二节 岩溶地球物理特征

一、物探对岩溶的认识

岩溶（Karst）是一个比较广义的地质学概念，主要指水对碳酸盐岩（石灰岩、白云岩等）、硫酸盐岩（石膏等）和卤化物岩（岩盐）等可溶性岩石的溶解，形成的地表和地下地质现象。岩溶作用伴随着地表侵蚀、地下潜蚀、冲蚀以及崩塌、塌陷、滑动、物理风化、化学风化、搬运、堆积、沉积等作用。

1. 从地质学的角度进行分类

常见的岩溶专著、论文主要从地质学的角度进行分类和描述，如下列岩溶类型的划分[1]。

（1）按气候条件分为热带型、亚热带型、温带型、高寒地区型、干旱地区型。

（2）按发育时代分为古岩溶与近代岩溶。

（3）按出露条件分为裸露型、半裸露型、覆盖型、埋藏型。

（4）按岩性分为碳酸盐岩溶、硫酸盐岩溶、氯化物岩岩溶等。

（5）按深度分浅岩溶、深岩溶。

（6）按气候带分北方岩溶、南方岩溶。

（7）按河谷发育部位分为阶地型、斜坡型、分水岭型。

（8）按水动力特征分为近河谷排泄基准面岩溶、远离河谷排泄基准面岩溶、构造带岩溶。

（9）按地台区类型分为河谷侵蚀岩溶、沿裂隙发育岩溶、构造破碎带岩溶、埋藏古岩溶。

2. 从地球物理探测的角度进行分类

从地球物理探测的角度来看，岩溶不仅是一种地质现象，更重要的是被探测者视为一种区别与围岩的地质体，这种地质体的物理性质（电阻率、磁化率、波速、密度等物性）与围岩存在明显差异，我们得以通过物性的差异探测到、分辨出岩溶。作为地质勘探的一种手段，需要物探探测的岩溶主要为隐藏在地下的隐蔽地质体或半隐蔽的地质体，因此，物探人眼中的岩溶类型主要为：

（1）深埋藏溶洞：主要包括发育在岩溶地层中的洞穴、暗河、岩溶管道，这种类型的洞穴又分为空洞、水（黏土）全充填或半充填三种类型，这种类型的溶洞一般呈现围岩完整、洞内充填物复杂的特点，见图 1-15。

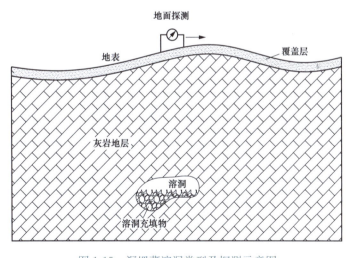

图 1-15　深埋藏溶洞类型及探测示意图

（2）浅埋藏溶洞：主要包括发育在覆盖层下、基岩面附近的溶洞，这种类型的溶洞一般呈现顶部岩层风化较强、洞内充填情况复杂的特点，见图 1-16。

（3）半埋藏型溶洞：主要为在地表显现的落水洞、漏斗、暗河或泉水出入口等，这种溶洞一般需要物探追踪溶洞在地下的走向、规模，见图 1-17。

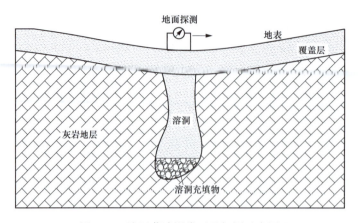

图 1-16 浅埋藏溶洞类型及探测示意图

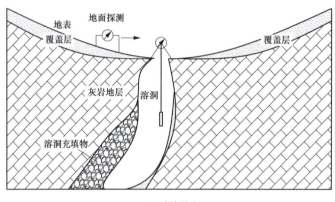

(a) 岩溶漏斗

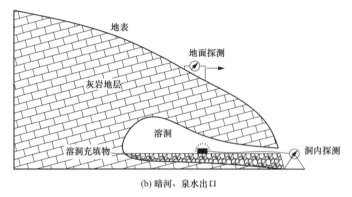

(b) 暗河、泉水出口

图 1-17 半埋藏溶洞类型及探测示意图

（4）揭露型溶洞：主要为在施工、勘探或工程运行期间因人工或天然活动揭露的溶洞，如隧道掘进、地质钻探、路面塌陷等发现的溶洞，这类溶洞一般要求物探探明溶洞的规模、延伸方向，以及充填情况等，见图 1-18。

（5）其他岩溶类型：与岩体结构、密封性相关的溶蚀裂隙、土层中的孤石或溶芽等，见图 1-19。

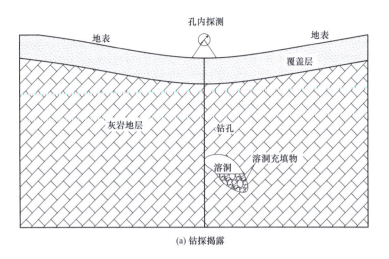

(a) 钻探揭露

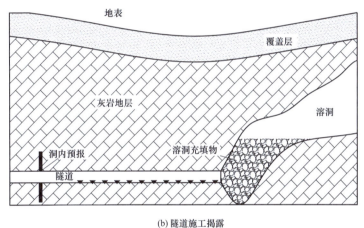

(b) 隧道施工揭露

图 1-18　揭露溶洞类型及探测示意图

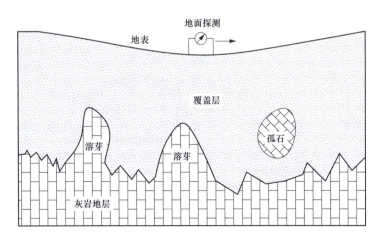

图 1-19　溶芽及孤石探测示意图

物探涉及的岩溶类型与分类用图 1-20 表示。

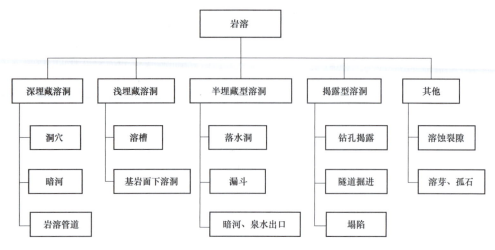

图 1-20　物探岩溶探测的溶洞类型

二、岩溶探测方法

岩溶虽存在地表以下，但埋深不同，形式多样，工程建设目的或所处的场所不同，要解决的方式方法也不尽相同，因此，要因地制宜，有针对目标，以最优化的形式加以解决。目前，探测岩溶主要是在地表及孔内两个方面进行。其中，在地表进行岩溶探测的主要地球物理方法有大地电磁法、高密度电法、探地雷达法、地震映像法、瞬变电磁法及地震折射波法、地震反射波法等。孔内岩溶探测的地球物理方法主要为层析成像类方法，主要包括电磁波层析成像、弹性波层析成像（分为声波层析成像、地震波层析成像）。

不同地区地表类岩溶地球物理探测技术也不尽相同，因岩溶所在地质条件、地形地貌、人文环境、探测深度、盲区范围、水平分辨率、垂直分辨率及工作效率等方面不同，也存在较大的差别。例如，大地电磁法其探测深度虽大、受地形影响小，但由于其浅部会出现一定深度范围的无数据盲区，有的地质条件下导致探测盲区范围较深，且其深部信息是由靠低频信号来反应的，在探测深度较大的同时，也导致其垂向分辨率较低。高密度电法虽水平分辨率、垂向分辨率均较高，且探测盲区较浅，但其只适合探测浅、中部异常，而且探测效率较低，并且探测结果受地形影响、地表各种干扰因素较大。另外，各类地球物理探测方法均存在一定的制约条件。例如，大地电磁法及高密度电法需要将电极插入地表，如果遇上基岩裸露区域，裸露岩石致密坚硬，会大大限制送入地下的电压或电流强度，并导致测量电极接地电阻过高，有效信号太弱不利测量的影响，极大地影响探测效果，制约方法的使用。探地雷达法如果表层存在低阻屏蔽层，如较厚覆盖层、表层黏土及地下水等也会制约方法的使用。地表岩溶地球物探探测技术分析如表 1-4[8] 所示。

表 1-4 岩溶探测方法与特性条件

序号	探测方法		适用岩溶类型	利用的物性条件	适用勘察阶段
1	电法勘探	电测深	浅埋藏、深埋藏、半埋藏型溶洞	围岩与溶洞的电阻率、极化率差异	普查、详查
2		电剖面	浅埋藏、半埋藏型溶洞		普查
3		高密度	浅埋藏、深埋藏、半埋藏、揭露型溶洞		普查、详查
4		自然电场	浅埋藏、半埋藏、揭露型溶洞		普查、详查
5		充电	浅埋藏、半埋藏、揭露型溶洞		普查、详查
6		激发极化	浅埋藏、深埋藏、半埋藏、揭露型溶洞		普查、详查
7	电磁法勘探	可控源音频大地电磁	深埋藏、半埋藏、揭露型溶洞	围岩与溶洞的电阻率、磁导率差异	普查、详查
8		音频大地电磁	深埋藏、半埋藏、揭露型溶洞		普查、详查
9		瞬变电磁	浅埋藏、深埋藏、半埋藏、揭露型溶洞		普查、详查
10		感应电磁	浅埋藏、半埋藏、揭露型溶洞		普查
11	探地雷达	二维	浅埋藏、半埋藏、揭露型溶洞	覆盖层、围岩与溶洞电阻率、介电常数差异	普查、详查
12		三维	浅埋藏、半埋藏、揭露型溶洞		详查
13		孔内	浅埋藏、深埋藏、揭露型溶洞		详查
14	地震勘探	折射	浅埋藏、半埋藏、揭露型溶洞	发育溶洞的构造带与围岩接触面具有较大的波阻抗差异	普查
15		反射	浅埋藏、深埋藏、半埋藏、揭露型溶洞		普查、详查
16		面波	浅埋藏、半埋藏、揭露型溶洞		普查、详查
17		三维地震	深埋藏溶洞		详查
18	层析成像	声波 CT	浅埋藏、深埋藏、半埋藏、揭露型溶洞	溶洞与围岩具有较强的弹性波速度或电磁吸收系数差异	详查
19		地震波 CT	浅埋藏、深埋藏、半埋藏、揭露型溶洞		详查
20		电磁波 CT	浅埋藏、深埋藏、半埋藏、揭露型溶洞		详查
21		电阻率 CT	浅埋藏、半埋藏、揭露型溶洞		详查
22	放射性探测	常规测氡	浅埋藏溶洞	溶洞内的放射性射气或核素释放明显	普查
23		自然伽马	浅埋藏溶洞		普查
24	地球物理测井	井径	浅埋藏、深埋藏、揭露型溶洞	钻孔有效揭示了地层的岩溶现象、结构和构造	详查
25		井温			
26		电测井			
27		自然伽马			
28		密度			
29		钻孔电视			
30		超声成像			
31	同位素示踪		半埋藏、揭露型溶洞	岩溶地下水有效连通，便于同位素运移	详查
32	钻孔溶洞三维扫描成像		浅埋藏、深埋藏、半埋藏、揭露型溶洞	钻孔等有效揭示了岩溶空腔	详查、施工

孔内岩溶探测方法主要为层析成像类方法，现阶段使用成熟的主要为电磁波层析成像及弹性波层析成像两种。电磁波层析成像及弹性波层析成像均具有分辨率高的特点，在使用中有较好的地质效果。针对非充填型溶洞、半充填型以及全充填型溶洞三种不同溶洞类型，两种层析成像技术适用性如下：①非充填型溶洞与围岩相比具有低吸收的特征，在完整的低吸收围岩中吸收系数差异较小，但波速差异较大。因此，在非充填型溶洞探测中弹性波层析成像远比电磁波层析成像效果明显。但非充填型溶洞周围常常会有比较严重的溶蚀夹泥现象，在地下水位线以下会被地下水浸润，形成相对高吸收的包裹体，在这种情况下电磁波层析成像也会有所反应。②充填型和半充填型溶洞与围岩相比具有高吸收系数、低波速特征，使用电磁波层析成像及弹性波层析成像均有较好的效果。但对于规模较小的充填型溶洞和半充填型溶洞，所表现出来溶洞与围岩之间的吸收系数差异更大，这种情况下，电磁波层析成像效果优于弹性波层析成像。另外，在现场工作中电磁波层析成像及弹性波层析成像工作效率均较为低下。弹性波层析成像一般使用大功率电火花震源或炸药震源，需要使用水做耦合剂，在岩溶探测中很多时候需要对钻孔进行钢管或 PVC 管保护，而电磁波层析成像则不受这些条件限制。

在实际工作中，根据岩溶发育特点，可以依据现场条件以及探测目的选择合适的探测方法加以解决。以不同的覆盖层深度为例，当基岩裸露时，可主要使用探地雷达法，也可选用瞬变电磁法探测中、浅部地下岩溶。当覆盖层较薄时，中、浅部地下岩溶探测主要使用高密度电法，也可选用探地雷达、瞬变电磁法等；中、深部岩溶探测主要使用大地电磁法。当覆盖层较厚时，主要使用大地电磁法探测地下岩溶及规模较大的地表岩溶。详细探测岩溶的位置、规模、延伸、充填情况使用可以根据现场情况选用电磁波层析成像或弹性波层析成像。当地球物理条件不理想时，单一方法不能很好地解决实际问题，为提高工程物探勘察的精度与准确性，此时应考虑综合物探方法技术，充分发挥物探技术经济、方便快速、可以连续测量的优点。总之，要以物探方法为基础，依据每种地球物理方法的适用条件，结合工区地质情况、地球物理特征及存在的限制条件，对不同的部位选取两种或两种以上的地球物理方法组合，使得探测结果更加准确、可靠，达到共同完成和解决实际工程问题的目的，取得更好的社会经济效益，满足工程建设实际需要。

物探岩溶探测的方法较多，主要依据岩溶类型、探测地质条件和探测任务要求而选择，其中，岩溶的地球物理特征是探测方法选择的重要条件。物探岩溶探测的内容主要为以下几个方面。

（1）岩溶普查：测区内岩溶发育的数量、位置，一般在前期勘察阶段。一般采用二维勘探，布置勘探测线，成果以定性解释为主。

（2）岩溶详查：探测区内溶洞的具体埋深、规模，一般在后期勘察或施工阶段。一般采用测线网布置，依托勘探孔，成果以定量解释为主。

（3）溶洞延伸与走向：针对已有的暗河、已揭示的溶洞开展的详查探测。

（4）溶洞充填情况：主要针对施工阶段揭示或探测到的大型溶洞，为施工设计提供资料。

（5）溶洞内部：主要针对施工处理阶段的大型溶洞，为施工提供资料。

岩溶区呈现地形陡峭、基岩面犬牙交错，覆盖层厚度变化大，地面常以塌陷、漏斗、洼地、岩溶泉等形态出现，溶洞内部多表现为空洞、全充填、半充填等物理性状彼此相反的复杂介质特征，在空间分布上极不均匀，表现在电阻率、速度等物理参数，渗透率、孔隙度、含水性等水文地质参数存在严重的各向异性。所有这些特点，使得近地表地球物理方法技术的运用面临极大的挑战[6]。相对于地质构造而言，岩溶是一种尺寸很小的三维体，分布无规律、大小相差悬殊、尺寸埋深比小。覆盖层介质的低通滤波作用、灰岩界面对能量的反射、屏障作用以及灰岩界面的强反射波、长余震影响，增加了岩溶探测难度[7]。根据解决地质问题的精度，岩溶区近地表地球物理方法主要有地表、孔中和隧道几类，见表1-4[8]。

三、岩溶的地球物理特征

（一）岩溶地层及溶洞充填物的物理特性

灰岩、白云岩地层是存在范围最广泛的可溶岩地层，通常呈现高波速、高电阻率、低介电常数，泥灰岩也存在岩溶化现场，但波速、电阻率相对灰岩、白云岩低。岩溶化程度除水动力条件外，岩石节理裂隙、破碎程度、风化程度也是岩溶化的重要条件，所以节理、风化也会造成围岩的电阻率和波速降低。

对于无充填的溶洞，一般认为其电阻率比围岩电阻率高，但据众多工程实例，虽然空洞本身电阻率较高，但由于溶洞的形成与节理裂隙发育、地下水的活动等因素有关，加上溶洞洞壁通常存在较厚的钙化层及钟乳石等低电阻物质，因此，除非是大型、特大型溶洞，大多数空洞由于波的散射和屏蔽影响，一般呈现低阻、高阻抗均有反应。

表1-5所示为可溶岩地层与岩溶充填介质的物性分布情况，两者存在较大的差异，为物探岩溶探测提供了较好的物理条件。

表1-5　　　　　　　　　　溶洞、充填物及围岩物理特性表

类别	名称	电阻率 $\rho(\Omega \cdot m)$	密度 $\sigma(g/cm^3)$	波速 $v_p(km/s)$	介电常数 ε_r	吸收系数 $\beta(dB/m)$
溶洞及充填物	空气	$<10^2$	1.0	1.4~1.6	1	0
	岩溶水	1.5×10^0~3×10^0	1.0	1.4	20~35	0.1
	黏土	1×10^0~2×10^2	1.60~2.04	1.2~2.5	8~20	5~300
岩溶围岩	灰岩	6×10^2~6×10^3	2.60~2.77	2.5~6.1	6~12	0.1~1.0
	白云岩	5×10^1~6×10^3	2.80~3.00	2.5~5.0	6~12	0.1~1.0
	泥灰岩	1×10^0~1×10^2	2.45~2.65	2.0~4.4	10~50	1~100.0
	硬石膏	1×10^4~1×10^6	2.41~2.58	3.5~4.5	6~10	0.2~1.0

（二）几种物探方法的溶洞异常特征

1. 地震勘探溶洞异常特征分析

（1）在溶洞直径小于地震波波长的情况下，地震波到达溶洞后，散射现象占主导，反射波最大振幅随溶洞直径增大呈指数增大，溶洞直径约为地震波波长 1/3 时，反射最大振幅出现极大值，随后振幅逐渐减小。溶洞直径大于一个地震波波长后，反射现象占优，最大反射振幅呈现不断增大的趋势，直至达到一个稳定值。

（2）不同尺度的溶洞反射波频带差别较大，小尺度溶洞反射波的频带宽，主频偏高；大尺度溶洞反射波的频带变窄，主频偏低。

（3）对于小尺度的溶洞，散射波的强度只与溶洞体的尺度有关，与溶洞体的形状基本没有关系。小尺度溶洞体散射波振幅与溶洞体的等效尺度成正比；大尺度溶洞的形态对绕射波的振幅具有强烈的影响，在菲涅耳半径内，线体能量最强，片、柱、椭球、球体型绕射信号逐渐减弱。

（4）溶洞充填物性质不同时其波场特征也有所差异，均匀充填溶洞的绕射波能量最强、波形简单、剖面信噪比高，反射成像收敛的"串珠"能量强、对称、拖尾较短；非均质充填溶洞的绕射波能量较弱，剖面信噪比低，反射成像收敛的"串珠"能量强弱与充填物非均质性有关，非均质性越强其成像"串珠"形态畸变越大、拖尾越长。

（5）利用地震物理模拟实验数据进行常规地震处理，在叠加和偏移剖面上，小型溶洞表现为串珠状反射特征，大型溶洞表现为似层状反射特征。溶洞顶界面反射较清晰，溶洞单元底部反射同相轴存在时间下拉现象。依据偏移成像剖面预测的溶洞大小约是实际大小的 2.5 倍左右。

2. 探地雷达溶洞异常特征分析

研究表明，可溶性岩层和溶洞内填充物（如空气、碎石、土和水）之间的物性差异比较明显。溶洞的几何形状、大小尺寸、埋深和溶洞内充填物的性质等是决定溶洞在探地雷达图像上形态特征的主要因素。类同于管道在探地雷达图像上的特征，椭圆形及圆形溶洞在雷达图像上的反射波形态主要表现为双曲线等弧形形状。形状不规则的溶洞在探地雷达图像中相应形态也没有规律性。

一般地，在雷达图像中致密灰岩的反射波表现微弱，局部小裂隙充填的方解石脉则引起内部的一些不规则的强反射。溶洞的一般性雷达图像特征规律是被溶洞侧壁的强反射所包围的弱反射空间，即界面反射为强反射，且往往伴有"双曲线反射"的弧形绕射现象。究其原因是当测线长度远大于溶洞洞径时，天线在移动时逐渐从靠近到远离溶洞的过程。溶洞底界面的反射一般不是很明显，当溶洞充填水或空气时，电磁波在洞体内近乎没有反射；当溶洞充填其他物质时，洞腔内部的反射波不规律，且同相轴错断。一般地，存在多种多样的岩溶形成方式，而各种各样的岩溶形态的形成源于多种岩溶形态相叠加。串珠状的隐伏溶斗、溶洞的形成通常容易在垂直方向沿裂隙发育。探地雷达探测的难点则是如何分辨这些复杂的岩溶。一般而言，可以从雷达图像中看出存在有明显的"双曲线反射"弧形绕射现象，若同相轴杂乱，可推测其内部填充有碎石。若其相位发生偏转且为正反射，则可推测此溶洞为部分填充，局部存在空洞。

3. 高密度电法溶洞异常特征分析

针对溶洞常见的三种溶洞类型，高密度电法的物性特征：①不含充填物的空洞，与围岩相比，其电阻率明显较高；②含水（或充填物为亲水性物质）溶洞，其电阻率一般较低；③坍塌溶洞，由于通常形成松散土层，与周围岩石也存在电性差异。在理想的地质条件下探测第一类和第二类溶洞时，因其存在明显的电性差异，比较容易识别出来。但在实际探测中，地下往往是由第四系地层、风化层及基岩层构成的层状介质；并且实际溶洞四周的岩体经常出现裂隙发育等问题，岩体本身呈破碎状，电阻率比基岩低，这里将包围在溶洞四周的破碎状岩体简称为破碎状溶壳。

基岩层中充水型溶洞、充泥型溶洞及未充填型溶洞，电阻率正演结果中仅有充水型溶洞表现出一定程度的异常形态，而充泥型溶洞和未充填型溶洞都没有表现出明显的异常。对于反演结果，充水型溶洞反应明显，异常较清晰，但是溶洞在深度方向有一定的拉伸；充泥型溶洞表现出低阻异常，深度与模型深度相吻合；未充填型溶洞在反演断面图表现的异常不明显，溶洞的大小和埋深与模型存在很大的差异性。

风化岩层中充水型溶洞和充泥型溶洞表现出的异常明显，且范围较大，而未充填空洞在正演结果上能表现出异常区域，但异常极不明显且范围较小。对于位于风化岩层的溶洞，在反演结果上都能表现出异常区域，充泥型和未充填型溶洞的大小和深度能与模型中溶洞相吻合，但是充水型溶洞反演的深度比实际略大，且在深度上有拉伸。

溶洞在视电阻率断面上常表现低阻圈闭、高阻圈闭、半圈闭、类似"∞"等形态特征，这种特有解译标志有利于高密度电法成果解释；α排列对垂向电性变化敏感，对垂向电性约束较好；β排列对横向电性变化敏感且横向分辨率最高，但是在反演视电阻剖面易出现虚假异常，这会给解释带来麻烦；γ排列特点相对适中，特点不突出，但由于视电阻率剖面表现最深，也常用来作为辅助分析。由于α排列垂向电性变化敏感，有利于水平构造成像；β排列对横向电性敏感，有利于垂直构造成像；γ排列成像深度大，可以用来辅助分析。因为高密度电法装置类型众多，不同装置有不同的特点，面对野外复杂的地质情况高密度电法在岩溶探测上具有很强的适应性。

4. 可控源音频大地电磁法（CSAMT）岩溶探测的异常特征分析

CSAMT法岩溶常呈现高、低阻性质，以及其发育往往伴随着一些地质构造，数值模拟显示，在TE模式下，不管岩溶是高阻还是低阻性质，剖面特征总是表现为圈闭的形态，通过明显电性差异特征能分离出岩溶所在位置顶底板。在TM模式下，表现为高、低阻条带状异常，对岩溶垂向上的异常范围不能确定；对一些地质构造模拟得出TE模式适合水平构造成像，TM模式适合垂直构造成像；TE模式比较适合岩溶探测，但是实际情况比较复杂，是多种地质体的综合结果，往往是多模式、多图件综合分析，选出剖面异常综合反应最具代表的成果。

5.CT岩溶探测的异常特征分析

电磁波跨孔CT层析成像是根据电磁波在介质中的传播特性来进行探测，获得的层析结果是介质吸收系数幅值的二维分布图像，据此推断地下的异常、构造等。吸收系数与地下介质的磁导率、电阻率、介电常数、发射电磁波频率等均有关，当层析介质不均匀或有缝、洞、破碎等异常时，其电阻率、介电常数、磁导率等均会发生变化。无论溶洞里含水或破碎含泥沙，或是空洞，电磁波均能反映出其异常，但值得一提的是，空洞因吸收系数与完整围岩较接近，因此效果不是非常理想，不能较为准确地判断出其空间形态及物性参数，最好能结合其他地球物理方法综合判断为宜。电磁波CT岩溶特征如下。

（1）无论溶洞里含水或者是空洞、破碎含泥沙等，电磁波CT方法均能反映出其异常，但因空洞与完整围岩的吸收系数较接近，因此效果不是非常理想，不能较为准确地判断出其空间形态及物性参数，最好能结合其他地球物理方法进行综合判断。

（2）只要地层的吸收系数存在一定的差异，电磁波CT即可较清晰、有效地反映出地层的分界情况。可根据观测电场曲线判断地层分界位置，地层的分界位置一般在曲线的极值点附近，而且可根据极值点上下曲线的斜率来定性判断地层吸收系数大小关系，从而进一步推断其岩性；而根据反演所得电磁波视吸收系数等值线图则能更为直观地反映出其分层情况，分界线附近往往等值线密集，且走向一致。但若要比较精确地找出分层位置，结合观测电场曲线图与吸收系数等值线图综合分析往往效果更好。

弹性体波CT层析成像当异常体尺寸较小、高速异常体时差小、低速异常体产生较强的绕射时等，重建异常体的投影函数（时差）与背景值相当接近，造成图像重建效果不好，但在波形扫描阵列图中具有明显的异常特征：斯通滤波是一种转换波，弹性波在均匀、无限介质中只存在纵波和横波两种基本类型的波，但当通过一个波阻抗较大的界面或异常体时，就会出现转换波，其特点是能量大、频率低、首波相位反相、在波阵列图上呈现较好的对称性，其形成的机制目前尚没有确切的解释理论，通过对震源和接收点的相互关系，这种波所产生的特殊环境：在没有阻抗条件下，不会产生转换波，如遇中间有溶洞、断层、裂隙等则会出现转换波见图1-21。

通过对上述现象的分析，斯通滤波是当纵波与横波在通过波阻抗界面时，产生折射透射波，相位发生半波损失，在界面的另一侧叠加后形成的一种新的波——斯通滤波（ST波）。每一个阵列中使用相同的能量、相同的收发距，转换波的能量是原先的3~4倍，其频率明显低于直达波。同其他类型的

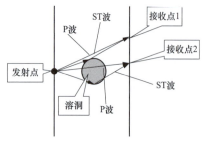

图1-21 弹性波CT的波场地分析

弹性波一样，ST 波的传播也遵守斯更斯原理，当遇到波阻抗界面时，也会发生新的反射。图 1-22 中的"人"字形结构的波就是 ST 波以波阻抗为新的波源向四周传播所形成的相对于溶洞的波形图像。

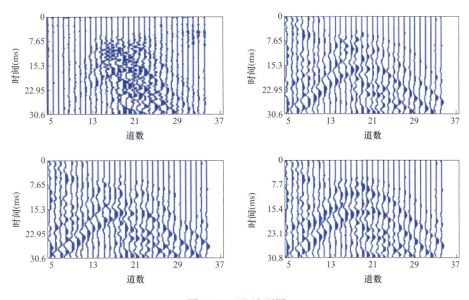

图 1-22　ST 波列图

识别传播到接收点的 ST 波是穿过溶洞的直达波，还是从洞壁处绕射来的子波，经过仔细观测和分析，结论是：穿过溶洞的首波是 ST 波，首波没有纵波，与正常情况的纵波相比，相位反向；没有穿过溶洞的首波是纵波，纵波相位正向。

第三节　岩溶地球物理探测应用现状

岩溶是碳酸岩地区工程建设中经常遇到的问题，也是困扰岩溶地区工程建设者的主要问题之一。近些年来，随着国家在水电水利、交通、市政等工程建设的持续深入进行，因岩溶的发育而引起的水库渗漏、路面塌陷、基坑涌水等问题层出不穷。岩溶对不同工程而言，大都是不利因素，但对不同工程影响又不尽相同。在岩溶地区的水利水电工程建设中，既要查清大型基础下一定深度范围内的岩溶分布，又要了解库区的岩溶分布及地下水活动情况并作相应的处理，以消除大坝及水库库区的安全隐患；在岩溶地区修建桥梁时，也需要查清桥基以下一定深度范围内的岩溶分布情况以确保桥梁基础的安全；同样地，当高速公路、铁路经过灰岩地区时，隧道施工中的岩溶问题以及路基基础以下的岩溶问题都会给工程施工及其安全带来危害，也需要查清其岩溶分布情况并做出相应的处理；在灰岩地区的城市高层建筑和地铁建设中，岩溶问题同样是不可忽视且无法回避的问题。

岩溶作为工程建设中的一种典型不良地质体，其形成原因复杂，分布不规律，探测有难度，早已是世界性的突出问题。有关于岩溶问题的研究最早可以追溯到20世纪30年代的苏联，当时由舍维亚科夫院士发起并召开的第一届全苏联喀斯特会议标志着人们研究岩溶问题的开端。20世纪70年代中期，德国举办了首次主题为"与可溶岩有关的工程地质问题"的国际研讨会。1984—2003年间，在美国先后进行了9届有关岩溶塌陷和岩溶工程的多学科讨论会，这也是目前国际上具有最大影响力的有关岩溶问题的讨论会。在我国，自新中国成立以来，以袁道先院士为代表的国内岩溶研究专家们积极致力于国际交流；1993年8月在北京召开的第"十一届国际洞穴大会"，展示了我国岩溶研究的成果。"十一五"期间，我国岩溶研究无论是在理论上还是在实践上都取得了显著性进展。近十余年间，我国岩溶探测技术取得了长足进步，在水利水电工程、交通工程、市政工程岩溶探测工作中，地球物理探测技术发挥了重要作用。

钻孔探测是早期岩溶探测中比较常用的手段，但是其成本高、横向探测范围不足等显著缺点限制了钻孔方法在岩溶探测中的应用；而地球物理探测技术因其具有采样密度大、无损、高效的手段，在岩溶探测工作中越来越受到欢迎。地球物理勘探中地震法和电磁方法应用最为广泛，是利用岩石介质与周围围岩存在弹性、电磁性差异，通过专门设备仪器观测这些差异而推断出地下地质形态的方法。这两类方法近些年来在各类工程的岩溶探测中都获得了一定的探测效果。如利用浅层地震反射法和折射法联合勘探可以获得良好的地震记录，从而能迅速便捷地探测到地下空洞、岩溶裂隙带。弹性波CT方法利用大量地震波速度信息进行反演计算，得到岩溶发育区岩土的弹性波速度分布规律，采用这种方法探查岩溶分布形态效率高并定位准确。地质雷达是采用高频电磁波、宽频带短脉冲和高速采样技术的一种新型物探方法，该方法以其分辨率高和异常图像直观的优点被广泛用于岩溶勘察中，虽然该方法定位岩溶较准但在识别溶洞填充性及形态方面略显不足。高密度电法有数据量大、成本低、受场地干扰小、装置组合多样的优点，在岩溶勘察方面有着良好的应用。瞬变电磁法在常见的地下洞体探测中以其体积效应小、受地形影响小在实际工作中有其可能性和有效性，而装置形式的多样使其应用范围进一步被拓宽，不同勘探条件可以选择不同的装置以达到最佳勘测效果。电磁波CT由于具有分辨率高和精度高的优点，被广泛应用于精细岩溶的探测当中，但不同的观测系统和数据采集质量决定着成像质量的好坏。在计算机技术普及之前，由于其设备精度和结果的多解性，发展应用受到限制。自20世纪80年代以后，在国家的大力支持下，高端物探仪器设备得以引进，再加上计算机技术的迅猛发展，如探地雷达、瞬变电磁、EH4、电磁波CT等地球物理方法通过大量的工程实践得以迅速发展，成为目前岩溶探测中常用的勘察手段。

在水电水利、交通、市政等工程建设过程，遇到的岩溶问题各式各样，不同工程对岩溶勘察、处理要求也不一样，但从应用成果来看，水电水利工程所遇到岩溶问题最为复杂，岩溶探测成果、岩溶探测技术的应用在水电水利工程中也最具有代表性。才庆喜[10]、谭文农[11]、李印侠[12]等较早采用物探方法进行水利工程岩溶探测，采用先进物探手段在水电水利工程中的应用始于 20 世纪 90 年代初思林水电站，地质雷达、CT 技术结合放射性同位素测试和常规勘查，精确定位的枢纽区岩溶管道发育位置在后期施工过程中得到很好的验证；最为典型的是索风营水电站，因库区岩溶发育，有大规模管道渗漏的可能，为此，项目投资方和设计院进行库区渗漏专题研究，使多种物探手段得以应用，如地震折射波法、地震反射波法、地质雷达、高密度电阻率法、瞬变电磁法、可控源音频大地电磁法、电磁波 CT 和弹性波 CT 等，还首次将卫星遥感技术在水电勘察中成功应用，为水库成库提供了有力的支撑材料[13]。

隐伏岩溶的探测一直是国内外的一大难题。目前，岩溶探测主要地球物理方法有①电磁法类的主要有瞬变电磁法、可控源音频大地电磁法[14-23]；②电阻率法主要采用直流电测深法和高密度电法[24-33]；③探地雷达法[34-42]；④井间层析成像，包括井间电磁波层析成像（电磁波 CT）[43-51]、井间弹性波层析成像（弹性波 CT）[52-61]；⑤地震波法中的地震映像法、地震面波法、折射波波层析成像[62-70]；⑥除上述主要探测方法外，如红外技术[71,72]、放射性法[73-76]、陆地声纳法[77]、管波探测法[78-81] 等对针对岩溶地区特定岩溶问题的探测也有不同程度的应用。

大量理论与应用实践表明：电磁法主要用于探测数米至数百米深度范围内岩溶，实际工作中使用较为广泛的是高频大地电磁法和瞬变电磁法，多用于工程建设立项论证阶段勘察工作，进行岩溶分布、构造破碎带的分布等较大尺度的勘察工作中。高频大地电磁法其探测深度大、受地形影响小，但由于其浅部会出现一定深度范围的无数据盲区，有的地质条件下导致探测盲区范围较深，且其深部信息是由靠低频信号来反应的，在探测深度较大的同时，也导致其垂向分辨率较低。瞬变电磁法对含水构造、充填型溶洞的探测较粗效，横向分辨率高，探测效率高，可进行小点距快速探测。高密度电法适合浅表岩溶探测，虽说能直观地反应地下电阻率分布情况，但是对一定小规模的岩溶以及高阻异常会出现漏判和误判的情况。探地雷达分辨率高，对小规模岩溶，特别是岩溶充填物性质都能进行一定程度的识别，但是受地质体含水情况的影响，探测深度有限。而井间电磁波和井间弹性波层析成像虽然精度高，但需要钻孔配合，对岩体破碎的钻孔，需采用导管进行，井间弹性波层析成像技术还需孔内保持有水状态，应用场景受限较大。

在实际岩溶溶洞勘察的过程中，物探方法常作为先行手段，但单一的物探方法往往具有一定局限性，不能准确地识别异常，常常是通过多种物探手段，根据各方法的特点，对异常相互查证与补充[82-88]。

第二章

电 磁 法

电磁法又称电磁感应法，是以介质的电磁性差异为物质基础，通过观测和研究人工或天然的交变电磁场随空间分布规律或随时间的变化规律，达到某些勘查目的的一类电法勘探方法。按其电磁场随频率和时间的变化规律可分频率域和时间域电磁法。本书主要介绍在岩溶探测工作中应用较多的高频大地电磁和瞬变电磁法。

大地电磁测深法是 20 世纪 50 年代初由 A. N. Tikhonov 和 L. Cagnird 分别提出的，20 世纪 60 年代以前该方法发展较慢，自 20 世纪 70 年代以来，由于张量阻抗分析方法的提出，远参考道的发展以及现代的数字化记录设备及现场实时处理系统的采用，使大地电磁测深法在世界上获得了较快发展。

在国内，20 世纪 60 年代初，在顾功叙教授倡导下原中国科学院兰州地球物理研究所开始对大地电磁测深进行试验研究，取得了初步进发。近三十年多年来，是大地电磁测深法迅速发展的时期，其理论更加成熟，仪器设备不断更新，数据的处理和反演方法也日趋完善，应用领域不断扩宽，高频大地电磁测深法因信号频率较高，对中浅部探测具有较高的分辨能力而逐渐成为水电水利工程、交通工程及市政工程中岩溶探测的应用较广泛的地球物理方法之一[89-93]。STRATAGEM（TM）电导率成像系统（EH-4）由美国 EMI 电磁仪器公司与 GEOMETRICS 公司联合开发，是一种便携式、能测量地层电阻率的仪器；该系统使用天然的和人工的电磁场信号，能在各种地形上产生电导率连续剖面；系统同时测量远处的天然场源和人工源激发的电场和磁场来计算探测剖面上大地电阻率分布，进而实现工程地质勘查和岩溶探测目的。至 20 世纪后期问世以来，该系统广泛应用于岩溶探测工作中。近些年来，随着国内电磁法仪器设备的发展，一批优秀的国内生产厂家应运而生，如湖南元石科技有限公司生产的 F3、重庆国科生产的 UltraEM Z4 等。

瞬变电磁法（TEM）属于时间域电磁法，它利用不接地回线或接地线源向地下发送电磁脉冲，在一次电磁场的激励下，地下导体内部产生感应涡旋电流。在一次脉冲电磁场的间隙期间，涡流电流产生的二次磁场不会随一次场消失而立即消失，即有一个瞬变过程，利用线圈或接地电极观测二次磁场，研究其与时间的变化关系，从而确定地下导体的电性分布结构及空间形态。瞬电磁法因其在实际工作中效率高、横向分辨率高而在浅部岩溶探测中得以大量应用[94-101]。

第一节 高频大地电磁法

一、基本原理

所有的经典电磁场问题都从 Maxwell 方程出发。真空中的电磁场表示为如式（2-1）～式（2-4）所示的方程组，即

$$\nabla \times \boldsymbol{E} = -\frac{\partial \boldsymbol{B}}{\partial t} \tag{2-1}$$

$$\nabla \times \boldsymbol{H} = \boldsymbol{J} + \frac{\partial \boldsymbol{D}}{\partial t} \tag{2-2}$$

$$\nabla \cdot \boldsymbol{B} = 0 \tag{2-3}$$

$$\nabla \cdot \boldsymbol{D} = \rho \tag{2-4}$$

式中 ∇——哈密顿算子；

$\boldsymbol{E}$——电场强度；

$\boldsymbol{B}$——磁感应强度；

$\boldsymbol{H}$——磁场强度矢量；

$\boldsymbol{J}$——电流密度矢量；

$\boldsymbol{D}$——电位移矢量；

ρ——电荷密度。

通过物质的介电常数 ε、磁导率 μ 可以将电磁场的基本量联系起来，它们构成本构关系如式（2-5）～式（2-7）所示，即

$$\boldsymbol{D} = \varepsilon \boldsymbol{E} \tag{2-5}$$

$$\boldsymbol{B} = \mu \boldsymbol{H} \tag{2-6}$$

$$\boldsymbol{J} = \sigma \boldsymbol{E} \tag{2-7}$$

式中 σ——介质电导率。

介电常数 ε、磁导率 μ 都以相对介电常数 ε_r、相对磁导率 μ_r 的形式给出，分别见式（2-8）、式（2-9），即

$$\varepsilon = \varepsilon_r \varepsilon_0 \tag{2-8}$$

$$\mu = \mu_r \mu_0 \tag{2-9}$$

其中，ε_0 是真空中的介电常数，μ_0 是真空中的磁导率，与真空中的光速 c 之间关系的关系为

$$c^2 = \frac{1}{\varepsilon_0 \mu_0} \tag{2-10}$$

将式（2-5）～式（2-7）带入式（2-1）～式（2-4）中，可得各项同性介质中的麦克斯韦方程组，见式（2-11）～式（2-14），即

$$\nabla \times \boldsymbol{E} = -\mu \frac{\partial \boldsymbol{H}}{\partial t} \tag{2-11}$$

$$\nabla \times \boldsymbol{H} = \sigma \boldsymbol{E} + \varepsilon \frac{\partial \boldsymbol{E}}{\partial t} \tag{2-12}$$

$$\nabla \cdot \boldsymbol{H} = 0 \tag{2-13}$$

$$\nabla \cdot \boldsymbol{E} = 0 \tag{2-14}$$

使用傅里叶变换（Fourier transform），时变电磁场则可以分解为谐变场的组合，E_0 是原电场强度，H_0 是原磁场强度，谐变因子表示为 $e^{-i\omega t}$，其中 i 是虚数单位，ω 为角频率，t 为时间。故电场强度 E 和磁场强度 H 可用式（2-15）、式（2-16）表示，即

$$\boldsymbol{E} = \boldsymbol{E}_0 e^{-i\omega t} \tag{2-15}$$

$$\boldsymbol{H} = \boldsymbol{H}_0 e^{-i\omega t} \tag{2-16}$$

在地球物理学的实际用中，取大地电磁频率在 $10^{-3} \sim 10^3 \, \mathrm{Hz}$，根据地球介质经验电阻率的相关计算，在大地电磁领域常常可以忽略位移电流。于是由其谐变表示关系，即

$$\nabla \times \boldsymbol{E} = i\mu\omega\boldsymbol{H} \tag{2-17}$$

$$\nabla \times \boldsymbol{H} = \sigma\boldsymbol{E} \tag{2-18}$$

$$\nabla \cdot \boldsymbol{H} = 0 \tag{2-19}$$

$$\nabla \cdot \boldsymbol{E} = 0 \tag{2-20}$$

对（2-17）式左右两边取旋度得式（2-21），即

$$\nabla \times \nabla \times \boldsymbol{E} = i\mu\omega(\nabla \times \boldsymbol{H}) = i\mu\omega\sigma\boldsymbol{E} \tag{2-21}$$

根据矢量分析等式 $\nabla \times \nabla \times \boldsymbol{a} = \nabla(\nabla \cdot \boldsymbol{a}) - \nabla^2\boldsymbol{a}$，式（2-21）转换为式（2-22），即

$$-\nabla^2\boldsymbol{E} = i\mu\omega\sigma\boldsymbol{E} \tag{2-22}$$

式中　$\boldsymbol{a}$——任意矢量。

式（2-22）可简写表示为式（2-23），即

$$\nabla^2\boldsymbol{E} - k^2\boldsymbol{E} = 0 \tag{2-23}$$

式（2-23）中 $k = \sqrt{-i\omega\mu\sigma}$，同理可得如式（2-24）所示的关于磁场的方程，即

$$\nabla^2\boldsymbol{H} - k^2\boldsymbol{H} = 0 \tag{2-24}$$

式（2-23）和式（2-24）是大地电磁领域有名的亥姆霍兹方程，该方程组描述了谐变场条件下的波动方程。现在将式（2-17）和式（2-18）展开成 x、y、z 三个分量的形式，并分离如式（2-25）～式（2-30）所示，即

$$\frac{\partial E_z}{\partial y} - \frac{\partial E_y}{\partial z} = i\omega\mu H_x \tag{2-25}$$

$$\frac{\partial E_x}{\partial z} = i\omega\mu H_y \tag{2-26}$$

$$\frac{\partial E_x}{\partial y} = -i\omega\mu H_z \tag{2-27}$$

$$\frac{\partial H_z}{\partial y} - \frac{\partial H_y}{\partial z} = \sigma E_x \tag{2-28}$$

$$\frac{\partial H_x}{\partial z} = \sigma E_y \tag{2-29}$$

$$\frac{\partial H_x}{\partial y} = -\sigma E_z \tag{2-30}$$

当然这并不是显而易见的，人为的约定了含有 E_x、H_y、H_z 电磁场分量的为 TE 极化模式；而含有另一组电磁场分量 H_x、E_y 和 E_z 为 TM 极化模式。

TE 极化模式为

$$\left.\begin{array}{l} \dfrac{\partial H_z}{\partial y} - \dfrac{\partial H_y}{\partial z} = \sigma E_x \\[2mm] \dfrac{1}{i\omega\mu}\dfrac{\partial E_x}{\partial z} = H_y \\[2mm] -\dfrac{1}{i\omega\mu}\dfrac{\partial E_x}{\partial y} = H_z \end{array}\right\} \tag{2-31}$$

TM 极化模式为

$$\left.\begin{array}{l} \dfrac{\partial E_z}{\partial y} - \dfrac{\partial E_y}{\partial z} = i\omega\mu H_x \\[2mm] \dfrac{1}{\sigma}\dfrac{\partial H_x}{\partial z} = E_y \\[2mm] -\dfrac{1}{\sigma}\dfrac{\partial H_x}{\partial y} = E_z \end{array}\right\} \tag{2-32}$$

TE 模式整合得到式（2-33），即

$$\frac{\partial}{\partial y}\left(\frac{1}{i\omega\mu}\frac{\partial E_x}{\partial y}\right) + \frac{\partial}{\partial z}\left(\frac{1}{i\omega\mu}\frac{\partial E_x}{\partial z}\right) + \sigma E_x = 0 \tag{2-33}$$

同理可得如式（2-34）所示的 TM 模式，即

$$\frac{\partial}{\partial y}\left(\frac{1}{\sigma}\frac{\partial H_x}{\partial y}\right) + \frac{\partial}{\partial z}\left(\frac{1}{\sigma}\frac{\partial H_x}{\partial z}\right) + i\omega\mu H_x = 0 \tag{2-34}$$

式（2-33）和式（2-34）可以抽象表示为式（2-35），即

$$\nabla \cdot (\tau \nabla u) + \lambda u = 0 \tag{2-35}$$

式中　τ、u、λ——简化参数，无具体含义。

对于 TE 模式有式（2-36），即

$$u = E_x,\ \tau = \frac{1}{i\omega\mu},\ \lambda = \sigma \tag{2-36}$$

而 TM 模式有式（2-37），即

$$u = H_x, \quad \tau = \frac{1}{\sigma}, \quad \lambda = i\omega\mu \tag{2-37}$$

二、电阻率计算

根据大地电磁测深基本理论，进行张量观测时，大地电磁水平分量的频谱满足如式（2-38）、式（2-39）所示的阻抗张量关系，即

$$E_x = Z_{xx}H_x + Z_{xy}H_y \tag{2-38}$$

$$E_y = Z_{yx}H_x + Z_{yy}H_y \tag{2-39}$$

式中 Z_{xx}、Z_{xy}、Z_{yx}、Z_{yy}——张量计算方向权重系数（分量）。

以式（2-38）为例，理论上只要有两组非线性相关的观测值即可求得阻抗张量分量，如（2-40）所示，即

$$Z_{xx} = \frac{\begin{vmatrix} E_{x1} & H_{y1} \\ E_{x2} & H_{y2} \end{vmatrix}}{\begin{vmatrix} H_{x1} & H_{y1} \\ H_{x2} & H_{y2} \end{vmatrix}}, \quad Z_{xy} = \frac{\begin{vmatrix} H_{x1} & E_{x1} \\ H_{x2} & E_{x2} \end{vmatrix}}{\begin{vmatrix} H_{x1} & H_{y1} \\ H_{x2} & H_{y2} \end{vmatrix}}, \quad \begin{vmatrix} H_{x1} & H_{y1} \\ H_{x2} & H_{y2} \end{vmatrix} \neq 0 \tag{2-40}$$

式中 E_{x1}、E_{x2}、H_{y1}、H_{y2}、H_{x1}、E_{x1}、H_{x2}、E_{x2}——电磁场观测值。

但实际观测值是真实信号和噪声干扰之和，见式（2-41），即

$$\begin{cases} E_x = E_{xs} + E_{xn} \\ H_y = H_{ys} + H_{ys} \\ E_y = E_{ys} + E_{yn} \\ H_x = H_{xs} + H_{xn} \end{cases} \tag{2-41}$$

式中：E_{xs}、E_{xn}、H_{ys}、H_{ys}、E_{ys}、E_{yn}、H_{xs}、H_{xn} 脚标中的 s、n 分别代表真实信号和噪声信号。

只有真实信号满足式（2-42）阻抗张量关系，即

$$\begin{bmatrix} E_{xs} \\ E_{ys} \end{bmatrix} = \begin{bmatrix} Z_{xx} & Z_{xy} \\ Z_{yx} & Z_{yy} \end{bmatrix} \begin{bmatrix} H_{xs} \\ H_{ys} \end{bmatrix} \tag{2-42}$$

而场的观测值并不满足阻抗张量关系式，所以实际测量中不能精确求得阻抗张量分量，只能利用多组观测资料估计其近似值。当有 n 组电磁场观测数据时，在任一组观测值中，可以把不等式右边看作是左边的预测，如式（2-43）所示，即

$$\begin{bmatrix} E_{xi}^{\text{Pred}} \\ E_{yi}^{\text{Pred}} \end{bmatrix} = \begin{bmatrix} Z_{xx} & Z_{xy} \\ Z_{yx} & Z_{yy} \end{bmatrix} \begin{bmatrix} H_{xi} \\ H_{yi} \end{bmatrix} \tag{2-43}$$

式中：场量上标 Pred 表示预测。

根据最小二乘估计原理，阻抗张量分量的最小二乘解要求实测值和预测值之间的方差为最小，即

$$\Psi = \sum_{i=1}^{n} |E_{xi} - E_{xi}^{\mathrm{Pred}}|^2 = \min$$

$$\Psi = \sum_{i=1}^{n} (E_{xi} - Z_{xx}H_{xi} - Z_{xy}H_{yi})(E_{xi}^* - Z_{xx}^*H_{xi}^* - Z_{xy}^*H_{yi}^*) = \min \tag{2-44}$$

方差函数具有极小值的必要条件为

$$\frac{\partial \Psi}{\partial Z_{xx}} = \frac{\partial \Psi}{\partial Z_{xy}} = 0$$

由于 Z_{xx}、Z_{xy} 是复数，需要对其的实部和虚部分别求导，并令为零。

对 Z_{xx} 的实部和虚部求导，可得

$$\sum_{i=1}^{n} \{(E_{xi} - Z_{xx}H_{xi} - Z_{xy}H_{yi})(-H_{xi}) + (E_{xi}^* - Z_{xx}^*H_{xi}^* - Z_{xy}^*H_{yi}^*)(-H_{xi}^*)\}$$

$$= \sum_{i=1}^{n} \{(E_{xi} - Z_{xx}H_{xi} - Z_{xy}H_{yi})(H_{xi}^*) + (E_{xi}^* - Z_{xx}^*H_{xi}^* - Z_{xy}^*H_{yi}^*)(-H_{xi}^*)\}$$

即

$$\sum_{i=1}^{n} E_{xi}H_{xi}^* = Z_{xx}\sum_{i=1}^{n} H_{xi}H_{xi}^* + Z_{xy}\sum_{i=1}^{n} H_{yi}H_{xi}^*$$

可写成

$$\langle E_x H_x^* \rangle = \langle H_x H_y^* \rangle Z_{xx} + \langle H_y H_x^* \rangle Z_{xy} \tag{2-45}$$

其中

$$\langle E_x H_x^* \rangle = \sum_{i=1}^{n} E_{xi}H_{xi}^*$$

表示同一频率信号的功率谱的 n 组数据之和。场量上标"$*$"表示虚部。

显然，参与运算的数据越多，解的准确度越高。由于阻抗张量元素随频率的变化比较缓慢，在较窄的频带内它们的变化很小，因此可以取某一中心频率附近有限带宽的频谱值，参与中心频率阻抗张量元素的求解。

同样，对 Z_{xy} 的实部和虚部求导，可得式（2-46），即

$$\langle E_x H_y^* \rangle = \langle H_x H_y^* \rangle Z_{xx} + \langle H_y H_y^* \rangle Z_{xy} \tag{2-46}$$

式（2-45）和式（2-46）是满足式（2-44）条件下的 Z_{xx}、Z_{xy} 的最小二乘解的法方程组，两式联立可得式（2-47）和式（2-48），即

$$Z_{xx} = \frac{\langle E_x H_x^* \rangle \langle H_y H_y^* \rangle - \langle E_x H_y^* \rangle \langle H_y H_x^* \rangle}{\langle H_x H_x^* \rangle \langle H_y H_y^* \rangle - \langle H_x H_y^* \rangle \langle H_y H_x^* \rangle} \tag{2-47}$$

$$Z_{xy} = \frac{\langle E_x H_x^* \rangle \langle H_x H_y^* \rangle - \langle E_x H_y^* \rangle \langle H_x H_x^* \rangle}{\langle H_y H_x^* \rangle \langle H_x H_y^* \rangle - \langle H_y H_y^* \rangle \langle H_x H_x^* \rangle} \tag{2-48}$$

同理可求得式（2-49）和式（2-50），即

$$Z_{yx} = \frac{\langle E_y H_x^* \rangle \langle H_y H_y^* \rangle - \langle E_y H_y^* \rangle \langle H_y H_x^* \rangle}{\langle H_x H_x^* \rangle \langle H_y H_y^* \rangle - \langle H_x H_y^* \rangle \langle H_y H_x^* \rangle} \tag{2-49}$$

$$Z_{yy} = \frac{\langle E_y H_x^* \rangle \langle H_x H_y^* \rangle - \langle E_y H_y^* \rangle \langle H_x H_x^* \rangle}{\langle H_y H_x^* \rangle \langle H_x H_y^* \rangle - \langle H_y H_y^* \rangle \langle H_x H_x^* \rangle} \tag{2-50}$$

标量测量时，忽略 Z_{xx}、Z_{yy} 分量，任一频率大地电磁水平分量的振幅谱满足式（2-51）的阻抗张量关系，即

$$\begin{cases} E_x = Z_{xy} H_y \\ E_y = Z_{xy} H_x \end{cases} \tag{2-51}$$

此时有式（2-52）和式（2-53），即

$$Z_{xy} = \sqrt{\frac{\langle E_x E_x^* \rangle}{\langle H_y H_y^* \rangle}} \tag{2-52}$$

$$Z_{yx} = \sqrt{\frac{\langle E_y E_y^* \rangle}{\langle H_y H_y^* \rangle}} \tag{2-53}$$

高频大地电磁的数据处理的视电阻率采用标量结果时，以 ρ_x 表示 $E_x - H_y$ 测量时的标量视电阻率，以 ρ_y 表示 $E_y - H_x$ 测量时的标量视电阻率，计算公式为式（2-54）和式（2-55），即

$$\rho_x = \frac{1}{5f} |Z_{xy}|^2 = \frac{1}{5f} \frac{\langle E_x E_x^* \rangle}{\langle H_y H_y^* \rangle} \tag{2-54}$$

$$\rho_y = \frac{1}{5f} |Z_{yx}|^2 = \frac{1}{5f} \frac{\langle E_y E_y^* \rangle}{\langle H_x H_x^* \rangle} \tag{2-55}$$

式中 f——人工场源发射频率。

三、电磁场场源

相对于大地电磁测深（MT）工作频率 $0.001 \sim 340\text{Hz}$，高频大地电磁测深（AMT）的工作频率较高，高达 100kHz。由于大地电磁场与日-地关系密切，在不同时间，不同地区存在差异。通常，自然界中大于 1Hz 的天然电磁场主要由雷电产生，雷电是一种常见的大气放电现象，全球平均每小时发生上千次雷电。闪电的电压很高，约为 1 亿～10 亿 V。闪电的平均电流为 3 万 A，最大电流可达 30 万 A。一个中等强度雷暴的功率可达 1000 万 W，相当于一座小型核电站的输出功率，非一般人工场源能比拟。

（一）雷电随季节变化

地球上每时每刻都有雷电发生，为我们提供了不间断的天然场源，但雷电随季节的变化而变化，不同季节全球不同区域雷电的发生频率不同，冬天雷电主要集中在南半球，夏天主要集中在北半球，春秋为过渡过程。电磁波传播过程中随距离而衰减，由于我国位于北半球，所以在国内，夏季雷电多发，天然电磁场信号强，而冬季则相反。在野外观测中，$1000 \sim 3000\text{Hz}$ 死频带信号尤为明显，图 2-1 所示为观测到的闪电波形，如果传感器噪声不够低或仪器分辨率不够，该频带在冬天无法获得有用信号。

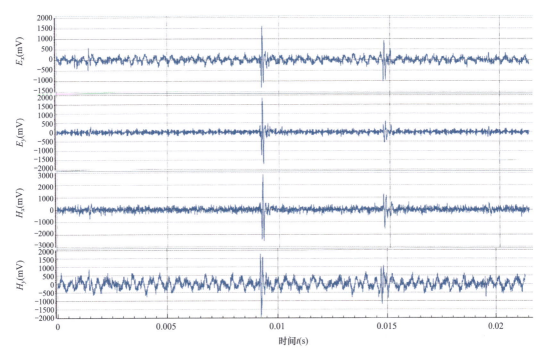

图 2-1 观测到的闪电波形

图 2-2 和图 2-3 所示为夏季和冬季实测天然电磁场频谱图，图中蓝色为南北向磁场强度，红色为东西向电场强度。由于电场强度与地下电阻率相关，我们这里主要对比磁场强度。由图中可以看出，夏季比冬季的磁场强度在 50Hz 以上要高出 10 倍以上。

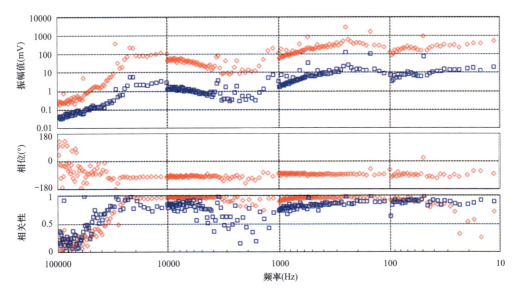

图 2-2 夏季实测天然电磁场频谱图（蓝色为磁场）

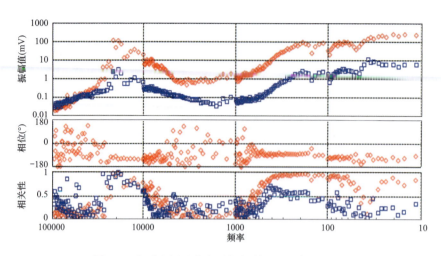

图 2-3　冬季实测天然电磁场频谱图（蓝色为磁场）

（二）电磁波能量及速度变化

电磁波可根据传播路径的不同，分为地波和天波，地波衰减较快，天波相对衰减慢，由于绝大部分雷电发生地距观测点很远，地波已经非常微弱，天波占主导。天波是在地面和电离层之间来回反射从而到达观测地点，但电离层随着昼夜是在不断变化的。电离层可分为D、E、F三层（见图2-4），F层又可分为F1、F2两个亚层（见图2-5），D层是距地面60～90km左右的区域，它只存在于白天。在夜间，由于没有太阳辐射，D层自由电子迅速复合成中性成分而消失。E层的高度在90～120km，电子密度高于D层。在夜间，E层电子也会由于电子复合而迅速减少。F层是电子密度最大的区域，对无线电波的反射能力最强，是短波能够进行远距离通信的主要原因。它的高度从120～1000km，电子复合过程较慢，夜间仍然存在。F层在白天分裂成F1层和F2层，夜间则只有一个F2层。在日出和日落时刻，D层和E层底部的电子密度，都处于很快增大（日出）或很快减小（日落）的状态，这时的传播情况比较复杂。电磁波可能是一部分经过D层反射，另一部分穿过D层经E层反射，造成电磁波有多条路径经电离层反射传播。日出日落时，常常是场强下降，信号忽大忽小衰落比较严重。通常把这种现象叫作日出、日落效应。由此可见，在这段时间进行高频大地电磁野外测量是不利的。

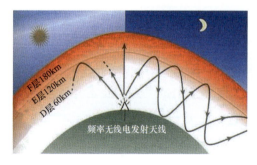

图 2-4　电离层分布及天波传播

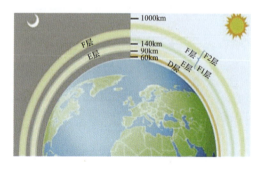

图 2-5　昼夜电离层结构

四、现场工作技术

（一）工作布置

1. 明确任务

明确工作目标，有的放矢，做到事半功倍。根据不同的地质任务，选择不同的工作方法，布置合理测线和点距，选用合适的工作频率和电偶极距，开展方法试验性系列工作方案设计。

2. 收集相关资料

（1）工作地区的地形、地貌等。

（2）地质资料：测区内出露的主要地层，各地层的年代、产状和岩性特征。测区内主要构造，包括主要的褶皱和断层。

（3）钻孔及测井资料。

（4）已有物探资料。

（5）岩石物性资料。

（6）测绘资料（地形图、三角点成果等）。

3. 方法有效性分析

（1）地球物理特征分析：在全面查勘测区地质条件前提下，分析测区内主要涉及的地层，以及各地层的岩性，测量主要岩矿石标本的电性。分析目标体与围岩之间是否存在明显的电性差异。

（2）方法有效性试验：在条件允许的情况下，可先进行方法有效性试验。选择地形开阔和起伏平缓及地质情况较为清楚的地段做试验剖面。要求测试地段电磁噪声比较平静，各种人文干扰不严重，测线尽量选择有钻孔控制的区域。

（二）测线布置

测线布置主要考虑以下几点因素。

（1）测线方向宜垂直于地层或构造的走向和主要探测目的体的走向。这样能比较完整地展现该构造的地下展布、异常体沿构造的延深情况。

（2）测线应布置在地形起伏较小和表层介质相对均匀的地段；宜与其他物探方法的测线一致，以便资料的分析对比，并避开干扰源。

（3）测线及测线间距的具体确定，应当根据所需解决的地质任务、构造或异常的范围和性质而定。

（4）测线应尽量布置成直线，避免通过居民点、高压线和其他建筑物等。

（5）当测区边界附近发现重要异常时，应把测线适当扩展到测区外追踪异常。

（6）在地质结构复杂地区或发现单线异常时，测线应适当加密，并在主要测线之间布置辅助测线。

（7）在山区布置测线时，宜沿等高线或顺山坡布置。若地形起伏不大，可沿坡度相近的山坡布置长测线；若地形起伏较大，尤其是在山脊或山谷两侧，应分段布置短测线。

（8）测线有时必须沿地层走向布置。当地层产状较陡时，目标体与特定地层密切相关，地形与地层产状相反时，可考虑测线沿地层走向布置。

（三）高频大地电磁法野外工作技术参数

1. 仪器通道相关性

在正式开展工作之前应做平行试验，检测仪器是否工作正常。两个磁棒相隔 5m 远，平行放在地面，两个电偶极子也平行。观测电场、磁场通道的时间序列信号，图 2-6 分别为低频段和高频段磁场、电场信号波形图。从图 2-6 中可以看出，两个方向通道的波形形态和强度均基本一致，说明仪器工作正常。

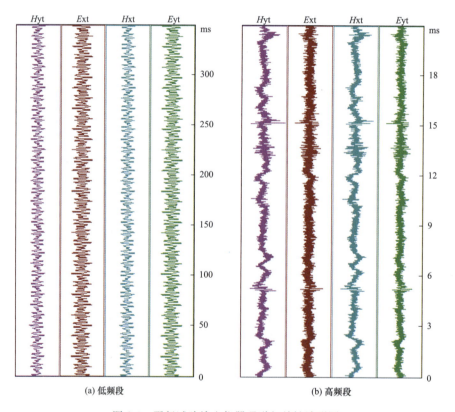

图 2-6　平行试验检查仪器通道相关性波形图

2. 电偶极子方向和长度

图 2-7 所示为野外装置布置示意图，共用 4 个电极，每两个电极组成一个电偶极子，与测线方向一致的电偶极子为 X-Dipole，与测线方向垂直的电偶极子为 Y-Dipole。为了保证 X-Dipole 方向与 Y-Dipole 方向相互垂直，要用罗盘仪定向，误差为 $1°$；电偶极子的长度用测绳测量，误差小于 $0.5\,m$。一般点距等于电极距，实测过程中，可根据实际情况

（如地形、障碍物等因素）适当改变极距的大小。

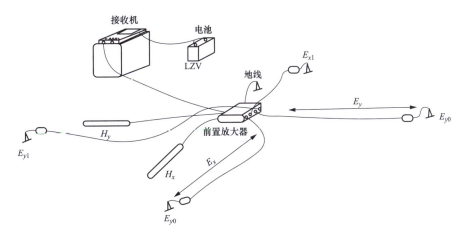

图 2-7　野外装置布置示意图

3. 磁传感器布置位置、方向与水平

磁传感器（磁棒）应距前置放大器大于 5m。为了消除人文干扰影响，两个磁棒要埋在地下，保证其平稳，用罗盘仪定向使 H_x、H_y 磁棒相互垂直，误差控制在 1°，且保持水平。所有的工作人员离开磁棒至少 5m，尽量选择远离房屋、电缆、大树的地方布置磁棒。

4. AFE（前置放大器）布置位置

电、磁道前置放大器一般放在两个电偶极子的中心。为了保护电、磁道前置放大器，必须接地，且远离磁棒至少 5m。

5. 工作人员位置

工作人员在远离 AFE（前置放大器）至少 5m 的一个平台上，且操作员最好能看到AFE 和磁棒的布置。

五、数据处理与解释技术

数据采集、资料处理和成果解释是物探工作三个不可分割的重要阶段。只有采集了高质量的第一手数据，通过恰当、合理的资料处理，才能从中提取出可靠的信息。有各种干扰存在地段，即使记录数据质量不高，只要方法处理得当，去粗取精，去伪存真，也可以给资料处理和解释人员提供一些有价值的信息。对地球物理工作而言，数据是依据和前提，处理是桥梁和手段，解释是目的和结果，三者缺一不可。

由于三维数据处理的理论和方法，目前尚不成熟，还处于研究和探索阶段，所以，当前国内外大地电磁资料的解释都还只限于一维和二维数据处理。

（一）数据处理

经过处理所获得的资料包括视电阻率（ρ_{TE}，ρ_{TM}）、相位（φ_{TE}，φ_{TM}）、相干度、主轴

方位、倾子及其他必要的可用于解释并给解释人员提供一定有用信息的各种参数。这些参数和资料是一个整体。但是，由于观测误差和各种干扰（包括工业干扰、文化干扰、环境干扰、地质噪声、数字化噪声等）的存在，经过处理后的数据，相邻两个频点的数据有时还会出现非正常跳跃，包括个别频点的跳跃或某些频段的跳跃。如将非正常跳跃的资料用于解释，往往会得到错误的结论。因此，在解释之前必须对资料进行认真的分析，确定哪些是正常跳跃，哪些是非正常跳跃；哪些是浅层、哪些是深层电性不均匀造成的畸变。在分析时，即要考虑同一测点不同频率的各种资料的一致性和合理性，又要考虑相邻测点之间测试数据的变化特征，准确地把握区域构造对大地电磁测深曲线的影响和畸变。因此，这是一项十分艰巨而困难的任务，需要有经验的解释人员进行。曲线分析应该贯彻始终，有时还要反复进行，才能取得满意的结果。

资料的再处理，至少包括以下几项工作。

1. 曲线的圆滑

曲线圆滑的目的是按最小方差原则求一条拟合大地电磁视电阻率（ρ_{TE}，ρ_{TM}）和相位（φ_{TE}，φ_{TM}）曲线的离散值之光滑曲线。不管是由人工还是由程序自动进行，圆滑度应适当，做到恰如其分。即不可过甚，将曲线细节圆滑掉，又不可将那些非正常的跳跃留给曲线；还要充分考虑岩溶发育特征，适当调整圆滑因子。

2. 静校正

由于浅层电性分布不均匀，会使 ρ_{TM} 和 ρ_{TE} 曲线发生平行移动，而相应的相位曲线却基本一致。对移动了的曲线进行解释，会得出错误的结论，严重时会使地下电性结构面目全非。以 Bostick 反演法为例，反演深度和电阻率用式（2-56）表示，即

$$\rho(z) = \rho_a(T)\frac{1+a}{1-a}$$

$$z = \sqrt{\frac{\rho_a(T)}{\omega\mu_0}} \tag{2-56}$$

式中　$\rho(z)$——深度 z 处之电阻率；

$\rho_a(T)$——纵坐标的视电阻率曲线的斜率；

a——以 $\lg T$ 为横坐标；

z——反演深度；

ω——圆周率；

μ_0——介质磁导率。

从式（2-56）不难看出，如对偏移了的曲线进行反演，所求得的电阻率 $\rho(z)$ 与 $\rho_a(T)$ 成正比，而深度 z 则与 $\sqrt{\rho_a(T)}$ 成正比。据此，必然得出错误的结论。因此，对移动或畸变了的视电阻率曲线必须进行校正，这就是静校正。

静校正的方法很多，下面只简单地介绍几种行之有效的方法。

（1）低通滤波法。研究表明，在频率波数域中，表层电性不均匀对大地电磁测深曲线的影响表现为高通。因此，人们自然想到在频率波数域中用低通滤波的办法进行静校正。在低通滤波法中，最为成功的要算 EMAP（Electro-magnetic Array Plofiling）了。EMAP不只是一种静校正的技术，而是一种从野外工作到资料处理和解释都与常规大地电磁法不同的新的大地电磁法。

进行野外资料采集时，EMAP 以一个常规大地电磁法观测点为基点，并沿测线连续布置首尾相接的电偶极子测量电场。一次同时观测几十个电偶极子所接受的电场。电偶极距长 20～50m。在沿测线观测时，基点不动，只移动电偶极子。

进行资料处理时，EMAP 把常规 MT 测站的磁场和电偶极子的电场相接合，求取相应的阻抗和视电阻率。进而把不同频率沿测线每一电偶极子计算的视电阻率作为一组数据，分点（指电偶极子）进行频率波数域低通滤波处理，求取每一电偶极子处滤波后的视电阻率。滤波器的长度取决于电磁波之频率和所在点之视电阻率的大小。

（2）曲线平移法。在确定了视电阻率曲线平行移动的原因是静位移后，可以把移动了的曲线平行移动到原始位置，从而就消除或部分消除了静位移的影响。确定静位移距离的办法有很多，如电阻率实测法，首支渐近线沿测线的综合统计法等。当地电断面第一层电阻率知道后，就可以将移动了的曲线的首支移动到原始位置。如果不知道地电断面第一层的电阻率，也可以将视电阻率曲线首支渐近值沿测线进行统计，并把偏移统计曲线那些点的视电阻率曲线的首支平行移动到统计曲线的位置。

（3）曲线自身校正法。这是利用具有静位移特点的大地电磁测深曲线之自身特点进行校正的方法，如 Kaufman（1988）法和 Jines（1988）法等。

3. 地形校正

在山区，地形对大地电磁测深曲线存在明显的畸变，不做校正，会对解释结果带来严重影响。

研究表明，当地形有起伏时，观测的阻抗 $Z^{obs}(T)$ 和地形水平时的阻抗 $Z(T)$ 之间满足式（2-57），即

$$Z^{obs}(T)=D(T)Z(T) \tag{2-57}$$

式中 $D(T)$——校正因子，它是频率的函数。

计算 $D(T)$ 最简单易行的办法是根据实测地形和表层电阻率构成一种简单的模型，用数值计算法计算它的响应，并把它近似地看为地形校正因子，对地形影响进行校正。

（二）解释技术

1. 定性解释

定性解释的目的是在资料分析的基础上，通过制作各种必要的图件，概括了解测线（或测区）地电断面沿水平和垂直方向上的变化情况，从而对测线（区）的地质构造轮廓

获得一个初步的概念，以指导定量解释。制作的定性图件主要有：

（1）曲线类型分布图。将测线（或测区）各测点大地电磁测深曲线的类型按一定比例尺缩小绘在相应的图件上就得到曲线类型分布图。因为曲线类型和特征的变化反映了地电断面的特征，所以从曲线类型分布图可以了解到电性层沿水平和垂直方向上的变化情况。

（2）视电阻率 $\rho_{TE}(\rho_{TM})$ 断面图。若以测线为横坐标，以大地电磁场的周期 T（或频率 f）为纵坐标，将各测点相应周期 T（或频率 f）上的视电阻率 $\rho_{TE}(\rho_{TM})$ 标在对应的纵轴上，并沿测线构制等值线，就得到视电阻率 $\rho_{TE}(\rho_{TM})$ 断面图。

从视电阻率断面图可以定性地了解基底的起伏、断层的分布以及电性层的划分（即有几个电性层、它们之间的关系、沿水平和垂直方向的变化情况等）等电性特征，因此视电阻率断面图是一个重要的定性图件。必须注意，由于 ρ_{TE} 和 ρ_{TM} 反映地电断面的特征不同，两种视电阻率断面图也不会处处完全一致，必须综合分析两种图件，才能得出正确的结论。

一般，在深部（即长周期 T 处）高视电阻率等值线的起伏形态与基底相应。而视电阻率等值线密集、扭曲和畸变的地方又往往与断层有关。断层特别是基底断层越浅这种特征越明显。在剖面中，岩层电阻率差别越大，视电阻率断面图的效果也越明显。

（3）相位断面图。所谓视电阻率相位断面图，就是以测线为横坐标，在各测点上将相应的视电阻率相位曲线转 90° 绘制而成。由于视电阻率的相位有时会有畸变，在制作这种图件时，对相位应有自动增益控制。这种相位断面图和地震时间剖面图类似，可以反映各种电性层位沿水平和垂直方向上的变化情况。

（4）总纵向电导 S 剖面图或平面图。总纵向电导如式（2-58）所示，即

$$S = \frac{H}{\rho_t} \tag{2-58}$$

式中　S——总纵向电导；

　　　H——基底的埋深；

　　　ρ_t——基底以上岩层的平均纵向电阻率。

在 ρ_t 变化不大的情况下，S 值可以定性地反映基底起伏。经验表明，在沉积盆地中，ρ_t 比较稳定，S 图可以较好地反映基底起伏。由于 S 与 H 成正比，在绘制 S 剖面图时，最好将纵坐标反向，使之与基底起伏的形态一致。

（5）等周期 T 的视电阻率剖面图或平面图。由二层大地电磁测深曲线尾支渐近线的性质可以得出，当 $\rho_2 = \infty$ 时，在尾支渐近线上，如式（2-59）所示，即

$$\rho_a(T) = \frac{1}{\omega \mu_0 S_1^2} \tag{2-59}$$

$\rho_2 = 0$ 时，有式（2-60），即

$$\rho_a(T) = \omega \mu_0 h_1^2 \tag{2-60}$$

因此，不管哪种情况，尾支渐近线上相同周期的视电阻率值，可以反映基底的起伏。

对高阻基底而言，$\rho_a(T)$ 越小，基底越深；而对低阻基底来说，$\rho_a(T)$ 越大，基底越深。在分析和应用这种图件时，应充分注意这种差异。

（6）各向异性断面图。定义各向异性系数如式（2-61）或式（2-62）所示，即

$$\delta = \frac{\lg\rho_{TE}(T) - \lg\rho_{TM}(T)}{\lg\rho_{TE}(T)} \tag{2-61}$$

或

$$\delta = \frac{\rho_{TE}(T) - \rho_{TM}(T)}{\rho_{TE}(T)} \tag{2-62}$$

式中　$\rho_{TE}(T)$、$\rho_{TM}(T)$——同一测点、同一周期 T 上的视电阻率值。

因此，在一个大地电磁测深点上，可以得到一条各向异性曲线 $\delta(T) \sim T$。与视电阻率断面图相同，在一条测线上，也可以作出各向异性断面图。可看出在剖面中各个点不同深度上沿水平方向上的电性差异。$\delta = 0$ 表示为各向同性；δ 值越大说明电性沿水平方向的差异越大。因此，各向异性断面图可以清楚地反映岩层的电性特征。

（7）其他各种定性图件。如走向方位图、倾子剖面（或平面）图、电场极化图等。

在各个地区应该制作哪些定性图件，要根据具体情况而定。只要能提供一些有用的信息，对解决提出的地质任务有利，就可以制作相应的图件。

2. 半定量解释

半定量解释是将视电阻率（或相位）与频率的关系曲线转化为电阻率与深度的近似关系曲线，使人们比定性解释更直观地了解地下电性特征及电性层的分布情况。实现半定量转换的方法很多，但最常用的是 Bostick 法。

Bostick 法是一种一维大地电磁测深曲线的近似反演法。由于它求得的模型并不能拟合观测数据，因此有的学者又把它称为半定量解释方法。然而，这种方法反演的结果，却能较好地反映地电断面的基本特征。其原理如下。

在多层情况下，当 $\rho_n = \infty$ 和 $\rho_n = 0$ 时，曲线尾支渐近线的方程分别为式（2-63）和式（2-64），即

$$\rho_a(\omega) = \frac{1}{\omega\mu_0 S^2} \tag{2-63}$$

和

$$\rho_a(\omega) = \omega\mu_0 H^2 \tag{2-64}$$

Bostick 认为，任何一条一维大地电磁测深视电阻率曲线上的任何点，都可能看成 $\rho_2 = \infty$ 和 $\rho_2 = 0$ 两条视电阻率曲线尾支渐近线的交点。因而，由以上两式相乘和相除可以得到式（2-65）和式（2-66），即

$$\rho_a(\omega) = \frac{H}{S} \tag{2-65}$$

和

$$\frac{1}{HS} = \omega\mu_0 \tag{2-66}$$

因此有式（2-67），即

$$dlg\rho_a(\omega) = dlgH - dlgS$$

$$dlg\omega = -dlgH - dlgS \tag{2-67}$$

$$\beta = \frac{dlg\rho_a(\omega)}{dlg\omega}$$

式中 β——双对数坐标 $lg\rho_a(\omega) \sim lg\omega$ 中视电阻率曲线的斜率。

进而可得式（2-68），即

$$\beta = \frac{dlgH - dlgS}{-dlgH - dlgS} = \frac{1 - \dfrac{dS}{S}\dfrac{H}{dH}}{-1 - \dfrac{dS}{S}\dfrac{H}{dH}} = \frac{1 - \rho_a(\omega)\dfrac{dS}{dH}}{-1 - \rho_a(\omega)\dfrac{dS}{dH}} \tag{2-68}$$

根据电导的定义，则

$$S = \int_0^H \sigma(z)dz$$

故有式（2-69），即

$$\sigma(H) = \frac{dS}{dH} = \frac{1}{\rho(H)} \tag{2-69}$$

进一步可得式（2-70），即

$$\rho(H) = \rho_a(\omega)\frac{1-\beta}{1+\beta} \tag{2-70}$$

如在 $lg\rho_a(T) \sim lgT$ 双对数坐标中，视电阻率曲线的斜率 a 为

$$a = \frac{dlg\rho_a(T)}{dlg(T)} = -\beta$$

因而有式（2-71），即

$$\rho(H) = \rho_a(T)\frac{1+a}{1-a} \tag{2-71}$$

式（2-71）中，H 为（2-72）所示形式，即

$$H = \sqrt{\frac{\rho_a(\omega)}{\omega\mu_0}} \tag{2-72}$$

式（2-71）和式（2-72）就是 Bostick 法计算电阻率和深度的公式。

据证明，大地电磁阻抗是最小相位函数，最小相位函数振幅和相位之间满足一定关系，可以相互转换，且

$$\frac{dlg\rho_a(\omega)}{dlg\omega} = \frac{4}{\pi}\varphi - 1$$

则得 $\rho(H)$ 可表示为如式（2-73）所示形式，即

$$\rho(H) = \rho_a(\omega)\left(\frac{\pi}{2\varphi} - 1\right) \tag{2-73}$$

因此，当视电阻率观测值比较分散，因而 β 值精度不高，而相位的观测值精度又比较高的情况下，可用式（2-73）代替式（2-71），从而避免了含有导数的反演公式。

（1）在 ρ_n 有限时，尾支渐近线 $\rho_a(\omega) \rightarrow \rho_n$，而此时 $a=0$，故 $\rho(H) = \rho_a = \rho_n$。

（2）在视电阻率曲线的极值点处，$a=0$ 故 $\rho(H) = \rho_a$。

（3）在 $\rho_n = \infty$ 和 $\rho_n = 0$ 时，在尾支渐近线上 $a=1$ 和 -1，因而 $\rho(H) = \infty$ 和 0。

（4）在首支渐近线上，由于视电阻率以振荡的形势趋于 ρ_1，故 Bostick 的结果 $\rho(H)$ 也出现振荡，显然，这不是我们所期望的。

从上面的讨论可以看出，Bostick 反演虽然在某些情况下不能准确地反映地电断面的细节，但却能反映地电断面的基本特征，给解释人员提供一些重要的信息。

常用的反演方法有 BOSTICK 变换、Occam、快速松弛、线性共轭梯度、非线性共轭梯度等。近年来，也有一些新的反演方法，不管任何一种反演方法，都是以 BOSTICK 变换结果为初步反演结果，最终反演结果需在初步反演结果的基础上进一步精细反演。若最终反演结果与最初反演结果差别较大，则必须重新反演。

在岩溶地区，岩溶电磁特征具有一定的独特性，不能完全采用常规大地电磁反演参数去反演。岩溶勘查属于精细勘查，高频大地电磁反演的精度要比大地电磁法的精度高很多，行业内大部分高频大地电磁的处理主要做 BOSTICK 变化为主，其他反演方法辅助分析。

第二节 反磁通瞬变电磁法

一、基本原理

瞬变电磁法（Transient Electromagnetic Methods，TEM）又称时间域电磁法（Time Domain Electromagnetic Methods，TDEM）。是近年来发展很快的电法勘探分支方法，在国际上有人称作是电法的"二次革命"。由于它是一种无损高分辨率电磁探测技术，而且不同于探地雷达，它利用探测的电导率数据成图，可提供解释出地下埋藏的金属物体及相关信息。利用瞬变电磁信号进行地球物理探测，早在 20 世纪 30 年代就由苏联科学家提出，20 世纪 50 年代开始应用于矿藏勘探，在钻井、航空和海洋等领域取得了一些成果。我国对瞬变电磁法的研究也十分重视，自 20 世纪 80 年代初开始分别在方法理论、仪器及野外试验方面做了大量工作。

瞬变电磁法理论上是在关断一次场后观测感应的二次场，然而实际应用中由于接收线圈与发射线圈之间的互感作用，使得在关断过程中以及关断后的一段时间内，接收线圈中会产生因一次场变化而产生的感应电动势，而且该一次场感应电动势往往比大地二次场变化在接受线圈中产生的感应电动势大得多，且难以分离开来。因而引起瞬变电磁早期观测信号失真，导致浅层探测盲区。从根本上消除一次场对发射线圈的影响，才是地球物理工作者及仪器研发人员努力的方向。

根据法拉第电磁感应定律，接收线圈中产生一次场感应电动势 ε_1 的根本原因在于通过接收线圈中一次场磁通量 Φ_1 的变化，即有式（2-74）、式（2-75），即

$$\varepsilon_1 = -\frac{\partial \Phi_1}{\partial t} \tag{2-74}$$

$$\Phi_1 = \int_S B_1 \cdot \mathrm{d}S \tag{2-75}$$

根据毕奥-萨伐尔定律，一次磁场 B_1 由发射电流 I 产生，则有式（2-76），即

$$B_1 = \int \mathrm{d}B = \int \frac{\mu}{4\pi} \frac{I_\mathrm{d}l \times r}{r^3} \tag{2-76}$$

式中 $I_\mathrm{d}l$——电流元；

　　　　r——电流元到观察点的距离矢量。

常规瞬变电磁采用单个发射线圈，在任何接收平面，电流关断前后，通过接收平面的一次场磁通都是变化的，即 $\partial \Phi_1 / \partial t \neq 0$，必然产生一次场感应电动势。而且由于接收线圈电路属性（接收线圈可以等效为包含电阻、电感、电容的闭合回路），其产生的一次场感应电动势还将持续一段时间，这也称为一次场在接收线圈中的过渡过程。图 2-8 所示为理论计算的阶跃波在接收线圈中的过渡过程，它表明，即使发射电流的关断时间能达到零耗时的理想关断，接收线圈中一次场感应电动势也将持续一段时间，无论接收线圈处于欠阻尼、临界阻尼或过阻尼状态。实际应用中常用到的一种斜关断发射波形，它在接收线圈中引起的过渡过程见图 2-9，一次场过渡过程持续的时间与关断时间、接收线圈的阻尼系数接收线圈等效电路的谐振频率相关，一般在关断后还能持续几十至几百微秒。图 2-10 所示为某常规瞬变电磁装置实测到的信号，由于受一次场影响严重，早期信号饱和溢出。

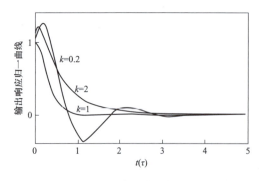

图 2-8　阶跃波在接收线圈中的过渡过程
（嵇艳鞠，2004）

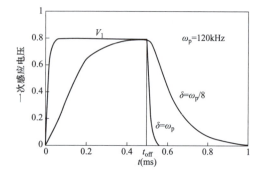

图 2-9　斜阶跃波在接收线圈中引起的过渡过程
（嵇艳鞠，2004）

$k = \delta / \omega_\mathrm{p}$；$\delta$—阻尼系数；$\omega_\mathrm{p}$—接收线圈等效电路的
谐振频率；τ—接收线圈等效电路的时间系数

理论上，线圈大小、结构、匝数以及介质等参数都相同的情况下，通以大小相等反向电流时，在相同的空间位置以及关于线圈对称的空间位置上产生的磁场是大小相等、方向相反的。相应的，在相同的平面或关于线圈对称的接收平面内，穿过的磁通也大小相等、方向相反，见图 2-11（a）中的 S_1、S_2 与图 2-11（b）中的 S_3、S_4，简称之为等值反向电流的等值反磁通特性。这一特性可用来消除瞬变电磁观测信号早期的一次场或一次场感应电动势。

等值反磁通瞬变电磁法是将接收线圈置于一个零磁通面上进行数据采集，可避免一次场干扰早期二次场的采集，实现基本消除瞬变电

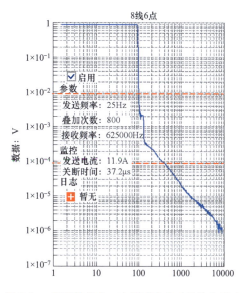

图 2-10　实测信号中一次场感应电动势饱和溢出

磁法的浅层盲区、提高浅层探测能力的目的。为了能够得到一个零磁通面，采用通以反向电流上下平行共轴的两个相同匝数的线圈作为发射源线圈装置，等值反磁通瞬变电磁法通过线圈装置的改进，提高了瞬变电磁法浅层探测的能力，在工程勘查和岩溶探测应用广泛。基于等值反磁通原理的瞬变电磁法的装置模型为采用上下平行共轴的两个相同线圈，通以等值反向电流，同时作为发射线圈，组成反向对偶磁源，见图 2-11（c），再在距上下线圈相等的中间水平面上［见图 2-11（c）中 S_7 位置］接收地下介质感应的垂向二次场。由于接收面为上下两线圈的等值反磁通平面，根据矢量叠加原理，接收面一次场恒为零，一次场磁通也恒为零，而其他空间位置（如 S_5、S_6 位置）仍然保有一次场，因此一次场关断时，理论上接收水平面上测量的是大地及其地下良导体的纯二次场响应。

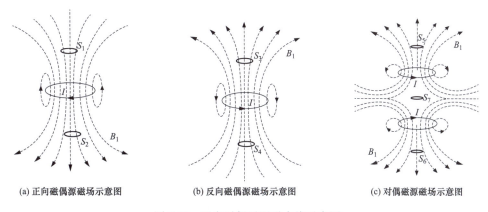

(a) 正向磁偶源磁场示意图　　(b) 反向磁偶源磁场示意图　　(c) 对偶磁源磁场示意图

图 2-11　反向对偶磁源磁力线示意图

再结合中心回线装置与探测对象有最佳的耦合，且所获得的异常简单而且幅度大的特

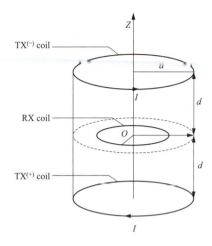

图 2-12　等值反磁通瞬变
电磁法装置示意图

点，设计基于等值反磁通原理的瞬变电磁法收发装置，示意见图 2-12，即在常规发射线圈［正向发射线圈 TX$^{(+)}$ coil］正上方，定距离平行布置一个与发射线圈相同的反向发射线圈［TX$^{(-)}$ coil］，两线圈中的电流 I 时间同步且大小相等、方向相反，两者组成反向对偶磁源。接收传感器（RX）置于反向对偶磁源正中间的一次场零磁通平面，且与反向对偶磁源共轴。

二、场源分析

瞬变电磁法是人工源电磁法，场源产生的一次场的空间分布及幅值大小必然会影响到探测效果。因此，要根据探测的目标及深度要求等，选择合适的场源和装置。等值反磁通瞬变电磁法场源的独特之处在于其采用的反向对偶磁源，该场源具有的特点特别适合针对浅层目标体的探测。

等值反磁通瞬变电磁法采用反向对偶磁源，其一次场为下方正向磁性源［正向发射线圈 TX$^{(+)}$ coil］和上方反向磁性源［反向发射线圈 TX$^{(-)}$ coil］各自单独发射时一次场的矢量叠加。一般来讲，圆形发射线圈比方形发射线圈场分布更规律，且等周长、等发射功率情况下，圆形发射线圈比方形发射磁矩更强，对称性更好，因此以圆形电流为例进行分析。

下面先计算单匝电流环的一次磁场的空间分布，然后通过场的叠加原理计算反向对偶磁源的一次磁场。计算过程中，先求出磁矢量势，再由磁矢量势导出磁场各分量。具体过程如下。

以水平电流环（半径为 a，电流为 I）中心为原点建立柱坐标系（单位向量分别为 u_ρ，u_θ，u_z），见图 2-13。令 r、r' 分别为场点 $P(\rho，\theta，z)$ 和源点 $P'(\rho'，\theta'，z')$ 的位置矢量 $\overrightarrow{OP}$、$\overrightarrow{OP'}$。

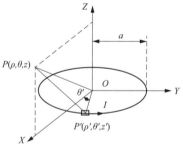

图 2-13　电流环磁场计算坐标

在自由全空间（磁导率为 μ_0，介电常数为 ε_0，电导率 $\sigma_0=0$）中，有限区域电流源产生的矢量势 A 为式（2-77）所示形式，即

$$A(r)=\int_V J(r')G(r，r')\mathrm{d}V' \tag{2-77}$$

式中　　V——自由全空间；

　　$J(r')$——电流密度矢量；

$G(r，r')$——自由全空间格林函数；

　　$\mathrm{d}V'$——自由空间微元。

$G(r, r')$ 可用式（2-78）表示，即

$$G(r, r') = \frac{e^{-ik|r-r'|}}{4\pi|r-r'|} \tag{2-78}$$

式中：$k = \sqrt{\omega^2\mu_0\varepsilon_0 - i\mu_0\sigma_0\omega}$，为波数。

直流时，$\omega = 0$，$k = 0$，$G(r, r')$ 有如式（2-79）所示形式，即

$$G(r, r') = \frac{1}{4\pi|r-r'|} \tag{2-79}$$

瞬变电磁理想场源是阶跃方波，电流关断前可以看成是直流电流源。水平直流电流环电流密度矢量与 θ' 无关，仅有切向分量，可以表示为式（2-80），即

$$J = J_\theta u_\theta = I\delta(\rho' - a)\delta(z')u_\theta \tag{2-80}$$

在直角坐标系中（单位向量分别为 u_x，u_y，u_z）可表示为式（2-81），即

$$J = -J_\theta\sin\theta'u_x + J_\theta\cos\theta'u_y \tag{2-81}$$

该电流环产生的电磁场具有柱对称性，因此空间任意一点 (ρ, θ, z) 的矢势与 X 轴上的点 $(\rho, 0, z)$ 的矢势幅值相同。场点 $P(\rho, 0, z)$ 与源点 $P'(\rho', \theta', z')$ 的距离可用式（2-82）表示，即

$$|r - r'| = \sqrt{\rho^2 + a^2 + 2\rho a\cos\theta' + z^2} \tag{2-82}$$

根据式（2-77）和电流密度矢量表达式，可知点 $(\rho, 0, z)$ 的矢势在直角坐标系中分解可表示为 $A = A_x u_x + A_y u_y$，显然该点的 A_x 等效于在柱坐标系中的径向分量 A_ρ，A_y 等效于切向分量 A_θ（Jackson，1985），如式（2-83）、式（2-84）所示，即

$$\begin{aligned}A_\rho = A_x &= \int_V J_x G(r, r')dV' \\ &= \int_V \frac{1}{4\pi|r-r'|}(-\sin\theta')I\delta(\rho'-a)\delta(z')\rho'd\rho'd\theta'dz' \\ &= \frac{-Ia}{4\pi}\int_0^{2\pi}\frac{\sin\theta'd\theta'}{\sqrt{\rho^2+a^2+2\rho a\cos\theta'+z^2}} = 0\end{aligned} \tag{2-83}$$

$$\begin{aligned}A_\theta = A_y &= \int_V J_y G(r, r')dV' \\ &= \int_V \frac{1}{4\pi|r-r'|}(\cos\theta')I\delta(\rho'-a)\delta(z')\rho'd\rho'd\theta'dz' \\ &= \frac{Ia}{4\pi}\int_0^{2\pi}\frac{\cos\theta'd\theta'}{\sqrt{\rho^2+a^2+2\rho a\cos\theta'+z^2}} \\ &= \frac{I\sqrt{4a\rho}}{4\pi\rho}\left[\frac{(2-q^2)K(q)-2E(q)}{q}\right]\end{aligned} \tag{2-84}$$

式中 a——水平流环半。

其中 q 表示为式（2-85），即

$$q = \sqrt{\frac{4a\rho}{(a+\rho)^2 + z^2}} \qquad (2\text{-}85)$$

$K(q)$、$E(q)$ 分别为第一类椭圆积分和第二类椭圆积分，分别见式（2-86）和式（2-87），即

$$K(q) = \int_0^{\frac{\pi}{2}} \frac{\mathrm{d}\Psi}{\sqrt{1 - q^2\sin^2\Psi}} \qquad (2\text{-}86)$$

$$E(q) = \int_0^{\frac{\pi}{2}} \sqrt{1 - q^2\sin^2\Psi}\,\mathrm{d}\Psi \qquad (2\text{-}87)$$

自由空间中水平直流电流环的矢势，见式（2-88），即

$$A = A_\theta u_\theta = \frac{I\sqrt{4a\rho}}{4\pi\rho}\left[\frac{(2-q^2)K(q) - 2E(q)}{q}\right]u_\theta \qquad (2\text{-}88)$$

并可得式（2-89），即

$$B = \mu_0 H = \mu_0 \nabla \times A = \frac{\mu_0}{\rho}\left[-\frac{\partial A_\theta}{\partial z}\right]u_\rho + \frac{\mu_0}{\rho}\left[\frac{\partial(\rho A_\theta)}{\partial \rho}\right]u_z \qquad (2\text{-}89)$$

推导得该电流环产生的磁场径向分量、垂向分量、切向分量，分别见式（2-90）～式（2-92），即

$$B_\rho(\rho,\ z) = \frac{\mu_0 Izq}{8\pi\rho\sqrt{\rho a}}\left[-2K(q) + \frac{2-q^2}{1-q^2}E(q)\right] \qquad (2\text{-}90)$$

$$B_z(\rho,\ z) = \frac{\mu_0 Iq}{8\pi\sqrt{\rho a}}\left[2K(q) + \frac{aq^2 - (2-q^2)\rho}{\rho(1-q^2)}E(q)\right] \qquad (2\text{-}91)$$

$$B_\theta(\rho,\ z) = 0 \qquad (2\text{-}92)$$

特别的，在电流环中心轴线上，即当 $\rho \to 0$ 时，$q \to 0$，通过幂级数展开，可得式（2-93）～式（2-95），即

$$K(q) = \frac{\pi}{2} + \frac{\pi}{8}q^2 + O(q^4) \qquad (2\text{-}93)$$

$$E(q) = \frac{\pi}{2} - \frac{\pi}{8}q^2 + O(q^4) \qquad (2\text{-}94)$$

$$(1-q^2)^{-1} = 1 + q^2 + O(q^4) \qquad (2\text{-}95)$$

求 B_ρ、B_z 的极限值可得式（2-96）、式（2-97），即

$$B_\rho = 0 \qquad (2\text{-}96)$$

$$B_z = \frac{\mu_0 I}{2}\frac{a^2}{(a^2+z^2)^{3/2}} \qquad (2\text{-}97)$$

根据上面提供的一次场计算公式，再结合电磁场矢量叠加原理容易计算得到任意水平线圈组合的一次场分布。

在以反向对偶磁源中心为原点的柱坐标系中，反向对偶磁源产生的一次场计算公式为

$$B_{\text{primary}}(\rho,\ z) = [B_\rho(\rho,\ z-d) + B_\rho(\rho,\ z+d)]u_\rho$$

$$+[B_z(\rho,\ z-d)-B_z(\rho,\ z+d)]u_z \tag{2-98}$$

（一）一次场矢量图

在瞬变电磁法中，一次场矢量图有助于定性分析待探测目标体与一次场的耦合情况。为了突出反向对偶磁源的一次场矢量特点，特将其与常规单独磁源，以及为了削弱一次场影响而采用反磁线圈的场源的一次场矢量情况进行对比。

首先来对比常规单独磁源发射时和反向对偶磁源发射时产生的一次磁场矢量图。常规单磁源发射时（见图 2-14），不存在磁力线为水平方向的平面，即任何平面的一次场磁通量都不为 0，当发射关断时，磁通量变化，必然产生一次场感应电动势。而当反向对偶磁源发射时（见图 2-15），在反向对偶磁源的中间水平面上，磁力线呈水平方向，垂向磁场 $B_z=0$，没有磁力线穿过该平面，即由于上下两反向磁源的等值反向磁通相互抵消，该平面的磁通量始终为 0。我们称反向对偶磁源的中间平面为等值反磁通平面或零磁通平面。这样，在发射关断前后，该平面的一次垂向磁场恒为 0，且一次场磁通量也恒为 0，因此不管是直接接收磁场分量，还是接收磁场变化率，都不再受到发射的一次磁场变化的影响。而且无论是 on-time 观测还是 off-time 观测，都可以免除一次场影响。而常规单独磁源发射时，是无法找到这样一个接收平面的。再对比采用反磁线圈（Bucking coil）来消除一次影响的场源装置产生的一次场矢量图（见图 2-16），虽然采用反磁线圈可以削弱或消除接收线圈中一次场的影响，然而发射线圈正下方的垂向磁场存在反号现象，即浅部垂向磁场与深部垂向磁场方向不一致，将导致不同埋深异常体的响应规律复杂。而反向对偶磁源正下方的垂向磁场由浅至深方向是一致的，因此不同埋深异常体的响应规律相对一致，资料解释更方便。

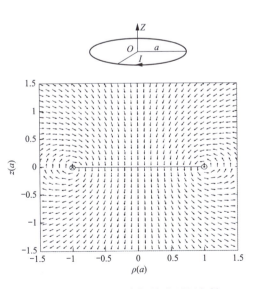

图 2-14　自由空间常规单独磁源发射
时径切面一次磁力线示意图

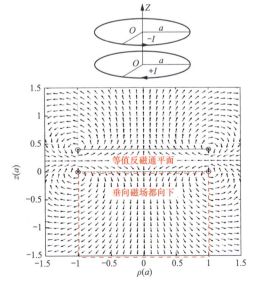

图 2-15　自由空间反向对偶磁源发射
时径切面一次场磁力线示意图

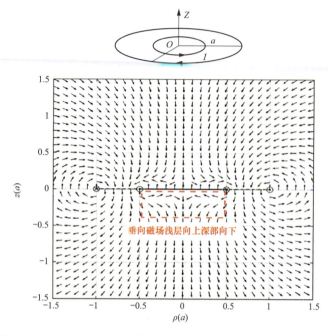

图 2-16　自由空间反磁线圈装置发射时径切面一次场磁力线示意图

(二) 一次场有效耦合范围

增强瞬变电磁法勘探效果的有效途径是在勘探深度范围内一次场（激励场）能与目标体有最佳耦合，即一次场能垂直穿过目标体，这样目标体在一次场激励作用下能产生最大的涡流和最强的二次场（瞬变场）。

当采用中心回线装置观测垂直分量时，对于地下空间某个点，如果一次场垂向磁场为 0，则该点一次场耦合度为 0。若定义接收线圈下方 $B_z=0$（磁力线呈水平）等值线包括的范围为一次场有效耦合范围，那么有效耦合范围越小时越有利于测点下方横向异常体的分辨。

对比常规单回线源一次场的 $B_z=0$ 等值线和反向对偶磁源的 $B_z=0$ 等值线（见图 2-17）发现，反向对偶磁源的 $B_z=0$ 等值线的有效耦合范围变得更小，也就是说等值反磁通瞬变电磁法装置还能缩小其正下方的有效耦合范围，从而减小旁侧的影响，提高横向分辨率。

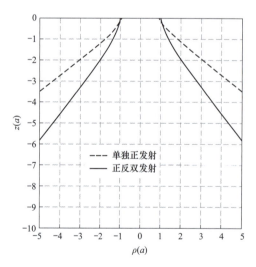

图 2-17　径切面上一次垂向磁场 $B_z=0$ 等值线

（三）一次场幅值

因为等值反磁通瞬变电磁法观测的是磁场的垂直分量，所以这里只研究垂向磁场。在柱坐标系中，反向对偶磁源产生的磁场垂直分量 B_z 是关于对偶磁源的中心轴对称的，因此研究径切面的 B_z 即可，其示意结果见图 2-18。计算参数为发射线圈半径 $a=1$m，发射磁矩 $M=3.1416$A·m^2，反向对偶磁源间距 $2d=0.4$m。

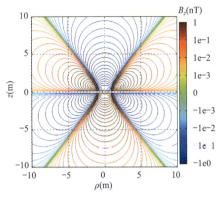

图 2-18　反向对偶磁源径切面
一次垂向磁场 B_z

观察图 2-18 发现，随着深度 z 的增加至远大于线圈半径的某一深度，线圈正下方轴线附近的一次垂向磁场 B_z 等值线逐渐趋于水平，即近似等于同一深度轴线上的垂向磁场，见图 2-19。因此，可以用 z 轴上的垂向磁场来近似代表发射线圈正下方一次垂向磁场随深度的变化，见图 2-20，当距离 $z=1$m 时的 B_z 的幅度约为 $z=10$m 时 B_z 幅度的 1000 倍，当距离 $z=10$m 时 B_z 的幅度约为 $z=100$m 时 B_z 幅度的 10000 倍。可见 B_z 随着距离增加迅速衰减，远大于发射线圈半径 a 时，轴线上的垂直磁场近似地随距离的 4 次方衰减。

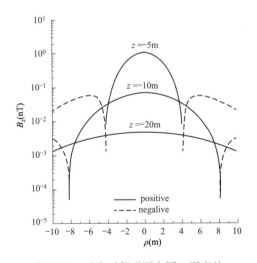

图 2-19　反向对偶磁源在同一深度的
一次垂向磁场 B_z

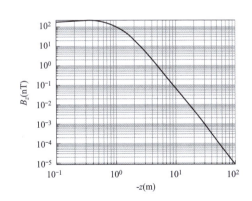

图 2-20　反向对偶磁源一次垂向磁场 B_z
随距离变化

（四）反向对偶磁源距离 $2d$ 对一次场的影响

前文已阐述，当距离远大于发射线圈尺寸时，可以用 z 轴上的垂向磁场 B_z 来近似代表发射线圈正下方一次垂向磁场，因此，以轴线上的 B_z 来做分析。计算参数：发射线圈

半径 $a=1m$，发射磁矩 $M=314.16\ \mathrm{A\cdot m^2}$，反向对偶磁源距 $2d=0.2m$、$0.3m$、$0.4m$，计算结果见图 2-21。可见，反向对偶磁源距离越大，一次场也越大，但是增加相同绝对距离时增加的一次场强度减小。由图 2-22 看出，在距离发射线圈较远位置，一次场与反向对偶磁源距离成正比，同时也意味着随着距离越来越大后，增加相同的绝对距离对增强一次场的效果越来越弱。

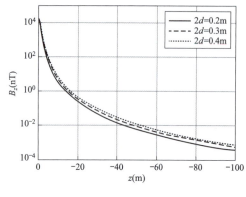

图 2-21　反向对偶磁源一次垂向磁场 B_z
随反向磁源距离变化

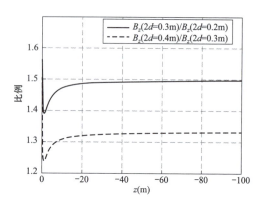

图 2-22　反向对偶磁源距离 $2d$ 对一次
垂向磁场 B_z 的影响

从理论上看，反向对偶磁源距离 $2d$ 越大，一次场就越强，上下发射线圈互感也越小，但是考虑野外工作的便利和装置的稳定性，等值反磁通瞬变电磁法装置中上下反向发射线圈的距离 $2d$ 不便过大，实际当中应综合考虑而合理选择。

（五）发射线圈半径对一次场的影响

根据一次场计算公式计算发射磁矩相等，半径 a 分别为 1m、10m 两组反向对偶磁源径切面上的一次场垂向磁场 B_z，两者幅值大小对比见图 2-23，可见，半径 1m 反向对偶源发射时中心测点下方（图 2-23 中 A1 阴影区）的一次垂向磁场 B_z 大于半径 10m 反向对偶源发射时的，越浅的位置大的程度越厉害（见图 2-24）；而其旁侧（图 2-23 中 A2 空白区）的 B_z 则更小，可见采用中心回线观测方式进行浅层探测时，发射线圈半径越小，中心测点下方一次场能量越强，且旁侧影响范围更小，因此针对近地表浅层高精度探测时，等值反磁通瞬变电磁法宜采用收发固定一体的微线圈（发送线圈边长或直径小于 2m 的发射线圈）方案。首先发射线圈越小，机械加工发射装置的几何尺寸精度越容易满足建立反向对偶磁源的要求；其次，微线圈发射装置具有浅层能量强的特点；而且，微线圈收发一体装置可以保障每个测点上发射一次场的一致性，以及收发相对位置的一致性，可以提高采集数据的准确度；此外，收发一体还能免去野外施工布线工序，可以快速移动，便于实施小点距、高密度扫面测量，可进一步提高横向分辨率。

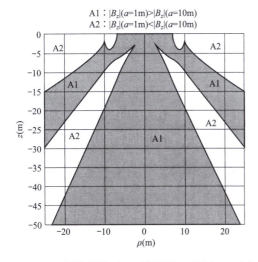

图 2-23　不同半径的反向对偶源的一次场 B_z 对比　　图 2-24　不同半径的反向对偶源轴线上 B_z 对比

三、现场工作技术

(一) 发射电流的选择

激发场的磁场强度与发射电流成正比，而不是与发射功率成正比，可以通过提高发射电流形成较强的激发场。

1. 勘探深度的影响

勘探深度不仅与发射电流有着直接的关系，而且与使用的测量系统的性能、地电断面的复杂程度等都有关。在理想的地质环境下，勘探深度可以是扩散深度的几倍，而在地质环境复杂或噪声地区，可能远远小于一个扩散深度。

对于均匀大地中，在任意时刻 t，最强瞬变场所在的深度，称之为扩散深度，以 δ_{TD} 表示：$\delta_{TD}=\sqrt{2t/\sigma\mu_0}$，$t$ 为采样时间，σ 为半空间的电导率，μ_0 为空气的磁导率。因此，讨论此问题需要确定前提条件：在大多数情况下，归一时间 τ 近似为 1 时，$\tau=\dfrac{2t}{\sigma\mu_0 d^2}\approx 1$，扩散深度处的电导率发生变化会明显地反映出来。

2. 对发射波形前沿的影响

发射机一般不采用特殊的电路来调整或控制前沿的波形，因此，它仅取决发射回线自身电路特性，呈指数规律上升，可以表示为式（2-99），即

$$I(t)=\frac{V}{R}(1-e^{-\frac{L}{R}t})=I(1-e^{-\frac{t}{\lambda}}) \tag{2-99}$$

从电路理论分析可知，当上升时间满足 $t_0\geqslant 3\lambda$ 后，电流值达到稳定阶段，为 $I(t)=0.95I$。对于上升时间的影响可以借用半空间关断效应的结果分析，假设前沿为斜阶跃上升，其影响在脉冲关断时 $D_f=0.9$，则 $t_0/d<0.088$。代入 $t_0\geqslant 3\lambda$，则 $3\lambda\leqslant 0.088d$，或

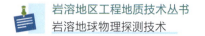
$\lambda \leqslant 0.0293d$。此处 t_0 为前沿上升时间，d 为脉冲持续时间。

3. 对发射波形后沿的影响

关断时间与发射回线尺寸、发射电流大小的关系式为 $t_{of} \approx \dfrac{L}{R} \ln \dfrac{2V}{V+1.5}$，由于发射回线确定后，发射回线电阻 R 和电感 L 是定值，发射电流增大，关断时间增大，发射电流增大 1 倍，关断时间增大 1.28 倍。

（二）发射脉冲宽度的选择

波形脉冲宽度参数 d 值过小，及关断时间 t_{of} 值过大都将使观测值偏离理论响应值，对于某个三维导电体的时间常数值或层状大地的时间 t 的范围，存在一个 d 及 t_{of} 窗口，只有落在这个窗口以内才能得到不畸变的响应值，如图 2-25 所示，脉冲宽度的主要影响如下。

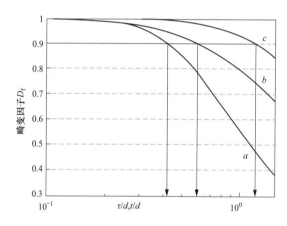

图 2-25　脉冲宽度与畸变因子的关系

a—三维导电体情况下的 $D_f \sim \tau/d$ 曲线；b—导电半空间情况下的 $D_f \sim t/d$ 曲线；

c—水平薄板情况下的 $D_f \sim t/d$ 曲线

（1）球体的畸变因子 D_f 只与 τ/d 有关，与取样时间 t 无关，导体的时间常数越大受到影响越大，因此要求脉冲宽度就越宽。

（2）导电半空间和水平薄板的畸变因子 D_f 只与 t/d 有关，与导体的时间常数无关，t/d 越大影响越大。

通过上面的分析，合理选择脉冲宽度是必要的，针对要探测某一深度的目标体，先确定最大取样延时 t_{max}^*，脉冲宽度应满足 $d > 1.5 t_{max}^*$ 条件，发射周期 $T = 4d \geqslant 6 t_{max}^*$。在重叠回线装置下，电阻率为 ρ 的均匀半空间的瞬变响应最大取样时间公式 $t_{max}^* = 57.83 \dfrac{a^{8/5}}{\rho^{3/5}} \left(\dfrac{I}{\varepsilon(t)}\right)^{2/5}$（$\mu$s）确定。

（三）关断时间的影响

关断效应的影响特征概括如下。

（1）球体或截面为等轴状的导体，其关断影响只与 t_{of}/τ 有关，见图 2-26。工业意义的多金属矿视时间常数为 τ（5～50ms），由于现在的仪器的 t_{of}/τ 比值大部分满足 $t_{of}/\tau<$ 0.215 的要求，所以笼统地说局部导体不受关断效应影响，另外，当 t_{of} 一定时，τ 越小越有可能受关断效应影响。即采用较长的后沿可以压制浅部局部地质体的干扰。

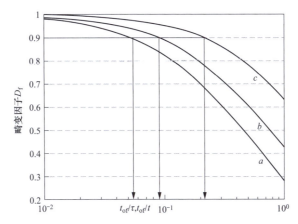

图 2-26　关断时间与畸变因子的关系

a—水平薄板情况下的 $D_f\sim t_{of}/t$ 曲线；b—半空间情况下的 $D_f\sim t_{of}/t$ 曲线；

c—三维导电体情况下的 $D_f\sim t_{of}/\tau$ 曲线

（2）畸变段主要出现在早、中期曲线段，随时间的变大，各个 t_{of} 值的曲线收敛于 $t_{of}\rightarrow0$ 的曲线。

（3）畸变程度取决于 t_{of}/τ 比值（对于三维导电体，τ 表示时间常数；对于层状大地，τ 表示电磁场扩散时间常数）。一般地，当 $t_{of}/\tau<1$ 以后畸变渐渐消失。

（4）受畸变的观测值比正常值大或小，取决于采样零时刻点的选择，一般地，当选在电流关断时间的终点时，将使观测值低于正常值，相应地将使视电阻率值偏高；当选在电流关断时间的起始时，将使观测值大于正常值，相应地将使视电阻率值偏低。

（5）t_{of} 值主要取决于发射回线尺寸及发射电流大小，可以采用下式作粗略地估算，$t_{of}\approx\dfrac{L}{R}\ln\dfrac{2V}{V+1.5}$。式中 L 为发射回线电感，对于单匝圆形回线 $L=2r/300$（以 mh 为单位）；R 为回线电阻；V 为外加于回线的电压；t_{of} 以 ms 为单位。

（四）接收最早取样时间的选择

线圈过渡过程中以一次场信号对分布电容的充、放电的电位最强，如果它可以忽略，则其他的充放电电位均可忽略。

1. 过渡过程的影响

过渡过程的影响主要表现在两个方面。

（1）有效的最早取样时间变大，致使勘探盲区变大。

（2）由于早期瞬变信号叠加了一次场的过渡过程，比真实的瞬变场值变大，所以计算

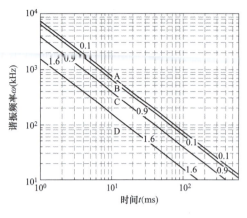

图 2-27　线圈谐振频率与取样时间关系曲线

2. 接收线圈频率的影响

接收线圈频率的主要影响为：

（1）线圈谐振频率越高，最早取样时间越小，过渡过程影响的时间范围越短，只有 ω、t 的乘积落在曲线 A 和曲线 C 之间，其线圈的过渡过程的影响可忽略，见图 2-27。

（2）对于 $Q'_{2s} \leqslant 0.1$ 曲线随系数 K 变化，但总是介于曲线 A 和曲线 C 之间。即只分析曲线 A 和曲线 C 的影响即可。

（3）缩短线圈的过渡过程时间，使最早取样时间变小的有效方法。

1）降低线圈的分布电容；

2）适当减小接收线圈的面积。

（五）接收线圈的频率选择

由于过渡过程的存在，早期取样时刻的感应电压发生畸变，以致可用数据的最早取样时间 t_{min} 不能从零开始，因此，有效勘探不能从地表开始。下面分析过渡过程对勘探深度的影响，趋肤深度计算公式为 $H^*_{min} = \sqrt{\rho \cdot t^*}$，式中 t^* 单位：μs；电阻率 ρ 单位：$\Omega \cdot m$，t^*_{min} 为可以忽略一次场影响的最小取样时间，当 $t^* = t^*_{min}$ 时对应最小探测深度，可以计算出最小勘探深度。

谐振频率为 2000kHz 时，最早取样延时为 $1.7\mu s$，随电阻率的增大，取样时间略微变大，变化不大，如果最小取样时间由图 2-27 中读取，为表 2-1 所列取值，取导电球体半径 $a = 100m$，发射线圈边长为 $10m \times 10m$，发射电流为 $I = 1A$，分别取地质体的时间常数 $\tau_d = 1ms$、$\tau_d = 0.1ms$、$\tau_d = 0.01ms$ 三种值所计算相应的电阻率 $\rho = \mu_0 a^2 / (\pi^2 \tau_d)$ 值，计算出最小探测深度。

表 2-1　　　　　不同谐振频率下最小取样时间及最小勘探深度的关系　（$I = 1A$）

谐振频率 (kHz)	最小取样时间(μs) $\rho = 1.27(\Omega \cdot m)$	最小探测深度(m) $\rho = 1.27(\Omega \cdot m)$	最小取样时间(μs) $\rho = 12.7(\Omega \cdot m)$	最小探测深度(m) $\rho = 12.7(\Omega \cdot m)$	最小取样时间(μs) $\rho = 127(\Omega \cdot m)$	最小探测深度(m) $\rho = 127(\Omega \cdot m)$
2000	1.7	1.5	2	3.6	2.4	17.5
1000	4.1	2.3	4.8	7.8	5.3	25.9
500	7.8	3.1	8.2	10.2	9	33.8

从表 2-1 中可见，谐振频率越低，最小取样时间越大，导致最小勘探深度越大，意味不能勘探的盲区越大。导体的电阻率越大，最小勘探深度越大，盲区越长。为此，要消除线圈的过渡过程，才能缩小最早取样时间，使勘探深度没有盲区。

四、数据处理与解释技术

（一）数据质量判别

对于野外的数据除了要进行必要的处理以外，还要对野外的噪声进行调查和分析，评定衰减曲线的可信程度和对数据的可靠性进行判别，从而来确定仪器的稳定性、可靠性和整体探测能力。

数据质量的判别有两种方法：①以规范的要求为准，达不到要求的数据视为不合格；②根据任务要求，结合解释方法来利用数据。①为苏联和我国的做法，②为大多数西方物探界的做法。实际上将两种方法结合起来可有利于提高经济效益，比如，首先提出几种质量标准以保证工作效率和数据质量，其次在数据采集后，不以原定标准作为判别数据质量是否可以利用的唯一标准，而是结合解释，分析得出。理由简单，工作前确定的质量要求与实际必有脱节，不是要求偏低就是偏高，以致出现数据达到标准而实际不便利用的情况，或是实际上可以利用的数据被作废，或列为"次品"，这当然是不合理的。

1. 误差计算

（1）相对误差和平均相对误差。相对误差的基本算式为

$$\delta_i = \frac{2 \times |u_{i_1} - u_{i_2}|}{u_{i_1} + u_{i_2}} \times 100\% \tag{2-100}$$

式中　u_{i_2}、u_{i_1}——第 i 道的原始观测值和检查观测值或重复观测值。

此处：①同一测区或同一剖面参与计算的同一取样道的数据总数，得到各道的平均相对误差；②同一测点参数与计算的取样道数，得到某一测点的平均相对误差；③如果将式（2-101）中的 $\bar{\delta}$ 当作某一测点数据之（平均）相对误差，则 N 为参与计算之测点数，得到某测区或某剖面的总平均相对误差。

平均相对误差为　　　　　　　$\bar{\delta} = \sum_{i=1}^{N} \delta_i / N \tag{2-101}$

式中　N——参与计算的道数。

（2）均方相对误差。均方相对误差用式（2-102）表示，即

$$M = \pm \sqrt{\sum_{i=1}^{N} \delta_i^2 / 2N} \tag{2-102}$$

（3）绝对误差与平均绝对误差。绝对误差用式（2-103）表示，即

$$\Delta_i = u_{i_1} - u_{i_2} \tag{2-103}$$

平均绝对误差用式（2-104）表示，即

$$\bar{\Delta} = \sum_{j=1}^{N} |\Delta_j| / N \tag{2-104}$$

按误差理论，均方误差较之相对误差严格，因为它突出了大误差的影响。另外，当参

与计算误差之值很多时，因为大误差出现的概率小，两者效果相当，只有在检查数据少时采用均方误差较为合理。

对于晚延时段的数据值有时比较低，以绝对误差衡量为宜，如果采用相对误差有时会出现误差超过规定，而数据仍可用的情况。这里，早期段，采用相对误差和平均相对误差，其标准一般不超过 $5\%\sim10\%$。而对于晚延时，采用平均绝对误差，其下限应取噪声的 3 或 4 倍，当然，这是不全面的。

实践表明，平均相对误差与延时的关系是早延时误差大，中延时误差小，晚延时误差最大。理由是，早延时，高频电磁场干扰较强，衰减曲线陡，采样窗口窄。另外，采样时间偏移，发射波形不稳定等方面都会使早延时的精度降低。晚期段信噪比低，当然误差大。绝对误差随延时增大，总的趋势越来越小，最后则在某范围（噪声背景）内变化。

2. 从衰减曲线和剖面曲线分析质量

局部导体的响应在单对数坐标上，晚延时成直线下降，均匀大地和层状大地的晚延时响应，在双对数坐标上直线下降，这是分析基本根据。为此，供分析的曲线延时需要足够晚和需要有重复观测数据。分析的主要目的是确定晚延时的最合理的绝对误差。衰减曲线晚延时段数据上、下跳动，波动大，误差清晰可辨；波动小，则难以判别。

（二）数据处理

对于观测的瞬变电磁信号，其目的是计算地下介质的电性参数及其深度，再结合正演模型给出合理的解释，称之为反演解释方法。目前，瞬变电磁数据处理及解释比较成熟的理论有"浮动薄板解释法""烟圈"理论解释法，都是基于水平层状介质模型推出的，对于二、三维的数据处理及解释方法只是处于研究阶段，由于电磁法理论的复杂性，且影响因素较多，实际应用还有很多难题。

1. 平滑滤波

（1）三点线性平滑滤波。虽然在瞬变电磁接收系统中采用了奇异值剔除以及中值滤波等方法去噪，但实际测量的瞬变信号在晚期的信噪比依旧不高，数据需要进行滤波，滤波的方法也比较多，由于瞬变信号具有单向衰减特性，而且有限导电地质体在晚期按指数规律衰减，这一特点为滤波提供重要的依据。

三点滤波方法算法如式（2-105）所示，即

$$\varepsilon_i'(t) = [\varepsilon_{i-1}(t) + 2\varepsilon_i(t) + \varepsilon_{i+1}(t)]/4 \qquad (2\text{-}105)$$

式中：$\varepsilon_i(t)$ 表示 t 时刻待平滑中心点数值；$\varepsilon_{i-1}(t)$ 表示 t 时刻前相领点数值；$\varepsilon_{i+1}(t)$ 表示 t 时刻中心点平滑后相领点数值；$\varepsilon_i'(t)$ 表示 t 时刻中心点平滑后数值。

（2）曲线拟合。瞬变电磁法中，在野外进行测量时，由于某一周期性的干扰或其他自然的、气候的等因素的影响，无法用统计的方法将其剔除，以至于在某一点的衰减曲线上出现大的突变，从而造成了剖面曲线的相互交叉，不利于数据的进一步处理和解释。目

前，有些软件，通过对抽道后的衰减曲线直接用人工进行校正（将曲线拉至合理的状态）或直接对数据进行修正，这必然加入了人为的因素。采用曲线拟合的方法可以对曲线进行圆滑，而保留了数据的整体性。

曲线拟合就是根据已有的数据点，确定一条最接近于实际特性的曲线。曲线拟合常采用的方法有最小二乘法、贝塞尔方法和B样条方法等，而以最小二乘法在拟合实验数据时较为常用。

对于有序的一组数据点 (u_i, t_i) $(i=1, 2, \cdots, n)$，用一条光滑的曲线 $u=f(t)$ 来拟合，那么，数据点的坐标值与曲线上对应点的坐标值的偏差为 $\varepsilon_i = f(t_i) - u_i$，称为残差，最小二乘法就是使残差的平方和 $\sum_{i=1}^{n} \varepsilon_i^2$ 达到最小。

m 次多项式形式，如式（2-106）所示，即

$$f(t) = a_0 + a_1 t + a_2 t^2 + \cdots + a_m t^m = \sum_{i=0}^{m} a_i t^i \qquad (2\text{-}106)$$

则曲线上对应点与数据点坐标的残差平方和 Q 用式（2-107）表示，即

$$Q = \sum_{i=1}^{n} \varepsilon_i^2 = \sum_{i=1}^{n} [f(t_i) - u_i]^2 = \sum_{i=1}^{n} \left(\sum_{j=0}^{m} a_j t_i^j - u_i \right)^2 \qquad (2\text{-}107)$$

因 (t_i, u_i) 已知，故 Q 只是 a_j 的函数。那么使 Q 最小也就是使 $\frac{\partial Q}{\partial a_k} = 0$ $(k=0, 1, 2, \cdots, m)$。

m 次的曲线方程，可以列出 m 个联立的线性方程组，则可求出 $a_0, a_1, \cdots, a_m$。这样就得到了曲线的方程 $u=f(t)$。

为了达到好拟合效果，可采用分段拟合的方法和加权的最小二乘法拟合。一般情况是曲线变化快的部分参与拟合的数据段间隔要窄，而平缓处数据段间隔要宽。另外，评价拟合效果，除了按最小二乘法误差准则外，应加以必要的修正，根据衰减曲线前段和尾段的信噪比不同采用不同的加权系数，通常尾段权系数要大于前段。拟合后将各部分连接起来，并采取一定的平滑措施，来平滑连接点。

3. 近似对数等间隔取样

由于瞬变电磁信号在早、中、晚期的衰减速度差别相当大，在很宽的时间范围内为了不失真、准确真实地反映信号的特性，除了在足够宽的时间范围内必须有足够的取样道外，各取样道之间的间隔及取样数据窗口宽度（T_g）应随取样道不同而有所改变。在早期，信号幅值高而且衰减速度快，因此取样时间的间隔及取样窗口的宽度都必须相当窄，才能保证足够精确地分辨信号的衰减特性；在晚期，取样间隔及窗宽应增大，以适应弱信号衰减慢的特性。因此，对采集的数据进行了近似对数等间隔取样处理。

（1）基本概念。如果定义数据窗 T_i 指从 $t_{i,1}$ 采样时刻到 $t_{i,N}$ 采样时刻中共有 N 个数据，那么，积分取样就是指对一个数据窗内所有的数据进行面积积分，取样窗的中心时

间、相应的感应电压可由式（2-108）和式（2-109）求出，即

$$T_i = \sqrt[N]{t_{i,1} \cdot t_{i,2} \cdots t_{i,N}} \tag{2-108}$$

$$\varepsilon(T_i) = \sqrt[N]{\varepsilon(t_{i,1}) \cdot \varepsilon(t_{i,2}) \cdots \varepsilon(t_{i,N})} \tag{2-109}$$

式中　$t_{i,1} \sim t_{i,N}$——时窗 T_i 的起止采样时间。

（2）取样道的中心时间、数据窗宽近似对数等间隔。为了克服前面取样方法的缺点，提出了近似对数等间隔进行取样，数据窗宽为 1.2 倍的关系，比较接近对数间隔 $10^{0.1}$（1.26 倍），使计算误差变小。在这种方法里，先确定前一取样道的起始点，计算数据窗宽 T_i，根据采样率确定取样道内参加计算的数据个数，再由这个数据窗宽确定下一取样道的起始点，间隔可根据需要进行设置。这样，既保证数据窗连续，又保证了取样道的中心时间、数据窗宽之间的关系遵循 1.2 倍间隔。可以看到，数据窗宽的误差同采样率有直接的关系，若提高采样率为 $2\mu s$ 或 $1\mu s$，那么在数据窗参加计算的采样点数变多，则数据窗宽的误差变小。

（3）斜阶跃波效应的后沿校正。设理想阶跃脉冲电流 $I(t)$ 激励的瞬变二次场为 $\dot{B}(t)$；斜阶跃脉冲电流 $I'(t)$ 激励的瞬变二次场为 $\dot{B}'(t)$，$\dot{B}'(t) \propto dI'(t)/dt$。假定采样的零时刻选在关断电流的终点。

根据杜哈美尔积分，可以得到任意输入作用下，输出的瞬变过程与脉冲函数之间的关系为式（2-110）、式（2-111），即

$$-\frac{dI'(t)}{dt} = \frac{1}{t_{of}} \qquad -t_{of} < t < 0 \tag{2-110}$$

$$\dot{B}'(t) = \int_{-\infty}^{t} -\frac{dI'(t)}{dt} \dot{B}(t-s) ds \qquad t > 0 \tag{2-111}$$

这里 $\dot{B}(t-s)$ 为输入作用函数；$\dfrac{dI'(t)}{dt}$ 为脉冲函数；$\dot{B}'(t)$ 为输出的瞬变过程。假设 $r = t - s$，可得式（2-112），即

$$\dot{B}'(t) = \int_{t}^{t+t_{of}} \frac{1}{t_{of}} \dot{B}(r) dr = \frac{1}{t_{of}} \int_{t}^{t+t_{of}} \dot{B}(r) dr \tag{2-112}$$

线性关断效应可以通过理想阶跃关断函数响应值 $\dot{B}(r)$ 在 t_{of} 时间内平均求得。

根据 D. V. Fitterman 和 W. Anderson 从 Duhamel 积分针对此效应推导的公式，对于均匀半空间和高阻基底上的导电薄层情况下，得到如式（2-113）、式（2-114）所示的近似公式，即

$$B_z(t_i) = \frac{B_z'(t_i)}{F(t_i, t_{of})} \tag{2-113}$$

$$F(t_i, t_{of}) = \frac{1}{m} \times \frac{t_i}{t_{of}} \times \left[1 - \left(1 + \frac{t_i}{t_{of}} \right)^{1-m} \right] \tag{2-114}$$

式中　$B_z(t_i)$——阶跃波响应输出的瞬变过程；

$B'_z(t_i)$——斜阶跃波响应激发的感应电动势；

$F(t_i，t_{of})$——斜阶跃波效应系数；

m——响应衰减幂指数（$m=2.5$ 和 $m=4$ 分别对应均匀半空间和高阻基底上的导电薄层）；

t_i——取样道延时，从脉冲终止起算；

t_{of}——斜阶跃波持续时间。

（三）基于"烟圈"理论的一维快速反演

1."烟圈"基本理论

发射回线中通以阶跃变化的电流，当电流下降为零时，在其周围产生急剧变化的磁场和电场，急剧变化的磁场形成涡流。电磁能量从场源所在地传播到地下，在均匀半空间中激发的电流，像"烟圈"一样随时间之推移逐步扩散到大地的深处。其立体和剖面图形如图 2-28 所示。

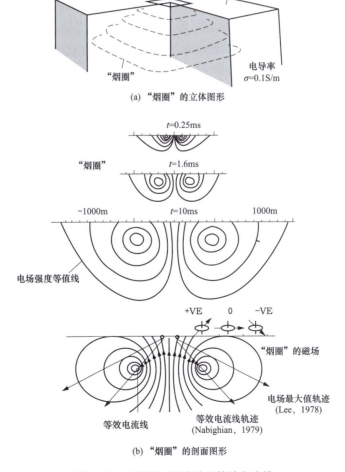

(a)"烟圈"的立体图形

(b)"烟圈"的剖面图形

图 2-28 "烟圈"的移动和等效电流线

M. N. Nabighian 认为感应涡流场（二次场）在地表引起的瞬变电磁响应为地下各个涡流层的总效应，这种效应可近似地用向下传播的电流环来等效。电流环好像是发射回线吹出的"烟圈"，其形状与发射回线相同，随着时间的增加而向外扩大，向下变深。对某时刻 t_i（采样时间）可用一个电流环的响应来等效地表上 t_i 时刻的瞬变响应值，该时刻的电流环就是镜像源位置（深度），通过改变镜像源的深度位置就可以得到整个延时时间的瞬变响应。

2. 全区视电阻率计算

视电阻率的定义是把实际观测值假定为相同装置在均匀大地上的观测值，推算出这个假想均匀半空间的电阻率，称之为视电阻率。计算视电阻率就是从观测值算出与之相对应的均匀半空间的电阻率。

下面给出阶跃脉冲下不同装置的均匀半空间感应电压表达式。

垂直磁偶源的感应电压的全区表达式为

$$V_z(t) = -n\mu_0 S \frac{\partial H_z(t)}{\partial t} = \frac{m_T \rho}{2\pi \cdot a^5} \left[9erf(u) - \frac{2u}{\sqrt{\pi}}(9 + 6u^2 + 4u^4)e^{-u^2} \right] \qquad (2\text{-}115)$$

垂直磁偶源的感应电压的近似表达式为

在早期
$$\varepsilon_z \approx -\frac{9m_T \rho A_R}{2\pi \cdot a^5} \qquad D/a \leqslant 2 \qquad (2\text{-}116)$$

在晚期
$$\varepsilon_z \approx -\frac{m_T \mu_0^{5/2} A_R}{20\pi \sqrt{\pi} \rho^{3/2} t^{5/2}} \qquad D/a \geqslant 16$$

$$\varepsilon_x \approx -\frac{m_T \mu_0^3 A_R}{64\pi \rho^2 t^3} \qquad D/a \geqslant 16 \qquad (2\text{-}117)$$

其中 $D = 2\pi\sqrt{2t\rho/\mu_0}$，$\tau_0 = t \cdot \rho/(\mu_0 a^2)$。式中，$a$ 为接收-发射距离，ρ 为均匀半空间的电阻率，$m_T = nIS$ 为发射磁矩，n 为发射线圈匝数，I 为发射电流，S 为发射线圈面积，A_R 为接收线圈面积。中心回线装置下感应电压的全区表达式为

$$V_z(t) = -n\mu_0 S \frac{\partial H_z(t)}{\partial t} = \frac{nIS\rho}{a^3} \left[3erf(u) - \frac{2}{\sqrt{\pi}}(3u + 2u^3)e^{-u^2} \right] \qquad (2\text{-}118)$$

中心回线装置下感应电压的近似表达式为

在早期
$$\varepsilon_c = \frac{3IA_R\rho}{a^3} \qquad \tau_0 \leqslant 0.01 \qquad (2\text{-}119)$$

在晚期
$$\varepsilon_c = \frac{I\mu_0^{5/2} A_R a^2}{20\sqrt{\pi} \rho^{3/2} t^{5/2}} \qquad \tau_0 \geqslant 1 \qquad (2\text{-}120)$$

重叠回线装置下感应电压的全区表达式为

$$V_z(t) = \frac{2I\rho}{\pi \cdot a} \left[\left(u^2 + \frac{3}{2}\right)erf(u) + \frac{1}{\sqrt{\pi}}ue^{-u^2} - \sqrt{2}erf(\sqrt{2}u) + e^{-u^2}erf(u) - \frac{2}{\sqrt{\pi}}u \right]$$

$$(2\text{-}121)$$

重叠回线装置下感应电压的近似表达式为

在早期

$$\varepsilon_e = \frac{I\mu_0 a}{2t} \qquad \tau_0 \leqslant 0.01 \tag{2-122}$$

在晚期

$$\varepsilon_e = \frac{I\sqrt{\pi}\mu_0^{5/2}a^4}{20\rho^{3/2}t^{5/2}} \qquad \tau_0 \geqslant 3 \tag{2-123}$$

对于中心回线和重叠回线装置下，a 为发射回线半径，其他参数同上，误差函数可用式（2-124）表示，即

$$erf(x) = \frac{2}{\sqrt{\pi}}\int_0^x e^{-x^2}\,dx \tag{2-124}$$

核函数的解与电阻率之间关系表达式用式（2-125）表示，即

$$u = a\sqrt{\frac{\mu_0}{4t\rho}}, \qquad \rho(t_i) = \frac{\mu_0 a^2}{4t_i u^2} \tag{2-125}$$

利用上式可以计算出全区视电阻率，可见采用任一种装置工作，核函数均为双值或多值函数，需要判断真正的解，为了准确判断真解，采用早期和晚期近似公式先求出视电阻率值，计算 u 值作为初始范围，由于在同一采样时间，近似计算的视电阻率值比全区公式计算的视电阻率值要大，这样就可以确定视电阻率的取值范围，再进行迭代搜索 $F(u)$ 对应的 u 值。因为 u 和 t 的变化总是成反比，所以较大 u 值对应瞬变场的早期，较小 u 值对应瞬变场晚期。

3. 计算视深度

关于穿透深度有几种不同的定义，这里定义为对给定时间 t，$\dfrac{\partial B_z(t)}{\partial t}$ 产生值的深度为穿透深度。"烟圈"的速度为

$$v(\rho,\ t) = \frac{dz(t)}{dt} \tag{2-126}$$

可见，如果获得穿透深度 $z(t)$，就可由上式得到 $v(\rho,\ t)$。在均匀半空间介质情况下，穿透深度为

$$z = \frac{a}{2\alpha^{1/2}}\{C_1(\alpha) + [C_1^2(\alpha)+2]^{1/2}\} \tag{2-127}$$

"烟圈"垂直运动速度为

$$V(\rho,\ t) = \frac{dz}{dt} = \sqrt{\alpha}/\sigma\mu_0 a\{C_1 + (C_1^2+2)^{1/2} + [1+C_1(C_1^2+2)^{-1/2}]\alpha C_2\} \tag{2-128}$$

式中：$C_1(\alpha) = \dfrac{3}{4}\sqrt{\pi}\left[1 - \dfrac{\alpha}{4} - \sum\limits_{k=2}^{\infty}\dfrac{(2k-3)!\,!}{k!(k+1)!}\right]\left(\dfrac{\alpha}{z}\right)^k$；$C_2 = \dfrac{3}{4}\sqrt{\pi}\sum\limits_{k=0}^{\infty}\dfrac{(2k-1)!\,!}{k!(k+1)!}\left(\dfrac{\alpha}{2}\right)^k$。

"烟圈"的垂直运动速度与 $\tau^{1/2}$ 成反比，即早期"烟圈"运动速度与介质的电导率成反比，这意味着高阻介质中"烟圈"向下运动速度大于低阻介质中运动速度。

（1）镜像源位置的确定。据"烟圈"理论，位于电导率为 σ 的均匀大地表面上圆回线的

瞬变响应可以用一个电流环代替。对给定时刻 $t=t_i$，可以用一个电流线的场强代替半空间在此时刻的响应。该电流环就是在 $t=t_i$ 时刻的镜像源，t_i 时刻镜像位置可用式（2-129）表示，即

$$D(t_i)=\beta Z(t_i) \tag{2-129}$$

这里 $\beta=1.1$ 为经验数，$D(t_i)$ 和 $Z(t_i)$ 分别为 t_i 时刻的镜像源位置和穿透深度。

由于实际所测得的结果是在层状介质或二、三维介质上得到的，而 ρ_a 是由均匀半空间计算公式得出的等效镜像源深度 $D(t_i)$，不能直接用于计算勘探深度，必须对 $D(t)$ 进行精确拟合。其方法是把由视电阻率 ρ_a 计算的 $D(t)$ 作为拟合的初值，计算镜像源产生的磁场。根据计算结果调整镜像源深度 D，使其产生磁场与实测结果之间的误差在允许范围内，这时 D 就是镜像源的位置。

（2）勘探深度的计算。在求得了镜像 $D(t_i)$ 位置和穿透深度 $Z(t_i)$ 之后，就可用三次样条插值或差商方法求得"烟圈"的运动速度 $V(\rho,t_i)$。获得 $V(t_i)$ 后，采用逐步迭代拟合方法可求电阻率值 ρ，最后根据镜像源位置 $D(t_i)$，求得勘探深度 $h(t_i)$，$h(t_i)=\gamma z(t_i)=(\gamma/\beta)D(t_i)$，这里 $\gamma=0.4$ 为经验数。

4. 数据成图

因为图件的绘制内容服从工作目的，所以剖面测量与测深测量、普查与详查的成果图件不尽相同。另外，列出的图件也无需全部绘制，这取决于解释的需要和提交成果的有关规定。具体成果图如下。

（1）视电阻率断面图。

（2）视电阻率曲线图。

（3）视电阻率等值平面图（早、中、晚取样道各一张）。

（4）曲线。

（5）视电阻率不同深度的切片图。

第三节 应 用 实 例

一、[工程案例1] 某水电站库首两岸防渗帷幕线上及副坝岩溶探测

该电站位于某河段上，电站大坝拟利用"天生桥"有利地形，对桥下进行堵洞拦水，在桥上再作一副坝及泄洪系统，使桥下混凝土堵洞体与桥面天然岩体及桥面以上的副坝在铅直方向上形成一体，可使水库蓄水位从河面275m高程抬升到400m左右，从而获得约125m的发电利用水头。坝址为天生桥暗河，暗河全长246m，洞内为尖屋顶形，且右壁倾向左壁，洞顶高程315~340m，洞高40~75m，桥体厚10~97m，洞底

宽 15～38m，洞顶中心线向桥面中心线右侧偏移 0～25m，即暗河轴线与桥面轴线未完全重合；坝肩地形较平缓，表面顺断层多发育漏斗形溶洞，靠暗河两壁为悬崖陡壁。拟建水库回水长度为 10km，总库容为 4389 万 m³。装机容量为 16MW。

测区地层岩性坝基覆盖层厚 5～10m，主要为坡残积黏土夹少量块碎石。河床覆盖层厚 5～10m，以粉细砂、卵石及大块石为主。测区出露地层主要为下古生界寒武系，总厚度 1400 余米。其底部以页岩为主；中部为泥灰岩、泥质白云岩、泥质条带灰岩夹页岩，上部以白云岩类为主夹少量灰岩，为库区左、右岸及枢纽区重要地层。

为了查明库首两岸防渗帷幕线上及副坝位置的岩溶发育情况，布置大地电磁法测试剖面线，以查明拟设防渗帷幕沿线岩溶管道的发育程度、规模及位置、断层破碎带的胶结和溶蚀情况等。测线布置如图 2-29 所示。

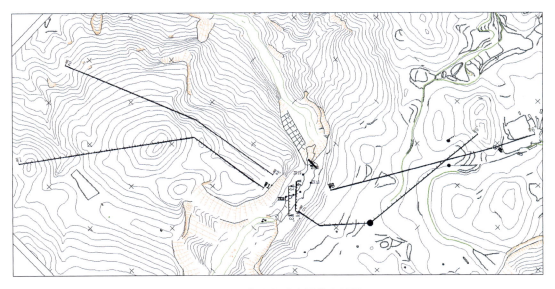

图 2-29　大地电磁法测线布置图

本次工作采用美国 Gemotric 公司生产的可控音频大地电磁测深（EH4）连续电导率成像系统，测点间距为 10m，电极间距为 20m。探测成果如图 2-30 所示。

左坝肩 W2-W2′测线在桩号 20～60m、高程 330～350m 处的低阻异常区和桩号 240～330m、高程 370～410m 处，桩号 440～560m、高程 380～420m 处存在的相对低阻异常区，与周边围岩电阻率差异较大，推测为溶洞或强溶蚀区，如图 2-30（a）所示。

桥体 W3-W3′、W4-W4′测线探测成果如图 2-30（b）所示，高程 270～310m 处的强溶蚀区为天生桥暗河洞体，洞顶岩体在高程 355～365m，有强溶蚀发育。

右坝肩 W5-W5′测线探测成果如图 2-30（c）所示。高程 400m 以上，岩溶管道、漏斗沿断层较发育；高程 400m 以下岩溶不发育。

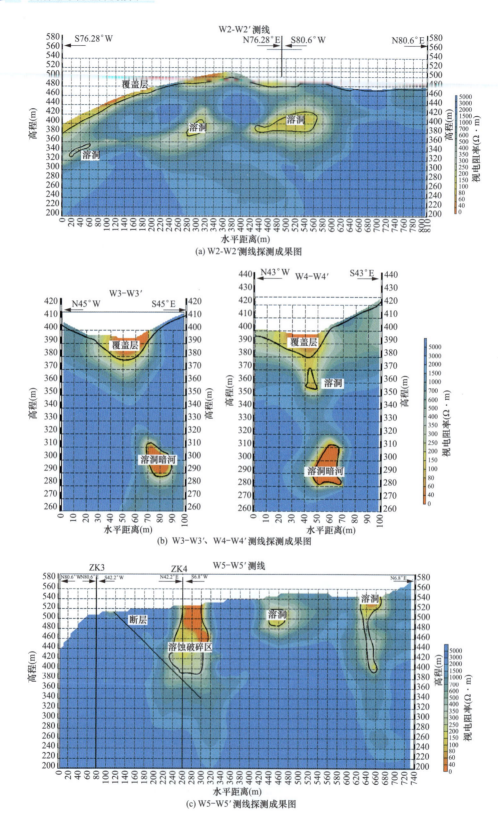

图 2-30　探测成果图

二、[工程案例2]某水库岩溶探测

(一)工程概况

某电站建设项目位于巫山县笃坪乡龙淌村二社，王家河流域小溪河上，小溪河属于长江右岸一级支流，为湖北省巴东县与重庆市巫山县的分界河流。

工程区位于巫山县东南部，地处新华夏系一级隆起带的第三隆起带内，地貌受区域地质构造和岩性控制，山势走向与构造基本一致，呈北东—南西向展布，工程区两岸山顶高程多在1000~1500m之间。王家河发源于湖北省巴东县，主河道长27km，现代河床高程为400~700m，相对切割深度达600~1000m，属中山地貌。区内出露地层为志留系至二叠系地层，第四系地层角度不整合于基岩之上。

工程区气候温和湿润，雨量充沛，为岩溶发育提供了良好条件，岩溶水文地质测绘发现，区内岩溶形态主要有岩溶洼地、落水洞、暗河、岩溶管道、溶缝、溶洞等。

通过现场踏勘，对白龙洞暗河的出口位置、流量及区内地形地貌等情况进行综合分析，推测暗河出口上游小溪河左岸可溶岩地层中存在与白龙洞暗连通且延伸较远的地下岩溶管道。本次工作的目的就是从暗河出口向上游按照"从有到无、从已知到未知"的原则进行追踪式物探测试并结合地表地质测绘进行综合分析，初步查明地下岩溶管道的分布位置和相应高程，对是否可以利用地下岩溶管道水发电作出初步评价。

(二)现场工作布置

根据地质对暗河的推测走向，结合测区地形地貌，布置了15条大地电磁（EH4）测线，如图2-31所示。

(三)探测成果

部分探测成果如图2-32所示，由图2-32可看到，从白龙洞出口到EH2-EH2′测线范围内，推测的岩溶管道高程与河床水位高程几乎一致；EH2-EH2′测线到EH13-EH13′测线范围内，推测的岩溶管道高程高于河床水位，最大高差达到110m左右；在勘测范围上游段，EH15-EH15′测线附近推测的岩溶管道高差略低于河床水位。

通过对测区内布置的15条测线进行探测，经过对资料的处理与分析得出各测线视电阻率成果图，在勘探范围内推测出一条走向大致为N31°E、管道高程总体高于河床水位的岩溶管道。

三、[工程案例3]某引水工程岩溶探测

某引水工程是以烟叶灌溉为主，兼有红池坝景区供水、农业灌溉及灌区内农村人畜饮水等综合利用功能的小（1）型水利工程。

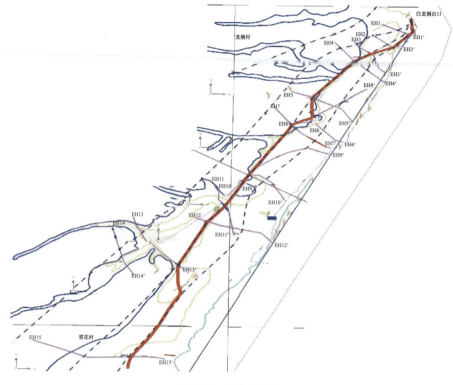

图 2-31　测线布置

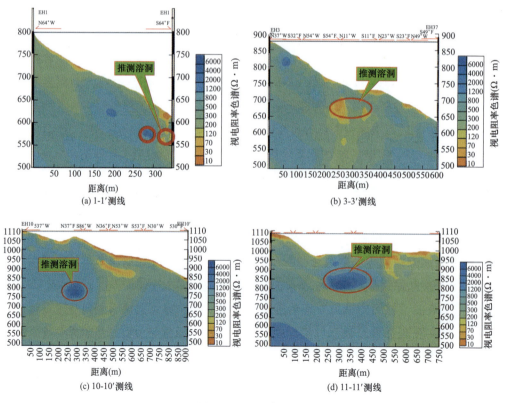

图 2-32　电阻率剖面

工程区内山顶高程多在1500～2500m间，谷底高程为550～2000m，总体属中-深切割的高中山地形。坝址区基岩主要出露三叠系下统嘉陵江组地层（T_1j），地表分布第四系（Q）松散堆积层。三叠系下统嘉陵江组地层为一套浅海-泻湖相沉积碳酸盐岩组成，岩性及厚度变化较大，根据区域工程地质资料大致可分为四个岩性段，小土桥坝址区主要出露其第四段地层。库区岩层主要出露三叠系下统嘉陵江组第四段（T_1j^4）地层，河谷及支沟底部分布有第四系（Q_4）覆盖层。

为查明指定位置内有无大的岩溶渗漏通道等地质异常及异常的分布情况，为工程渗漏分析提供基础资料。

本次探测采用EH-4系统进行。共布置测线9条，测线布置如图2-33所示。

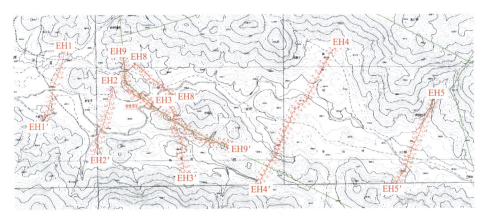

图 2-33　工作布置图

其中图2-34（a）是4号测线成果图，图2-34（b）是8号测试成果图。图2-34（a）中，在水平桩号150～325m、高程1917～1850m之间存在一低阻异常；图2-34（b）在水平桩号275～348m、高程1923～1888m之间存在一低阻异常。推测解释为强溶蚀。

四、[工程案例4]某电站引水隧洞线岩溶探测

（一）工程概况及工作目的

某电站位于贵州省中部开阳县与福泉市交界的清水河干流上，引水隧洞沿河布置在左岸，经由下坝址—幺佬寨—瓮长—顶扒—冷水河口，隧洞长约6.5km，洞径为7.5m，进口底板高程为830m，比降为1‰。

隧洞处于清水河左岸的斜坡地带，一般埋深为100～200m，最大埋深约为300m，最小埋深约为90m；后寨及马屎寨发育两条地表沟谷，并有季节性流水。

（二）地质概况

隧洞主要通过二叠统吴家坪组（P_2w）中厚层硅质岩、硅质灰岩、含燧石结构灰岩夹泥页岩及煤层，茅口组（P_1q+m）厚层灰岩、含燧石结核灰岩地层，中部存在约1km长

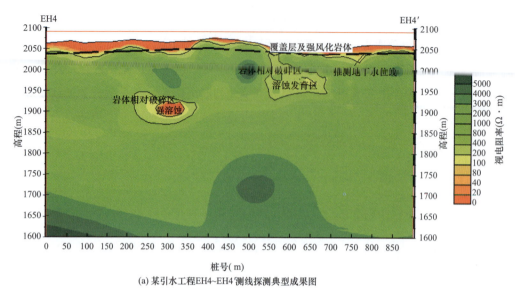

(a) 某引水工程EH4~EH4′测线探测典型成果图

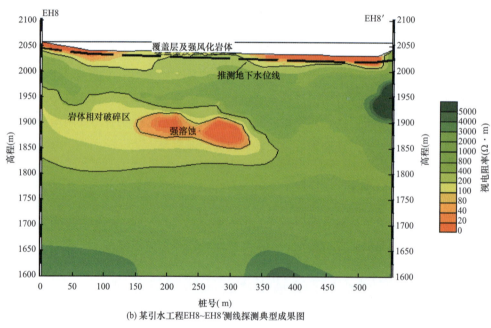

(b) 某引水工程EH8~EH8′测线探测典型成果图

图 2-34 部分测线探测成果图

洞段是奥陶系大湾组泥页岩、生物碎屑灰岩地层及寒武系娄山关群白云岩地层。

隧洞西侧的平寨向斜核部发育 S13 号泉岩溶管道系统，暗河出口高程为 793m；下坝址左岸沿长兴组（P_2c）灰岩地层中顺河向向上游发育有 S12 号岩溶管道系统，出口高程为 788m；隧洞中游于瓮长垂直隧洞发育有 S30 号泉岩溶管道系统，出口位于大冶组第三段（T_1d^3）的底部，出口高程为 992m。隧洞主要穿越的吴家坪组（P_2w）地层中可能遇溶缝（隙）性或小溶洞涌水，茅口组（P_1q+m）地层为强岩溶含水透水层，此地层中可能发育有早期溶洞，但受上覆吴家坪组地层的隔水作用，地下水可能不是很活跃。

（三）工作布置

为查明引水隧洞线的岩溶、断层等不良地质发育情况，为引水隧洞设计和施工提供了基础资料。考虑本次探测目的深度，采用 EH4 进行，探测测线沿隧洞轴线布置，测试点距 20m、电极距 20m。

（四）探测成果

经高频大地电磁法数据处理系统二维反演成像得到如图 2-35 所示隧洞线 EH4 探测成果图（仅展示了该测线其中一段成果展示）。

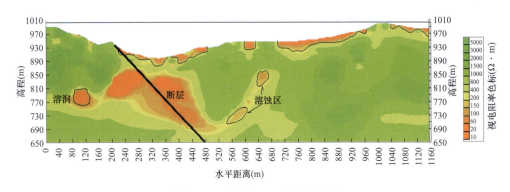

图 2-35　隧洞线 EH4 探测成果图

由图 2-35 可知，剖面探测范围视电阻率在 10～5000Ω·m 之间，视电阻率背景值大于 200Ω·m。根据视电阻率的变化结合地质将剖面桩号 100m、高程 790m 处低阻异常解释为充填型溶洞；剖面桩号 220～480m 间相对低阻至低阻异常解释为断层破碎带，且在高程 730～860m 区域存在强溶蚀；剖面桩号 550～680m、高程 720～860m 区域存在两处溶蚀破碎区。

五、[工程案例 5] 某煤矿岩溶探测

（一）工程概况

某煤矿隶属德江县沙溪镇，距沙溪镇约 5.7km，距县城北西向约 23km，有乡级公路连接，交通方便。煤矿属于新建矿井，由原煤矿扩界而成。煤矿生产能力为 9 万 t/年，开采标高为 +1275～+600m，矿区面积为 1.11km²。

（二）地质概况

矿区位于沙溪向斜南东翼，山顶起伏平缓，呈丘陵洼地地形的岩溶槽谷地形，区内二叠系及向斜核部的下三叠系石灰岩，以溶蚀作用为主，形成高原喀斯特地形；主要特征是单斜坡内散布着侵蚀残山或丘陵间为小山谷。区内最高海拔位于南侧，约 1349.7m，最低海拔约 1173.2m，相对高差 170～250m，山脉走向呈北北东向，为裸露型构造溶蚀地貌，

属中-高山区。地形为山脉-沟谷-洼地相连,矿区以碳酸盐岩为主,岩溶普遍发育,地貌特征为构造侵蚀、剥蚀地貌,微地貌组合为孤峰、陡岩、溶沟、溶槽、落水洞等,地貌多呈陡坡,且冲沟发育。该区地表植被稀少,林木覆盖率不足 20%,雨水冲刷作用较强列。

矿区出露地层有志留系中统秀山组（S_2x）、中二叠统栖霞组（P_2q）、茅口组（P_2m）、上二叠统吴家坪组（P_3w）、长兴组（P_3c）,三叠系夜郎组（T_1y）。

(三) 工作布置

为查明堡庄煤矿矿区隐伏的不明岩溶构造,如隐伏断裂、岩溶空洞或溶蚀破碎带、充水溶洞等,为矿山生产提供参考依据。本次探测采用 EH4 进行;共布置测线 3 条,如图 2-36 所示。测点间距为 20m,电极距为 20m。

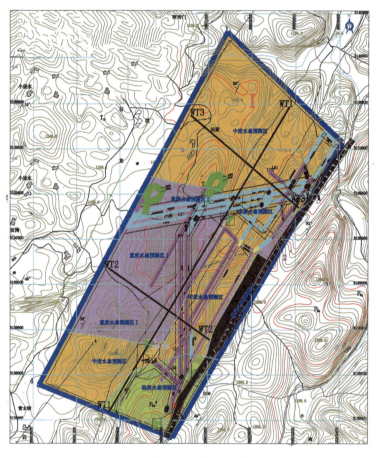

图 2-36　某煤矿 EH4 探测工作布置图

(四) 探测成果

经高频大地电磁法数据处理系统二维反演成像得到如图 2-37 所示矿区 3 条 EH4 测线探测成果图。

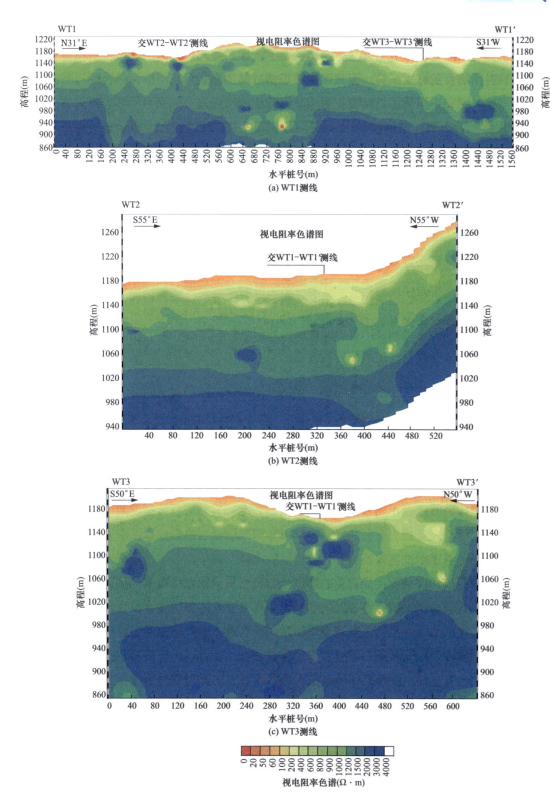

图 2-37　EH4 探测成果图

由图-37 可知，剖面探测范围视电阻率在 10～4000Ω·m 之间，由浅至深视电阻率呈层状递增现象，一般，空洞相对围岩表现为高阻、充填型（充填水或黏土等溶洞充填物）溶洞表现为低阻特征。根据剖面中视电阻率的变化特征结合地质情况，在 3 条剖面灰岩、白云岩地层中共圈定 14 处（图 2-37 中 K1～K14 异常）视电阻率大于 3000Ω·m（比围岩视电阻率高 1～3 倍）的高阻异常解释为空洞，圈定 6 处（图 2-37 中 G1～G6 异常）视电阻率小于 500Ω·m（比围岩视电阻率低 2～4 倍）的低阻异常解释为充填型溶洞。

六、［工程案例6］某煤矿岩溶探测

（一）工程概况

某煤矿位于沿河土家族自治县城南西方向直距 47km，属沿河土家族自治县谯家镇所辖。地理位置坐标：东经 $108°24'19''$～$108°26'59''$；北纬 $28°16'25''$～$28°19'06''$。煤矿属于整合矿井，由两个有证煤矿和两个民用煤矿整合而成。煤矿生产能力为 9 万 t/年，开采标高 +1130～+700m，矿区面积为 5.3979km²。

（二）地质概况

矿区地处贵州高原的高中山地带，属于谯家向斜北西翼之斜坡地带。区内地形切割强，为侵蚀～剥蚀高山及岩溶峰丛高中山地貌，岩溶、洼地、冲沟较发育。地势东高西低，地形坡度较陡，最高海拔 1183.0m（矿区南西部一山头），最低海拔 813.0m（矿区西部边界外围耳当河一落水洞），相对最大高差为 370m。山脉走向多为北东—南西向，主要受区内地层岩性、地质构造和地表河流控制。

矿区内出露地层有二叠系中统茅口组（P_2m）、上统吴家坪组（P_3w）、长兴组（P_3c）、三叠系下统夜郎组（T_1y）及第四系（Q）。

矿区位于谯家向斜北西翼之北东段，矿区为一单斜构造，地层呈单斜产出，倾向 113°～147°，倾角 15°～17°。矿区内构造较简单，断裂不发育，局部节理、裂隙较发育。

（三）工作布置

为查明五井煤矿矿区隐伏的不明岩溶构造，如隐伏断裂、岩溶空洞或溶蚀破碎带、充水溶洞等，为矿山生产提供参考依据。沿北东向在矿区中部布置 1 条 EH4 长测线、沿北西向在矿区南北侧各布置 1 条短测线，共计 3 条测线。测点间距为 20m，电极距为 20m。

（四）探测成果

经高频大地电磁法数据处理系统二维反演成像得到如图 2-38 所示的矿区其中 2 条 EH4 测线探测成果图。

由图 2-38 可知，剖面探测范围视电阻率在 10～4000Ω·m 之间，由浅至深视电阻率呈层状递增现象，一般，空洞相对围岩表现为高阻、充填型（充填水或黏土等）溶洞表现为低阻特征。根据剖面中视电阻率的变化特征结合地质情况，在 2 条剖面灰岩、白云岩地层中共圈定 6 处（图 2-38 中 K1～K6 异常）视电阻率大于 2000Ω·m（比围岩视电阻率高 1～3 倍）的高阻异常解释为空洞，圈定 4 处（图 2-38 中 G1～G4 异常）视电阻率小于 500Ω·m（比围岩视电阻率低 2～4 倍）的低阻异常解释为充填型溶洞。

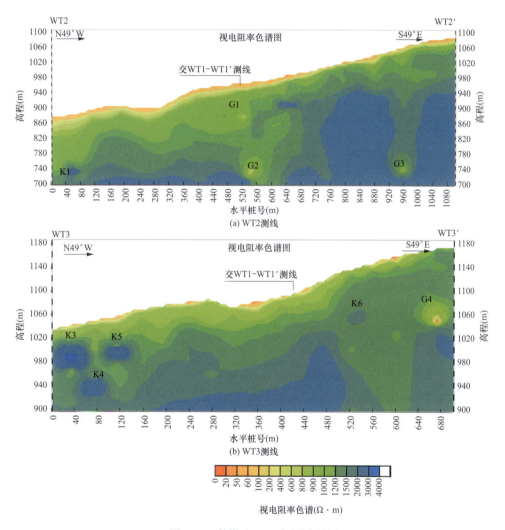

图 2-38　某煤矿 EH4 探测成果图

七、［工程案例 7］某水库岩溶探测

（一）工程概况

某水库位于筠连县，筠连县位于四川省南部四川盆地与云贵高原的过渡带，东接珙县，北接高县，西、南与云南省盐津、彝良、威信县毗邻。拟建某水库位于南广河一级支流巡司河上游的武德河上，武德河为巡司河的主要支流，发源于蒿坝镇的平安村，流域面积约为 $75km^2$。

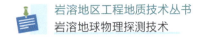

（二）地质概况

工区地处云贵高原东部北坡大娄山山脉西南缘中切割构造侵蚀低中山带内，地面高程为 950～1600m，相对高差为 100～400m，属低山—中山的地貌。区域地貌主要受岩性和构造控制，主要的地貌类型有侵蚀堆积地貌、构造侵蚀剥蚀地貌和岩溶地貌。工程区海拔多在 500～1500m，相对高差为 200～1000m，属低中山地貌，以岩溶溶蚀-构造侵蚀为主。水库所在河流整体流向近 SN 向，初拟坝址处河床高程约 600m，河道常年流水，河床两岸地形陡峭，右岸有 G246 公路通过；库区整体为岩溶槽谷地形，受构造及岩性控制，两岸冲沟、槽谷极其发育，溶洞、洼地、落水洞、岩溶泉水等岩溶现象发育。库底分布有村庄，库坝区森林覆盖面积大，植被较好。

测区出露主要地层岩性有奥陶系灰岩，志留系粉砂岩、页岩、长石石英砂岩，二叠系石灰岩、页岩，三叠系粉砂岩及泥岩，工程区内的河床及沟底和部分山麓广泛分布第四系松散堆积层。

工程区褶皱构造为背斜，根据区域资料，背斜轴向大致为 N45°W，核部地层为奥陶系下统湄潭组（$O_1 m$），两翼地层依次为奥陶系中统（O_2）、上统（O_3）及志留系下统（S_1）地层。工程坝址区位于背斜北西端部附近，整个背斜斜穿库区。

断层：水库库尾处发育有一条区域性断层，根据区域资料，断层走向 NW，与库区槽谷大角度相交，地貌上显示为深切冲沟、陡壁。断层 NE 盘与背斜 SW 翼及轴部地层接触，断层 SW 盘为二叠系灰岩。

（三）工作布置

为查明水库库区和左坝肩的岩溶发育情况，结合测区地形地质条件，本项目采用 EH4 进行探测，共布设 9 条测线，测线总长 5424m，其中 EH4-1～EH4-4 位于左坝肩，EH4-5～EH4-9 位于库区，探测工作布置如图 2-39 所示。测试点距为 20m，电极距为 20m。

（四）探测成果

经高频大地电磁法数据处理系统二维反演成像得到 EH4 探测成果图，左坝肩部分 EH4 测线探测成果图如图 2-40 所示。

由图 2-40 可知，剖面探测范围视电阻率在 10～5000Ω·m 之间，视电阻率背景值大于 300Ω·m。根据剖面中视电阻率的变化特征，在 WT2 剖面发现 1 视电阻率在 130～200Ω·m 的条带状相对低阻异常，结合地质解释为砂泥岩地层或岩体破碎；4 处视电阻率小于 100Ω·m 的团块状低阻异常，解释为强溶蚀或溶洞。在 WT3 剖面发现 1 视电阻率 130～200Ω·m 的条带状相对低阻异常，结合地质解释为砂泥岩地层或岩体破碎；3 处视电阻率小于 100Ω·m 的团块状低阻异常，解释为强溶蚀或溶洞。

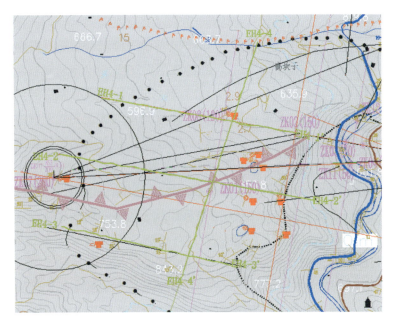

图 2-39　水库左坝肩 EH4 探测工作布置图

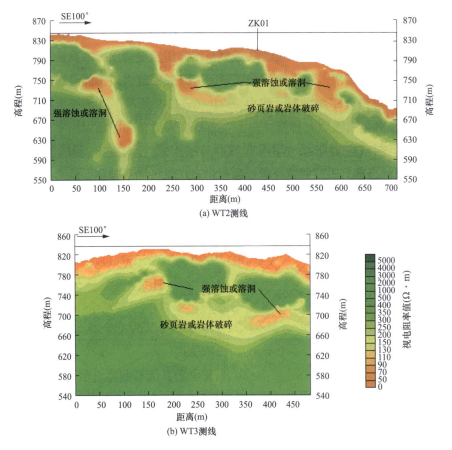

(a) WT2测线

(b) WT3测线

图 2-40　水库左坝肩部分 EH4 探测成果图

八、[工程案例8]某锰渣库岩溶探测

(一) 工程概况

某锰渣库扩建工程位于某省锰业有限公司厂区北面原渣库初期坝下游冲沟中，距离厂区直线距离约为 1.0km。

库区右岸地势相对较为平缓（自然坡角与地层倾角基本一致），534.0m 高程左右沿线目前有公路通过，工作区有少数居民民房分布，区内没有影响地球物理勘探的电线通过，区内植被发育一般，通视条件相对较好；库区左岸没有公路，地形总体较陡，自然坡角一般在 40°～55°之间，植被发育较好，通视条件相对较差，也没有影响地球物理勘探的电线通过；另外，调节池附近有乡村水泥路通过，冲沟内均有长流水及人行便道，勘察工作总体条件较好。

扩建锰渣库沟底及 NW 侧岸坡均为奥陶系中统十字铺组（O_2sh）地层，岩性为灰绿色薄至中厚层瘤状泥灰岩，厚 65～90m；NE 侧岸坡均为奥陶系下统大湾组（O_1d）地层，岩性上部为棕红夹灰绿色瘤状钙质泥岩，下部为棕红色瘤状泥灰岩，厚度 60～120m；库区地层为单斜构造，岩层产状为 N20°～40°E，NW∠16°～25°；另外，库区两岸地形完整性较好，没有切割较深的支沟发育。

(二) 工作布置

为查明排水洞线和库盆的岩溶及构造破碎带发育情况，结合测区地形地质条件，考虑高密度电法和 EH4 两种物探方法同时进行，西岸坡山脊和排水隧洞沿线各布置 1 条 EH4 测线（EH4-1～EH4-2），2 条测线长度为 1.28km，主要用于查明岩体风化深度、岩溶及构造破碎带发育情况等；库区平行初期坝轴线布置 6 条高密度测线（GMD-1～GMD-6），垂直初期坝轴线布置 1 条高密度测线（GMD-7），主要用于查明岩体风化深度、岩溶及构造破碎带发育情况、是否存在深层滑动等；调节池附近沿冲沟布置 1 条高密度测线（GMD-10），垂直冲沟布置 2 条高密度测线（GMD-8～GMD-9），10 条高密度测线长度为 4.06km，主要用于调查覆盖层厚度、浅层岩体中岩溶及构造破碎带发育情况、岩体风化带深度等。物探工作布置如图 2-41 所示。

EH4 测试点距为 20m，电极距为 20m。

(三) 探测成果

经高频大地电磁法数据处理系统二维反演成像得到如图 2-42 所示 EH4 测线探测成果图。

由图 2-42 可知，剖面探测范围视电阻率在 10～1000Ω•m 之间，视电阻率背景值大于 400Ω•m。根据剖面中视电阻率的变化特征分析，WT1 剖面在地表至 4～15m 深度范

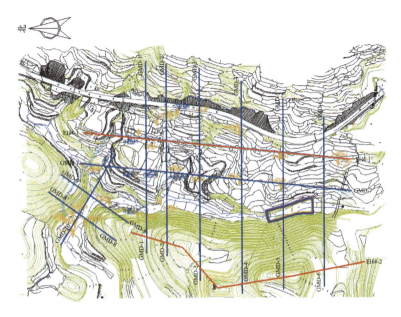

图 2-41 锰渣库物探工作布置图

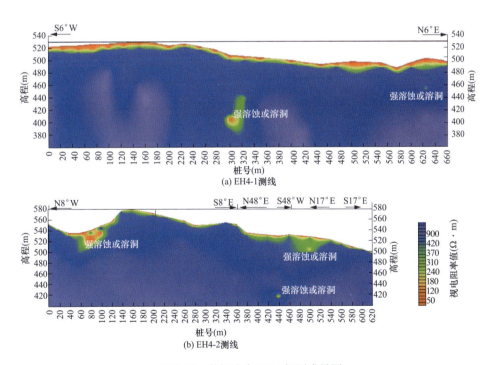

图 2-42 某锰渣库 EH4 探测成果图

围视电阻率小于 $350\Omega \cdot m$，表现为低阻至相对低阻特征，结合地质解释为覆盖层及强风化或强溶蚀破碎带；在其下部发现 2 处视电阻率小于 $250\Omega \cdot m$ 的团块状低阻异常，解释为强溶蚀或溶洞。WT2 剖面在地表至 $1.5\sim10m$ 深度范围视电阻率小于 $350\Omega \cdot m$，表现为低阻至相对低阻特征，结合地质解释为覆盖层及强风化或强溶蚀破碎带；在其下部发现

3处视电阻率小于200Ω·m的团块状低阻异常，解释为强溶蚀或溶洞。

九、[工程案例9] 某水库坝址岩溶探测

(一) 工程概况

某水库位于某河下游。坝址以上集水面积为267.2km²，坝址处多年平均流量为3.33m³/s，多年平均径流量为10500万m³。

水库正常蓄水位为1370m，死水位为1346m。水库正常蓄水位以下库容为2800万m³，兴利库容2408万m³，总库容为4044万m³，为中型水库，工程等别为Ⅲ类，大坝建筑物级别为3级。水库调节性能属年调节，年供水量（95%）为5140万m³。工程主要解决毕节老城区和海子街片区供水。

水库供水工程由挡水建筑物和输水管线组成。水库按照地形地质条件，坝型初步拟定为混凝土面板堆石坝。水库大坝坝顶高程为1375m，最大坝高为70m，坝顶长度为172.5m，坝顶宽度为5m，坝底宽度为200m。泄洪方式为右岸岸边溢洪道，溢洪宽度为30m，溢流堰顶高程为1370m。水库供水管线总长为32.20km。

(二) 地质概况

水库正常蓄水位为1370m，抬高最大水头为60m。河流在平面上总体呈由南西向北东流向，建库河流由两条支流组成。河谷深切，两岸山高坡陡，区内植被稀少。库区碳酸盐岩分布广泛，总体地貌属侵蚀-溶蚀中山地貌，以岩溶地貌为主，侵蚀地貌次之。库区地势为南西高、北东低。水库两岸地表分水岭最低高程在右岸坝段附近，高程为1359.5m，低于正常蓄水位5.5m，其他低洼分水岭高出正常蓄水位20m以上，地形封闭条件较好，两岸均存在主河道构成的低邻谷。

库区出露地层主要是中生界三选系下统飞仙关组（T_1f）、永宁镇组（T_1yn）及上统关岭组（T_2g），第四系覆盖层零星分布。

(1) 第四系（Q）：零星分布有残坡积黏土及砂质黏土、冲洪积卵砾石等，一般厚度为0~15m，局部有崩塌体。

(2) 关岭组（T_2g）：分布于库区右岸、右支流及坝段区，呈东西条带状展布，岩性为白云岩、灰岩、泥灰岩、白云质灰岩、泥质白云岩，底部为"绿豆岩"。

(3) 永宁镇组（T_1yn）：分布于左岸支流及坝段附近，岩性为白云岩、泥质白云岩、灰岩、泥质灰岩、钙质泥岩。

(4) 飞仙关组（T_1f）：岩性为砂岩及砂质泥页岩、灰岩、泥灰岩。库盆未发现大断裂构造，岩层总体倾向南东（下游偏右岸），倾角为9°~16°。

(三) 工作布置

根据地质勘察需要，为查明营盘坝址左岸地下岩溶管道的分布情况，布置了3条瞬变

电磁法测线，如图 2-43 所示。采用中心回线装置，线框边长为 10m，供电电流为 5A，叠加次数为 256，测试点距为 10m。

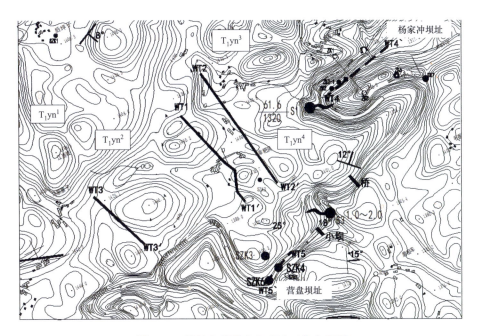

图 2-43　坝址左岸瞬变电磁法工作布置图

（四）探测成果

经数据反演得到瞬变电磁法剖面成果图，如图 2-44（a）～图 2-44（c）所示。由图 2-44（a）～图 2-44（c）可知，测区视电阻率在 10～400Ω·m 之间，背景值大于 100Ω·m。根据各剖面视电阻率变化，在 WT1 剖面桩号 160m、高程 1350m，WT2 剖面桩号 180m、高程 1350m 附近区域各存在一视电阻率在 50～100Ω·m 的相对低阻异常区，解释为溶蚀破碎区；在 WT1 剖面桩号 370m、高程 1326～1374m，WT2 剖面桩号 490m、高程 1328～1348m，WT3 剖面桩号 140m、高程 1330～1348m 和 1368～1389m 区域各存在一视电阻率小于 50Ω·m 的低阻异常，解释为强溶蚀或溶洞，结合地质和现场情况推测营盘坝址左岸岩溶管道位于各剖面的强溶蚀或溶洞发育区，如图 2-44（d）所示。

十、[工程案例 10] 某桥水文地质勘察岩溶探测

（一）工程概况

某桥水文地质勘察项目位于某市某镇 X032 某村附近的重安江上，距马场坪车站约 3km，距贵阳约 120km，有铁路、高等级公路、国道通过，交通条件较好。场区东侧为瓮福集团摆纪独田渣场，距离研究区直线距离约为 3.5km，工程区附近有多条公路通达，交通方便。

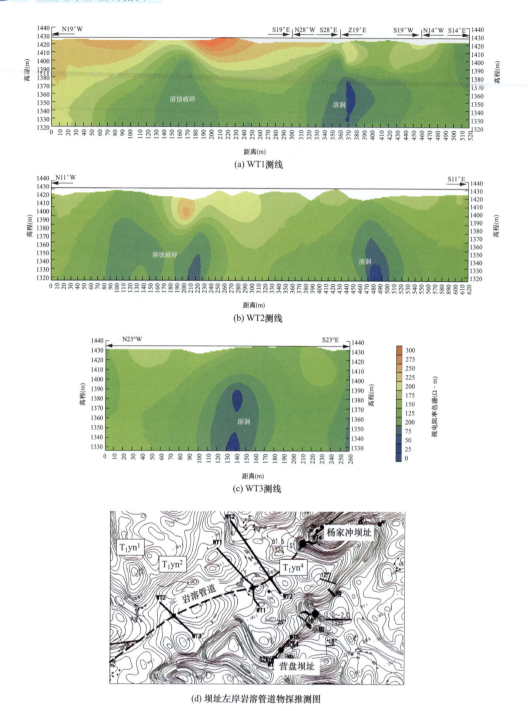

(a) WT1测线

(b) WT2测线

(c) WT3测线

(d) 坝址左岸岩溶管道物探推测图

图 2-44　坝址左岸瞬变电磁法探测成果图

(二) 地质概况

在区域上，测区为云贵高原斜坡地带的中低山区，区内以岩溶地貌为主，形态有峰丛谷地、峰丛槽谷、峰丛洼地等，伴有溶沟、溶槽、落水洞、漏斗等，山势与构造线基本致。此桥泉水位于重安江江边，高程约815m，位于区域地势较低处；重安江呈SW～NE向流经工程区后，在福泉市区一带现场180°大转弯，在独田摆纪渣场北东侧的发财洞一带呈NW～SE流向，在发财洞泉水附近河面高程约为763m。

工程区出露的地层有第四系覆盖层（Q）；三叠系中统法郎组（T_2f）、青岩组（T_2q）、关岭组（T_2g）地层，下统安顺组（T_1a）、大冶组（T_1d）地层；二叠系上统长兴组（P_2c）地层；寒武系中上统娄山关群（$\epsilon_{2-3}ls$）地层。除寒武系、二叠系及三叠系地层为断层接触外，其余三叠系中各组、段、层均为整合接触。

测区范围内的地质构造总体上比较简单，中部安甲坪一带为马场坪向斜核部，东侧大坪一带发育F1断层（都匀断裂带）及F2断层，西侧鱼梁河一带发育近SN向的F3洒金桥断层。对工程场区影响最大的是F3洒金桥断层。

（三）工作布置

为查明鱼梁河流域此桥新、老泉眼地下水补给情况及污染溯源，以及判定兰木桥两泉眼与化工公司厂区是否存在关联性。在工程区布置了5条瞬变电磁法测区，L1位于鱼梁河右岸兰木桥新、老泉眼南东侧岩溶槽谷内；L2～L5测线位于右岸兰木桥新、老泉眼东侧，如图2-45所示。瞬变电磁法采用仪器为HPTEM，发射电流为10.5A，关断时间为0.5μs，发射频率为5Hz，叠加次数为800次，测试点距为5m。

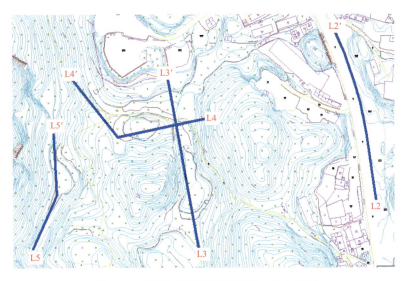

图2-45　某桥右岸岩溶管道探测工作布置图

（四）探测成果

经处理软件HPTEM3DDataProcess反演得到瞬变电磁法探测成果，L2～L5测线成果如图2-46所示。

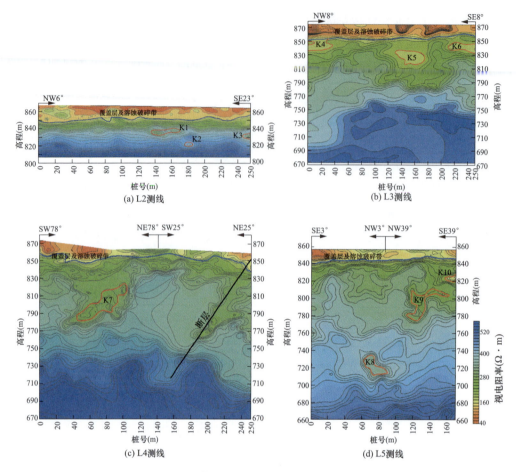

图 2-46　某桥右岸瞬变电磁法探测成果图

由图 2-46 可知，剖面视电阻率在 10～550Ω·m 之间，背景值大于 200Ω·m。根据各剖面视电阻率变化，剖面地表至深度 5.6～23.5m 区域视电阻率小于 180Ω·m，表现为低阻，结合地质解释为覆盖层及溶蚀破碎带；在其下部发现 10 个（L2 剖面的 K1～K3、L3 剖面的 K4～K6、L4 剖面的 K7、L5 剖面的 K8～K10）视电阻率在 100～200Ω·m 之间的相对低阻至低阻圈闭异常，结合地质解释为溶蚀破碎区或发育溶洞；另外，在 L4 剖面末端发现 1 条倾向北东的断层破碎带。钻孔验证了 K1 异常为溶洞。

第三章

高密度电阻率法

电法是根据地壳中不同岩层之间、岩石和矿石之间存在的电磁性质差异，通过观测天然存在的或由人工建立的电场、电磁场分布，来研究地质构造、寻找有用矿产资源，解决工程、环境、灾害等地球物理勘探的一种方法。高密度电阻率法是一种在方法上有较大进步的电阻率法。就其原理而言，与常规电阻率法完全相同。由于采用了多电极高密度一次布极并实现了跑极和数据采集的自动化，因此，相对常规电阻率法而言效率高、成本低、信息丰富、解释方便，能克服电极移动而引起的故障和干扰，在一条观测剖面上，通过电极变换或数据转换可获得多种装置的视电阻率断面等值线图，因此，在岩溶探测中得到了广泛的应用。

电法勘探是地球勘探领域最古老的方法。真正利用地电场电法勘探的研究始于 19 世纪初期，1815 年首先在英国康瓦尔铜矿上观察到了由矿产生的天然电流场，从此开始研究电法。我国的电法勘探工作，始于 20 世纪 40 年代初，由顾功叙、丁毅和王子昌等人在几个金属矿开创了电法勘探试验工作的先例。新中国成立后随着各项经济建设的蓬勃兴起，电法勘探以适应性强、应用范围广等特点，在地质学领域取得许多有价值、有意义的理论与应用成果，也得到快速发展。用电阻率法进行岩溶探测试验成果表明，借助于灰岩与溶洞之间存在着电阻率差异，可获得较好的效果。20 世纪 80 年代后期，随着电子计算机的普及和发展，高密度电阻率法的优点被越来越多的人认识。电阻率法不但可以了解覆盖层厚度、基岩起伏形态、断层破碎带等地质问题，还能选择合适的极距准确地确定岩溶存在的位置及大小、岩溶发育情况及分布规律，目前已成为应用最广的浅岩溶快速探测的方法之一。

第一节　高密度电阻率法基本理论

一、基本原理

高密度电阻率法（Multi-electrode Resistivity Method）是一种阵列勘探方法，它以

岩、土导电性的差异为基础，研究人工施加稳定电流场的作用下地中传导电流分布规律。是借助于阵列思想，在常规的直流电法勘探方法基础上逐步形成的，它集合电测深和电剖面两种探测系统的多装置、多极距的组合。因此，它的基本原理与常规直流电法的原理一致，遵循点电源电场所满足的供电探测原理。

二、观测系统

高密度电阻率法的硬件系统由电极转换器、高密度主机 、计算机数据处理软件、电极系（阵列）（Electrode Array）和电缆 5 部分组成，如图 3-1 所示。

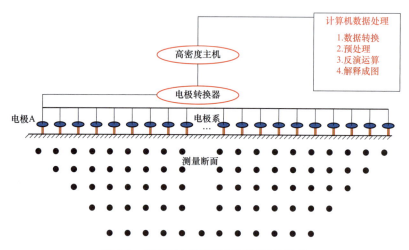

图 3-1　高密度电阻率法测试系统的组成

高密度电阻率法测量基于观测装置，通过观测装置测量施加电场作用下地层传导电流的分布，根据实测的视电阻率进行计算、分析，可获得地层中的电阻率分布情况，再结合地质情况，就可以划分地层，判断地下有无异常体存在，并确定其大小、形状、埋深等。测量时需将全部电极（几十至上百根）置于观测剖面的各测点上，然后利用程控电极转换装置和微机工程电测仪便可实现数据的快速和自动采集。目前观测装置依据排列电极使用数量可分为二极、三极和四极，不同的装置对应不同的适用条件。

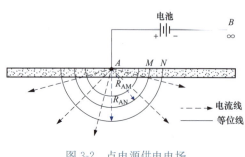

图 3-2　点电源供电电场

（一）单电极（点电源）供电探测

根据点电源电流场在均匀半空间介质中的分布规律，采用 A、B 两个供电电极将直流电通入地下，并将 B 极放到非常远处（认为无穷远处），此时可将 A 电极当作点电源，当地层均匀分布时，电流从 A 电极均匀地分散流入地下，可用电流线来表示地下电流的分布状况，如图 3-2 所示。

此时供电电极 A 在 M 点处的电流密度 j_{AM}（单位面积内通过的电流强度）可认为是整个电流 I 被半径为 R_{AM} 的半球体所切割开的球体表面的占比，其表达式为

$$j_{AM} = \frac{I}{2\pi R_{AM}^2} \tag{3-1}$$

式中　R_{AM}——球体半径 AM；

　　　　I——电场 A 的总电流。

根据电学基本概念，电场中某一点 M 处的电场强度 E_M 在数值上等于该点电流密度 j 与电阻率 ρ 的乘积，而电场强度又可理解为电位沿电流方向的变化，因此可导出 M 点的电位 U_M 可表示为

$$\begin{aligned} U_M &= E_M \cdot R_{AM} \\ &= j_{AM} \cdot \rho \cdot R_{AM} \\ &= \frac{I\rho}{2\pi R_{AM}} \end{aligned} \tag{3-2}$$

式中　U_M——M 点的电位；

　　　　E_M——M 点的电场强度；

　　　　R_{AM}——M 点到点电源点 A 的距离；

　　　　ρ——待测电阻率。

由式（3-2）可知，电场中以电极 A 为圆心的半球面电位值相等，称为等位面，我们用等位线来表示，如图 3-2 中实线所示，电流线的方向和等位面垂直。根据式（3-2）可以求得测量电极 M、N 两点间的电位差 ΔU_{MN}，见式（3-3），即等于 M、N 两点电位 U_M、U_N 之差。

$$\Delta U_{MN} = U_M - U_N = \frac{I\rho}{2\pi}\left(\frac{1}{R_{AM}} - \frac{1}{R_{AN}}\right) \tag{3-3}$$

式中　ΔU_{MN}——MN 两点间的电位差；

　　U_M、U_N——M、N 点的电位；

　　　　R_{AN}——球体半径 AN。

式（3-3）经变换可得待测视电阻率的计算公式，即

$$\begin{aligned} \rho &= \frac{\Delta U_{MN}}{I} \cdot \frac{2\pi}{\dfrac{1}{R_{AM}} - \dfrac{1}{R_{AN}}} \\ &= K \cdot \frac{\Delta U_{MN}}{I} \end{aligned} \tag{3-4}$$

式中　K——装置系数。

由式（3-4）可看出，当测得供电电流 I 并测得测量电阻间的电位差 ΔU_{MN} 后，即可计算地层电阻率值。

（二）双电极（双电源）供电探测

在高密度电阻率法工作中，电极的使用排列有很多种，最常用的是四电极排列的"三电位系统"。以四极装置为例来推导电阻率的计算公式，装置如图 3-3 所示，其中 A、D 为两个供电电极，M、N 为两个测量电极。假设 A 为电源正极，则 B 为电源负极，电流由 A 电极流出经地下后再流入 B 电极。

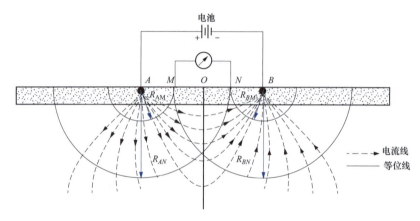

图 3-3　对称双电源供电电场

那么，A 点的电流 I 为正，则 B 点的电流 I 就应为负，由电位叠加的原理，M 点的电位应为 A 电极在 M 点产生的电位与 B 电极在 M 点产生的电位之和。根据式（3-2）可得 M 点的电位计算公式，即

$$U_M = \frac{I\rho}{2\pi}\left(\frac{1}{R_{AM}} - \frac{1}{R_{BM}}\right)$$

（3-5）

同理，AB 电极在 N 点的电位计算公式为

$$U_N = \frac{I\rho}{2\pi}\left(\frac{1}{R_{AN}} - \frac{1}{R_{BN}}\right)$$

（3-6）

因此，当 AB 供电时，在 MN 两点间所产生的电位差 ΔU_{MN} 计算式为

$$\Delta U_{MN} = U_M - U_N$$
$$= \frac{I\rho}{2\pi}\left(\frac{1}{R_{AM}} - \frac{1}{R_{BM}} - \frac{1}{R_{AN}} + \frac{1}{R_{BN}}\right)$$

（3-7）

同理，对式（3-7）变换后得式（3-8），即

$$\rho = \frac{\Delta U_{MN}}{I} \cdot \frac{2\pi}{\dfrac{1}{R_{AM}} - \dfrac{1}{R_{BM}} - \dfrac{1}{R_{AN}} + \dfrac{1}{R_{BN}}}$$

$$= K \cdot \frac{\Delta U_{MN}}{I}$$

（3-8）

式（3-4）与式（3-8）中的 K 在电法探测中通常称为装置系数（或称电极距离系数），它的大小仅取决于供电电极 AB 和测量电极 MN 的相互位置，当各电极位置一定时，K 为定值。至此，当用 AB 两个电极供电，并测出供电电流 I，同时测出 MN 两测量电极间的电位差 ΔU_{MN}，根据各电极间的相互距离计算出装置系数 K，即可计算得出地层的电阻率 ρ。

三、高密度电阻率法装置

高密度电阻率法采用的是基于阵列电探的思想，测试都基于电极排列实现，测试方法包含电祖率测深法和电剖面。其特点是采用固定极距的电极排列，这个排列可以在测线上或测区内一次性布设几十～几百根电极，然后通过事先设定的工作方式让仪器自动选择供电电极和测量电极沿剖面、测线方向逐点进行供电和测量，从而获得地下勘探深度以上的岩石的视电阻率电性变化。根据电极排列方式的不同它又包含多种形式，这些排列形式在高密度电阻率法系统中称为装置。

早期研究阶段电极的排列方式主要是 α、β、γ 排列方式，装置以温纳、偶极、微分三种类型为主，后经过几十年的发展创新，如今已经由最初的几种排列演变出施伦贝格、联剖、环形二极等十几种排列形式和移动方式。下面就几种较为常用装置做简要介绍。

（一）温纳装置

温纳装置（WN）又称为对称四极装置形式，A、M、N、B 等间距排列，其中 A、B 是供电电极，M、N 是测量电极，$AM＝MN＝NB＝na$（n 倍的电极间距 a），根据测量电极位置的不同又分为①温纳 α 装置（α 排列，测量电极 M、N 位于供电电极 A、B 中间，成 A-M-N-B 排列），如图 3-4(a) 所示；②温纳 β 装置（β 排列，测量电极 M、N 位于供电电极 A、B 右侧，成 A-B-M-N 排列），如图 3-4(b) 所示；③温纳 γ 装置（γ 排列，测量电极 M、N 与供电电极 A、B 交叉成 A-M-B-N 排列），如图 3-4(c) 所示。测量时电极间距按隔离系数由小到大的顺序等间隔增加（$n＝1$、2、3…、最大隔离系数），四个电极之间的间距也均匀拉开。该测量方式为剖面测量，所得数据分布断面为倒梯形，见图 3-4(d) ～图 3-4(f)。

不同装置装置系数不同：其中温纳 α 装置 $K_\alpha＝2\pi a$；温纳 β 装置 $K_\beta＝6\pi a$；温纳 γ 装置 $K_\gamma＝3\pi a$。

设测线上共有 m 个电极，隔离系数为 n，则对应于每一层位（n）的测量数据个数为 $m－n\times3$；n 层数据呈以负 3 为公差的等差数列分布，数据总数计算式为

$$S = n \times (m-3) - \frac{3 \times n \times (n-3)}{2} \tag{3-9}$$

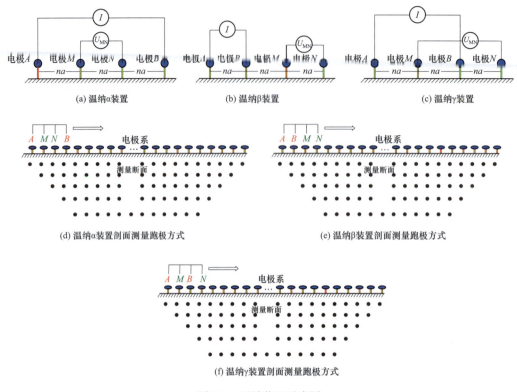

(a) 温纳α装置　　　　　(b) 温纳β装置　　　　　(c) 温纳γ装置

(d) 温纳α装置剖面测量跑极方式　　　　(e) 温纳β装置剖面测量跑极方式

(f) 温纳γ装置剖面测量跑极方式

图 3-4　温纳装置示意图

（二）施伦贝尔装置

施伦贝尔装置（也有称施伦贝谢装置），电极排列是 A、M、N、B（其中 A、B 是供电电极，M、N 是测量电极），$MN=a$，$AM=NB=na$（其中 a 为电极间距，n 为隔离系数），如图 3-5 所示，根据跑极方式的不同分为测深测量（SB1）和剖面测量（SB2）。

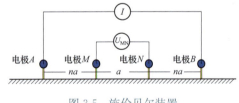

图 3-5　施伦贝尔装置

测深测量时，M、N 保持不动，A、B 按隔离系数由小到大的顺序逐次移动，同时向左、向右移动，得到一条滚动扫描测量线，然后 A、M、N、B 同时向右移动一个电极，再按照同样的方式跑极，重复上述过程，得到另一条滚动扫描测量线，测量时所得断面为矩形，跑极方式见图 3-6。剖面测量时，A、M、N、B 位置不动，同时向右移动电极完成一个剖面线测量，得到一条滚动扫描测量线，然后 AM、NB 增大一个电极距，$MN=a$ 不变，重复上述过程，剖面测量时所得断面为倒梯形，跑极方式见图 3-7，重复上述过程，该装置的装置系数为 $K=\pi n\times(n+1)a$。

设测线上共有 m 个电极，隔离系数为 n，数据总数计算见式（3-10）、式（3-11）。

施伦贝尔测深为

$$S=n(m-2n-1)\qquad(3-10)$$

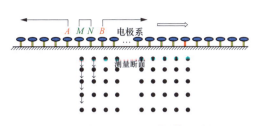

图 3-6　施贝（SB1）测深装置跑极

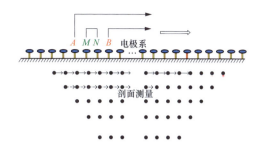

图 3-7　施贝（SB2）剖面装置跑极

施伦贝尔剖面为

$$S = n \times (m-3) - \frac{3 \times n \times (n-3)}{2} \tag{3-11}$$

（三）偶极剖面装置（简称 DP）

偶极剖面装置一般采用供电偶极长度等于测量偶极长度的单侧等偶极子，电极排列属于 β 排列，装置示意见图 3-8，测量采用四个电极，供电偶极 A、B 在测量电极 M、N 的一侧，A、B 极（中点为 O）和 M、N 极（中点为 O'）距离的大小与电极距 OO' 相比较都很小，又称为偶极剖面。

测量时测量方式是滚动测量，测量时排列为 A、B；M、N。$AB = MN = a$，$BM = na$，M、N 逐点向右移动，得到第一条滚动扫描测量剖面线，接着 AB、BM、MN 向右移动一个电极，再按照同样的方式，跑极得到另一条剖面线，这样不断扫描测量下去，得到倒梯形断面（见图 3-9）。该装置的装置系数为 $K = 2\pi(n+1)(n+2)a$，a 为电极距离，n 为隔离系数）。设测线上共有 m 个电极，隔离系数为 n，数据总数计算见式（3-12），即

$$S = n \times (m-3) - \frac{3 \times n \times (n-3)}{2} \tag{3-12}$$

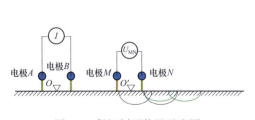

图 3-8　偶极剖面装置示意图

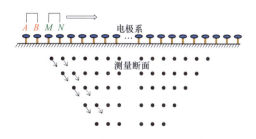

图 3-9　偶极装置跑极示意图

（四）微分装置（简称 DF）

微分装置如图 3-10 所示。排列形式为 A、M、B、N，属于 γ 排列，和温纳装置一样，MN 电极测量是由 AB 作为供电电极，如图 3-10 所示。测量时，跑极方式是从底层依次往上进行测量，A、M、B、N 逐点向右移动，得到一条剖面线，接着 AM、MB、BN 减小一个电极距离（隔离系数）得到另一条剖面线，这样扫描下去，得到一个倒梯形

断面，如图 3-11 所示，该装置适用于断面扫描测量。装置系数：$K = 3\pi n(n+1)a$。

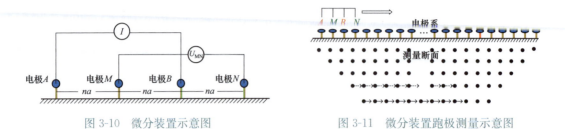

图 3-10　微分装置示意图　　　　图 3-11　微分装置跑极测量示意图

设测线上共有 m 个电极，隔离系数为 n，数据总数计算见式（3-13），即

$$S = n \times (m-3) - \frac{3 \times n \times (n-1)}{2} \tag{3-13}$$

（五）二极剖面装置

1. 普通二极法

二极剖面装置只有供电电极 A 和测量电极 M 在测线上移动，装置示意如图 3-12 所示，而供电电极 B 和测量电极 N 布置在无穷远处并与测线垂直或者沿着测线布置。测量时电极转换规律为 A、M 以隔离系数 1 开始，从第一个电极开始，一次移动一个电极距离 a，直到 M 到达剖面最后一个测量电极，然后增加隔离系数为 2，重复上述过程，直到最大层数 n。测量结束，测量结果得到一个倒梯形图，如图 3-13 所示。该装置的装置系数：$K = 2\pi na$。

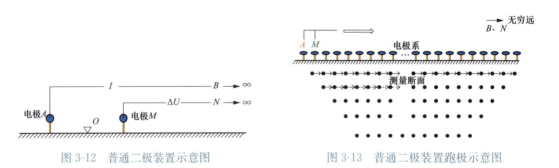

图 3-12　普通二极装置示意图　　　　图 3-13　普通二极装置跑极示意图

设测线上共有 m 个电极，隔离系数为 n，则数据总数计算见式（3-14），即

$$S = n \times (m-1) - \frac{n \times (n-1)}{2} \tag{3-14}$$

2. 平行四边形二极法

平行四边形二极装置与普通二级装置相同，但跑极方式略有区别，同样的该装置供电电极 A 和测量电极 M 在测线上移动，而供电电极 B 和测量电极 N 布置在无穷远处并与测线垂直或者沿着测线布置。测量时电极转换规律为 A 固定不动：M 从第一个电极开始，一次移动一个电极距离 a，（直到最大层数 n）na；然后 A 向右移动一个电极固定不动，

M 从第一个电极开始，一次移动一个电极距离 a，（直到最大层数 n）na。测量结果得到一个平行四边形，如图 3-14 所示。该装置的装置系数：$K = 2\pi na$。

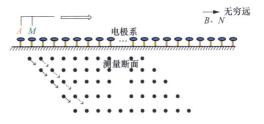

图 3-14　平行四边形二极法跑极示意图

设测线上共有 m 个电极，隔离系数为 n，则数据总数计算见式（3-15），即

$$S = n \times (m-1) - \frac{n \times (n-1)}{2} \tag{3-15}$$

第二节　高密度电阻率法正演与反演

高密度电阻率法正演与反演的思想来源于模型替代技术，简单讲就是对实际的复杂地质体电阻率作适当的简化（如简化为均匀介质、层状介质等），对电流传播的传播规律也作适当的简化，然后用数学或物理的方法表达电流在某种具体的简化模型中传播的特点，用来模拟真实地质结构条件下的电场。

高密度电阻率法正反演的目的是研究各种装置的特点和勘查能力，提升密度电阻率法勘探野外采集处理和解释方面的工作。提出准确和完备的正演问题，并找出较为快速的算法，是高密度电阻率法反演准确性的前提。

高密度电阻率法正演过程就是数值模拟的过程，其结果是唯一的，数值模拟方法有有限差分法、有限单元法、积分方程法以及边界单元法、α 中心法等。每一种方法都有各自优点和缺点，其中，有限差分法其程序简单，精度中等；有限单元法便于模拟复杂地形与构造，精确，但运算量大；积分方程法计算稳定，差异界面的离散化不便；边界单元法计算效率高，构造复杂模型时不便；α 中心法简单快捷，精度低。

在上述方法中使用比较广泛的是有限元法和有限差分法。两种方法都是将连续的求解区域划分为小的单元，近似地认为单元内的电位分布是线性的，网格划分越精细，近似程度越好，但是运算量也更大。为了解决精度与运算速度的矛盾，常采用变步长来划分网格，两种模拟结果差异不大，有限元法经过不断的改进对复杂模型的适用性和精细度更高一些。下边就有限元法、有限差分法进行介绍。

一、二维正演

（一）有限元法

有限元法（Finite Element Method，FEM）由 Clough 于 1960 年首先提出。它是以变分原理为基础的数值计算方法，理论依据具有普遍性，被广泛地应用于各类结构工程、热传导、渗流、流体力学、空气动力学、岩土力学、机械零件强度分析、电气工程问题等。

20 世纪 70 年代初，J. H. Coggon 首先将有限元法用于电法勘探，后来 L. R. Rijo 完善了有限元法数值计算方法，使之成为正演模拟计算的有效方法。20 世纪 80 年代初，我国的周熙襄等在引进 Coggon-Rijo 的算法时，将 Dey 和 Morrison 用于有限差分模拟的混合边值条件引入了有限单元法，从而发展了 Coggon-Rijo 的有限单元算法。此后，罗延钟等在选用边值条件和反傅氏变换的算法及波数取值等方面，又有了一些新的发展，使整个算法更臻完善，能在不做任何校正的情况下，对相当大范围内变化的电极距，取得较高精度的计算结果。20 世纪 90 年代中期，杨进提出了迭代有限元算法，它不仅模拟复杂地球物理模型的能力强、模拟精度高，且占用计算机内存小，是对有限元方法的又一大发展。

高密度电阻率法有限元法的其基本原理是利用变分原理把所要求解的电位的偏微分方程转化为相应的变分问题，即泛函的极值问题进行求解。通过将求解区域按一定规则网格化，并进行线性插值，使连续的求解区域离散化，进而在各网格单元上近似地将变分方程离散化，并通过单元分析和总体合成，导出以各节点电位值为未知量的高阶线性方程组，最后利用边界条件求解由总矩阵组成的线性方程组计算出各节点的电位场的值，通过傅里叶逆变换计算各单位节点电位，即可得到地下半空间场的分布特征。

用该方法求解稳定的电流场的基本步骤如下。

（1）根据电场所满足的微分方程以及边界条件，找出相应的泛函形式。在二维电法勘探中，电位的傅氏变换 $V(x，z)$ 在勘探区域内，满足下列椭圆形的微分方程，见式（3-16），即

$$\frac{\delta}{\delta x}\left(a\frac{\delta V}{\delta x}\right)+\frac{\partial}{\partial z}\left(a\frac{\delta V}{\delta z}\right)-\beta V=f \tag{3-16}$$

在 Ω 的边界 Γ 上，$V(x，z)$ 满足下列条件式（3-17）、式（3-18）之一，即

$$\frac{\delta}{\delta x}\Big|_{\Gamma}=0（第二类边界条件） \tag{3-17}$$

$$\left(\frac{\delta}{\delta n}+\gamma V\right)\Big|_{\Gamma}=0（第三类边界条件） \tag{3-18}$$

以上式子当中 α、β、γ 和 f 均为 x、z 的已知函数，相应的范函数形式为

$$J(V)=\iint_{\Omega}\left\{\alpha\left[\left(\frac{\delta v}{\delta x}\right)^2+\left(\frac{\delta v}{\delta z}\right)^2\right]+\beta V^2-2f\cdot V\right\}\mathrm{d}x\mathrm{d}y+\oint_{\Gamma}\alpha\beta V^2\mathrm{d}s \tag{3-19}$$

式中　$J(V)$——电场关于电位的函数；

　　　　$\mathrm{d}x\mathrm{d}y$——积分面元；

　　　　$\mathrm{d}s$——积分线元。

（2）按某种规则将连续的求解区域离散成许多（有限的）小单元，这些小单元在节点处相互连接。当单元足够小时，可以认为每个单元体内电性为常数，电位是线性变化的。

（3）在每个小单元内对函数进行线性插值后，将式（3-19）的泛函分解成各单元的泛函 J，然后对各单元的泛函求和，将单元的泛函转换成各节点泛函之和，即

$$J(V) = \sum_e J_e(V) \tag{3-20}$$

（4）用求极值的必要条件：$\delta J = 0$，推导出各个节点的傅氏电位 $V(x，y，z)$ 为未知量的高阶线性方程组式（3-21），即

$$LV(x，y，z) = f \tag{3-21}$$

式中　　　L——系数矩阵；

$V(x，y，z)$——各节点傅氏点位组成的解向量；

　　　　　f——提供电点有关的列矢量。

（5）解式（3-21）的线性方程组，便可求得各节点的傅氏电位，利用式（3-22）进行傅氏逆变换即可求得各节点的电位值，即

$$U(x，y，z) = \frac{2}{\pi} \int_0^\infty V(\lambda，x，z)\cos(\lambda y)\mathrm{d}\lambda \tag{3-22}$$

（6）各装置的视电阻率 ρ_s 计算可以利用测量电极 M、N 所在节点的电位 U_M、U_N 通过式（3-23）来计算，即

$$\rho_s = K \frac{U_M - U_N}{I} \tag{3-23}$$

式中　K——各种装置的装置系数。

（二）有限差分法

有限差分法（Finite Difference Method，FDM）最早由数学家欧拉（L. Euler 1707—1783）提出，他在 1768 年给出了一维问题的差分格式。1908 年，龙格（C. Runge 1856—1927）将差分法扩展到了二维问题。由于早期求解庞大的代数方程组计算量巨大没有得到广泛应用，随着计算机技术的发展，快速准确地求解庞大的代数方程组成为可能，因此逐渐得到大量的应用。发展至今，有限差分法已成为一个重要的数值求解方法，在工程领域有着广泛的应用。它的原理是基于许多描述物理现象的偏微分方程，可以通过给定的初始时刻的解、初始条件和某些边界条件。利用差分从初始值出发，逐步求出微分方程的近似解。

有限差分法解点电位微分方程就是将有限差分直流电场数值模拟用差分代替微分，将连续的电位方程离散为差分方程，将求解区域剖分为若干个正方形或长方形，然后用网格节点的电场值求解线性的差分方程的线性单位函数，从而达到近似求解电位偏微分方程。用该方法求解稳定的电流场的基本步骤如下。

1. 电位满足的基本方程及边界条件为

$$-\nabla \cdot [\sigma(x，y，z)\nabla\varphi(x，y，z)] = \frac{\partial p}{\partial t} \cdot \sigma(x_s)\delta(y_s)\delta(z_s) \tag{3-24}$$

式中　　　σ——介质的电导率；

　　　　　φ——地面或介质中任意点的电位；

　　　　　p——狄拉克 δ 的函数定义在笛卡尔空间的电荷密度；

$\sigma(x_s)$——供电电源点介质电导率；

$\delta(y_s)\delta(z_s)$——电流过的面积元。

式（3-24）为点电位基本方程。假定电导沿 y 方向没有变化，$\frac{\partial}{\partial y}\left[\sigma(x, y, z)\right]=0$，则式（3-24）可简化为式（3-25），即

$$-\nabla\cdot\left[\sigma(x, z)\nabla\varphi(x, y, z)\right]=\frac{\partial p}{\partial t}\sigma(x_s)\cdot\delta(y_s)\delta(z_s) \tag{3-25}$$

式（3-25）中，电位 φ 的电源项 $\frac{\partial p}{\partial t}\sigma(x_s)\delta(y_s)\delta(z_s)$ 都是 x、y、z 的函数，而 σ 是 x、z 的函数，为了便于计算，通常通过傅里叶变换把 y 转换为 k_y，然后在傅里叶变换空间 (x, k, z) 求解这个方程。

由傅氏变换式（3-26），即

$$\widetilde{f}(x, k_y, z)=\int_0^\infty f(x, y, z)\cos(k_y, y)\mathrm{d}y \tag{3-26}$$

得到如式（3-27）的转换方程，即

$$-\nabla\cdot\left[\sigma(x, z)\widetilde{\nabla}\varphi(x, k_y, z)\right]+k_y^2\sigma(x, z)\widetilde{\varphi}(x, k_y, z)=\widetilde{Q}\sigma(x_s)\delta(z_s) \tag{3-27}$$

式（3-27）就是点源 2.5 维有限差分波数域电位 $\widetilde{\varphi}$ 满足的微分方程，参数 $\widetilde{Q}=\frac{I}{2\Delta A}$ 是在波数域 (x, k_y, z) 的恒稳态电流密度，其中 ΔA 定义在 x-z 空间发射点 (x_s, z_s) 的面积。

通过在一个有限的求解区域内限定计算范围，来确定微分方程式（3-27）的唯一解，需要在求解区域的边界上对电位函数 $\widetilde{\varphi}$ 规定相应边值条件。

在地面（$z=0$），应用典型的黎曼边界条件式（3-28），即

$$\delta_{i,j}\frac{\partial\widetilde{\varphi}_{i,j}}{\partial\eta}=0, \quad i=1, 2, \cdots N, \quad j=1 \tag{3-28}$$

在右边界 $x=\pm\infty$ 和底部边界 $z=\infty$ 处，使用混合边界条件式（3-29），即

$$\frac{\partial\widetilde{\varphi}(x, k_y, z)}{\partial\eta}+\alpha\widetilde{\varphi}(x, k_y, z)=0 \tag{3-29}$$

$$\alpha=\frac{k_y k_1(k_y r)}{k_0(k_y r)}$$

式中　k_y——波数；

　　　r——点源到测点的半径；

$k_0 k_1$——零阶和一阶修正贝塞尔函数。

2. 有限差分网格划分

有限差分网格划分的基本做法是在足够大的范围内离散给定的二维地电断面，通过使用

平行于 x 轴和平行于 z 轴的直线将地电模型划分成许多大小不一的矩形，如图 3-15 所示。

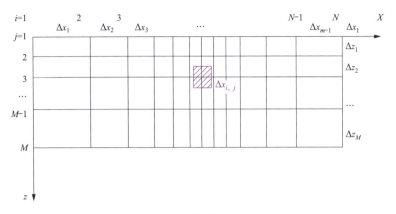

图 3-15　网格剖分示意图

设节点 (i, j) 代表它封闭的网格区域。对应的网格积分公式方程由（3-27）得式（3-30），即

$$-\iint\limits_{\Delta Ai, j} \nabla \cdot \{\sigma(x_i, y_j) \nabla \varphi(x_i, k_y, z_j)\} \mathrm{d}x_i d_j$$

$$+\iint\limits_{\Delta Ai, j} k_y^2 \sigma(x_i, y_j) \nabla \varphi(x_i, k_y, z_j) = \frac{I}{2}\sigma(x_S)\sigma(z_S) \tag{3-30}$$

对内部节点可得式（3-31），即

$$c_L^{i, j}\widetilde{\varphi}_{i-1, j} + c_R^{i, j}\widetilde{\varphi}_{i+1, j} + c_T^{i, j}\widetilde{\varphi}_{i, j-1} + c_B^{i, j}\widetilde{\varphi}_{i, j+1} + c_P^{i, j}\widetilde{\varphi}_{i, j} = \frac{I}{2}\sigma(x_S)\sigma(z_S) \tag{3-31}$$

式（3-31）中 $c_L^{i,j}$ 是节点 (i, j) 和节点 $(i-1, j)$ 的混合系数；$c_R^{i,j}$ 是节点 (i, j) 和节点 $(i+1, j)$ 的混合系数。$c_T^{i,j}$ 是节点 (i, j) 和节点 $(i, j-1)$ 的混合系数，$c_B^{i,j}$ 是节点 (i, j) 和节点 $(i, j+1)$ 的混合系数，各系数分别如式（3-32）～式（3-36）所示形式，即

$$c_L^{i, j} = -\left[\frac{\Delta z_{j-1} \cdot \sigma_{i-1, j-1} + \Delta z_j \cdot \sigma_{i-1, j}}{2\Delta x_{i-1}}\right] \tag{3-32}$$

$$c_R^{i, j} = -\left[\frac{\Delta z_{j-1} \cdot \sigma_{i, j-1} + \Delta z_j \cdot \sigma_{i, j}}{2\Delta x_i}\right] \tag{3-33}$$

$$c_T^{i, j} = -\left[\frac{\Delta x_{i-1} \cdot \sigma_{i-1, j-1} + \Delta x_j \cdot \sigma_{i, j-1}}{2\Delta z_{j-1}}\right] \tag{3-34}$$

$$c_B^{i, j} = -\left[\frac{\Delta x_{i-1} \cdot \sigma_{i-1, j} + \Delta x_i \cdot \sigma_{i, j}}{2\Delta z_j}\right] \tag{3-35}$$

$c_P^{i,j}$ 是节点 (i, j) 自伴随系数，即

$$c_P^{i, j} = -\left[c_L^{i, j} + c_R^{i, j} + c_T^{i, j} + c_B^{i, j} - A(\sigma_{i, j}、A_{i, j})\right] \tag{3-36}$$

同样地，我们对边界节点应用相应的边界条件，便可得到与式（3-31）相类似的差分方程。对所有的节点 (i, j) 都可以得到类似的差分方程，当 $i=1, 2, 3\cdots N$，$j=1, 2, 3\cdots M$ 时，便可以得到 $M \times N$ 个联立线性方程组，简单表示为如式（3-37）～式（3-40）所示形式，即

$$c\tilde{\varphi} = S \tag{3-37}$$

$$C = \begin{pmatrix} C_{11} & \cdots & C_{1, \, m \times n} \\ M & O & M \\ C_{m \times n, \, 1} & L & C_{m \times n, \, m \times n} \end{pmatrix} \tag{3-38}$$

$$\tilde{\varphi} = \begin{pmatrix} \tilde{\varphi}_1 \\ \tilde{\varphi}_2 \\ \vdots \\ \tilde{\varphi}_{m \times n} \end{pmatrix} \tag{3-39}$$

$$s = \begin{pmatrix} 0 \\ \vdots \\ s_i \\ \vdots \\ 0 \end{pmatrix} \tag{3-40}$$

式（3-37）中：C 的各元素是网格几何性质和物性分布的函数；$\tilde{\varphi}$ 为各网格节点的波数域电位值；右端项 S 与供电电流相关，并且只在供电点 I 有值 $S_i = \dfrac{I}{2}$，I 为供电电流值。

3. 求解线性方程的解法

有限差分得到的矩阵 C 是块对角的、稀疏的和带状结构的。矩阵 C 对称和正定，可用契比雪夫法求解方程，该方法基于的理论基础如下。

如果 A 是正定的秩为 N 的矩阵，同时 A 是带状矩阵（满足 A 除对角线附近 m 条条带元素不为零外，其余元素均为零，即 $a_{ij}=0$（$|i-j|>m$），则存在一个非奇异的三角的矩阵 L，满足式（3-41），即

$$LL^T = A \tag{3-41}$$

其中：$L_{i,j}=0(i-j>m)$，$a_{ij}=0(|i-j|>m)$，矩阵 L 能由方程式（3-41）获得，方程 $Ax=b$ 的解由式（3-42）、式（3-43）决定，即

$$Ly = b \tag{3-42}$$

$$L^T x = y \tag{3-43}$$

当 $m \ll n$ 时，该分解技术效果明显。

4. 反傅氏变换

利用反傅氏变换的公式（3-44），则

$$f(x, k_y, z) = \frac{2}{\pi} \int_0^\infty \tilde{f}(x, y, z) \cos(k_y y) \mathrm{d}y \tag{3-44}$$

给定若干个不同的波数 k_y，然后对 $\tilde{\varphi}(x, k_y, z)$ 用式（3-44）进行傅氏反变换即可得到电位 $\varphi(x, k_y, z)$ 的分布，进而求得给定装置的视电阻率值。

在反傅氏变换时就如何合理地选择波数的个数和分布问题是保证计算精度和节约时间的主要问题。有罗延钟[102] 的经验法，张献民[103] 的距离分段法，徐世浙[104] 的最优化方法和冯治汉[105] 的积分方程法、最优化波数法（Xu）[106]。最优化波数法求解傅氏反变换过程如下。

$u(x, y, z)$ 表示点源二维介质中电场的三维电位，$U(x, y, z)$ 表示在 y 方向走向进行傅氏变换后的二维电位。在主剖面上 $y=0$，反变换式（3-44）变为式（3-45），即

$$u(x, k_y, 0) = \frac{2}{\pi} \int_0^\infty U(x, z, k) \mathrm{d}k \tag{3-45}$$

式（3-45）的积分采用数值积分得到式（3-46），即

$$u(r) = \sum_{j=1}^n U(r, k_j) g_j \tag{3-46}$$

式中　k_j $(j=1, \cdots, n)$、g_j $(j=1, \cdots, n)$ ——系数；

$r = \sqrt{x^2 + z^2}$ ——主剖面上的点至电源点的距离。

但是在一般情况下，函数 U、u 的表达式是未知的，无法利用式（3-46）选择 k 和 δ 值。而在均匀半空下，对应式（3-46）有式（3-47），即

$$\frac{1}{r} \approx \sum_{j=1}^n K_0(k_j r) g_j \tag{3-47}$$

给定电极距序列，即给定一组 $r_i(i=1, \cdots, m)$，利用最优化方法便可求得与该对应极距序列相应的一组最优化波数。

5. 最优化方法

在不同的 r 下，为了获得相近的相对误差，将式（3-47）写作式（3-48），即

$$1 \approx \sum_{j=1}^n r K_0(k_j r) g_j = \nu \tag{3-48}$$

选取一系列的 $r_i(i=1, \cdots, m)$，得到方程式（3-49），即

$$a_{i,j} g_j = \nu_i A g = \nu \tag{3-49}$$

$a_{ij} = r_i K_0(r_i k_j)$，$A=(a_{ij})$，$g=(g_j)$、$\nu=\nu_i$、$i=l, \cdots, m$ 和 $j=l, \cdots, n$。选取 k_j、g_j 使目标函数式（3-50）取最小值，即

$$\varphi = (l-\nu)^T(l-\nu) = (l-Ag)^T(l-Ag) \tag{3-50}$$

式中　l ——单位向量 k_j 和 g_j，由以下两步计算得到。

第一步：对于给定的 k_j，a_{ij} 便已知，通过 φ 的最小值便可得到 g_j。例如：通过 φ 对 g 进行微分，目标微分方程为

$$\mathrm{d}\varphi = \mathrm{d}(l - Ag)^T(l - Ag) = 2\mathrm{d}g^T A^T(l - Ag) = 0 \tag{3-51}$$

由于 g^T 的任意性，有

$$A^T(l - Ag) = 0 \quad \text{或} \quad Bg = c \tag{3-52}$$

其中：$B = A^T A$，$c = A^T l$。

由（3-52）得到的 g_j 是对应给定的 k_j 值得到，如果给定另一组 k'_j 将得到另组的 g'_j，不同的 k_j 和 g_j，对应不同的目标函数的最小值。

第二步：这一步将决定 k_j 值，使得目标函数 φ 达到全局最小。由此，将 v 在初值 k_j^0 处做泰勒阶数展开，同时在 δk_j 处取一次项，得

$$v \approx v_0 + \frac{\partial v}{\partial k} \delta k \tag{3-53}$$

其中：$v_0 = (v_{0i})$、$\frac{\partial v}{\partial k} = \frac{\partial v_i}{\partial k_j}$、$\delta k = (\delta k_i)$、$i = 1, \cdots, m$ 和 $j = l, \cdots, n$，v_{0i} 是对应最初一组 k_0^j 的 v_i 值，同时 δk_j 是 k_j 的很小的增量，将式（3-53）代入目标函数 φ 中得

$$\varphi \approx \left(l - v_0 - \frac{\partial v}{\partial k} \delta k\right)^T \left(l - v_0 - \frac{\partial v}{\partial k} \delta k\right) \tag{3-54}$$

以上方程的 φ 是 δk 的函数，通过微分 ∂k 能够得到 φ，例如，通过 φ 对 δk 求微分并使它等于零，得

$$M \delta k = h \tag{3-55}$$

其中：$M = \left(\frac{\partial v}{\partial k}\right)^T \left(\frac{\partial v}{\partial k}\right)^T$，$h = \left(\frac{\partial v}{\partial k}\right)^T (1 - v_0)$。

从式（3-55）得到的 δk 将得到新的一组 $k^{(1)}$，给定

$$k^{(1)} = k^{(0)} + \delta k$$

由于式（3-55）是近似表达式，由该方法获得的 $k^{(0)}$ 可能不会达到全局最小值。然而我们可以把 $k^{(1)}$ 作为新的初始值，在 $k^{(1)}$ 处扩展 v 重复以上的过程，得到新的 k 的估计值。在迭代了一些次数之后，获得了一组优化的 k 值。

偏导数 $\frac{\partial v}{\partial k}$ 的求解：

尽管 v_i 是 k_j 的函数，其中 $v = v_i(k_1 \cdots k_n)$，我们不知道它的解析表达式。然而如上所示如果给定一组 $k_1 \cdots k_j \cdots k_n$，那么能够得到一组 $g_1 \cdots g_j \cdots g_n$，同时 v_i 能够计算得到。类似的，如果给定另一组 $k_1 \cdots k_j + \Delta k_j \cdots k_n$ 将产生另一组新的 v_i，因此，该偏导数矩阵给定式（3-56），即

$$\frac{\partial v_i}{\partial k_j} = \frac{v'_i - v_i}{\Delta k_j} \tag{3-56}$$

这里可采用 $\Delta k_j = \lambda k_j$（λ 为网格剖分精度系数）作为迭代数。

二、二维反演

高密度电法测量得到的数据是各个电极在不同位置时测得的视电阻率，还需要对数据进行反演，计算出地下真实电阻率，并以图件形式显示，直观反映地下物质的电阻率变化。高密度电阻率法反演的方法很多，维度可分为一维、二维、三维，二维反演是目前高密度电法勘探使用比较广泛的。

高密度电阻率的反演是建立在正演的基础上，其原理：根据野外采集的数据（或正演模拟得到的数据）建立一个初始的电阻率预测模型，针对该模型进行正演计算，得到与之对应的预测数据，并计算预测数据与实际测量数据之间的均方根误差，如果误差满足要求，则建立的模型就近似符合地下介质真实的电阻率分布，否则修正模型参数（电阻率分布），再次进行正演，直到满足误差要求，这可以近似认为修正后的模型符合实际情况。

电阻率法反演发展到今天，主要的手段是将非线性地球物理问题化为线性问题。反演计算中的线性迭代仍然居主导地位。使非线性反演简化为线性反演问题，主要采用置换参数法、泰勒级数展开法等。在地球物理的非线性问题线性化后，使用最优化方法求解，最常用的求解方法有最小二乘法、广义逆法等，本章介绍最小二乘法。

为使用最小二乘法进行反演，首先需构造一个误差函数进行比较。设预测模型正演得到的数据为 φ_i，观测值为 d_i，他们的差称为偏差 r_i，记为式（3-57），即

$$r_i = \varphi_i - d_i (i = 0, 1, \cdots, n) \tag{3-57}$$

根据最小二乘法的思想，构造另一函数 $\Phi = \sum_0^n r_i^2$，来衡量正演数据与实测数据的逼近程度。因为偏差的平方都是正数，如果 Φ 尽可能小，则可保证绝大多数偏差的绝对值尽可能小，因此，推断的模型就可以尽可能地接近真实情况。假设空间坐标为 (x_i, y_i, z_i) 的第 i 个观测点的位场观测值为 d_i，向量 $b = [b_1, b_2, \cdots, b_m]$ 为以预测模型的 m 个物性和几何参数为分量的参数向量，是反演的待求变量。根据正演的基本理论，坐标为 (x_i, y_i, z_i) 的节点上的位场理论值是以模型参数 b 为变量的非线性函数，记为式（3-58），即

$$\varphi_i = \varphi_i(b) = \varphi_i(b_1, b_2, \cdots, b_m) \tag{3-58}$$

由式（3-57）代入 Φ 可得

$$\begin{aligned}
\Phi &= \sum_{i=1}^n (\varphi_i - d_i)^2 = \sum_{i=1}^n [\varphi_i(b_1, b_2, \cdots, b_m) - d_i]^2 \\
&= \Phi(b_1, b_2, \cdots, b_m) = \Phi(b)
\end{aligned} \tag{3-59}$$

显然，Φ 也是 b 的 m 元函数。

最小二乘法反演的主要目的就是求一组参数 $\tilde{b}$，需要 $\Phi(b)$ 取最小值。对于多元函数

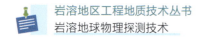
$\Phi(b)$，取极小值的必要条件是式（3-60），即

$$\frac{\delta\Phi}{\delta b_k}=0(k=0,1,\cdots,m)\tag{3-60}$$

由此可以建立关于 b_1，b_2，$\cdots$，b_m 的 m 阶非线性方程组，解这个方程组。解的一般思想：先给定一组参数的初值 $b^{(0)}=[b_1^{(0)},b_2^{(0)},\cdots,b_m^{(0)}]^T$，然后再将函数 φ_i 在 $b^{(0)}$ 附近线性化，提出一个校正量对模型参数进行校正，根据最小二乘拟合的方式，建立一个关于校正量 $\Delta=[b_1-b_1^{(0)},b_2-b_2^{(0)},\cdots,b_m-b_m^{(0)}]^T$，解方程组得到一组 Δ 的初值 $\Delta^{(0)}$，于是得到一组新的参数值 $b^{(1)}=b^{(0)}+\Delta$，它可以能满足 $\Phi[b^{(1)}]<\Phi[b^{(0)}]$，再利用 $b^{(j+1)}=b^{(j)}+\Delta^{(j)}$（$j$ 为迭代次数），重复上边过程，不断地校正参数，当相邻两次迭代误差函数 Φ 差值的绝对值满足预设误差小量 ε 时，则满足式（3-61）的一组参数 $b^{(j+1)}$ 就是最后的解。

$$|\Phi^{(j+1)}-\Phi^{(j)}|<\varepsilon\tag{3-61}$$

第三节　高密度电阻率法工作技术

一、影响因素

（一）适用范围和应用条件

在岩溶探测方面其主要用于中、浅部地下喀斯特及表面喀斯特岩面起伏形态探测，一般探测深度在 50m 范围内。有一定的适用条件限制。

采用高密度电阻率法时需要满足以下条件。

（1）要求被探测目的层的分布相对于装置长度和埋深近水平无限宽，被探测目的体相对于装置长度和埋深有一定的规模。被探测目的层与相邻地层或目的体与周边介质有电性差异。电性界面与地质界面对应。采用电极接地测量方式时要求被探测目的层或目的体上方无极高电阻层屏蔽。

（2）地形起伏不宜过大。

（3）各地层及被探测目的体电性相对稳定，异常范围和幅值等特征可以被测量和追踪。

（4）测区内没有较强的工业游散电流、大地电流或电磁干扰。

（5）水上工作时，水流速度较缓。

（6）地下电性层次不多，且具有一定厚度，下伏基岩面或被探测目的层层面与地面交角应小于 20°。若探测地下喀斯特，要求其相对于排列长度和埋深有一定规模，一般，埋深越浅、规模越大，效果越好。碳酸盐岩裸露地区接地电阻条件较差，不宜使用。

（二）地形条件对装置的选择影响

起伏较大的地形引起的电性异常足可以掩盖真异常，从而大大增加了分析难度，甚至失去探测的意义。场地条件对装置选择有一定的影响，在众多装置中偶极装置受地形影响最为剧烈，地形的因素会导致其电测剖面形态变得很难辨别，其次是三极装置，该装置遇到山谷或山脊时电测曲线会出现多个峰值，并且 AMN 和 MNB 两个装置的反映程度不均衡，故判别起来困难较大。相对而言，四级装置受地形的影响较小，电测剖面形态比较好判断。

若测试场地比较开阔，建议使用四极装置，该方法会获得最大的测量电位。有利于压制干扰，增强有效信号。如果场地布置四极装置受到限制，最好使用三极装置（AMN、MNB），三极装置比四极装置将节省一半的场地。

（三）探测目的和探测精度

（1）探测目的不同。因探测精度与装置和电极距相关，同种装置小极距比大极距分辨率高。不同装置因布极方式的不同在分辨率上有差别。应根据探测目的选择合适的装置（根据以往实验应用研究 β 装置灵敏度最高，γ 次之，α 最次）。α 装置对于垂向电性的变化比水平向电性的变化反应灵敏些。一般，又装置解决垂向变化（例如水平层状结构）问题比较有利，而去探测水平变化（例如狭窄垂向结构）就相对差一些。不等间距 β 偶极装置对于电阻率变化有着最大的灵敏度，它对垂向电性变化十分灵敏，而对水平变化相对不灵敏。α 装置（施伦贝尔装置）是最常用的方法之一。这种装置在水平和垂向结构中都有着适度的灵敏度。在对这两方面（α 装置、β 偶极装置）都有好效果要求的一些地质构造领域中，这种装置往往是一个选择。

（2）探测精度不同。被探测体的埋深对高密度电法使用有一定的限制。根据电法理论，探测体的规模与埋深需达到一定比例后方能被探测。规模偏小，埋深偏大，则不能被仪器有效接收，直流电阻率法的最大垂向分辨能力（探测深度）深径比对二度体不超过 7/1，对三度体不超过 3/1，超过上述比率将不能有效探测。

（四）多解性的影响

高密度电阻率法所测得的视电阻率数据是地质综合信息的反映，存在多解性。根据电法理论，探测体的电阻率和埋深之间存在 S 等值和 T 等值关系，如果其中一个参数不确定，那么就可能对应多个结果而曲线形态和曲线拟合结果完全一样。这在工程应用中就会造成很大的误差。因此应在使用高密度电阻率法勘探时考虑多解性的影响。

二、现场工作

电阻率法的现场工作可参照《工程物探手册》、水电工程规程规范开展，包括外业准备工作、生产前的实验工作、测网的布置工作、装置的选择及电极距离的选择、资料的检查与评价等。

（一）准备工作

工作之前，应全面了解和分析测区的地形、地质和地球物理特征以及以前的技术成

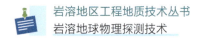
果，作为测试前的指导和参考。

检查仪器设备，使技术指标符合正常工作要求；提前接通仪器电源，以预热电路，使仪器进入准工作状态。

（二）生产前的实验工作

生产前需要进行必要的试验工作，尤其测区地形、地质条件复杂或物性前提不清时更需要通过试验确定解决地质任务的可行性和解决程度。

1. 试验工作遵循

试验工作遵循以下几点：

（1）试验前，根据任务要求、测区地质及物性条件拟定试验方案。试验成果可以作生产成果的一部分。

（2）试验工作应遵循由已知到未知，由简单到复杂的原则。

（3）试验工作内容具有代表性，位置一般选择在拟布置的工作测线上，有钻孔时尽可能通过钻孔。

2 试验工作内容

试验工作内容主要包括以下方面。

（1）方法的可行性试验。通过试验确定现场条件，包括物性条件是否满足拟定工作方法的条件。

（2）选择装置形式、最佳电极距、最佳供电电流、供电时间、点距、跑极方向。

（3）了解干扰背景。

（4）测试岩土体电阻率值，为资料解释提供参考和依据。

（5）通过试验评价拟定方法解决地质任务的可行性和解决程度。若确认不具备完成地质任务的基本条件时，可申述理由，请求改变方法或撤销任务。

（三）测网的布置

（1）地球物理工作的测区大小对测网布置的影响。地球物理工作的测区一般是由地质任务确定的。对主要应用于工程及环境地质调查中的高密度电阻率法，一般按工程地质任务所给出的测区往往是非常有限的，只能在需要解决工程问题的有限范围内布设测线、测网，可供选择的余地往往很少。测网布设除了建立测区的坐标系统外，还包含了技术人员试图以多大的网度和怎样的工作模式去解决所给出的工程地质问题，这使得经验和技巧非常重要。

测线布置遵循以下原则：

1）测线布置的一般要求。

a. 测线网布置主要根据任务要求、探测方法、被探测对象规模、埋深等因素综合确定。测网和工作比例尺由探测对象的性质和工程任务要求决定，以能观测被探测目的体，并可在平面图上清楚反映探测对象的规模、走向为原则，同时兼顾施工方便、资料完整和技术经济等因素。

b. 在地形条件比较复杂的情况下，测线可选择地形影响比较一致的如山脊、山谷，沿等高线较平缓的山坡布设。进行大面积探测时，应布置测线网。

c. 测区范围应大于勘探对象的分布范围，布置测网时必须考虑不少于整体工作量的5％的参数测量工作量和试验工作量。

d. 测线方向一般垂直于地层、构造和主要探测对象的走向，且沿地形起伏较小和表层介质较为均匀的地段布置测线，测线尽可能与地质勘探线和其他物探方法测线一致，避开干扰源。

e. 当测区边界附近发现重要异常时，将测线适当延长至测区外，以追踪异常。

f. 在地质构造复杂地区，应适当加密测线和测点。

g. 测线端点、转折点、测深点、较大的地面坡度转折点、观测基点应进行测量。

h. 点距一般选择 5～50m，线距为点距的 1～5 倍。

2）电测深法。

a. 应尽量在地质勘探线上布置电测深测线和孔旁电测深点。

b. 相邻电测深点的间距一般不小于主要探测对象埋深的一半，如果在探测埋藏较深的对象的同时，有必要详细探测浅部对象，可在上述测网内用小极距电测深加密。

c. 在进行面积性电测深工作或追踪探测对象时，如探测地质体或断层，在平面图上至少有两个相邻电测深点上能有清楚的反应，测线长度应至少在异常体两侧各有 3 个电测深点。

d. 在复杂条件下，例如大面积建筑区、茂密的林区等，可以在单个测点上测深，不必连成统一的测网，测深点应选择在地形较平坦处。

e. 测点间距和测线间距应根据地质条件和工作比例确定。点距一般选择 5～50m 在工作比例尺图上，点距为 1～3cm，线距等于 2～3 倍点距。

f. 为了解探测区电性的各向异性分布情况，以及对电测深曲线的影响，一般需要在测区范围内均匀布置控制性的十字形或环形电测深，其数量尽可能不少于总电测深点数的 3％。当采用三极装置测深时，一般进行不少于 5％的双向三极测深。

3）电剖面法。

a. 应该沿垂直地层、构造和主要探测对象的走向方向布置多条平行测线，以追踪其走向。

b. 通过局部异常地段的测线不少于 2 条，且每条测线上反应同一异常体的异常点不少于 3 个。

c. 根据任务要求、被探测对象规模和埋深 H 确定线距和点距，测点距一般选择 $H/3 \sim H$，线距则为点距的 2～5 倍。

d. 若观测结果以平面等值线图形式来表明目的体各向异性时，测点距和线距一般保持一致。

（2）测线布置时还应考虑旁侧影响。两个相邻的测点，其中一个点靠近山体或水边，那么其曲线形态就会发生较大变化，相应的解释也会发生大的变动，然而事实上地质结构却没有多大变化。这种旁侧影响也会引起高密度电阻率法产生较大误差。

（3）测线布置时在保证测线垂直或近似垂直需要探测的地质构造的走向的前提下，尽可能将测线布设在地形较为平坦且接地条件良好的区域内，进而最大限度地减小地形及接地条件对测量结果的影响。

（4）测线布置应充分考虑勘探目的和高密度电阻率法装置探测固有的缺陷，如拟勘探线路不是直线，而高密度电阻率法测线需要布置成直线，在现场勘探中需要分段并在数据采集时延长采集范围以保证需要的探测数据可以被有效采集到；高密度电阻率法测线两端有一定勘察深度较浅的盲区（盲区大小与勘察深度有关，勘察深度越大，两侧盲区范围越大），高密度电阻率法测线布置时需要考虑重叠一部分以改善装置固有缺陷。

（四）确定最小电极距和排列长度

最小电极距和排列长度的选择取决于地质对象的大小和埋藏深度。要保证有足够的横向分辨率，探测目标体横向上至少要有 2～3 根电极通过。同时，由于高密度电阻率法实际上是一种二维测深剖面方法，所以在保证最大极距能够探测到主要地质对象的前提下，还要考虑围岩背景也能在二维断面图中得到充分的反映。如对小而深的探测目标体，要求较小的电极间距和较多的电极数。对于长剖面，可以通过电极的移动来获得连续的断面数据。一般地，在剖面对接时要重叠 3 个点，重叠点的数据取两次测量的平均值。

（五）装置的选择

在高密度电阻率法中，合理地选择工作装置或其组合装置，可以提高采集数据对目标体的敏感度，突出异常，从而提高分辨率。选择一个合适的工作装置应考虑以下方面因素：探测目标的特性、探测深度、有效探测范围、信号强度、装置对地下电阻率水平或垂向变化分辨能力、场地噪声本底水平以及仪器灵敏度等。

高密度电阻率法应用中，所有排列装置各有特点，都仅能反映地质体在电阻率上的部分差异，存在一定的局限性，不同装置根据需要可单独使用，也可联合使用。在实际工作中需要结合当地的地电条件具体情况具体分析，先做实验选取最适合当地地电条件的装置及方法，从而取得最佳的物探效果。通常使用的装置有温纳、偶极—偶极、三极和斯伦贝谢装置四种类型。不同的测量系统基本以这几种装置为主，但也有的高密度电阻率仪提供了十多种装置以供选择。

1. 电测深法装置选择

（1）探测装置应根据探测对象的结构、要求解决问题的多少以及比例尺选定。

（2）一般选择对称四极、双向三极装置，也可选择偶极、微分装置，以及由以上两种装置组合而成的两种装置。

（3）当探测地层具有多个电性层、测线各点均能相互跑极时，一般选择对称四极、双向三极装置；当探测区地层电性分层显著、电性层数较少或测线网端不能相向跑极时，可选用三极装置。

（4）对称四极、三极装置主要用于分层探测，也可用于探测局部目的体。

（5）双向三极和微分装置主要用于非水平的构造带、岩性分界探测。

（6）参数测量地点可选在钻孔或山地坑槽附近，或者在已知地质构造和水文地质条件的地段上进行。参数测量方法按地电体复杂性选择四极对称、十字测深、环形测深或二分量测深法。

（7）一般，对称装置用以研究地电界面主要为近乎水平产状的地区；较复杂的地电体或地层存在倾斜界面应当使用双向不对称装置或二分量测深方法。

（8）使用不对称装置进行十字测深和环形测深来探测地电体的不均匀性。当有各向异性地层、单独的倾斜层或接触面存在时，即可测定各向异性地层的参数以及干扰界面的产状。

（9）选择两种装置组合而成的其他测深装置，应事先在地质情况已知的试验场地进行试验，满足任务要求后，方能使用。

2. 电剖面法装置选择

（1）一般选择双向三极（联合）、三极、对称四极、二极装置，也可选择偶极、微分装置，以及由以上装置中的两种装置组合而成的其他装置。

（2）双向三极（联合）、三极、二极、微分装置主要用于非水平的构造带探测、岩性分界、喀斯特探测。

（3）对称四极、偶极装置主要用于探测局部目的体。

（4）对于简单的地电介面诸如埋藏不深的隐伏地形、古河床、单一接触面等可采用对称装置或偶极轴向装置，对称装置的工作效率高，但分辨相对较低。

（5）选择两种装置组合而成的其他装置进行探测时，应先在地质情况已知的试验场地进行试验。

（6）探测局部低阻的非均质体，采用双向三级装置（俗称联合剖面）进行观测，是以追索到由低阻非均体引起正向视电阻率曲线 ρ_{sa} 和反向视电阻率曲线 ρ_{sb} 曲线正交点为主要目的的。

（六）现场布极方式

（1）基本电极距一般选择等于点距。

（2）三极或双向三极测深的 OC 应位于 MN 中垂线上，应使 OC 大于最大 OA 或 OB 的 5 倍；当 C 极与装置方向一致时，OC 应大于 20 倍的 OA 或 OB，以保证 C 极对测量视电阻率的影响小于 2%。

（3）设计观测的最底层对应的供电电极距必须大于要求探测深度的 3 倍。

（4）测量电极一般选用铜质电极，供电电极则选用铜、钢或铁质电极，水上或冰上使用铅电极。电极直径应不小于 12mm。电极在使用前必须除锈、除氧化层，以减小接地电阻。

（5）电测深布极方向以使 地形、地物对测量数据影响最小为原则，当遇有高压线时，必须使放线方向垂直于高压线。

（6）电极接地位置在预定跑极方向上的偏差不得大于该极距的 1%；在垂直方向上的偏差则不得大于该极距的 5%。当工作中大于上述偏差时，应该测量记录极距的位置。

（7）测试前应检查并确认电极和电缆接线正确、接地良好，让探测范围处于选用装置的有效范围之内。

（七）现场工作需要注意的问题

（1）供电条件。应满足电法基本要求供电，电压尽可能高于 20V，高压则不要超过 300V，并且供电稳定。供电电流应满足仪器使用的安全要求，当使用较大电流供电时需要采用电源，并联并满足并联电源相关要求。

（2）接地条件。工程场地接地条件不好时，尽可能采取措施，对于电阻过大的电极继续浇水或更换接地点，保证电极的接地条件。采用电镀碳钢电极（专利人王波，专利号 201621322229），不仅能有效增大接地面积，改善接地条件，而且轻便（只有传统金属电极重量的 1/3）、置入方便，可大大提高现场工作效率。

（3）漏电检查。漏电会造成电阻率曲线严重畸变，在野外工作中主要发生在 AB 线路、MN 线路，电源箱，电阻率仪本身绝缘失效。在测试工作开始时和结束后以及更换新测站的工作结束后应做漏电检测，漏电之间测试的数据应作废。

（4）环境条件。现场应做好设备的防晒、以及严禁雨天作业。

（八）重复观测和检查观测

（1）现场操作人员应对全部原始记录进行自检。

（2）专业技术负责人应组织人员对原始记录进行检查和评价，抽查率应大于 30%。

（3）电测深法、电剖面计算单个测点的相对误差 δ，计算单个测深点的均方相对误差 m，计算一条测深测线或一个测区的总均方相对误 M。

（4）资料的评价：原始资料存在下列情况之一者为不合格。

1）记录不全。

2）原始记录有涂改、擦拭、撕页现象，或计算机数据采集文件名错误，文件内容不符、不全。

3）未按规定做重复观测、检查观测。

4）检查观测精度或仪器不满足规范要求。

5）单个排列的资料出现相邻 5 个测点的 $\delta > 2.5\%$、$\delta > 3.5\%$ 的测点数超过检查点总数的 30％，$\delta > 7\%$ 的测点数超过检查点总数的 5％，$\delta > 10.5\%$ 的测点数超过检查点总数的 1％，$m > 3.5\%$ 等情况之一者，该排列资料不合格；

6）一条测线或测区的 $M > 3.5\%$，该测线或测区的资料不合格。

（九）仪器设备

高密度电阻率法仪器实质上是一套多电极阵列测量系统，它是传统电阻率法的变种方法，主要核心组件是电测仪和电极转换装置，而且近些年高密度仪器的发展主要围绕电子开关技术，国外仪器大多数是将电测仪与电极转换开关分开，也有少数将电测仪与电极转换开关组合在一起的。国内则将机械电极转换开关改进成由单片机控制的电子开关。从 20 世纪 80 年代起，国内外学者和工作者们相继研制和开发了一些高质量的设备，常见的仪器都可以同时完成电测深和电剖面两种形式的测量，高质量的设备不仅提高工作的效率，也提升了成果的质量。

国外设备公司主要有美国 AGI 公司、德国 DMT 公司、法国 IrisInstruments 公司、日本 OyoInstruments 公司、瑞典 ABEM 公司、澳大利亚阿德雷德大学 Australi-aZZ. ResistivityImaging 研发中心等。国内生产高密度电阻率法仪的厂家较多，主要厂家有重庆地质仪器厂、骄鹏科技（北京）有限公司、重庆奔腾数控技术研究所、地大华睿、北京质地仪厂、国科（重庆）仪器有限公司、西安澳立华公司等。

三、数据处理与解释

（一）数据处理

数据处理通常包括以下五个步骤：数据传输、原始数据坏点删除、地形改正数据拼接、高密度原始数据圆滑滤波、原始数据的正反演、数据绘制成果图。

1. 数据传输

数据传输是将采集到主机设备中的数据，通过一定的方式传输到其他计算机设备，以便进行后期处理。目前常用的传输方式有并口传输、串口传输、无线传输等。

usb 转存，无线传输。各设备生产厂商在设备出厂时一般都配备了数据传输和转换软件，这些传输软件有时集成在厂商自有的处理软件中，例如 DUK—2 采用程序 HDCO-MUS 和 RS-232C 与计算机进行数据传输，有时也采用通用软件，如 Sync。传输过程通常有以下三步操作，第一步建立连接；第二步在设备上选择需要传输的数据；第三步是在接受数据端点击确认接收。高密度电阻率数据格式通常包含测线编号、电极距离、排列类型、总数据个数、第 1 记录点位置、数据收敛类型、测点位置坐标和视电阻率值等信息。

2. 原始数据的坏点剔除、地形改正和数据拼接

（1）坏点剔除，理论上测量的同一个区域的视电阻率、地质情况完全相同、数据也应该完全相同。但在实际测量中，由于仪器误差、某个电极的连接失效、干燥土壤中电极接

触不良或由于非常潮湿的环境条件导致的电缆短路等外界干扰以及其他一些随机因素的影响下，可能会获得一个偏离真值的极值点（坏点）数据，这些值通常比相邻点高得多或低得多，有明显错误（通常 10 倍以上），如图 3-16 所示。这些数据会影响数据反演结果，弱化正常的探测反演成果，处理这些坏数据点的最好方法就是剔除它们，使之不影响反演获得的结果。

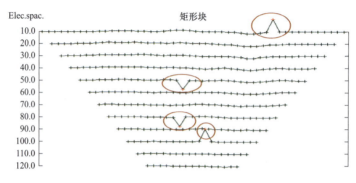

图 3-16　高密度电阻率法数据突变坏点

（2）地形改正。高密度电阻率法在岩溶探测、工程地质等领域应用越来越广泛。地电阻率资料的解释是在水平半空间进行的。然而实际地形存在各种各样的起伏情况，理论与实践表明，地形不但可以引起假异常，而且会掩盖地下由矿体或目标物引起的真异常。如果按照水平地形来处理数据、解释，势必会引起一定的误差，甚至导致完全错误的结果。对勘探和解释工作造成影响。因此有必要对这种起伏的地形进行校正，以消除或削弱地形对勘探成果的影响。

地形改正方法，早期地球物理学者多采用导电纸模拟、电网络模拟、水槽模拟、土槽模拟等物理模拟方法，得到地形影响的定性认识，再在野外实际测量中加以识别。其后，也有学者采用一些数学公式解析计算方法研究地形影响，如保角变换法（例如截面呈三角形、梯形、半圆形、半椭圆形及扇形的地形）和基于保角变换的坐标网法、角域地形叠加法、格林理论、模拟电荷法、线性偏微分方程 2-DNeumann-Dirichlet 型边界值问题精确解法等。但由于数学公式的复杂性只能计算简单地形。近些年来，随着计算机技术的发展和物探解释方法的进步，国内外学者在水平地形的电法资料 2-D、3-D 数值模拟和解释技术基础上，研究开发出适合于起伏地形的 2-D、3-D 数值模拟和解释技术，从而使地形问题的研究更加方便可行，也使复杂的 2-D、3-D 地形影响问题的模拟、识别和校正成为可能。简兴祥[107]　通过对实际测试数据进行地形校正前和校正后的对比反演得出实测资料经地形校正后的反演结果，表明经地形矫正所反映的地下河岸和河床的形态更加明显与实际地电情况吻合更好。

（3）数据拼接。数据拼接是为了获得长测线的连续电阻率分布图，需要将各个子剖面连接起来，常用的方法有两种. 一种是先用各测线的数据分别反演出地电模型的电阻率分布，然后用数据连接软件进行连接。另外一种是先将各测线的数据连接，然后将连接起来的数据进行整体反演，获得总体地电模型的电阻率分布。从反演原理上分析可知，第二种方法获得的结果精度更高，可信度更好。

数据拼接主要是对两相邻数据断面重叠的部分进行处理，避免在重叠区域因处理不当压制异常成分或造成伪异常。重叠部分可以分为两种类型：

第一种类型为两个剖面在同一个重叠位置均有数据，如图 3-17 所示，其处理方法主要是对重叠数据取平均值，并沿剖面方向作 5 点 3 次平滑，使两相邻数据断面在重叠区能够平滑过渡。

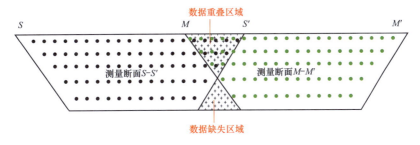

图 3-17　两相邻数据断面衔接示意图

第二种类型是两相邻数据断面不能完全衔接，形成数据空缺，重叠区域均没有数据。这种情况就需要进行二维插值。插值常用的方法有很多，其中趋势面拟和加残差叠加算法、克里金插值法为其中两种方法。因为趋势面拟和加残差叠加算法在趋势面拟和过程中有平滑、削平的作用，所以在点距较小时，容易造成较大的数据损失，致使在原始数据较密时不能恢复原值。而克里金插值法在做无偏估计的过程中，不造成数据损失或损失较小，使得在点距较小时，能够得到平滑的等值线图，但在点距较大时，造成的畸变较大。因此，要根据具体的情况选择合适的拼接方法。

3. 高密度原始数据圆滑滤波

高密度电阻率法原始数据噪声来源复杂，包括天然电场、游散电流、接地不良、地形起伏以及仪器杂声等，外来噪声往往会降低数据信号的信噪比，从而降低图像信息的真实度以及图像自动识别的能力。然而在观测过程中显然不能排除外来噪声的干扰，因此有必要采用一定的手段对网格数据体进行滤波降噪处理，主要办法是对测得的视电阻率中的噪声进行滤除。

数据滤波需要先对数据进行网格化处理，采用网格插值使数据均匀分布。在地球物理数据网格插值方面应用较多的方法，通常有反距离加权插值法、克里金插值法、最小曲率插值法、改进谢别德插值法、自然邻点插值法、最近邻点插值法、多项式回归插值法、径向基函数插值法、线性插值的三角剖分插值法、移动平均插值法、数据度量插值法、局部多项式插值法等。同一组数据采用不同的插值方法，图像中有用信息的显示程度也存在差异，因此有必要通过比较选择最优的插值方法，从而指导工程应用中的数据处理。

网格化完成过后，再用滤波器进行滤波，常用滤波器分为线性滤波器和非线性滤波器，线性滤波器中有滑动平均滤波、距离加权平均滤波、反距离滤波、高斯低通法、最小二乘法均衡滤波等。非线性如小波降噪模型[108]、小子域滤波[109]，完成滤波后提取处理后的电阻率数据。

4. 原始数据的正反演

滤波后的数据就可以进行反演，反演需要借助专用软件，例如 M. H. Loke 工作组开发的 RES2DINV 软件、中国地质大学 2.5 维反演软件、河北廊坊中石油物探所的电法工作站等。

5. 数据绘制成图

数据反演后就可以绘制电阻率的 ρ_s 等值线图、视电阻率断面灰度或彩色图，如图 3-18、图 3-19 所示。绘制图像可以使用反演软件自带绘图功能，但是部分软件成像质量一般。为弥补不足可以借助美国 Goldon 公司的 Surfer 软件从新绘制。

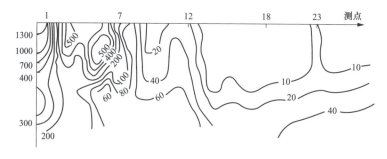

图 3-18　视电阻率 ρ_s 等值线图

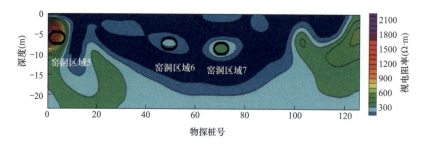

图 3-19　视电阻率 ρ_s 断面灰度或图彩色图

（二）数据解释

1. 成果解释精度

高密度电阻率法勘探成果的解释可分为定性解释和定量解释。定性解释包括确定电性层的数量和各电性层电阻率相对关系、确定异常的大致平面位置和性质等；定量解释是在定性解释的基础之上进行的，主要是确定异常体的位置、规模、埋深和产状。

定量解释一直是个难题。时至今日，还没有一个完善的、公认的高密度电阻率法反演软件。如何克服多解性，正确地反演出定量的结果一直困扰着电法勘探。目前大部分生产单位的解释工作也就停留在定性或半定量的阶段。对于规模、埋深等定量参数，行业不同，要求有所不同，如地质矿产部门，他们注重探测目标的平面位置及电性参数。而在水电行业，寻求埋深、规模的实际意义远大于电性参数，故而各行业采取的解释方法差别较大。依据钻孔资料取得真实深度与相应电极距间的比值关系去推算整个测区也是值得参考的一种方法。

2. 成果解释的一般步骤

（1）按处理流程首先将测量数据预处理，绘成视电阻率等值线图，依据等值线图上的视电阻率值的变化特征结合钻探和地质调查资料作出地质解释。

（2）绘制整条测线高密度电法的视电阻率断面，也可经处理和反演后生成相应断面的电阻率图像。视电阻率断面图的绘制方法和作用与垂直电测深法相似。为了避免个别的异常或畸变造成的不良影响，对每一个电极距视电阻率取相邻三点视电阻率平均值为有效电阻率。一般由计算机完成成图。

（3）解释可依据视电阻率断面或电阻率图像，也可抽取几组符合电测深条件的数据进行分层反演。视电阻率断面或电阻率图像解释可采用以下方法。

1）根据视电阻率断面或图像中异常的分布、规模等情况进行解释。

2）同一剖面多种装置的视电阻率断面或图像对比解释。

3）视电阻率断面或图像与已知地质剖面、钻孔等进行对比解释。

3. 成果的多解性

高密度电阻率法所测得的视电阻率数据是地质综合信息的反映，存在多解性。根据电法理论，探测体的电阻率和埋深之间存在 S 等值和 T 等值关系，如果其中一个参数不确定，那么就可能对应多个结果而曲线形态和曲线拟合结果完全一样。这就会在工程应用中造成很大的误差。因此应在使用高密度电阻率法时需要结合地质条件考虑排除多解性的影响。

4. 提高解释准确性的改进措施

（1）多元系统分析。因岩体物理性质差异，数据采集过程误差以及后期人为干扰等问题，导致高密度电阻率成果解译过程及结果具有多解性。针对这些问题，需要结合现场地质条件进行分层多元系统分析。例如从物探角度优化采集方法，降低仪器干扰，提高数据的精确度。将物探数据与实际工程地质条件结合解译。

（2）采用不同的装置。高密度电阻率法不同组合对特定地质异常问题的能力表现不同，部分装置在异常定性中可以提供有效指导，部分装置在地质分层定量方面有一定优势，不同装置结合可以使解译结果更加合理。

（3）引入电阻率换算参数。不同排列方式测得的视电阻率参数之间有一定逻辑关系，他们的比值可以更加突出地质异常特征，将不同的装置测量获得的电阻率，换算为比值参数。利用比值参数可以提高解释效果，在一定程度上还具有抑制干扰和分解复合异常的能力，从而大大改善了视电阻率参数反映地下目标物赋存状况的能力。

目前，高密度电阻率法中比值参数有两类：一类是直接用三电位电极系测量结果加以组合而成的；另一类是利用联合三极测量结果加以组合换算出来的。例如 λ、G、T 比值视参数（这种比值视参数具有极优良的横向分辨和纵向分辨率，很容易确定地电对象的空间位置及其横向变化细节）。λ、G 定义公式见式（3-62）、式（3-63），即

$$\lambda_{s(i,j)} = \frac{\rho_s^A(i,j)}{\rho_s^A(i+1,j)} \cdot \frac{\rho_s^B(i+1,j)}{\rho_s^B(i,j)} \tag{3-62}$$

$$G_{s(i,j)} = \frac{\rho_s^A(i,j)}{\rho_s^A(i+1,j)} + \frac{\rho_s^B(i,j)}{\rho_s^B(i-1,j)} - 2 \tag{3-63}$$

式中　i——测点号；

　　　j——供电电极号；

　　　ρ_s^A——A 极供电时视电阻率；

　　　ρ_s^B——B 极供电时视电阻率。

三点位电极系中以 β 序列和 γ 序列的测量结果为基础的 T_s 参数。其定义见式（3-64），即

$$T_{s(i,j)} = \frac{\rho_s^\beta(i,j)}{\rho_s^\gamma(i,j)} \tag{3-64}$$

式中　ρ_s^β——β 排列视电阻率；

　　　ρ_s^γ——γ 排列视电阻率。

5. 最终成果需要满足的要求

（1）成果图件的编绘宜参照《地球物理勘查图图式图例及用色标准》（DZ/T 0069），并应符合相关专业的行业标准。

（2）成果图件应包括工作布置图、物探成果图、物探解释推断成果图等。

（3）成果图件应包括高密度电阻率法所得到的剖面图或平面图，可以是曲线图、等值线图或图像等。

（4）成果与相应的解释推断成果宜绘制在同一张图上，上部绘制物探成果，下部绘制解释推断成果。

（5）解释推断物探技术成果图应是对实测物探资料进行的定性和定量解释的成果体现，应与物性资料相对应。

（6）成果报告应后附原始数据及现场作业照片。

（7）根据视电阻率断面或图像中的异常分布、规模等情况进行解释；同一剖面多装置的视电阻率断面或图像对比解释；与已知地质剖面、钻孔等进行对比解释。

第四节　应　用　实　例

一、[工程案例1]某水环境修复工程

(一) 工程概述

在某水环境修复工程中，为有目的地进行地质缺陷处理，确定区域岩溶地下水补排关系，在九子海北洼地水库k18岩溶落水洞附近通过高密度电法等方法的使用查明北洼地水库库盆岩溶发育情况。

(二) 测区地层岩性

测区主要出露第四系坡积层、冰水堆积层、崩塌堆积层、洪积层和湖积层等地层，下伏三叠系中统北衙组上段地层，各地层岩性特点由老到新叙述如下：三叠系（T）工程区广泛分布中统北衙组上段（T_2b^3）地层，岩性总体为粒屑灰岩，层整体厚度为$80 \sim 360m$，地表石芽，溶沟发育，岩体弱溶蚀，溶蚀深度为$25 \sim 35m$，岩层总体产状为NE°E、NW∠45°。第四系（Q）主要分布全新统湖积层（Q^l）、残坡积层（Q^{dl+el}）、坡积层（Q^{dl}）、洪积层（Q^{pl}）及冰水堆积（Q^{fgl}）。冰水堆积层（Q^{fgl}）主要分布于九子海水库北侧，地层岩性为碎石、角砾夹土，胶结较好，密实度高，厚度为$25 \sim 35m$，局部位置较厚，厚度可达$50m$。洪积层（Q^{pl}）主要分布于九子海水库北侧，地层岩性为碎石、块石、砾石夹土，胶结较好，厚度为$5 \sim 15m$。坡积层（Q^{dl}）主要分布于九子海水库西坡，范围较大，地层岩性为碎石夹土，碎石含量较高，厚度为$5 \sim 20m$。残积层（Q^{el}）主要分布于九子海水库东南侧缓坡地带，地层岩性为黏土夹碎石，厚度$3 \sim 5m$。湖积层（Q^l）主要分布于九子海水库库盆底部，地层岩性为粉质黏土夹少量碎石，厚度约$2 \sim 17m$。崩积层（Q^{col}）主要分布于九子海水库西岸坡脚，地层岩性为大块石、巨石夹土，粒径大。

(三) 现场实验及工作布置

根据勘测目的及测区地质及物性条件，结合已知地质资料，选择一条剖面进行试验，剖面长度为450m，依此确定最佳电极距、最佳供电流电压、供电时间、测点距等技术参数。通过分析试验成果，该测区高密度电法探测采用温纳观测系统，最大排列长度为800m，最大电极数为100根。仪器设备采用仪器为国产DZ-8多功能全波形直流电法仪，供电电压为$80 \sim 240V$，供电时间为0.5s。现场布设测线6条，见图3-20，KWT2-KWT2′、KWT5-KWT5′为其中两条测线。

(四) 资料处理

高密度电法资料处理首先对原始数据进行突跳点剔除、地形校正等常规处理，对数据进行圆滑滤波和电测深点的提取解释，采用有限元法和最小二乘法等对数据进行正反

演。反演采用软件为 Res2dinv，对数据进行网格化并制作成二维色谱图，绘制地质解释成
果图。（局部可采用其他方法进行验证补充）

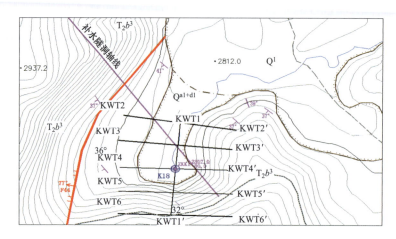

图 3-20　k18 岩溶落水洞高密度电法探测测线布置图

（五）成果解释

（1）KWT2-KWT2′剖面。剖面长为 560m，方向为 N81°W；测试的视电阻率在 15～
1300Ω·m 之间，高程为 2805.3～2908.6m。其中桩号 0～45.6m，高程为 2804.8～2823.6m
区域，视电阻率在 15～300Ω·m 之间，厚度在 1.7～18.7m 之间，相对下伏介质低视电阻
率，结合地质情况解释为覆盖层或表层强溶蚀区。下伏基岩视电阻率背景值在 540～1300Ω·m
之间，视电阻率在 100～553Ω·m 地段，推出为溶蚀破碎区；最终解释成果详见图 3-21。

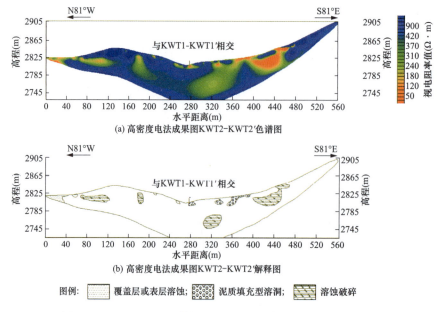

图 3-21　KWT2-KWT2′剖面视电阻率色谱成果图及成果解释图

（2）KWT5-KWT5′剖面。剖面长为 580m，方向为 N85°W；测试剖面视电阻率在 50～1330Ω·m，高程为 2827.6～2902.6m。其中桩号 165.2～225m、高程 2824.6～2862.2m 区域，视电阻率在 50～150Ω·m 之间，厚度在 0.5～9.2m 之间，相对下伏介质低视电阻率，结合地质情况解释为覆盖层或表层强溶蚀区。下伏基岩视电阻率背景值在 510～1300Ω·m 之间，测试视电阻率在 185～295Ω·m，解释为溶蚀破碎区；最终解释成果详见图 3-22。

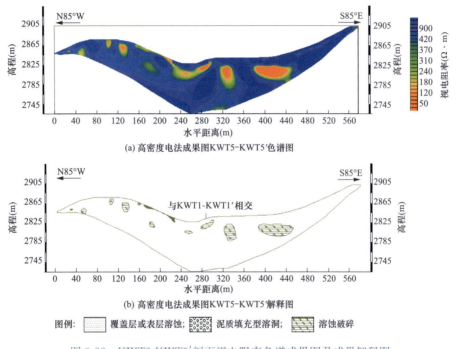

(a) 高密度电法成果图KWT5-KWT5′色谱图

(b) 高密度电法成果图KWT5-KWT5′解释图

图例：▦ 覆盖层或表层溶蚀；▨ 泥质填充型溶洞；▨ 溶蚀破碎

图 3-22　KWT5-KWT5′剖面视电阻率色谱成果图及成果解释图

通过高密度探测成果分析，探测出 K18 落水洞测区浅部 30m 以内溶蚀破碎区较发育，测区东侧深部 30～70m 溶蚀较为严重的特征，为工程处理提供了重要的依据。

二、[工程案例 2] 某水库岩溶探测

（一）工程概况及目的

某水库位于贵阳市修文县，建于 1954 年 4 月。水库大坝为均质土坝，大坝现状坝顶高程为 1344.68m，最大坝高为 14.0m，坝顶宽为 4.0m，坝顶长为 90.0m，校核洪水位为 1343.50m，相应库容为 46.6 万 m³；正常高水位为 1342.5m，水库是一座以灌溉和防洪为主的小（Ⅱ）型主蓄水工程。水库运行至今已有 61 年，工程运行中发现坝基接触带、坝基浅部存在明显渗漏，坝肩存在绕坝渗漏，右岸存在邻谷渗漏等问题。为探测测线布置区域岩溶发育情况及特征为水库管理及安全运行提供基础资料，采用了高密度电阻率法进

行岩溶探测。

（二）测区地层岩性

库区内出露主要为寒武系下统金顶山组（∈₁j）、二迭系下统茅口组（P₁m）、二迭系上统龙潭组（P₂L）及第四系（Q^{edl}）地层。寒武系下统金顶山组（∈1j）岩性为薄-中层粉砂质页岩、砂岩及粉砂质泥岩、硅质灰岩；富水性弱，含基岩裂隙水，为相对隔水的弱透水层，厚度为151～397m，分布于库尾。二迭系下统茅口组（P₁m）岩性为浅灰色中厚层灰岩，富水性中等，含溶蚀裂隙水，为相对透水的岩溶含水层，厚度为107～166m。分布于库首-库尾。二迭系上统龙潭组（P₂L）岩性为黄褐色砂岩、粉砂质泥岩、炭质泥岩、泥页岩、硅质岩夹煤层；富水性弱，含基岩裂隙水，为相对隔水的弱透水层，厚度为205～410m，分布于库首、坝区。第四系残坡积层（Q^{edl}）黏土、碎石土，厚度为0.5～9.0m。分布于缓坡地带、田坝及地势低洼处。

（三）现场实验及工作布置

在水库右岸及坝肩区布置了两条高密度探测测线，见图3-23，WT1-WT1′测线长245m，WT2-WT2′测线长300m。

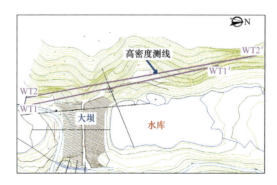

图3-23　高密度电法探测测线布置图（比例尺1∶1000）

根据勘测目的及测区地质及物性条件，结合已知地质资料，选择WT1剖面局部进行试验，试验剖面长度为240m，试验目的是确定正式探测时采用哪种装置形式、最佳电极距、最佳供电电流、电压、供电时间、测点距等技术参数。通过分析试验成果，该测区高密度电法探测采用排列长度为245～300m，电极距为5m，隔离系数 $n=24$ 的温纳装置及施伦贝谢尔观测系统。仪器设备采用国产DUK-2A型电法仪，供电电压为180V，供电时间为1s。

（四）资料处理

高密度电法资料处理软件采用Res2dinv12.8，并按原始数据预处理，对原始数据进行突跳点剔除、地形校正等；常规处理，对数据进行圆滑滤波和电测深点的提取解释；正反演，采用有限元法和最小二乘法等对数据进行正反演。对数据进行网格化并形成二维色谱图，绘制地质解释成果图。

（五）资料解释

WT1- WT1′剖面位于水库右岸区域，剖面长为245m，剖面方向为13°W；剖面穿过地层岩性主要为砂质泥岩及灰岩，剖面视电阻率在100～6000Ω·m之间，主要集中在800～5000Ω·m之间，剖面地表至地表以下0.5～6.0m深度范围，视电阻率在100～1000Ω·m之间，整体上呈现低阻特征，结合地层结构解释为覆盖层及溶蚀破碎带，部分地段出现相对高阻的基岩出露或大块石，其厚度变化趋势为坝肩及测线中部较厚、上游靠坡区域较薄。覆盖层及溶蚀破碎带以下存在1处低阻异常区，其异常编号为WT1-1，结合地质分析解释该异常为岩体强溶蚀及影响区，其余区域岩体较完整至完整。探测剖面色谱图及成果解释图见图3-24、图3-25。

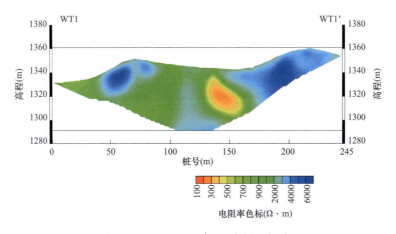

图 3-24　WT1- WT1′电阻率剖面色谱图

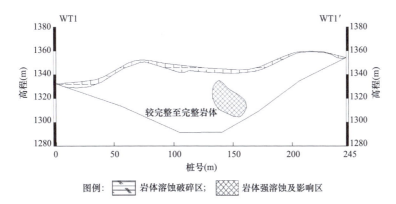

图 3-25　WT1- WT1′剖面成果解释图

WT2- WT2′位于水库右岸区域，长300m，方向为N11°W；穿过地层岩性主要为砂质泥岩及灰岩，整条剖面视电阻率在100～6000Ω·m之间。地表及地表以下至2.0～8.0m

深度范围，视电阻率在 100～1000Ω·m 之间，整体上呈现低阻特征，结合地层结构解释为覆盖层及溶蚀破碎带，厚度多在 2～5m 之间，局部基岩出露，变化趋势为地形低洼处较厚，地形靠坡区域较薄。覆盖层及溶蚀破碎带以下存在 2 处相对低阻异常区，其异常编号分别为 WT2-1、WT2-2，结合地质分析解释 WT2-1 为岩体强溶蚀及影响区，WT2-2 为岩体溶蚀破碎区，其余区域岩体较完整至完整。探测剖面色谱图及成果解释图见图 3-26、图 3-27。

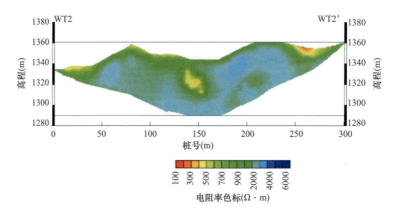

图 3-26　WT2- WT2′电阻率剖面色谱图

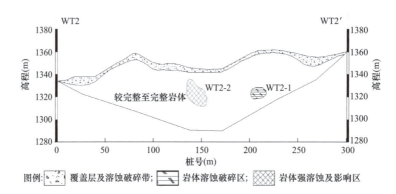

图 3-27　WT2- WT2′剖面成果解释图

三、［工程案例3］某水库渗漏调查岩溶探测

（一）工程概况及目的

某水库位于凤冈县琊川镇的石泥溪，水库坝址距离凤冈县县城 36.4km，工程的对外交通以公路运输为主，其中遵义市至凤冈县 101.7km（G56 高速公路），凤冈县至琊川镇 32.9 km（X352 县道），琊川镇至坝址约 6.6 km（乡村公路）。大坝建成至今已 20 多年，因库区渗漏而一直未能正常蓄水，库水常年处于低水位（死水位附近）运行，为查明库区岩溶情况，采用高密度电法探测，为渗漏处理提供基础资料。

1. 地质概况

地形地貌水库位于黔北高原东部，南临乌江，北靠大山，地势中北部高，高程一般为1000～1300m，为山盆期第一亚期剥夷面的侵蚀构造类中、浅切中低山地形地貌，其中北部高炉嘴高程为1338m，为区内制高点；东、西及南部低，高程一般为800～1000m，为山盆期第二亚期剥夷面上的溶蚀构造类溶蚀谷地地貌，其中东面为琊川谷地，西部及南部为天城-松烟谷地，西北部皂角桥高程为815m，为区内最低处，最大高差为523m，一般相对高差为100～200m。测区山脉、谷地走向与区域构造线基本一致，为北东向至北北东向。同时，测区可溶岩与碎屑岩相间分布，也控制着区内地貌的不同分布，砂页岩等碎屑岩分布区，主要形成构造-剥蚀的低山丘陵等，地形宽缓，山顶呈垄岗状，冲沟发育。而碳酸盐岩分布较广，约占75％，在碳酸盐岩类可溶岩分布区，形成侵蚀-溶蚀的峰丛中低山地貌，峰丛广布，其间有条形洼地、漏斗、裂隙状溶洞等，为地下水主要补给区。区内河流侵蚀强烈，河谷深切狭窄，谷坡陡峻，发育有溶洞、落水洞、暗河等岩溶形态类型。

2. 地层岩性

该区地层除缺失泥盆、石炭及志留系上统外，奥陶系红花园组（O_1h）至三迭系中统狮子山组（T_2sh）及第四系地层均有出露。地层接触关系除第四系与下覆地层呈角度不整合外，其余均为整合或假整合接触。岩层累计厚度为3063～3794m。各时代沉积序列、沉积相并存，岩性多呈相间分布，岩性以灰岩、白云岩、泥灰岩、砂页岩等为主。

3. 地质构造

水库地处扬子准地台黔北台隆遵义断拱凤冈北北东向构造变形区，地质构造十分复杂，以北东向与近南北向构造为主，东西向次之。近南北向构造：由北北东向或近南北向的褶曲轴面和冲断面压性构造面组成，并伴生有规模不大的东西向张性断裂和北东、北西两组扭性断裂。褶曲多成群出现而组成复式褶皱，如琊川复向斜，复向斜中次级褶曲较多，如琊川向斜、永兴向斜等，形成相互平行的线状紧密褶皱带，且岩层倒转。断裂多发生在翼部，有随阳山断裂、永兴断裂、水河坝断裂、艾坝断裂等，以平行于褶曲的压性断裂为主，因受东西向构造的制约，褶曲和断面多不能继续向北东向延伸，但随阳山断裂以断续形式纵贯测区西部。

（二）测线布置及探测成果

在库尾及左岸布置了两条探测测线，图3-28所示为左岸测线探测成果图，图3-29所示为库尾测线探测成果图。左岸测线在水平桩号200～268m、高程890.2m以下之间存在一高阻异常区，视电阻率值大于5500Ω·m，解释为强溶蚀。库尾测线在线水平桩号105.6～150m、高程895m以下存在一高阻异常区，视电阻率值大于5500Ω·m，解释为强溶蚀。

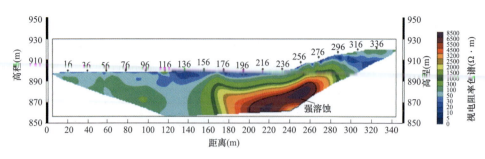

图 3-28 左岸测线探测成果图（比例尺 1∶1000）

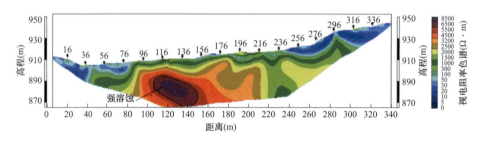

图 3-29 库尾测线探测成果图

四、[工程案例 4] 某交通工程 1 号大桥岩溶探测

(一) 工程概况及目的

拟建 1 号大桥位于红河州个旧市贾沙乡松树脑村与樊家庄之间的奶牛场，该桥分为左右两幅，左幅起讫里程桩号为 LZ1K8+270.658～LZ1K9+008.738，设计桥长 738.08m，右幅起讫里程桩号为 LK8+307.658～LK9+045.738，设计桥长 738.08m。桥址区地处侵蚀、溶蚀低中山区斜坡地带，拟建桥梁主要沿斜坡展布，大桥上跨一冲沟。轴线地表高程在 1384.0～1534.0m 之间，相对高差为 146.0m。桥区覆盖层广布，未见基岩出露，植被发育。个旧岸桥台位于斜坡中上部，斜坡较缓，坡度为 18°～22°，元阳岸桥台位于斜坡中上部斜坡较缓，坡度为 20°～25°。为探测桥梁桩基基础地质情况，采用高密度电阻率法进行了物探勘探。

(二) 区域地质

桥址区地层从上至下为第四系残坡积层（Q_4^{el+dl}）、三叠系中统个旧组上段（T_2g^2）。残坡积层（Q_4^{el+dl}）主要为红黏土层，厚 0～15.9m，呈可塑-硬塑状，夹碎石颗粒，碎石粒径为 0.2～0.5cm，含量约占 25%；该层主要分布于场区地形低洼处、斜坡等。表层分布厚约 0.5m 耕植土层，含少量植物根系，结构密实。三叠系中统个旧组上段（T_2g^2）：岩性为浅灰、深灰色灰岩，局部夹少量白云质灰岩，该层厚约 397m，其中灰岩上部强溶蚀带厚 2～5m。薄至中厚层层状构造。节理裂隙及溶蚀裂隙较发育，充填方解石或泥质，局部岩体较破碎，溶蚀作用较发育，详勘共 4 个钻孔、揭露 5 个溶洞。

（三）电性特征

本次物探工作区覆盖层视电阻率值变化范围不大，多呈层状低阻特征；砂岩、花岗岩等非可溶岩视电阻率值变化较大，近地表强风化岩体或推测岩体破碎的区域，由于富水程度较高，视电阻率值通常小于 500Ω·m，较完整的岩体视电阻率值较高，多大于 2000Ω·m；灰岩、白云岩等可溶岩视电阻率值变化较大，溶蚀破碎岩体由于富水程度较高，视电阻率值通常小于 400Ω·m，较完整的岩体视电阻率值较高，多大于 2000Ω·m，个别地段致密型岩体视电阻率值大于 5000Ω·m，由于溶蚀空洞未完全填充水、泥质，故也可能呈现出高阻特征。个别区域存在矿化及炭质现象，视电阻率值整体较低，易造成干扰异常。

（四）测线布置

根据现场桥梁设计路线走向和长度，高密度测线布设 4 条沿桥梁轴线，9 条在垂直于轴线，其中 HT7 测线主要对岩溶进行探测，探测仪器采用 DUK-2A 型高密度电法仪，装置采用温纳，数据采集 30～40 层，最深探测深度为 40～100m。

（五）数据处理

数据处理前先进行预处理，去除坏点，地形校正，然后采用 Res2dinv 软件进行圆滑约束最小二乘法的计算机反演计算程序，使用了准牛顿最优化非线性最小二乘新算法，最后使用 Surfer 绘制成图进行资料解释。最终制作成视电阻率色谱图，如图 3-30 所示。

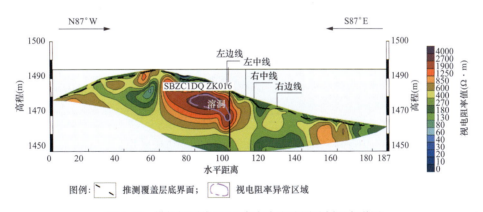

图 3-30　横物探测线 HT7 高密度电法测试剖面色谱图

注：横向物探线 HT7 桩号为 LZK8＋888，起点（0m）为线位左幅方向，终点为线位右幅方向。

（六）成果解释

整条剖面近地表视电阻率值为 60～180Ω·m，解释覆盖层厚度为 0.5～2m；下伏基岩视电阻率值为 400～2000Ω·m，岩体完整性较好。其中，水平距离 78.0～100m、高程1468～1480m 出现一电阻明显大于 2000Ω·m 的闭合区域，根据岩性，推测为空岩溶溶洞特征，结合地质勘探需要在推测区域靠近左线位置布置钻孔 SBZC1DQ-ZK16，钻孔在钻至 14～18m 时遇到空溶洞，与推测位置基本吻合。

五、[工程案例5]某交通工程1号特大桥岩溶探测

(一) 工程概况及目的

云南省某高速公路 1 号特大桥位于红河州个旧市云南省个旧有色冶化公司以东约 400m，桥梁横跨 S212 省道，大桥横跨该处槽谷，有 S212 省道至桥位附近，交通十分便利。该桥分左右两幅，左幅起讫里程桩号为 LZ1K6＋101.92～ LZ1K6＋539.04，右幅起讫里程桩号为 LK6＋106.97～ LK6＋542.04，左幅设计桥长 437m，右幅设计桥长 437m。设计桥型为 30＋85＋160＋85＋6×30 预应力混凝土连续钢构预应力混凝土 T 梁。为查明桥基断层和岩溶发育情况，为桥基位置确定和地质缺陷处理提供基础资料，采用高密度电法进行了勘探。

(二) 地质概况

桥址区地处侵蚀、溶蚀低中山区槽谷地带，拟建桥梁上跨槽谷。槽谷延展方向近南北向，线路近东西向。大桥轴线地表高程在 1327～1430m 之间，相对高差为 103m。桥区槽谷底部可见零星覆盖层，陡坡地带基岩出露，植被发育。槽谷底部靠个旧岸侧有 S212 省道沿槽谷延展方向通过。桥址区两岸地形坡度大，个旧岸桥台位于斜坡中上部，斜坡较陡，坡度为 38°～50°；元阳岸桥台位于斜坡上部，地形坡度为 18°～22°。

桥址区地层从上至下为第四系残坡积层（Q_4^{el+dl}）、洪积层（Q_4^{al}）、三叠系中统个旧组上段（T_2g1）浅灰、灰白色白云岩。

F1 断层与线路于 LK6＋200 近于直交，区域长约 40km，呈 350°～10°方向延伸，总体倾向东，倾角为 60°～80°，具多期构造活动特征，显示压扭兼张扭性质，为逆断层。

(三) 工作布置

在左右桥基各布置 2 条高密度电法横测线。高密度电法采用国产 DZ-8 多功能全波形直流电发仪，温纳装置，80 根电极、电极距为 3m、隔离系数为 30。

(四) 探测成果

该案例仅就右岸桥基的高密度电法成果进行展示。右岸桥基的 2 条高密度电法测线经软件 Res2dinv 反演得到成果图，如图 3-31 所示。

由图 3-31 可知，剖面视电阻率在 10～5000Ω・m 之间。HT5 剖面桩号 100m 和 123m、高程约 1385m 位置各存在 1 个视电阻率小于 100Ω・m（比围岩视电阻率小 10 倍以上）的低阻团块状异常，解释为溶蚀破碎或充填型溶洞。HT6 剖面桩号 90m、高程 1408m 位置存在 1 视电阻率大于 1000Ω・m（比围岩视电阻率大 3 倍以上）的高阻团块状异常，解释为溶蚀空洞；剖面桩号 145m、高程 1400m 位置存在 1 视电阻率小于 70Ω・m

（比围岩视电阻率小 10 倍以上）的低阻条带状异常，解释为溶蚀破碎或充填型溶洞。后经 ZK13 钻孔在孔深 11～12m 见溶蚀空洞，验证了物探成果。

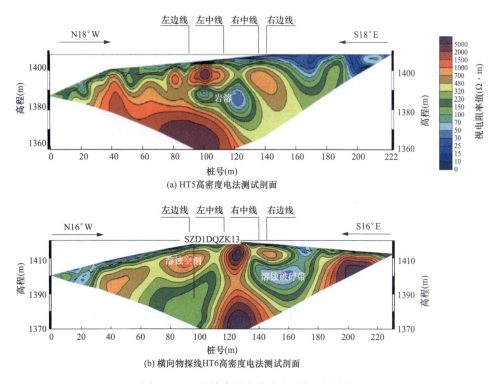

(a) HT5高密度电法测试剖面

(b) 横向物探线HT6高密度电法测试剖面

图 3-31　1 号特大桥高密度电法探测成果图

六、［工程案例 6］某水库岩溶探测

（一）工程概况及目的

　　某水库整体位于四川省华蓥市观音溪镇、华蓥山旅游规划区内的方竹坪所在的山顶台地区域，距离华蓥市市区直线距离约为 17.0km，距离邻水县县城直线距离约为 18.2km，距离广安市市区直线距离约为 28.5km。水体库区建设过程中，为查明施工后水体库区中部区域库底岩溶治理情况，以及避免库区蓄水后，因岩溶导致库区渗漏问题，采用了高密度电法进行了勘探。

（二）地质概况

　　水库周边山顶高程为 1350～1450m，库盆底部高程约为 1283m，北东侧垭口高程为 1305m，西南侧垭口高程为 1377m，东南侧垭口高程为 1290m，库盆仅东侧垭口高程较低。水库集水面积为 0.536km²，设计正常蓄水位为 1295m，相应库容为 $16.0 \times 10^4 m^3$，坝线长约为 94m，最大坝高约为 12m。

　　水库一带地表地形冲沟主要沿 704 电台传输塔、方竹坪水库、上龙塘水库沿线展布，地表水汇集至水库地形洼地时，沿溶洞、落水洞等排泄至地下，并未翻越南东侧、北东侧的地表鞍部形成地表冲沟水。库盆底部地形平缓，地表冲沟未见流水，局部小水坑有积水。底部为黏土、粉质黏土覆盖，以旱地为主，少量树木及灌木；库周及四周山坡基岩出露明显，林木茂密。在库区南东侧有 3 个岩溶洼地 W01、W02 和 W03 分布，洼地中有落水洞分布，雨季时库区范围内地表水沿冲沟汇集至落水洞后消失；库尾北西侧发育一个溶洞。

水库底部基岩出露少，覆盖层连续分布，库周山体边坡多见基岩出露，地层主要分布三叠系飞仙关组及第四系地层。

水库区位于李子垭向斜核部区域，库盆内岩层产状较缓，轴线西北翼山脊外侧岩层倾角变化较大，向斜东南翼岩层产状 N30°～35°E、NW∠5°～22°，向斜西北翼岩层产状 N10°～30°E、SE∠15°～20°。

（三）工作布置

横跨库盆布置了 13 条高密度电法测线（如图 3-32 所示），采用国产 DZ-8 多功能全波形直流电发仪、偶极装置进行探测，电极数为 90～100 根，电极距为 2.0m，隔离系数为 35，供电电压为 DC 350～400V，供电时间为 0.5s，停供时间为 0.1s。

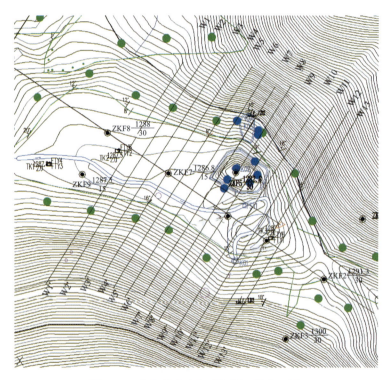

图 3-32　水库高密度电法探测工作布置图

（四）探测成果

经软件 Res2dinv 反演得到高密度电法探测成果图，部分成果图如图 3-33 所示。由

图 3-33 可知，剖面视电阻率在 $10\sim2000\Omega\cdot m$ 之间。根据各剖面视电阻率的变化，在 WT12 剖面桩号 84m、深度 13m 位置和 WT13 剖面桩号 76m、深度 14m 位置各发现一视电阻率相对围岩表现为低阻特征的团块状异常，结合地质及现场情况解释为强溶蚀或溶洞。

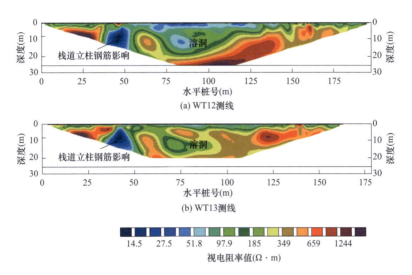

图 3-33　水库高密度电法探测成果图

七、［工程案例 7］某水库岩溶探测

（一）工程概况及目的

某水库建设工程项目位于广安市红岩乡，华蓥山顶峰高登山北西侧，严家河水源地建设工程整体呈 NE 向展布。工程区北西侧分布有华蓥市、广安市及南充市，东侧分布有邻水县，南西侧分布有重庆市，离华蓥市市区直线距离约为 7.2km，离广安市市区直线距离约为 21.6km，离南充市市区直线距离约为 85.7km，离邻水县县城直线距离约为 12.3km，离重庆市市区直线距离约为 85km，场区周边分布有 G85、G65 及 G42 高速公路，将华蓥市、邻水县、广安市、南充市及重庆市相连，通向周边省市。勘察过程中为查明测区岩溶发育情况，采用高密度进行探测。

（二）地质概况

库区位于四川盆地东部平行岭谷区，整体地势北低南高。华蓥山脉以西位于川中丘陵区，即四川"红色丘陵"的一部分；地表起伏不大，沟壑纵横分割；嘉陵江、渠江曲折回环，以深切基岩的增幅曲流形式南流入长江。出露地层多由侏罗纪砂岩、泥岩构成，产状平缓。老冲沟坳谷平坦开敞，分隔成低丘与浅丘，构成丘陵地貌中彼此互不相连的坝，土质肥沃，稻田成片集中。

工程区位于新华夏系第三沉降褶皱带之华蓥山脉南段偏中西部，山岭高程一般在 800～1700m，山顶常见一山二岭、一山三岭，间以石灰岩槽状谷地或山间小盆地，山坡陡峻，林木丛生。华蓥山主峰高登山高程 1704.1m，为区内最高峰。

与该工程关系密切的区域地层主要有二叠系中统（P_2）、二叠系上统龙潭组（P_3l）、二叠系上统长兴组（P_3c）和二叠系下统飞仙关组（T_1f）。

（三）工作布置

测区共布置 5 条物探测线，高密度电法探测采用国产 DZ-8 多功能全波形直流电发仪、斯伦贝谢尔装置，电极数为 40～100 根，电极距为 5.0m，供电电压为 80～240V，供电时间为 0.5s。

（四）探测成果

该案例仅就部分测线的高密度电法成果进行展示。经软件 Res2dinv 反演得到高密度电法探测成果图，部分成果图如图 3-34 所示。由图 3-34 可知，剖面视电阻率在 10～2000Ω·m 之间。根据各剖面视电阻率的变化，在 WT2 剖面桩号 253m、高程 957m 位置和 WT4 剖面桩号 145m、高程 939m 位置各发现一视电阻率相对围岩表现为低阻特征的团块状异常，结合地质及现场情况解释为强溶蚀或溶洞。

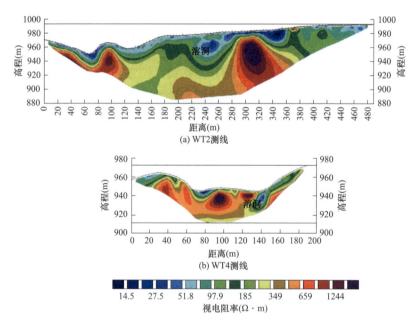

图 3-34　某水库高密度电法探测成果图

八、[工程案例 8] 某抽水蓄能电站岩溶探测

（一）工程概况及目的

某抽水蓄能电站位于贵州省毕节市黔西市花溪彝族苗族乡，站点距离黔西市直线距离约为 34.0km，距离贵阳市直线距离约为 68.0km。电站规划总装机容量为 1800MW，采

用6台单机容量300MW的可逆式水泵水轮机，工程规模为大（1）型。上水库位于花西彝族苗族乡安作村附近，原始地形为一天然岩溶洼地；下水库在马路河（化龙河）上新建，坝址位于野纪河和马路河汇合口上游约1.2km处。上下库均有乡村道路（水泥路面）通往，交通较为便利，但下库坝址区为峡谷地段，仅有乡间小道可通过，为了调查上库区的覆盖层、喀斯特通道以及隐伏断层破碎带的埋藏和延伸情况等，采用了高密度电法探测。

（二）地质概况

工程区地处黔中腹地，地形总体受北北东向褶皱构造控制。上库位于花西彝族苗族乡马路河（原化龙河）右岸。为典型的岩溶洼地地貌，洼地底部高程为1245~1250m。四周发育5条冲沟，四周分水岭一带高程为1320~1390m。下库位于马路河上，在该区域内河流自东向西，河谷高程为805~865m，宽为10~20m，河流常年有水，下游汇入野纪河。库段中尾部范围内，左、右两岸低高程各分布一个村庄，地势较平坦，其余地段多为陡崖，坡脚一带局部见堆积体。

区域内地层相对齐全，地层由老至新包括寒武系清虚洞组（$\in_1 q$）、高台组（$\in_2 g$）、石冷水组（$\in_2 sl$），石炭系九架炉组（$C_1 jj$）、上司组（$C_1 s$），二叠系梁山组（$P_2 l$）、栖霞组（$P_2 q$）、茅口组（$P_2 m$）、峨眉山玄武岩组（$P_{2-3} e$）、龙潭组（$P_3 l$）、合山组（$P_3 h$），三叠系夜郎组（$T_1 y$）、二嘉陵江组（$T_1 j$）、关岭组（$T_2 g$）、白垩系茅台组（$K_2 m$），第四系（Q）。除第四系（Q）地层与下伏地层为角度不整合接触外，其余各时代地层间均为整合或平行不整合接触。

工程处于黔西-花溪北东向褶皱带内。在工程区内发育两条老熊背斜与陆家寨向斜。

（1）老熊背斜：从工程区下库左岸，在库尾一带延伸至河流右岸，背斜轴线呈NNE向，核部地层为三叠系夜郎组$T_1 y^2$、二叠系P地层。核部地层陡立，两侧地层产状较缓，东侧紧邻陆家寨向斜。

（2）陆家寨向斜：向斜轴线呈NNE向，从工程区上库盆穿过、核部地层为三叠系嘉陵江组$T_1 j$地层。核部地层产状较缓。

（3）花溪东F7（F1）断层：断层延伸方向为NNE，在区内近南北向。长约为8km，倾向为SSE，倾角为70°左右，逆断层。断层两侧地层发生错动，变形较弱。

（三）工作布置

根据地形，共布置了7条高密度电法测线，如图3-35所示。探测采用重庆地质仪器厂生产的DZD-8型高密度电法仪，电极数为53~109根，电极距为5m，隔离系数为1~30的斯伦贝谢观测系统，供电电压为400~500V，供电时间为1s，停供时间为0.5s。

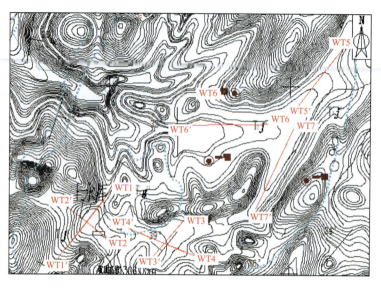

图 3-35　某抽水蓄能高密度电法探测工作布置图

（四）探测成果

经软件 Res2dinv 反演得到高密度电法探测成果图，其中 WT3 和 WT4 剖面溶蚀洼地测区成果图如图 3-36 所示。由图 3-36 可知，剖面视电阻率在 $10\sim1000\Omega\cdot m$ 之间，背景值大于 $250\Omega\cdot m$。根据各剖面视电阻率的变化，WT3 和 WT4 剖面覆盖层及强溶蚀带厚度在 $2.0\sim17.5m$ 之间，在其下部 WT3 和 WT4 剖面相交部位（洼地中部）均存在一视电阻率小于 $70\Omega\cdot m$ 的低阻条带，结合地质解释为洼地中部存在一顺层发育的强溶蚀区。

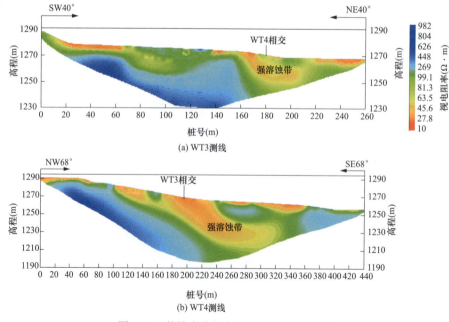

图 3-36　某抽水蓄能高密度电法探测成果图

第四章

探 地 雷 达

探地雷达也称地质雷达（Ground Penetrating Radar，GPR），它是常用于确定地下介质分布的一种地球物理方法。探地雷达是一种高效的浅层地球物理探测技术，它通过发射高频电磁脉冲波，利用地下介质电性参数的差异，根据回波的振幅、波形和频率等运动学和动力学特征来分析和推断介质结构和物性特征。

探地雷达在探测岩溶方面有其他物探方法无法比拟的优点，它是一种高效、直观、连续无破坏性、高分辨率的物探方法，提供的资料图件为连续的剖面形态或三维体形态，对溶洞的分布范围、埋深、大小及联通情况一目了然，尤其对微小目标的探测。探地雷达定性预测溶洞或空洞的存在准确性较高，但对溶洞或空洞大小的预测比实际尺寸偏大，且存在线性相关关系。由于岩溶本身的空间形态发育非常复杂，大量溶蚀溶沟形态发育时，反射波信号相互干扰、重叠，造成探测结果扩大化。当溶洞发育呈层状分布，对于上下层溶洞之间的岩石溶蚀发育或破碎，探地雷达的图像较以难区分，探测结果易判为一大溶洞。此外，探地雷达在岩溶地区的探测还受到上覆土层厚度和地下水的影响。因此，操作人员的经验和技术水平及仪器参数选择是否得当都是取得良好探测效果的关键因素。

岩溶与其周围的介质存在较明显的物性差异，尤其是溶洞内的充填物与可溶岩层之间存在的物性差异更明显，这些充填物一般是碎石土、泥、水和空气等，这些介质与可溶岩层本身由于介电常数不同形成电性界面，因此探测出该界面的相应情况，也就清晰地知道岩溶的位置、大小、范围、深度等信息。

20 世纪 70 年代以后，随着电子技术的发展及数字信号处理技术的提升，探地雷达的应用从冰层、盐岩等弱吸收介质逐渐扩展到覆盖层、煤层、岩溶、碎裂岩体等强吸收介质，探地雷达的应用范围迅速扩大。到了 20 世纪 90 年代中国地质大学（武汉）从加拿大引进探地雷达设备，开展了一系列的理论和雷达正反演研究，同时，开展了现场试验和工程勘察应用。同年，水电系统的水利电力部贵阳勘测设计研究院从美国 GSSI 公司引进第一台 SIR-10 型雷达，用于南盘江天生桥三条 10km 长引水洞岩溶探测，解决了工程中出现诸多棘手问题，为岩溶地区探测复杂岩溶问题奠定了坚实的基础。1994 年李大心教授编著了《探地雷达方法与应用》，为推动探地雷达在我国的发展和应用起到了重要的推动作用。

第一节　探地雷达基本理论

一、基本原理

探地雷达法是地球物理方法中的一种高分辨率、高效率实时的探测方法。基本原理是利用高频雷达电磁波（1MHz～2GHz），以脉冲形式通过发射天线由地面送入地下，雷达电磁波经地层或目的体反射后返回地面，由接收天线所接收。脉冲波双程旅行时可用式（4-1）表示，即

$$t^2 = \frac{x^2}{v^2} + \frac{4h^2}{v^2} \tag{4-1}$$

式中　t——精确测的时间，ns；

　　　x——雷达电磁波收发间距，m；

　　　v——地下介质中的波速，m/ns；

　　　h——深度，m。

波的双程走时由反射脉冲相对于发射脉冲的延时进行测定。若地面的发射和接收天线沿地面测线等间距移动，即可在纵坐标为双程走时 t（ns）、横坐标为距离 x（m）的雷达屏幕上描绘出反射体的深度所决定的"时距"波形曲线轨迹图，如图4-1所示。

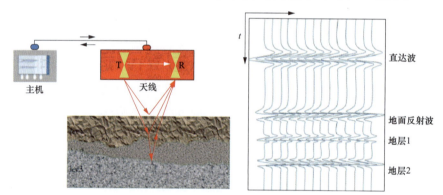

图 4-1　探地雷达原理图

二、电磁波传播基本规律

（一）Maxwell 方程组

探地雷达采用高频电磁波进行探测。根据电磁波传播理论，高频电磁波在介质中的传播服从 Maxwell 方程组，见式（4-2）～式（4-5），即

$$\nabla \times E = -\frac{\partial B}{\partial t} \tag{4-2}$$

$$\nabla \times H = J + \frac{\partial D}{\partial t} \tag{4-3}$$

$$\nabla \cdot B = 0 \tag{4-4}$$

$$\nabla \cdot D = \rho \tag{4-5}$$

式中 ρ ——电荷密度，C/m^3；

J ——电流密度，A/m^2；

E ——电场强度，V/m；

D ——电位移，C/m^2；

B ——磁感应强度，T；

H ——磁场强度，A/m。

式（4-2）为微分形式的法拉第电磁感应定律；式（4-3）为安培电流环路定律，式（4-4）和式（4-5）分别称为磁荷不存在定律和电场高斯定理。

其中由 Maxwell 引入的一项 $\dfrac{\partial D}{\partial t}$ 可称为位移电流密度 J_d，见式（4-6），即

$$J_d = \frac{\partial D}{\partial t} \tag{4-6}$$

Maxwell 方程组描述了电磁场的运动学规律和动力学规律。其中，E、B、D 和 H 这四个矢量称为场量，是在问题中需要求解的；J 和 ρ 中一个为矢量，一个为标量，均称为源量，一般在求解问题中是给定的。

（二）电磁波传播特点

变化的电场产生变化的磁场，变化的磁场生成变化的电场，这是法拉第电磁感应定律。当电场和磁场以谐变场相互激励其就是电磁波在传播，通过有限差分法对亥姆赫兹方程求解，证明了电场和磁场以波动的形式在运动，其共同构成电磁波。根据电磁波传播方向与电场和磁场垂直特征说明电磁波是横波，电磁波与弹性波不同，是可以在真空中传播的波，不受边界限制。最简单的介质是均质、线性、各项同性介质，其基本关系见式（4-7）～式（4-9），即

$$J = \sigma E \tag{4-7}$$

$$D = EE \tag{4-8}$$

$$B = \mu H \tag{4-9}$$

式中 σ ——电导率，S/m；

μ ——磁导率，H/m。

均为标量常量，也是反映介质电性质的参数。

从式（4-7）～式（4-9）可以看出 E 和 B 是独立的实际场矢量，而 D 和 H 是非独立的引出场矢量。这样 Maxwell 方程组的两个旋度方程和两个散度方程正好充分地描述了两个实际矢量场 E 和 B 的运动规律。

三、电磁波在介质中的传播速度

探地雷达测量的是地下界面的反射波走时，为了获得地下界面深度，必须要有介质的电磁波传播速度 v，其值可由式（4-10）表示，即

$$v = \frac{\omega}{\alpha} = \left[\frac{\mu\varepsilon}{2} \left(\sqrt{1 + \left(\frac{\sigma}{\omega\varepsilon} \right)^2} + 1 \right) \right]^{-1/2} \tag{4-10}$$

式中 ω——角频率；

α——波数。

常见岩石介质一般为非磁性、非导电介质，有 $\frac{\sigma}{\omega\varepsilon} \ll 1$，于是可得式（4-11）。

$$v = \frac{c}{\sqrt{\varepsilon_r}} \tag{4-11}$$

式中 c——真空中的电磁波传播速度，$c = 0.3\text{m/ns}$；

ε_r——相对介电常数。

上式表明对大多数非磁性、非导电介质，其电磁波传播速度 v 主要取决于介质的介电常数。

四、电磁波在介质中的吸收特性

吸收系数 β 决定了场强在传播过程中的衰减速率，探地雷达工作频率高，在地下介质中以位移电流为主，即 $\frac{\sigma}{\omega\varepsilon} \ll 1$，这时 β 的近似值由式（4-12）表示，即

$$\beta \approx \frac{\sigma}{2} \sqrt{\frac{\mu}{\varepsilon}} \tag{4-12}$$

即 β 与电导率成正比，与介电常数的平方根成正比。

表 4-1 为常见介质的相对介电常数、电导率、传播速度和吸收系数关系表。

表 4-1　　常见介质的相对介电常数、电导率、传播速度和吸收系数关系表

介质	相对介电常数（ε_r）	电导率（σ）（mS/m）	电磁波传播速度（v）（m/ns）	吸收系数（β）（db/m）
空气	1	0	0.3	0
淡水	80	0.5	0.033	0.1
海水	80	3×10^3	0.1	10^3
干砂	3～5	0.01	0.15	0.01
饱和砂	20～30	0.1～1.0	0.06	0.03～0.3
灰岩	4～8	0.5～2.0	0.12	0.4～1.0
泥岩	5～15	1～100	0.09	1～100
石英岩	5～30	1～100	0.07	1～100
黏土	5～40	2～1000	0.06	1～300

介质	相对介电常数（ε_r）	电导率（σ）（mS/m）	电磁波传播速度（v）（m/ns）	吸收系数（β）（db/m）
花岗岩	4～6	0.01～1	0.13	0.01～1
盐岩	5～6	0.01～1	0.13	0.01～1
冰	3～4	0.01	0.16	0.01

注　本表引自 Annan 和 Cosway，1992。

五、探测深度

根据低频电磁法和电磁学理论，探地雷达的探测深度需要采用雷达方程来确定。探地雷达的探测深度由两部分控制，其一是探地雷达系统的增益指数或动态范围；其二是被探测介质的电磁性质，特别是电导率和介电常数。

探地雷达系统的增益定义为最小可探测到的信号电压或功率与最大的发射电压或功率的比值，通常用 dB 作为单位来表示。如果以 Q_s 表示系统的增益，W_{min} 为最小可探测信号的功率，W_T 为最大发射功率，则 Q_s 可由式（4-13）表示，即

$$Q_s = 10\lg\left|\frac{W_T}{W_{min}}\right| \tag{4-13}$$

还有一个参数表征探地雷达系统的探测能力，即动态范围，系统的动态范围为最大可探测的信号与周围环境的噪声比值，类似于信噪比。

当探地雷达系统的增益或动态范围确定后，可以通过雷达方程来评价能量的损失，进一步确定最大可探测的距离，由式（4-14）表示，即

$$Q = 10\lg\left(\frac{\eta_t\eta_r G_t G_r g\sigma\lambda^2 e^{-4\beta r}}{64\pi^3 r^4}\right) \tag{4-14}$$

式中　η_t、η_r——发射天线与接收天线的效率；

$\quad$ G_t、G_r——在入射方向与接收方向上天线的方向性增益；

$\quad$ g——目的体向接收天线方向的向后散射增益；

$\quad$ σ——目的体的散射截面；

$\quad$ β——介质的吸收系数；

$\quad$ r——天线到目的体的距离；

$\quad$ λ——雷达子波在介质中的波长。

满足 $Q_s+Q\geq0$ 的距离 r，称为探地雷达的探测深度，即处在距离场范围内的目的体的反射信号可以为雷达系统所探测。

六、探测分辨率

探地雷达的分辨率可分为垂向分辨率和横向分辨率。

(一) 垂向分辨率

将探地雷达剖面中能够区分一个以上反射界面的能力称为垂向分辨率。在雷达系统中，通常定义雷达垂直分辨率 Δd，如式（4-15）所示，即

$$\Delta d = \frac{C}{2B\sqrt{\varepsilon_r}} \tag{4-15}$$

式中　c——电磁波在真空中的传播速度，0.3m/ns；

　　　ε_r——相对介电常数；

　　　B——雷达有效带宽。

由于较多探地雷达系统的有效带宽同中心频率 f_c 之比接近于 1，所以雷达垂直分辨率 Δd 可由式（4-16）表示，即

$$\Delta d = \frac{C}{2B\sqrt{\varepsilon_r}} \approx \frac{\lambda}{2} \tag{4-16}$$

式中　λ——探地雷达系统的中心频率 f_c 对应的波长。

由于雷达子波在地下介质中传播时与地震子波类似，所以人们常参考地震勘探中的探测分辨率来定义探地雷达的探测分辨率。地震勘探中，了解地震子波对研究地震勘探分辨率有着至关重要的作用，因此我们也需要对从雷达天线辐射出来的雷达子波进行研究。目前常见的探地雷达系统通常采用调制的高斯脉冲源，该源每经过一次天线，其波形相当于进行了一次微分运算，所以雷达子波的波形形式通常如式（4-17）表示，即

$$f(t) = t^2 e^{-at} \sin\omega_c t \tag{4-17}$$

式中　α——介质的吸收系数；

　　　ω_c——雷达子波中心频率。对应的频谱为式（4-18）所表示，即

$$F(\omega) = \frac{2\omega_c[3(\alpha - i\omega)^2 - \omega_c^2]}{(\alpha - i\omega)^2 + \omega_c^2} \tag{4-18}$$

当介质层的厚度小于 $\lambda/2$（λ 为 ω_c 对应的波长）时，介质层的顶界面和底界面反射的雷达子波会相互叠加，形成一个复合波。随着介质层厚度的不断减小，复合波中反映独立反射界面的信息逐渐减少。当介质层的厚度逐渐减小到 $\lambda/4$ 时，复合波的相对振幅会出现极大值，在地震勘探中，人们把这种现象称为薄层调谐效应，调谐效应对应的厚度称为调谐厚度。人们常把调谐厚度，即 $\lambda/4$，定义为垂直分辨率的下限。

当介质层厚度小于 $\lambda/4$ 时，复合波形变化很小，其振幅正比于地层厚度，这时已无法从时间剖面确定地层厚度。

(二) 横向分辨率

雷达剖面在水平方向上所能分辨的最小异常体的尺寸，即横向分辨率。通常可用菲涅尔带说明。根据惠根斯原理，探地雷达接收天线接收到的信号不是来自地下介质界面上某一"点"的反射，而是一小块反射界面上所有点作为次生源发出的绕射波相长干涉的结

果。这个能产生次生绕射波相长干涉的小块
"面"通常称为第一菲涅尔带。如图 4-2 所
示，横向尺寸小于第一菲涅尔带的地质体，
探地雷达是无法分辨的。

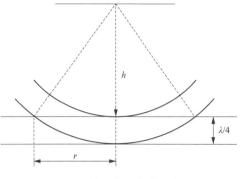

通常认为相位差小于 $\lambda/2$ 时就能产生相
长干涉，由于接收天线接收到的雷达子波在
地下介质中传播的时间为双程旅行时，所以
在图 4-2 上标明的为 $\lambda/4$，即 1/4 波长，第一
菲涅尔带半径可由式（4-19）表示，即

图 4-2　第一菲涅尔带示意图

$$r = \sqrt{\left(h + \frac{\lambda}{4}\right)^2 - h^2} = \sqrt{\frac{h\lambda}{2} + \frac{\lambda^2}{16}} \approx \sqrt{\frac{h\lambda}{2}} \tag{4-19}$$

式中　h——反射界面的深度；

　　　λ——雷达子波中心频率对应的波长。

探地雷达的纵向分辨率的理论值为 $\lambda/4$，但实际应用中通常很难达到这一分辨率，在
野外估算中，通常采用探测深度的 1/10 或波长的一倍；横向分辨率通常采用式（4-19）
来计算。

第二节　探地雷达正演方法

地质雷达的数值模拟方法主要有两类：一种是基于几何光学原理的射线追踪法；另一
种是以物理光学原理为基础的绕射叠加法、有限差分法、有限元法、积分方程法等。前者
适于起伏变化较为缓慢的，无电性突变点的双层或多层介质；后者同时考虑了波的动力学
和运动学特征，可用于合成曲率较大的目的体的雷达剖面。

经过多年的研究，尽管仍存在一些不足，地质雷达时域有限差分正演研究方面已经取
得了相当成就，能对规则模型，例如层状模型、球体、柱状体等以及更复杂的模型进行数
值模拟。本文采用时域有限差分正演方法进行数值模拟，并对电性参数和系统参数的影响
进行实验和分析，最后给出一些对工程实践具有指导性的结论。

时域有限差分（FDTD）目前常用的主要有标准 FDTD（2，2）（即时域和空域都采用二阶
近似）、FDTD（2，4）（即时域采用二阶近似和空域采用四阶近似）。对地质雷达正演问题，首
要任务是解决吸收边界条件和数值频散这两个基本理论问题。差分格式、解的稳定性、吸收边
界条件是 FDTD 算法的三大要素。下面分别对 FDTD（2，2）和 FDTD（2，4）进行阐述。

一、FDTD(2，2)时域有限差分算法

（一）FDTD 基本原理及差分格式

时域有限差分方法实际上就是利用差分近似地把麦克斯韦方程中的微分形式转换为差

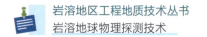

分形式，这样可以在空间上和时间上对连续电磁波数据进行采样，这是进行数值计算的前提条件。

1. YEE 的差分算法

若求解空间为一无源区域，且介质是各向同性和恒定的，用式（4-20）来表示麦克斯韦旋度方程，即

$$\begin{cases} \dfrac{\partial H}{\partial t} = -\dfrac{1}{\mu}\nabla\times E - \dfrac{\rho}{\mu}H \\[3mm] \dfrac{\partial E}{\partial t} = -\dfrac{1}{\varepsilon}\nabla\times H - \dfrac{\sigma}{\varepsilon}E \end{cases} \tag{4-20}$$

式中　H——磁场强度，A/m；

　　　ε——介电常数，F/m；

　　　E——电场强度，V/m；

　　　μ——磁导率，H/m；

　　　σ——媒质的电导率，S/m；

　　　ρ——计算磁损耗的磁阻率。

时域有限差分算法的标量偏微分方程可以表示为式（4-21），即

$$\begin{cases} \dfrac{\partial H_x}{\partial t} = \dfrac{1}{\mu}\left(\dfrac{\partial E_y}{\partial z} - \dfrac{\partial E_z}{\partial y} - \rho H_x\right) \\[3mm] \dfrac{\partial H_y}{\partial t} = \dfrac{1}{\mu}\left(\dfrac{\partial E_z}{\partial x} - \dfrac{\partial E_x}{\partial z} - \rho H_y\right) \\[3mm] \dfrac{\partial H_z}{\partial t} = \dfrac{1}{\mu}\left(\dfrac{\partial E_x}{\partial y} - \dfrac{\partial E_y}{\partial x} - \rho H_z\right) \\[3mm] \dfrac{\partial E_x}{\partial t} = \dfrac{1}{\mu}\left(\dfrac{\partial H_z}{\partial y} - \dfrac{\partial H_y}{\partial z} - \rho E_x\right) \\[3mm] \dfrac{\partial E_y}{\partial t} = \dfrac{1}{\mu}\left(\dfrac{\partial H_x}{\partial z} - \dfrac{\partial H_z}{\partial x} - \rho E_y\right) \\[3mm] \dfrac{\partial E_z}{\partial t} = \dfrac{1}{\mu}\left(\dfrac{\partial H_y}{\partial x} - \dfrac{\partial H_x}{\partial y} - \rho E_z\right) \end{cases} \tag{4-21}$$

式中　E——电场；

　　　H——磁场；

　　下标——其在空间坐标 x、y、z 方向分量。

按照 YEE 的差分算法对以上方程进行差分离散，那么就要建立差分网格，其网格节点与整数标号对应见式（4-22），即

$$(i,\ j,\ k) = (i\Delta x,\ j\Delta y,\ k\Delta z) \tag{4-22}$$

式中　$(i,\ j,\ k)$——网格中的位置；

　　　Δx——x 方向的空间步长；

Δy——y 方向的空间步长；

Δz——z 方向的空间步长。

根据式（4-22），可以获得任意一点的任一函数 $F(x, y, z, t)$ 在时刻 $n\Delta t$ 的值为式（4-23），即

$$F^n(i, j, k) = F(i\Delta x, j\Delta y, k\Delta z, n\Delta t) \tag{4-23}$$

式中　Δt——时间步长。

采用中心差分来代替对空间、时间坐标的微分，它具有二阶精度，如式（4-24）所示关系，即

$$
\left\{
\begin{aligned}
\frac{\partial F^n(i, j, k)}{\partial x} &\approx \frac{F^n\left(i+\frac{1}{2}, j, k\right) - F^n\left(i-\frac{1}{2}, j, k\right)}{\Delta x} \\[2mm]
\frac{\partial F^n(i, j, k)}{\partial y} &\approx \frac{F^n\left(i, j+\frac{1}{2}, k\right) - F^n\left(i, j-\frac{1}{2}, k\right)}{\Delta y} \\[2mm]
\frac{\partial F^n(i, j, k)}{\partial z} &\approx \frac{F^n\left(i, j, k+\frac{1}{2}\right) - F^n\left(i, j, k-\frac{1}{2}\right)}{\Delta z} \\[2mm]
\frac{\partial F^n(i, j, k)}{\partial t} &\approx \frac{F^{n+\frac{1}{2}}(i, j, k) - F^{n-\frac{1}{2}}(i, j, k)}{\Delta t}
\end{aligned}
\right. \tag{4-24}
$$

YEE 的差分网格见图 4-3。

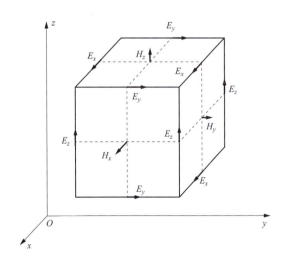

图 4-3　YEE 的差分网格

2. 二维 FDTD 差分算法

对于二维问题，设所有物理量与 z 坐标无关，于是二维条件下的麦克斯韦旋度方程变为式（4-25）及式（4-26）所示形式，即

$$\begin{cases} \dfrac{\partial H_z}{\partial y} = \varepsilon\dfrac{\partial E_x}{\partial t} + \sigma E_x \\[2mm] -\dfrac{\partial H_x}{\partial y} = \varepsilon\dfrac{\partial E_y}{\partial t} + \sigma E_y \qquad\text{TE 波} \\[2mm] \dfrac{\partial E_y}{\partial x} - \dfrac{\partial E_x}{\partial y} = -\mu\dfrac{\partial H_z}{\partial t} - \rho H_z \end{cases} \tag{4-25}$$

以及

$$\begin{cases} \dfrac{\partial E_z}{\partial y} = -\mu\dfrac{\partial H_x}{\partial t} - \rho H_x \\[2mm] \dfrac{\partial E_z}{\partial x} = \mu\dfrac{\partial H_y}{\partial t} + \rho H_y \qquad\text{TM 波} \\[2mm] \dfrac{\partial H_y}{\partial x} - \dfrac{\partial H_x}{\partial y} = \varepsilon\dfrac{\partial E_z}{\partial t} + \sigma E_z \end{cases} \tag{4-26}$$

E_x、E_y、H_z 为一组称为对于 e_z 的 TE 波；H_x、H_y、E_z 为一组称为对于 e_z 的 TM 波。图 4-4 所示为以上两种情况的 YEE 差分网格，表示了二维 FDTD 中 E、H 各分量节点与时间步取值的相互关系。

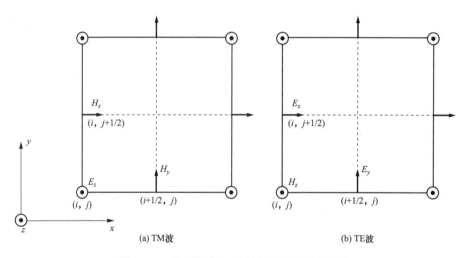

图 4-4　二维 TE 波和 TM 波的 YEE 差分网格

直角坐标系中二维 TE 波的离散形式，其中 $H_x = H_y = E_z = 0$，FDTD 公式为式（4-27）～式（4-29）所示形式，即

$$E_x^{n+1}\left(i+\tfrac{1}{2},j\right) = CA(m)\cdot E_x^{n+1}\left(i+\tfrac{1}{2},j\right) + CB(m)\cdot$$

$$\dfrac{H_z^{n+1/2}\left(i+\tfrac{1}{2},j+\tfrac{1}{2}\right) - H_z^{n+1/2}\left(i+\tfrac{1}{2},j-\tfrac{1}{2}\right)}{\Delta y} \tag{4-27}$$

$$E_y^{n+1}\left(i,j+\frac{1}{2}\right)$$

$$=CA(m)\cdot E_y^{n+1}\left(i,j+\frac{1}{2}\right)+CB(m)\cdot\frac{H_z^{n+1/2}\left(i+\frac{1}{2},j+\frac{1}{2}\right)-H_z^{n+1/2}\left(i-\frac{1}{2},j+\frac{1}{2}\right)}{\Delta x}$$

$$(4\text{-}28)$$

$$H_z^{n+1/2}\left(+\frac{1}{2}i,j+\frac{1}{2}\right)$$

$$=CP(m)\cdot H_z^{n-1/2}\left(i+\frac{1}{2},j+\frac{1}{2}\right)+$$

$$CQ(m)\cdot\left[\frac{E_y^n\left(i+\frac{1}{2},j+\frac{1}{2}\right)-E_y^n\left(i,j+\frac{1}{2}\right)}{\Delta x}-\frac{E_x^n\left(i+\frac{1}{2},j+1\right)-E_x^n\left(i+\frac{1}{2},j\right)}{\Delta y}\right]$$

$$(4\text{-}29)$$

式（4-27）～式（4-29）中的系数满足式（4-30）～式（4-33）所示关系，即

$$CA(m)=\frac{\dfrac{\varepsilon(m)}{\Delta t}-\dfrac{\sigma(m)}{2}}{\dfrac{\varepsilon(m)}{\Delta t}+\dfrac{\sigma(m)}{2}}=\frac{1-\dfrac{\sigma(m)\Delta t}{2\varepsilon(m)}}{1+\dfrac{\sigma(m)\Delta t}{2\varepsilon(m)}} \qquad (4\text{-}30)$$

$$CB(m)=\frac{1}{\dfrac{\varepsilon(m)}{\Delta t}+\dfrac{\sigma(m)}{2}}=\frac{\dfrac{\Delta t}{\varepsilon(m)}}{1+\dfrac{\sigma(m)\Delta t}{2\varepsilon(m)}} \qquad (4\text{-}31)$$

$$CP(m)=\frac{\dfrac{\mu(m)}{\Delta t}-\dfrac{\rho(m)}{2}}{\dfrac{\mu(m)}{\Delta t}+\dfrac{\rho(m)}{2}}=\frac{1-\dfrac{\rho(m)\Delta t}{2\mu(m)}}{1+\dfrac{\rho(m)\Delta t}{2\mu(m)}} \qquad (4\text{-}32)$$

$$CQ(m)=\frac{1}{\dfrac{\mu(m)}{\Delta t}+\dfrac{\rho(m)}{2}}=\frac{\dfrac{\Delta t}{\mu(m)}}{1+\dfrac{\rho(m)\Delta t}{2\mu(m)}} \qquad (4\text{-}33)$$

式（4-27）～式（4-33）就是二维情况下 FDTD 电磁场的时间递推计算公式。CA、CB、CP、CQ 中的标号 m 的取值与式（4-27）～式（4-30）中左端场分量节点的空间位置相同。

因为，TM 波和 TE 波之间存在对偶关系，比照式（4-27）～式（4-33）就可以二维情况 TM 波的 FDTD 电磁场的时间递推计算公式。

（二）解的数值稳定性

为保证时域有限差分算法的解稳定性（即数值稳定性），时间步长与空间步长之间必须满足式（4-34）中的条件，即

$$\Delta t \leqslant \cfrac{1}{v\sqrt{\cfrac{1}{(\Delta x)^2}+\cfrac{1}{(\Delta y)^2}+\cfrac{1}{(\Delta z)^2}}} \qquad (4\text{-}34)$$

式中：$v=\dfrac{1}{\sqrt{\varepsilon\mu}}$。

对于二维情况，则有式（4-35）所示关系，即

$$\Delta t \leqslant \cfrac{1}{v\sqrt{\cfrac{1}{(\Delta x)^2}+\cfrac{1}{(\Delta y)^2}}} \qquad (4\text{-}35)$$

另外，数值色散也会影响解的稳定性。因为，用时域有限差分法对麦克斯韦方程进行数值计算时，将会在计算机网格中引起所模拟的波模的色散，称为数值色散。如果恰当选择时间步长与空间步长，就可以得到理想色散关系，消除数值色散的产生。在三维网格中，若取 $\Delta t=\delta/(\sqrt{3}v)$ 时得到理想色散关系；在二维网格中，若取 $\Delta t=\delta/(\sqrt{2}v)$ 时得到理想色散关系。

（三）吸收边界条件

由于采用计算机进行电磁场模拟不可能模拟无限大空间，时域有限差分网格必然要在某处截断，因此必须要设置合理的边界条件。1994 年 Berenger 提出用完全匹配层（PML）来吸收外向电磁波，是现在常用的边界条件。它将电磁场分量在吸收边界分裂，并能分别对各个分裂的场分量赋予不同的损耗。随后，J. Fang and Z. Wu、L. Zhao、S. D. Gedney 分别提出了几种改进的广义完全匹配层（GPMLs）；2000 年 J. A. Roden and S. D. Gedney 提出了卷积完全匹配层（CPML），并且取得了较好的模拟效果。

在实际模拟中，通常是通过分析雷达波在 YEE 氏网格中的传播规律，结合 FDTD 算法的收敛性和稳定性条件，导出适于地质雷达正演的理想频散关系；通过理论分析，引入超吸收技术，采用超吸收边界条件，从而在地质雷达正演模拟中，保证能得到较为理想的精度。

二、FDTD(2，4)时域有限差分算法

与 FDTD（2，2）相比，FDTD（2，4）时域有限差分算法有着更高的精度，当然时间复杂度也会有所增加。

1. 二维 TM 波 FDTD（2，4）计算公式

采用麦克斯韦旋度方程的频率域表达式来推导二维 TM 波 FDTD（2，4）计算公式。麦克斯韦旋度方程在频率域的表示为式（4-36）、式（4-37），即

$$\nabla \times E = -i\omega H \qquad (4\text{-}36)$$

$$\nabla \times H = \sigma E + i\omega\varepsilon H \qquad (4\text{-}37)$$

其中，$i=\sqrt{-1}$；ω 是角频率；ε 和 σ 分别代表介质的介电常数、磁导率和电导率；E 和 H 是电场和磁场向量。要实现 PML 吸收边界条件，考虑展缩的复坐标空间，这里的 ∇ 算子采用式（4-38）和式（4-39）表示，即

$$\nabla=\hat{x}\frac{1}{s_x}\frac{\partial}{\partial x}+\hat{y}\frac{1}{s_y}\frac{\partial}{\partial y}+\hat{z}\frac{1}{s_z}\frac{\partial}{\partial z} \tag{4-38}$$

其中

$$s_k=\kappa_k+\frac{\sigma_k}{\alpha_k+i\omega\varepsilon_0},\ k=x,\ y,\ z \tag{4-39}$$

式（4-39）是复坐标的展缩变量，并且仅仅在 k 方向上变化。在式（4-39）中，ε_0 是自由空间的介电常数；σ_k、κ_k 和 α_k 对应着建模网格内部的波传播和 PML 边界区域的参数，但是其并不是真正的电性参数。然而，通过复坐标展缩并且加上另外的自由度到麦克斯韦方程组，σ_k、κ_k 和 α_k 可以看作允许 PML 边界实现的参数。

假定在 2D 建模中 y 方向上没有变化，则由方程式（4-36）～式（4-38），可以获得磁场强度分量 $\{H_x,\ H_y,\ H_z\}$ 和电场强度分量 $\{E_x,\ E_y,\ E_z\}$ 的偏微分方程，如式（4-40）～式（4-45）所示，即

$$i\omega\mu H_x=-\frac{1}{s_z}\frac{\partial E_y}{\partial z} \tag{4-40}$$

$$i\omega\mu H_z=-\frac{1}{s_x}\frac{\partial E_y}{\partial x} \tag{4-41}$$

$$\sigma E_y+i\omega\varepsilon E_y=\frac{1}{s_x}\frac{\partial H_z}{\partial x}-\frac{1}{s_z}\frac{\partial H_x}{\partial z} \tag{4-42}$$

及

$$\sigma E_x+i\omega\varepsilon E_x=\frac{1}{s_z}\frac{\partial H_y}{\partial z} \tag{4-43}$$

$$\sigma E_y+i\omega\varepsilon E_y=-\frac{1}{S_x}\frac{\partial H_y}{\partial x} \tag{4-44}$$

$$i\omega\mu H_y=\frac{1}{S_z}\frac{\partial E_x}{\partial z}-\frac{1}{S_x}\frac{\partial E_z}{\partial x} \tag{4-45}$$

方程式（4-40）～式（4-42）和式（4-43）～式（4-45）分别是展缩坐标空间中的 TM 和 TE 模式方程。对于地表反射的 GPR 建模，天线是垂直于 x-z 勘探平面，因此我们采用 TM 模式方程。这里要注意的是，当展缩参数为 1 时，方程（4-40）～式（4-42）和式（4-43）～式（4-45）就变成了为展缩坐标空间的标准 TM 和 TE 模式方程。在建模网格内部，设置 $s_x=s_z=1$；在网格的 PML 边界区域，s_x 和 s_z 设置为复数，表示有明显的波吸收。

在建模中，采用卷积 PML（CPML）实现 PML 吸收边界。对于 FDTD 公式中的 $1/s_x$

和 $1/s_z$，该方法利用了时域表达式，并且避免了其他 PML 方法中的电场和磁场的划分。在此，CPML 方法是 PML 最直观的实现。考虑方程式（4-39）的逆傅立叶变换，则有式（4-46），即

$$s_k^{-1} = \frac{\delta(t)}{\kappa_k} - \frac{\sigma_k}{\varepsilon_0 \kappa_k^2} \exp\left[-\frac{t}{\varepsilon_0}\left(\frac{\sigma_k}{\kappa_k} + \alpha_k\right)\right] u(t) = \frac{\delta(t)}{\kappa_k} + \zeta_k(t) \tag{4-46}$$

式中　$\delta(t)$——狄拉克函数；

$u(t)$——阶跃函数。

使用上式并且假定独立于频率的材料性质，方程式（4-40）～式（4-42）和式（4-43）～式（4-45）可以转换为时域形式，即式（4-47）～式（4-49）和式（4-50）～式（4-52），则

$$\mu\frac{\partial H_x}{\partial t} = -\frac{1}{\kappa_z}\frac{\partial E_y}{\partial z} - \zeta_z(t) * \frac{\partial E_y}{\partial z} \tag{4-47}$$

$$\mu\frac{\partial H_z}{\partial t} = \frac{1}{\kappa_x}\frac{\partial E_y}{\partial x} + \zeta_x(t) * \frac{\partial E_y}{\partial x} \tag{4-48}$$

$$\sigma E_y + i\omega\varepsilon\frac{\partial E_y}{\partial t} = \frac{1}{\kappa_x}\frac{\partial H_z}{\partial x} - \frac{1}{\kappa_z}\frac{\partial H_x}{\partial x} + \zeta_x(t) * \frac{\partial H_z}{\partial x} - \zeta_z(t) * \frac{\partial H_x}{\partial z} \tag{4-49}$$

和

$$\sigma E_x + i\omega\varepsilon\frac{\partial E_x}{\partial t} = \frac{1}{\kappa_z}\frac{\partial H_y}{\partial z} + \zeta_z(t) * \frac{\partial H_y}{\partial z} \tag{4-50}$$

$$\sigma E_z + i\omega\varepsilon\frac{\partial E_z}{\partial t} = -\frac{1}{\kappa_x}\frac{\partial H_y}{\partial x} + \zeta_x(t) * \frac{\partial H_y}{\partial x} \tag{4-51}$$

$$\mu\frac{\partial H_y}{\partial t} = \frac{1}{\kappa_z}\frac{\partial E_x}{\partial z} - \frac{1}{\kappa_x}\frac{\partial E_z}{\partial x} + \zeta_z(t) * \frac{\partial E_x}{\partial z} - \zeta_x(t) * \frac{\partial E_z}{\partial x} \tag{4-52}$$

其中，$*$ 表示卷积。

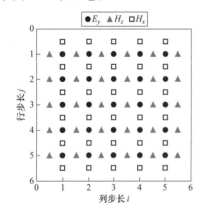

图 4-5　TM 模式建模中场分量 H_x、
H_y 和 H_z 在空间上的配置

下面描述在 TM 模式建模中怎样使用有限差分代换方程式（4-47）～式（4-49）。同理，也可以得到 TE 模式建模中的有限差分逼近。

使用跳跃交错网格方法去数值化方程式（4-47）～式（4-49）涉及在时间和空间上电场和磁场分量的偏移，这就使得每个方程中偏导的有限差分逼近位于相同的空间和时间中心。图 4-5 所示为 TM 模式建模中 H_x、H_y 和 H_z 在空间上的配置，电场和磁场分量在时间上交错且相差 $\Delta t/2$。所有的空间偏导都采用四阶有限差分逼近。时间偏导采用二阶有限差分逼近。使用有限差分逼近方程式（4-47）～式（4-49）并且更新电场和磁场分量，可以获得二维 TM 波 FDTD（2，4）迭代计算公式，如式（4-53）～式（4-55）所示，即

$$H_x \mid_{i+\frac{1}{2},j}^{n+\frac{1}{2}} = H_x \mid_{i+\frac{1}{2},j}^{n-\frac{1}{2}} - D_{bz} \mid_{i+\frac{1}{2},j} \left[-E_y \mid_{i+2,j}^{n} + 27E_y \mid_{i+1,j}^{n} - 27E_y \mid_{i,j}^{n} \right.$$

$$\left. + E_y \mid_{i-1,j}^{n} \right] + D_c \mid_{i+\frac{1}{2},j} \left[\psi_{H_{xz}} \mid_{i+\frac{1}{2},j}^{n} \right] \tag{4-53}$$

$$H_z \mid_{i,j+\frac{1}{2}}^{n+\frac{1}{2}} = H_z \mid_{i,j+\frac{1}{2}}^{n-\frac{1}{2}} + D_{bx} \mid_{i,j+\frac{1}{2}} \left[-E_y \mid_{i,j+2}^{n} + 27E_y \mid_{i,j+1}^{n} - 27E_y \mid_{i,j}^{n} \right.$$

$$\left. + E_y \mid_{i,j-1}^{n} \right] + D_c \mid_{i,j+\frac{1}{2}} \left[\psi_{H_{zx}} \mid_{i,j+\frac{1}{2}}^{n} \right] \tag{4-54}$$

$$E_y \mid_{i,j}^{n+1} = C_a \mid_{i,j} \left[H_z \mid_{i,j}^{n} \right] + C_{bx} \mid_{i,j} \left[-H_z \mid_{i,j+\frac{3}{2}}^{n+\frac{1}{2}} + 27H_z \mid_{i,j+\frac{1}{2}}^{n+\frac{1}{2}} - 27H_z \mid_{i,j-\frac{1}{2}}^{n+\frac{1}{2}} + H_z \mid_{i,j-\frac{3}{2}}^{n+\frac{1}{2}} \right]$$

$$- C_{bz} \mid_{i,j} \left[-H_x \mid_{i+\frac{3}{2},j}^{n+\frac{1}{2}} + 27H_x \mid_{i+\frac{1}{2},j}^{n+\frac{1}{2}} - 27H_x \mid_{i-\frac{1}{2},j}^{n+\frac{1}{2}} + H_x \mid_{i-\frac{3}{2},j}^{n+\frac{1}{2}} \right]$$

$$+ C_c \mid_{i,j} \left[\psi_{E_{yx}} \mid_{i,j}^{n+\frac{1}{2}} - \psi_{E_{yz}} \mid_{i,j}^{n+\frac{1}{2}} \right] \tag{4-55}$$

其中，上标表示时间；下标表示空间位置。此外，根据电性性质和网格参数，可以给出上述方程的修正系数，如式（4-56）～式（4-60）所示，即

$$Ca = \left(1 - \frac{\sigma \Delta t}{2\varepsilon} \right) \left(1 + \frac{\sigma \Delta t}{2\varepsilon} \right)^{-1} \tag{4-56}$$

$$Cb_k = \frac{\Delta t}{\varepsilon} \left(1 + \frac{\sigma \Delta t}{2\varepsilon} \right)^{-1} (24\kappa_k \Delta k)^{-1} \tag{4-57}$$

$$Cc = \frac{\Delta t}{\varepsilon} \left(1 + \frac{\sigma \Delta t}{2\varepsilon} \right)^{-1} \tag{4-58}$$

$$Db_k = \frac{\Delta t}{\mu} (24\kappa_k \Delta k)^{-1} \tag{4-59}$$

$$Dc = \frac{\Delta t}{\mu} \tag{4-60}$$

从这些修正系数的表达式可以发现：这些系数都是位置的函数，因为 ε、μ、κ_x 和 κ_z 一般来说都是空间可变的。方程式（4-53）～式（4-55）中的 ψ_{xz}、ψ_{zx}、ψ_{yx} 和 ψ_{yz} 定义为式（4-61）～式（4-64），即

$$\psi_{H_{zx}} \mid_{i,j+\frac{1}{2}}^{n} = B_x \mid_{i,j+\frac{1}{2}} \left[\psi_{H_{zx}} \mid_{i,j+\frac{1}{2}}^{n-1} \right] + A_x \mid_{i,j+\frac{1}{2}} \left[-E_y \mid_{i,j+2}^{n} \right.$$

$$\left. + 27E_y \mid_{i,j+1}^{n} - 27E_y \mid_{i,j}^{n} + E_y \mid_{i,j-1}^{n} \right] \tag{4-61}$$

$$\psi_{H_{xz}} \mid_{i+\frac{1}{2},j}^{n} = B_z \mid_{i+\frac{1}{2},j} \left[\psi_{H_{xz}} \mid_{i+\frac{1}{2},j}^{n-1} \right] + A_z \mid_{i+\frac{1}{2},j} \left[-E_y \mid_{i+2,j}^{n} \right.$$

$$\left. + 27E_y \mid_{i+1,j}^{n} - 27E_y \mid_{i,j}^{n} + E_y \mid_{i-1,j}^{n} \right] \tag{4-62}$$

$$\psi_{E_{yx}} \mid_{i,j}^{n+\frac{1}{2}} = B_x \mid_{i,j} \left[\psi_{E_{yx}} \mid_{i,j}^{n-\frac{1}{2}} \right] + A_x \mid_{i,j} \left[-H_z \mid_{i,j+\frac{3}{2}}^{n+\frac{1}{2}} \right.$$

$$\left. + 27H_z \mid_{i,j+\frac{1}{2}}^{n+\frac{1}{2}} - 27H_z \mid_{i,j-\frac{1}{2}}^{n+\frac{1}{2}} + H_z \mid_{i,j-\frac{3}{2}}^{n+\frac{1}{2}} \right] \tag{4-63}$$

$$\psi_{E_{yz}} \mid_{i,j}^{n+\frac{1}{2}} = B_z \mid_{i,j} \left[\psi_{E_{yz}} \mid_{i,j}^{n-\frac{1}{2}} \right] + A_z \mid_{i,j} \left[-H_x \mid_{i+\frac{3}{2},j}^{n+\frac{1}{2}} \right.$$

$$\left. + 27H_x \mid_{i+\frac{1}{2},j}^{n+\frac{1}{2}} - 27H_x \mid_{i-\frac{1}{2},j}^{n+\frac{1}{2}} + H_x \mid_{i-\frac{3}{2},j}^{n+\frac{1}{2}} \right] \tag{4-64}$$

式（4-61）～式（4-64）中，A_k、B_k 分别如式（4-65）和式（4-66）所示，即

$$A_k = \frac{\sigma_k}{\sigma_k \kappa_k + \sigma_k \kappa_k^2}(B_k - 1) \cdot \frac{1}{24\Delta k} \tag{4-65}$$

$$B_k = \exp\left[-\frac{\Delta t}{\varepsilon_0}\left(\frac{\sigma_k}{\kappa_k} + \alpha_k\right)\right] \tag{4-66}$$

是 PML 修正系数且在建模网格中也是随着位置而变化的。在上述方程式中，上标表示时间，下标表示空间位置；Δx、Δz 表示水平、垂直方向上的离散网格大小；Δt 表示时间步长；$\sigma(\text{s/m})$ 为电导率；$\varepsilon(\text{F/m})$ 为介电常数；$\mu(\text{H/m})$ 为磁导率。

1. 解的数值稳定性

对于二维 TM 波 FDTD（2，4）的解稳定性（即数值稳定性），时间步长与空间步长之间必须满足如下条件，即

$$\Delta t \leqslant \frac{6}{7}\frac{\sqrt{\varepsilon_{\min}\mu_{\min}}}{\sqrt{\dfrac{1}{(\Delta x)^2} + \dfrac{1}{(\Delta z)^2}}} \tag{4-67}$$

式中 $\mu_{\min}$ 和 $\varepsilon_{\min}$——建模网格中的最小磁导率值和最小电导率值。

为了控制数值频散问题，上述计算方案中必须要求每个最小波长内有个样本值。

2. PML 吸收边界条件

和其他吸收边界类型相比较，PML 边界有许多优点：首先，对于网格边缘，PML 对反射有很好的吸收，并且只需要很少的网格单元就能获得很好的效果。其次，在边界区域，仅仅需要改变坐标展缩变量就可以实现 PML，而不需要改变 FDTD 迭代方程。此外，这里考虑的 CPML 方法和介质类型无关，这是一个显著的优点。

在理论上，为了在 PML 区域有较好的吸收，s_x 和 s_z 将随着 κ_x、κ_z、σ_x 和 σ_z 取较大值而变化，但是电磁阻抗并不发生变化。然而，实际上，在离散的 FDTD 空间，当两个节点之间的电性质发生显著的变化才会导致数值反射发生。因此，PML 参数在从网格内部到网格边缘的最大值的过程应该是逐渐增加的。对于 κ_x、κ_z，有式（4-68），即

$$\kappa_k = \begin{cases} 1 & \text{在网格内} \\ 1 + \left(\dfrac{d}{\delta}\right)^m (\kappa_{k_{\max}} - 1) & \text{在 PML 区域内} \end{cases} \tag{4-68}$$

式中 d——从 PML 区域到网格内部/PML 边界的距离；

　　　　δ——PML 区域的厚度；

　　　　m——可以看作是 PML 指数；

　　$\kappa_{k_{\max}}$——最大值。

同理，对于 σ_x 和 σ_z，有式（4-69），即

$$\sigma_k = \begin{cases} 0 & \text{在网格内} \\ \left(\dfrac{d}{\delta}\right)^m \sigma_{k_{\max}} & \text{在 PML 区域内} \end{cases} \tag{4-69}$$

式中　$\sigma_{k_{\max}}$——最大值。

对于 σ_k 的最大值 $\sigma_{k_{\max}}$，可以通过式（4-70）的准则来确定，即

$$\sigma_{k_{\max}} = \frac{m+1}{150\pi\sqrt{\varepsilon_r}\,\Delta k} \tag{4-70}$$

式中　ε_r——相对介电常数。

3. 激励源的选取

用 FDTD 方法分析电磁场问题时的一个重要任务是激励源的模拟，即选择合适的入射波形式以及用适当的方式将入射波加入到 FDTD 迭代中。从源随时间的变化来看，有两类激励源：一是随时间周期性变化的时谐场源，另一类是对时间呈脉冲函数形式的波源。本文采用 Blackman-Harris 窗函数作为激励源，其形式为

$$f(t) = \begin{cases} \sum_{n=0}^{3} a_n \cos(2n\pi t/T), & 0 < t < T \\ 0, & \text{其他} \end{cases} \tag{4-71}$$

式中　T——源函数的持续时间，$T = 1.55/f_c$；

　　　f_c——源函数的中心频率。

$a_0 = 0.35322222$，$a_1 = -0.488$，$a_2 = 0.145$，$a_3 = -0.010222222$。

第三节　探地雷达现场工作技术

一、仪器设备

20 世纪 70 年代后期以来，随着电子技术和数字处理技术的发展和应用，地质雷达的研究和应用范围迅速扩大。在地质雷达的仪器研制上，世界上第一家专业研制地质雷达的公司美国 GSSI 公司推出了 SIR 系列地质雷达，德国、瑞典、比利时、意大利、英国、挪威等国的一些大学和科研机构相继研制出了各种商用地质雷达，具有代表性的有加拿大的 Pulse EKKO 系列、瑞典的 RAMAC/GPR 系列、意大利的 RIS-IIK 系列、俄罗斯的 LS-3、日本的 GEORADAR 系列、SPP 系列、RASCAN-2 以及英国的 SPRscan 系列雷达等。在我国，对地质雷达的研究起步相对较晚，在引进国外仪器的同时，也着手自行研制地质雷达应用于生产实践，并在硬件设备、信号提取、处理及成像等方面取得了重大突破。目前，中国科学院电子学研究所研发的 CAS 系列探地雷达、中电科（青岛）电波技术有限公司的 LTD 系列、中国矿业大学的 GR 系列探地雷达等，在地质勘探与质量检测中得到了不同程度的推广应用。各型号的仪器具有各自的特点，主要技术性能如下。

（1）脉冲重复率大于 100kHz。

（2）模数转换大于 16bit。

（3）信号增益控制具有指数增益功能。

（4）具有 8 次以上信号叠加功能。

（5）连续测量时，扫描速率大于 128 次/s。

（6）天线频率根据工作条件及探测对象选择。

二、探测方式

探地雷达采用高频电磁波的形式进行探测，其运动学规律与地震勘探方法类似，可借鉴地震勘探方法进行数据采集。其探测方式一般包括反射、折射和透射层析成像等。目前在岩溶探测上大多采用反射剖面法，本小节仅介绍反射探测方式，折射和透射层析成像参考其他专门章节。

发射天线（T）和接收天线（R）以固定的间距沿测线同步移动的测量方式为反射剖面法，如图 4-6 所示。

反射剖面法的测量结果可以用时间剖面图像来表示，如图 4-7 所示。图 4-7 的横坐标记录了天线在地表的位置，纵坐标为反射波双程旅行时，表示雷达脉冲从发射天线出发经地下介质反射面反射回接收天线所需的时间。这种记录能准确反映测线下方介质反射面的形态。

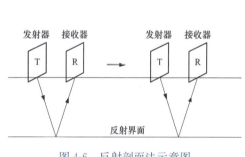

图 4-6　反射剖面法示意图

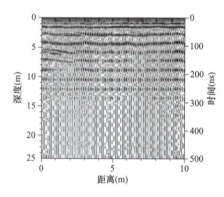

图 4-7　探地雷达剖面图

三、外业准备及生产试验

在进行探地雷达数据采集之前应对探测区域的地质概况、工作环境进行充分的了解和分析，以确定探测成果是否能达到预期效果。

（一）外业准备

（1）了解测区地质条件，并收集相关地质资料。

（2）了解测区地球物理条件，明确探测目的、探测深度、分辨率等要求。

（3）对仪器设备进行全面的检查、检修，各项技术指标应达到出厂规定，保证仪器采集到的数据正常可靠。

（4）对皮（卷）尺、RTK（实时动态测量技术设备）、全站仪等辅助测量工具、设备进行校准。

（二）生产前试验

1. 试验工作的目的

生产前需进行必要的试验工作，尤其是测区地质条件复杂、物性前提不清楚时。其目的是：

（1）探地雷达适用性基本估计和评价，包括速度、介电常数、探测深度、分辨率、背景噪声、干扰水平等，确保后期工作的准确性。

（2）确定探测时的各项采集参数，包括测线（网）布置、天线中心频率、测量方式、时窗大小、测量点距、采样率等参数。

2. 试验工作应符合的要求

（1）试验前，须结合测区任务要求、地质条件、地球物理条件编写试验方案，试验成果可作为生产成果的部分内容。

（2）了解工作环境，当测区范围内存在大规模的金属构件或电磁干扰时，应尽量避开或消除。

（3）试验工作应遵循从简单到复杂、从已知到未知的原则，试验工作应具有代表性，宜布置在有钻孔经过的测线（网）上。

（4）试验方法一般选用连续剖面法和点测法，采用不同参数进行试验分析，最后计算需取得的各参数，确定最佳的探测参数。

（5）若需探测方向未知的长轴目的体，则应采用测网方式进行，先找到目的体的走向。

四、测线（网）布置

探测工作进行之前须首先建立测区坐标系统，以便确定测线（网）的平面位置。

（1）根据横向分辨率要求确定测线或测网密度。

（2）测线应垂直目标体的长轴。

（3）测线应垂直二维体的走向，线路取决于目标体沿走向方向的变化。

（4）精细了解地质体构造时，可采用加密测线（网）方式或采用三维探测方式。

（5）尽量避开或移除各种不利的干扰因素，如施工现场的电缆、金属物品等，并做好现场记录。

（6）测线（网）一般按照业主要求进行布置，业主没有明确要求时可按横向分辨率要求布置。

五、仪器参数设置

探测仪器参数设置合适与否关系到探测的效果。探测仪器参数包括天线中心频率、时窗选择、介电常数、采样率、测点间距、天线间距、增益等。

(一) 天线中心频率

天线中心频率的选择主要考虑三个因素，即空间分辨率、背景噪声干扰以及探测深度。

(二) 时窗选择

时窗 W 主要取决于最大探测深度 h_{max} 与地层电磁波速度 v，可由式（4-72）估算，即

$$W = 1.3 \frac{2h_{max}}{v} \tag{4-72}$$

为了给地层速度与目标深度的变化留出余量，实际应用时，应在式（4-72）时窗选用值的基础上增加 30%。

(三) 介电常数

探测过程中介电常数的设定直接关系到探测深度的准确性，不同工区介电常数差异很大，可根据现场地质条件进行相对介电常数测试[110]。

(四) 采样率

采样率是记录的反射波采样点之间的时间间隔。采样率由 Nyquist 采样定律控制，即采样率至少应达到记录的反射波中最高频率的 2 倍。大多数探地雷达系统，频带与中心频率之比为 1:1，即发射脉冲能量覆盖的频率范围为 0.5～1.5 倍中心频率。这就是说反射波的最高频率约为中心频率的 1.5 倍，按照 Nyquist 定律，采样率至少要达到天线中心频率的 3 倍。为使记录波形更完整，建议采样率为天线中心频率的 6 倍。对于中心频率 f（单位为 MHz），采样率 Δt（单位为 ns）由式（4-73）表示，即

$$\Delta t = \frac{1000}{6f} \tag{4-73}$$

目前，市面上多数的探地雷达系统采样率用记录道的样点数来进行表示，且每道样点数均大于或等于 512 点。

(五) 测点间距

在离散测量时，测点间距取决于天线中心频率与地下介质的介电特性。其遵循 Nyquist 定律，为确保介质的响应在空间上不重叠，采样间隔 n_x（单位为 m）应为围岩中子波波长的 1/4，见式（4-74），即

$$n_x = \frac{75}{f \sqrt{\varepsilon_r}} \tag{4-74}$$

式中 f——天线中心频率，MHz；

ε_r——围岩相对介电常数。

当地下介质横向变化不大时，点距可适当放宽，以提高工作效率。在连续测量时，天线最大移动速度取决于扫描速率、天线宽度以及目标体的尺寸。例如 GSSI SIR 系列系统认为查清目标体应至少保证有 20 次扫描通过目标体，于是最大移动速度 v_{max} 应满足式（4-75），即

$$v_{max} < （扫描速率 /20）×（天线宽度＋目标体大小）\qquad(4\text{-}75)$$

（六）天线间距

当使用分离式天线时，适当选取发射与接收天线之间的距离，可使来自目的体的回波信号增强。偶极天线在临界角方向的增益最强，因此，天线间距 S 的选择应使最深目标体相对发射与接收天线的张角为临界角的 2 倍，如式（4-76）所示，即

$$S = \frac{2D_{max}}{\sqrt{\varepsilon_r - 1}}\qquad(4\text{-}76)$$

式中 D_{max}——目标体最大深度；

ε_r——围岩相对介电常数。

在实际探测中，天线间距的选择常常小于该数值。其原因之一是天线间距加大，增加了探测工作的不便；原因之二是随着天线间距增加，垂向分辨率降低，特别是当天线间距 S 接近目标体深度的一半时，该影响将大大加强。

（七）增益

电磁波在介质传播过程中，其能量被介质吸收，并在介电常数分界面上发生反射和折射。随着深度的增加，电磁波能量减弱，信号幅度相应地减小，不利于信号识别和辨认。为了能更好地识别信号特征，采用增益（gain）函数来提高信号的幅度，使得信号的细微变化更容易显示和识别。

探地雷达的增益控制一般分为手动和自动两种方式，在增益设置过程中应将天线与探测围岩紧密相贴。当选择自动增益设置时，主机自动调整增益函数的大小，使信号的振幅合适。当选择手动增益设置时，现场采集人员可根据现场环境及采集到的数据增加或减少增益点多少，并且可以手动调整各增益点的函数大小，进而调整信号增幅。

现场探测对雷达数据加增益，其一般要求是，最大反射信号经增益后不超过数据可存储最大值的 1/2。

六、外业工作注意事项

在进行外业工作时，还应注意以下事项。

（1）地形起伏较大，障碍物较多的测区，应使用点测模式进行探测。

（2）当探测深度较大，目标体反射信号较弱时，应使用点测模式进行探测，且叠加次

数不少于 128 次。

（3）使用地面耦合天线时，须尽量使天线与地面紧贴，使其耦合良好。

（4）尽可能使用高的发射电压和低的信号发射脉冲频率。

（5）现场探测时，应对资料进行初步分析，以确保采集效果，并在可能时排除不利因素。

（6）现场探测时，应做详细的现场记录，包括已知地质信息、现场干扰、桩号终始点、钻孔等。

（7）探测深度有保证的情况下，尽可能使用高频率的天线进行探测。

第四节　探地雷达数据处理与解释

一、数据处理

由于雷达波在地下的传播过程十分复杂，各种噪声和杂波的干扰非常严重，正确识别各种杂波与噪声、提取其有用信息是探地雷达记录解释的重要环节，其关键技术是对探地雷达记录进行各种数据处理。探地雷达数据剖面也类似于反射地震数据剖面，因此，反射地震数据处理的许多有效技术均可用于探地雷达的数据处理。但由于雷达波和地震波存在着动力学差异如强衰减性，所以单一地移植、借鉴地震资料处理技术是不够的。常规的探地雷达拟浅层地震资料处理技术有滤波、道均衡、速度分析、多次叠加、单道多次测量平均、偏移、反褶积等，而偏移和反褶积为两大热门技术。

探地雷达的原始数据剖面显示的是扭曲、失真的地下结构图像，通过偏移（归位）处理则是把雷达记录中的每个反射点移到其真正位置，从而获得反映地下介质的真实图像。用于雷达数据偏移处理的算法主要有 Kirchhoff 偏移（绕射叠加）、F-K（频率-波数域偏移）偏移、波动方程偏移等。现场数据采集往往包含各种干扰波（噪声、多次反射波、杂波），对系统噪声干扰可采用滤波和多次叠加压制；反褶积其实是一种特殊的滤波方法，它可以压缩子波，抑制多次反射，从而提高垂直分辨率和同相轴的识别。多次波干扰的问题一直是研究的热点和难点，提出的解决方法不少，但在实际应用的效果都不理想。

实测的数据只有通过系列有效的数据处理来压制各种干扰波，以增强有效波信号，提高原始数据的信噪比，才能为数据处理提供可靠的基础资料。原始数据处理的好坏直接影响了雷达探测成果的准确性。本文以 RADAN5 软件为例，系统的软件部分具有丰富的数据处理功能，主要的常规处理有滤波、增益调整、静动校正、反褶积、时频分析等，多通道数据处理如速度分析、叠加技术、相干分析技术、阵列信号处理等，以及各种杂波干扰下弱信号的提取、目标的自动识别和反演解释等，SIR 系列探地雷达的数据处理主要流程如图 4-8 所示。

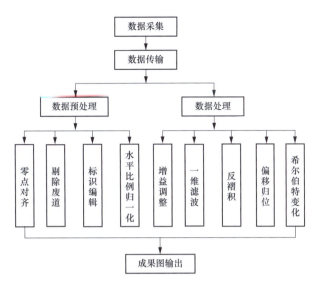

图 4-8　探地雷达的数据处理主要流程图

（一）数据预处理

1. 零点对齐

探地雷达最先接收到的信号是由发射到接收的系统直达波和地面的反射波，为准确探测目标体的位置，需将零点移至直达波的波峰位置处。

2. 剔除废道

在工作中常常出现诸多原因导致采集到的数据与正常数据明显不同，比如：检测地面凹凸不平处、绕过障碍物处等，在进行下一步数据处理前必须进行剔除，以免影响下一步数据处理和成果解释。

3. 标识编辑

探地雷达在进行野外数据采集时（未使用测距轮），由于现场环境的复杂性可能会出现在同一个位置打两个标识，也可能出现漏打标识的情况，需对标识进行编辑，为水平比例归一化做准备。

4. 水平比例归一化

探地雷达在进行连续探测的整个过程中，由于天线的移动速度做不到绝对的匀速，为了确定目标体的准确性需将原始数据进行归一化处理。

（二）数据处理

1. 增益调整

由于在进行野外数据采集时一般采用的是自动增益，得到的是相对较为合理的增益，要想得到合理的增益就需要在数据处理时根据实际情况进行调整。通过对信号振幅大小的调整，使目标体的反射信号更加易于辨识。

在增益调整窗口选择手动调整，根据需要选择增益点数与放大倍数。根据反射波情况确定目标体的位置并调整目标体处的增益，使其更加易于辨识。

2. 一维滤波

不同的介质对电磁波的响应特征不同，主要表现为能量吸收、波长变化和频率变化。原始数据中存在不同频率干扰，通过滤波处理突出有效信号，压制干扰信号，提高分辨率。一维滤波参数主要有 FIR 滤波、IIR 滤波和背景去噪等。如果单位脉冲响应是一个有限长序列，这种系统称为"有限长单位脉冲响应系统"，简写为 FIR 系统。相反，如果响应是一个无限长序列时，则称为"无限长单位脉冲响应系统"，简称为 IIR 系统。FIR 滤波和 IIR 滤波均包含了水平滤波和垂直滤波。在应用滤波处理时，最为重要的就是滤波参数的选取，在探地雷达数据处理中常采用带通滤波。可根据噪声中高频成分和低频成分设置带通滤波的低通值和高通值，使有用信号更加易于辨识，图 4-9 所示为 IIR 水平高通滤波对比图。

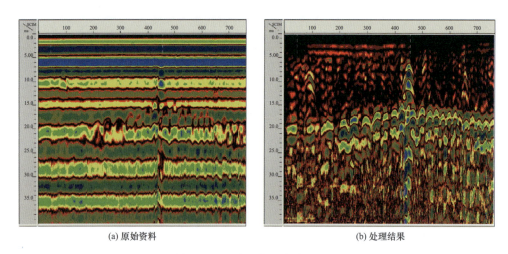

(a) 原始资料　　　　　　　　　(b) 处理结果

图 4-9　IIR 水平高通滤波对比图

3. 反褶积

由于雷达发射的脉冲波实际是一个拥有一定时间延续的子波 $b(t)$。所以探地雷达记录 $x(t)$ 可以看作是反射系数 $r(t)$ 和子波的褶积，如式（4-77）所示，即

$$x(t) = b(t) * r(t) \tag{4-77}$$

式中　$*$——褶积运算符号。

雷达记录过程中，两个相邻的反射面的到达时间仅相差几个纳秒，在雷达剖面中难以区分开，利用反褶积将雷达记录 $x(t)$ 转换为反射数列序列 $\varepsilon(t)$，如式（4-78）所示，即

$$\varepsilon(t) = a(t) * x(t) \tag{4-78}$$

由式（4-77）和式（4-78）可知式（4-79）。

$$a(t) * b(t) = 1 \tag{4-79}$$

已知 $b(t)$，可求出 $a(t)$，利用式（4-78），把反子波 $a(t)$ 与雷达记录 $x(t)$ 褶积，即可求出反射数列序列 $\varepsilon(t)$。

反射子波明显影响了雷达成果的解释，通过反褶积这种特殊的滤波过程，很好地压制了多次反射波、压缩反射子波，从而很好地提高了垂直方向上的分辨率，为后期雷达数据的解释打下了良好的基础。

4. 偏移归位

偏移归位处理，在地震数据处理中是一种重要的提高分辨率的处理手段，由于探地雷达和地震资料的相似性，偏移技术对于提高探地雷达资料的分辨率也能起到较好的作用。

探地雷达接收到的数据与地震弹性波类似，都是来自地下介质交界面的反射波，在实际探测时，偏离测点的地下介质或交界面上的反射点，只要其平面经过测点，都会影响原始数据。因此，在处理资料的过程中需要将雷达记录中的每一个反射点移到原本的位置上。这种处理方法就被称为偏移归位。通过偏移归位使探地雷达剖面更加真实地反映地下介质的分布情况。

图 4-10 反映了在倾斜反射界面中，探地雷达记录剖面与真实界面之间的关系，图 4-10 中 A'' 和 B'' 点的反射在雷达图像中分别记录在 A 和 B 点垂直方向上的 A' 和 B' 点。地层的真倾角为 A'' 和 B'' 两点连线的倾角 θ_x^m，但在雷达剖面中记录为 A' 和 B' 点连线的倾角 θ_x，如果原始数据不经过偏移归位处理将导致成果解释的偏差变大。进行偏移归位就能真实反映目标体的位置。

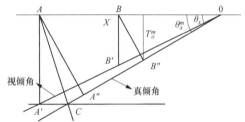

图 4-10　倾斜反射界面时雷达记录剖面
与真实界面之间的关系

二、数据解释

探地雷达的数据解释必须要在充分了解工区的地质资料基础上进行，充分利用时间剖面的直观性和范围大的特点，重点研究同相轴不连续、同相轴局部缺失、反射波波形发生畸变、反射波频率发生变化的重要波组，它们一般都是介质分界面的有效波，其特征明显，易于识别。通过对同相轴的追踪，确定反射波组的地质含义，同时结合勘探资料和一些其他物探资料，获得最接近真实情况的解释成果，常见地质体在探地雷达剖面上的反映特征见表 4-2。

表 4-2　　　　　　　　常见地质体在探地雷达剖面上的反映特征

异常类型	雷达波形特征
完整岩体	无反射波或反射波能量很小，反射波的主频主要集中在天线的中心频率附近，电磁波波形均匀，波幅逐渐减小，同相轴连续
溶蚀裂隙区	反射波明显，频率降低，电磁波振幅衰减较快，与完整围岩反射波差异明显，同相轴明显错断

续表

异常类型		雷达波波形特征
节理裂隙密集带	与地面平行发育	反射波明显，同相轴平直、连续，反射波振幅、频率增大
	与地面成一定角度发育	反射波明显，同相轴倾斜，反射波振幅、频率增大
溶洞	全充填型	洞顶反射面明显，由于内部充填物对电磁波具有较强吸收，使得电磁波衰减严重
	半充填型	有明显反射面，反射面杂乱，振幅增强
	无充填型	有明显反射面，反射面表现为双曲线形态

第五节 应 用 实 例

一、[工程案例1]某水库灌浆廊道岩溶探测

为确保大坝基础的稳定和有目的地进行地质缺陷处理，某水库进行了"坝址区右岸岩溶系统及左岸岩溶角砾岩勘察与专题研究"工作。

水库区分布的地层中，二迭系下统（P_1）和上统（P_2）主要由碳酸盐岩组成，仅底部分布有厚度较小（小于 $2\sim5m$）的非碳酸盐岩——炭质页岩和煤层；三迭系下统大冶组（T_1d）和嘉陵江组（T_1j）基本上都由碳酸盐岩组成；三迭系中统巴东组（T_2b）为碳酸盐岩和非碳酸盐岩（粉砂岩、页岩）互层。

坝址区分布可溶岩，构造条件复杂，岩溶发育，左岸盐溶角砾岩、右岸鲢鱼泉岩溶系统等，分别对大坝拱端抗滑稳定、基坑涌水、右岸防渗线实施等构成重大影响。

本次探测使用的设备为 Impulse Radar，收发一体双频天线，天线型号为 CO730，天线频率为 70MHz 及 300MHz。处理软件采用 Impulse Radar 公司研制的 REFLEXW 软件。

（1）本次外业工作参数如下：

1）观测系统：通过分析试验记录，确定本测区采用剖面法进行探测，天线中心频率 70MHz 及 300MHz，连测方式：移动速率为 $5\sim6m/min$；点测方式：测点距为 0.1m。

2）仪器采集参数：采样间隔为 0.1s、自动增益、250mm 测轮测距。

3）在已知目标体位置或尺寸处进行介质电磁波速度测试，以确保采用电磁波速的准确。

4）数据采集中，保持天线与地面接触，并实时观察和记录天线经过干扰物体时的干扰图像，以便在数据处理和资料解释时加以识别和消除。

5）按规程要求进行检查观测和异常点的重复观测。

（2）本次数据处理流程如下。

1）数据整理和预处理：对原始资料进行整理核对、编录、距离归一化、数据合并、废道剔除、测线方向一致化、偏移处理等。

2）滤波：滤除或压制干扰波。

3）反褶积：压制多次反射波和反射子波。

4）偏移：采用时间偏移或深度偏移处理方法将倾斜层反射波界面归位，将绕射波收敛。

5）增益调整：使增益符合信号衰减规律。

6）绘制探地雷达成果图。

通过资料处理分析，发现剖面中存在多处异常区（本次仅展示右岸中层灌浆廊道桩号 0～120m 范围成果），异常性质一般为溶洞、溶缝、强溶蚀、溶蚀破碎、较破碎、裂隙发育等，如图 4-11 所示。

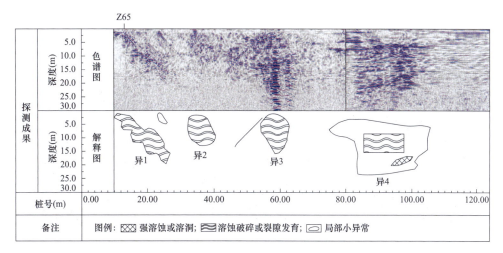

图 4-11　水库右岸中层灌浆廊道探地雷达探测成果图

二、［工程案例 2］某水电站坝址区岩溶探测

某水电站位于贵州省修文县与黔西县交界处，乌江中下游，是东风水电站与乌江渡水电站之间的衔接梯级。为贵州西电东送首批水电开发项目之一，坝址区揭露地层为夜郎组玉龙山段 T_1y^{2-3}、T_1y^{2-2}、T_1y^{2-1} 灰岩，构造条件复杂，岩溶发育，可研阶段为了查明坝址区岩溶发育情况，在勘探平硐底部进行了探地雷达探测，其测线布置如图 4-12 所示。

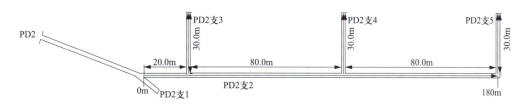

图 4-12　PD2 平硐支硐底部地质雷达探测测线布置图

现场探测使用的仪器为 GSSI 公司的 SIR10 型雷达系统，天线中心频率为 80MHz 收发一体天线，测程选择为 600ns，连续测量方式进行探测。

雷达数据经过处理分析，探测成果图如图 4-13、图 4-14 所示。

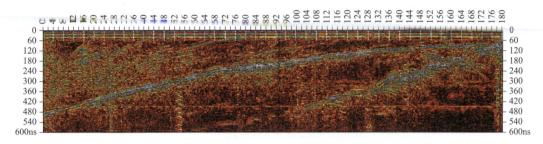

图 4-13　PD2 平硐 2 号支硐雷达探测成果图

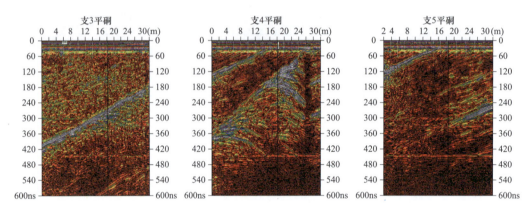

图 4-14　PD2 平硐 3 号、4 号、5 号支硐雷达探测成果图

通过雷达探测成果分析，坝址区 PD2 平硐 2 号、3 号、4 号支硐均发育溶洞，其中 2 号支硐测线长度为 180m，从 0～180m 桩号发育一条溶蚀裂隙，在 0m 处深约 27.0m，180m 处深约 0.5m；剖面 68～180m，有一强反射界面，并在剖面 128～180m 处，有明显的双曲线异常反映，推测为沿裂隙发育的串珠状溶洞。3 号支硐测线长度为 30m，主要发育一条溶蚀裂隙，沿裂隙发育小溶蚀。4 号支硐测线长度为 30m，发育一较大溶洞。

三、[工程案例 3] 某抽水蓄能电站库盆岩溶探测

某抽水蓄能电站位于山西省五台县境内的滹沱河水系，站址区距太原市及忻州市的公路里程分别为 154km 和 74km。电站工程枢纽主要建筑物包括上水库、输水系统、地下厂房系统、下水库、补水系统等，总装机容量为 1200MW，额定水头为 640m。工程现处于技术施工设计阶段。

上水库库盆基岩为中奥陶统上马家沟组上段（O_2s^2）的岩层，岩性为中厚层—厚层灰岩、薄层—中厚层泥质白云岩、泥质角砾状白云岩、粉砂质白云岩，呈"互层"状。由于上水库位于峰顶夷平面，构造部位处于背斜轴部，风化强烈、断裂较为发育，沿结构面的溶蚀较为强烈，残留有古岩溶作用下的岩溶景观，现今在古岩溶的基础上，岩溶作用又有

所发展，但受地壳隆起和地下水循环作用减弱的影响，溶蚀作用较为微弱，仅沿古岩溶产生较轻微的溶蚀，或在溶蚀面、溶洞内见有石灰华、钟乳石，以侵蚀作用为主。

为了查明上水库库盆岩溶发育情况，根据合同要求，上水库库盆岩溶探测要求采用探地雷达探明建基面以下 10m 深度范围内发育的岩溶洞穴和溶蚀宽缝，确定溶洞、溶蚀宽缝的数量、分布和范围，为地基处理提供资料。

本次工作选用的雷达仪器为 GSSI 公司的 SIR-20 型高速地质雷达，工作中选用的天线中心频率为 100MHz 的收发一体式屏蔽天线、连续剖面法探测、人工 mark 每 2m 一个、测程为 300ns。

依据工作大纲和探测要求，测线间距为 2.5m，大致呈东西向，与工区主要地质构造线垂直或大角度斜交。现场测试时先进行人工放线、放点，沿测线方向每 2m 标注一个点位，每 10m 标注一个控制点。控制点均采用全站仪进行控制测量。本次工作共完成探测工作量 45.6km，面积 128700m^2。上水库库盆地质雷达测线布置及异常平面分布图如图 4-15 所示。

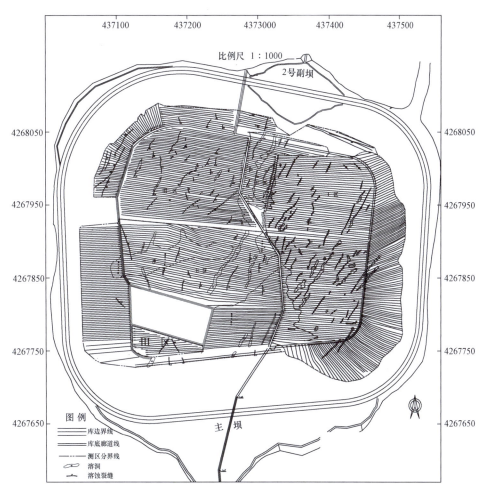

图 4-15　上水库库盆地质雷达测线布置及异常平面分布图

测区雷达探测典型异常成果图如图 4-16 所示。

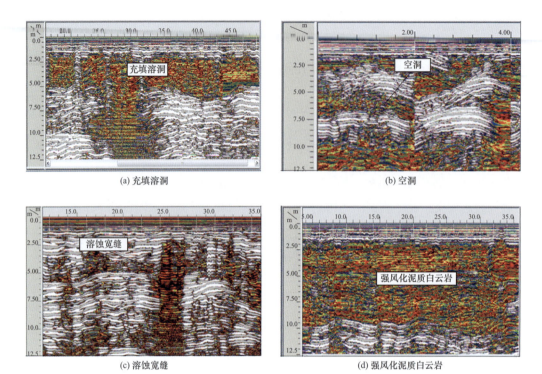

(a) 充填溶洞

(b) 空洞

(c) 溶蚀宽缝

(d) 强风化泥质白云岩

图 4-16　典型异常图

本次上水库雷达探测工作共探测出溶洞异常 51 个、溶蚀宽缝异常 95 条，合计 146 处之多；其分布规律为：

（1）岩溶发育方向基本沿 NE 向，发育方向多为 NE∠40°～60°，受构造控制的方向性明显，溶洞直径一般在 1～3m，少数大于 3m，溶蚀裂隙宽度一般小于 0.5m；升挖揭露的情况看，溶洞及溶蚀宽缝大多数为充填型，少数为无充填或半充填型；溶洞多充填黏土，少量夹有碎石；宽缝以黏土、碎块石充填为主。

（2）所探测到的较明显的岩溶分布规律，基本分布于原始地形条件下的沟底部位。

（3）第 5 层灰岩及第 4 层灰岩与白云岩互层部分岩溶较发育，而第 4、6 层泥质白云岩部分岩溶相对不发育。

地质雷达探测到的溶洞和溶蚀宽缝经开挖验证，与实际均是吻合的，仅在范围上有所差别，说明本次测试所采用的技术方法和参数是合适的，解释是合理的，测试成果满足要求。

四、［工程案例 4］某水电站大坝建基面岩溶探测

某水电站位于乌江干流中游河段，距思南县城上游 23km。设计水库正常蓄水位高程为 440m，总库容为 $16.54×108m^3$，最大坝高为 113.8m，上游接构皮滩水电站尾水，下游为沙沱水电站，装机容量为 $84×10^4kW$，是一个以发电为主，兼顾航运、防洪和灌溉等

综合效益的水利枢纽工程。水电站坝址区构造复杂，岩溶、裂隙密集带、溶蚀裂隙、构造破碎带、缓倾角结构面发育，根据规程规范的要求，必须对大坝建基面岩体进行物探检测，必须查清存在的地质缺陷，并对大坝的建基面进行鉴定验收。

检测区地层为二叠系下统至三叠系下统的灰岩和泥页岩层，第四系堆积物分布零星。坝基雷达探测测线布置如图 4-17 所示。

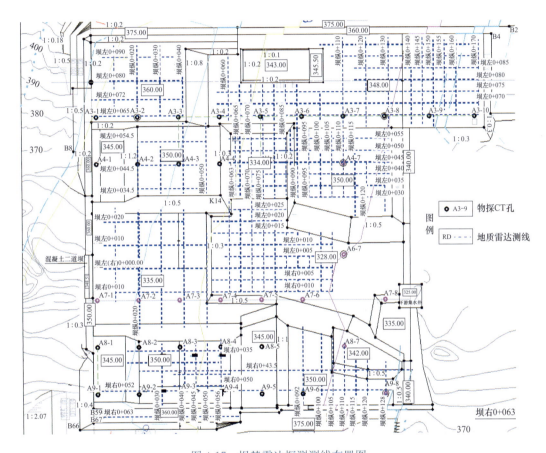

图 4-17 坝基雷达探测测线布置图

本次探测使用的仪器为 GSSI 公司的 SIR10 型雷达系统，天线中心频率为 80MHz 收发一体天线，测程选择为 400ns，连续测量方式进行探测。

雷达数据经过处理分析，部分探测成果图如图 4-18 所示。

通过对雷达探测成果进行综合分析，坝基溶洞平面分布如图 4-19 所示。

根据雷达探测成果结合地质分析，溶蚀、溶洞发育强烈，主要分布在坝右 350 平台、坝左 334 平台及坝左 348 平台，溶洞发育深度 2～15m 均有发育，经开挖验证，探测的溶洞大多为空洞，少数半充填，其余部分坝基岩体较完整，探测成果为设计坝基稳定分析及防渗处理提供了有力依据。

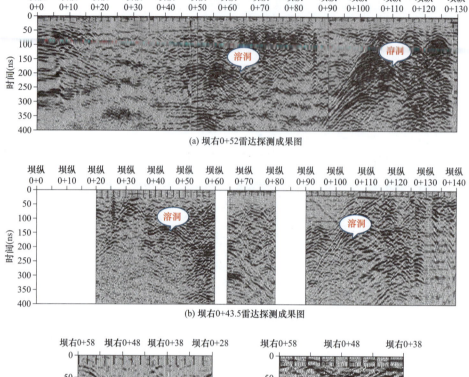

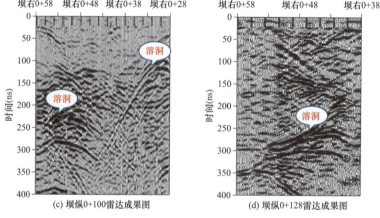

图 4-18　部分典型岩溶异常雷达探测成果图

五、[工程案例 5] 某水电站引水隧洞补充勘察

(一) 工程概况

某水电站位于西溪河中游，为流域梯级的其中一级，是一座以发电为主的低闸高水头引水式电站，电站正常蓄水位高程为 1674.00m，相应库容为 208 万 m³。装机 2×65MW，电站引用流量为 35.2 m³/s，额定水头为 417.4m，最大水头为 457.6m，最小水头为 412.0m。电站工程由首部枢纽、引水系统、地面厂房及开关站等组成。引水隧洞全长 13.6km，开挖断面为城门洞形 5.0m×4.8m，衬砌后断面尺寸 4m×3.8m，隧洞底板坡度为 0.69%~1.4%。隧洞主要采用喷锚支护，局部围岩破碎洞段采用混凝土

衬砌支护方式。

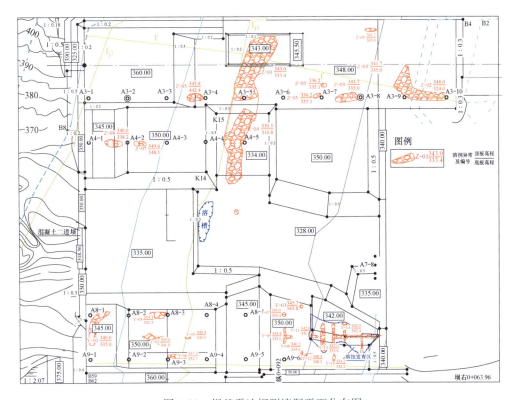

图 4-19　坝基雷达探测溶洞平面分布图

（二）隧洞基本地质条件

该水电站引水隧洞自进口至调压井全长 13574.449m，隧洞地面高程为 1800～2500m，隧洞埋深为 80～900m。引水隧洞区域地层岩性主要为泥质粉砂岩、泥岩、泥灰岩、灰岩、白云岩、砂岩、页岩和玄武岩等，沿线断裂构造较发育，岩体完整性差至破碎。根据隧洞围岩类别统计，Ⅱ类围岩总长度为 1279.4m，占 9.42%；Ⅲ类围岩总长度为 7644.7m，占 56.32%；Ⅳ类围岩总长为 4163.5m，占 30.67%；Ⅴ类围岩总长为 486.8m，占 3.59%。

引水隧洞雷达探测里程桩号范围为 K7＋300～K11＋735，其中 K7＋300～K8＋930 洞段为岩溶化程度较高的阳新组纯灰岩地层；K8＋930～K9＋450 洞段为阳新组泥岩、粉砂岩及灰岩；K9＋450～K9＋940 洞段为灰岩夹粉砂岩及泥岩；K9＋940～K11＋735 洞段主要为灰岩及白云岩地层。

（三）探测目的

通过地质雷达测试查明 K7＋300-K11＋735 洞段阳新组灰岩洞段洞室围岩 10m 范围内的岩溶发育情况；查明引水隧洞洞室周边发育的断层、含水裂隙及岩体破碎带的分布位置，对隧洞围岩完整性情况作出初步评价，为灌浆处理及后期工作安排提供资料。

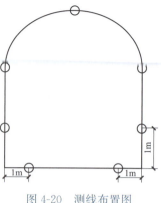

（四）测线布置

本次补充探测测线布置分别在所探测洞段左右边墙距底板 1.0m 高处各布置一条测线，左右起拱部位及顶拱中轴线各布置一条测线，底板平行布置两条测线，测线间距为 2.0m 左右。测试过程中采用连测法。测线布置见图 4-20，典型成果见图 4-21。

图 4-20　测线布置图

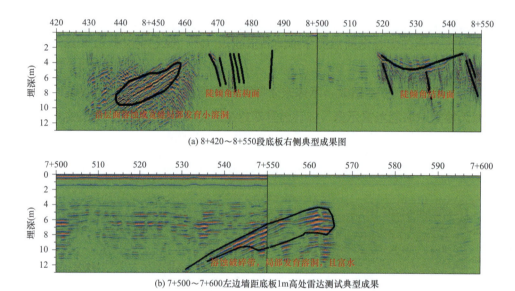

(a) 8+420～8+550段底板右侧典型成果图

(b) 7+500～7+600左边墙距底板1m高处雷达测试典型成果

图 4-21　部分典型岩溶异常雷达探测成果图

六、［工程案例 6］某水库大坝建基面岩溶探测

为查明某水库坝基岩溶分布，采用探地雷达等方法进行岩溶探测，现场工作采用了测网形式进行布置；测线密度根据前期地质勘察工作推测成果，测线间距为 10～30m 不等。探地雷达测线布置图见 4-22 所示。

坝址区出露地层为三叠系中统关岭组第一段（T_2g^1）、三叠系中统关岭组第二段（T_2g^2）地层。多为碳酸盐岩地层，可溶性极强，该地区降雨量充沛，岩溶中等发育或极其发育。

本次探测使用美国 GSSI 地球物理公司研制生产的 SIR-3000 型高速探地雷达仪。数据处理和反演解释使用仪器生产厂家与美国加州大学联合研制的 2000 版雷达处理软件对雷达信号进行处理、解释和计算。

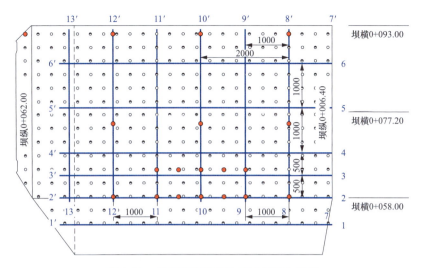

图 4-22　某水库坝基探地雷达测线布置图

（一）现场采集参数

（1）观测系统：通过分析试验记录，确定本测区采用剖面法进行探测，天线中心频率为 100MHz、点测方式、测点距为 0.2m。

（2）仪器采集参数：数据采样率为 1024、自动增益、记录长度为 500ns。

（3）滤波参数：高通为 25MHz，低通为 400MHz。

（4）在已知目标体位置或尺寸处进行介质电磁波速度测试，以确保采用电磁波速的准确。

（5）数据采集中，保持天线与地面接触，并实时观察和记录天线经过干扰物体时的干扰图像，以便在数据处理和资料解释时加以识别和消除。

（6）按规程要求进行检查观测和异常点的重复观测。

（二）本次数据处理流程

（1）数据整理和预处理：对原始资料进行整理核对、编录、距离归一化、数据合并、废道剔除、测线方向一致化、偏移处理等。

（2）滤波：滤除或压制干扰波。

（3）反褶积：压制多次反射波和反射子波。

（4）偏移：采用时间偏移或深度偏移处理方法将倾斜层反射波界面归位，将绕射波收敛。

（5）增益调整：使增益符合信号衰减规律。

（6）绘制探地雷达成果图。

经数据处理分析，发现剖面中存在多处异常区（本次仅展示 3 号测线部分成果），异常性质一般为裂隙发育、溶蚀破碎等，如图 4-23 所示。

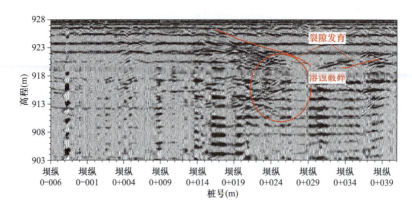

图 4-23　坝基 3 号测线探地雷达成果图

七、[工程案例 7] 某水电站交通洞超前地质预报

(一) 工程概况

某水电站辅助洞全长 17.5km，一般埋深 1500～2000m，最大埋深 2375m。由两条平行、中心距 35m，净宽 5.5m 和 6m，净高 4.5m 和 5m 的单车道 A、B 隧洞组成。方位为 S121°56′E，纵断面为人字坡形，最大纵坡 2.5%，最小为 0.2%。隧洞西端进口位于某电站闸址上游约 1km，高程为 1657.1m；东端出口位于二级电站厂房以南约 4km，高程为 1566m。

(二) 地质概况

(1) 地层岩性：工程区内出露的地层为前泥盆系-侏罗系的一套浅海-滨海相、海陆交替相地层。区内三迭系地层广布，构成河弯内的雄伟山体。中、下统地层为变质程度不同的巨厚-厚层状碳酸盐岩地层以及绿片岩和变质火山岩地层，上统为碎屑岩地层。三迭系地层为辅助洞的主要围岩。

(2) 地质构造：工程区从展布的地质构造形迹看，该区处于近东西向（NWW～SEE）应力场控制之下，形成一系列近南北向展布的紧密复式褶皱和高倾角的压性或压扭性走向断裂，并伴有 NWW 向张性或张扭性断层。东部的褶皱大多向西倾倒；而西部地区扭曲、揉皱现象表现得比较明显。

(3) 工程地质问题：隧洞处于高山峡谷的岩溶地区，穿越的地层岩性主要为三迭系变质大理岩、砂板岩、绿泥石片岩。区内主要受 NWW-SEE 向应力场控制，形成一系列近 SN 向紧密复式褶皱和高倾角的压性断层，并伴有 NWW 向张性、张扭性结构面发育，地质条件复杂，具有埋深大、洞线长的特点。主要工程地质问题有高地应力、岩爆、涌水、高地温、有害气体、围岩稳定及隧洞所穿越的断层破碎带等。

(三) 测线布置

为探测掌子面前方不良地质体发育情况，本次预报分别在 BK5＋038、BK5＋045 掌子面布置了 3 条雷达测线，如图 4-24 所示。

（四）BK5＋045 掌子面预报成果

1. 探测成果

图 4-25 所示为 BK5＋038～BK5＋058 段左右壁底部及 BK5＋058 掌子面底部雷达测试成果色谱图，图 4-26 所示为 BK5＋045～BK5＋065 段左右壁底部及 BK5＋065 掌子面底部雷达测试成果波形图。图 4-27 所示为探地雷达在 BK5＋065 掌子面中部水平测线成果波形图，图 4-28 所

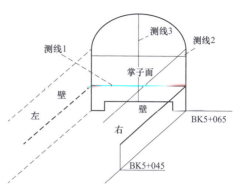

图 4-24　掌子面雷达测线布置示意图

示为探地雷达在 BK5＋065 掌子面中部垂直测线成果波形图，从雷达成果图图 4-25～图 4-28 可知：掌子面前方从 BK5＋072 开始，雷达反射能量明显增强，同相轴不连续，波形杂乱。

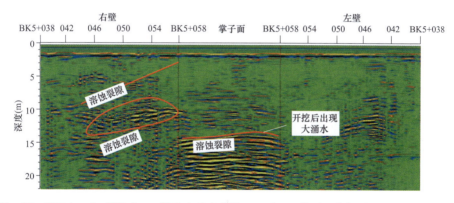

图 4-25　BK5＋038～BK5＋058 段左右壁底部及 BK5＋058 掌子面底部雷达测试成果色谱图

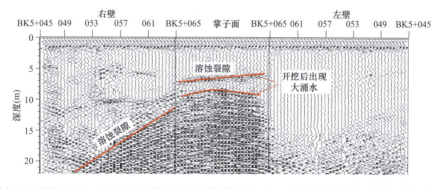

图 4-26　BK5＋045～BK5＋065 段左右壁底部及 BK5＋065 掌子面底部雷达测线成果波形图

2. 预报结论

通过在 BK5＋038、BK5＋045 掌子面进行的雷达探测并结合地质资料分析，可得出如下结论：掌子面前方 BK5＋074～BK5＋085 段隧洞周围无大型溶洞，仅发育两富水裂隙，其中一条裂隙宽 6～12cm，另一条宽 10～20cm，且裂隙的连通性较差。

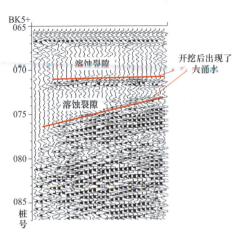

图 4-27 掌子面中部水平测线成果波形图

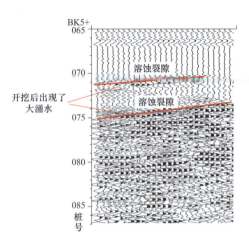

图 4-28 掌子面中部垂直测线成果波形图

3. 开挖情况

超前预报确认掌子面前方 BK5+074～BK5+085 段隧洞周围无大型溶洞后，施工单位采取短进尺掘进，顺利通过了该段。后经开挖证实：桩号 BK5+073～BK5+075 段发育一小断层，产状：N60°～70°E/NW，∠80°，宽度为 0.4～2.0m，为方解石及方解石胶结的角砾岩，断层面均附有钙化物，在该断层附近，裂隙极为发育，形成与该断层走向平行的裂隙密集带，裂隙带内出现 30～50L/s 的大涌水。

八、[工程案例 8] 某市政工程桩底岩溶探测

某市政工程楼盘主要建筑物有 A1、A2、A3 写字楼及纯地下车库区，工程场地周边地形开阔、平缓，无滑坡、泥石流分布，无主要建筑物分布。场区内出露地层为三叠系下统大冶组（T_1d）第一段浅灰色薄层、中厚层泥晶灰岩夹竹叶状灰岩，岩溶较为发育。

为查明开挖基桩底部以下 8.0m 深度范围内的岩溶及破碎带发育情况，对该楼盘人工挖孔桩底部进行了探地雷达测试。

根据测试技术要求和现场实际情况，测线沿基桩底部外沿作圆周测量，同时在桩底沿 SN 向和 EW 向交桩底中心进行"十"字测量，以查明桩底 8.0m 深度范围内岩体的岩溶及破碎带发育情况。基桩桩底雷达测线布置示意图见图 4-29。

本次探测使用美国 GSSI 地球物理公司研制生产的 SIR-3000 型高速探地雷达仪。数据处理使用 Prism 2.5 处理软件对雷达信号进行处理和计算。

图 4-29 基桩桩底雷达测线
布置示意图

（一）现场采集参数

（1）观测系统：通过分析试验记录，确定本测区采用

剖面法进行探测，天线中心频率为270MHz、点测方式、测点距为0.1m。

（2）仪器采集参数：数据采样率为1024、自动增益、记录长度为170ns。

（3）滤波参数：高通为75MHz，低通为700MHz。

（4）在已知目标体位置或尺寸处进行介质电磁波速度测试，以确保采用电磁波速的准确。

（5）数据采集中，保持天线与地面接触，并实时观察和记录天线经过十扰物体时的干扰图像，以便在数据处理和资料解释时加以识别和消除。

（6）按规程要求进行检查观测和异常点的重复观测。

（二）本次数据处理流程

（1）数据整理和预处理：对原始资料进行整理核对、编录、距离归一化、数据合并、废道剔除、测线方向一致化、偏移处理等。

（2）滤波：滤除或压制干扰波。

（3）反褶积：压制多次反射波和反射子波。

（4）偏移：采用时间偏移或深度偏移处理方法将倾斜层反射波界面归位，将绕射波收敛。

（5）增益调整：使增益符合信号衰减规律。

（6）绘制探地雷达成果图。

（三）探测成果

图4-30所示为XZK408号桩桩底雷达探测成果图，从图4-30可知：桩底6.0～6.5m雷达反射能量明显增强，同相轴不连续，波形杂乱，解释为岩溶发育。

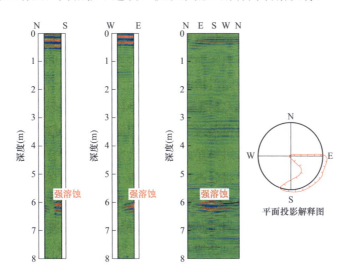

图4-30　XZK408号桩桩底雷达探测成果图

（四）钻孔验证

经补充钻孔勘察验证，XZK408号孔桩发育溶洞位于桩底深6～6.5m、高程1270.8～1270.3m处。

第五章

井间电磁波层析成像

井间电磁波层析成像是将电磁波传播理论应用于地质勘察的一种探测方法，是利用电磁波在有耗介质中传播时，能量在介质中的衰减、传播时间发生的变化来重建电磁波吸收系数或速度分布，进而达到探测地质异常体的目的的一种地球物理方法，简称电磁波 CT。

在岩溶发育地区，岩溶、破碎带的通常含水较高，与围岩存在较大的电磁波吸收系数差异，因用电磁波 CT 法在岩溶探测工作中具有良好的探测效果而广受岩溶工作者的青睐。目前国内外在电磁波层析成像方面主要集中于对电磁波场强幅值进行射线层析成像来反演探测区域介质的吸收系数。岩体与完整灰岩间存在较大的地球物理差异。一般情况下，强度高、坚硬完整、较纯的灰岩介质中，地球物理特征常表现为高速、高阻、低吸收的特征，而当岩层受到断裂带、层间错动带、风化溶滤带、岩溶化等破坏时，则表现为波速、电阻率降低，吸收系数增大，与完整灰岩间存在较大的地球物理差异。因此，在灰岩介质中具备钻孔电磁波 CT 探测岩溶的地球物理前提。

利用钻孔电磁波 CT 可以弥补工程地质钻孔的局限性，结合地质条件分析钻孔电磁波 CT 测试成果，对岩体中发育的钻孔不能揭示且具一定规模的未知地下岩溶的探测问题会得到有效的解决，且不需要井液作为耦合，近年来，随着电磁波 CT 方法技术的不断完善，在众多学者的研究与完善下[111-116]，电磁波层析成像理论与技术日趋成熟，电磁波层析技术在岩溶方面得以广泛应用[117-120]。

第一节 基 本 原 理

岩石在均匀无限无源介质中，描述电磁场的麦克斯韦方程组见式（5-1），即

$$\left.\begin{array}{l} \nabla \times \vec{H} = \vec{J} + \dfrac{\partial \vec{D}}{\partial t} \\[3mm] \nabla \times \vec{E} = -\dfrac{\partial \vec{B}}{\partial t} \\[3mm] \partial \cdot \vec{B} = 0 \\[3mm] \partial \cdot \vec{D} = 0 \end{array}\right\} \qquad (5\text{-}1)$$

式中：E、H 分别表示电场强度和磁场强度；J 为电流密度；B 为磁感应强度，B 和 H 由电介质特性决定，$B=\mu H$（μ 为介质磁导率）；D 为电感应强度，$BD=\varepsilon E$（ε 为介质的介电常数）。

麦克斯韦方程描述了电荷、电流、电场和磁场随时间和空间变化的规律，它概括了电磁现象的本质。其中，第一式为磁感应定律，它把磁场与传导电流和位移电流联系起来，即传导电流和位移电流产生磁场，第二式为电磁感应定律，说明变化的磁场激发出随时间变化的涡旋电场，第三、第四式为高斯定律，在无源空间中，磁力线和电力线为闭合的。根据麦克斯韦方程描述的电磁场的传播规律，在谐波情况下，可求出 E、H 满足的波动方程公式，见式（5-2），即

$$\left.\begin{array}{l} \nabla^2 E + \omega^2 \mu\varepsilon\left(1-i\dfrac{\sigma}{\omega\varepsilon}\right)E = 0 \\[3mm] \nabla^2 H + \omega^2 \mu\varepsilon\left(1-i\dfrac{\sigma}{\omega\varepsilon}\right)H = 0 \end{array}\right\} \tag{5-2}$$

式中　ω——电磁波圆频率。

或简写成式（5-3），即

$$\left.\begin{array}{l} \nabla^2 E + k^2 E = 0 \\[2mm] \nabla^2 H + k^2 H = 0 \end{array}\right\} \tag{5-3}$$

式中　k——波动系数，简称波数。

偶极子又称为元天线，设元天线长度为 l，所考虑的场区任意一点 P 与元天线的距离 $r \gg l$，当天线中通以交变电流时，其中的电荷将作加速运动，形成一元电流，这样在天线周围空间便形成了变化的电磁场。

稳定的电偶极子产生的场分布在偶极子周围，其场强以 $\dfrac{1}{r^2}$ 的关系随距离 r 衰减。这种场好像偶极子自己所携带的场，当偶极子位置变化时，场的分布也随之改变，如果偶极子消失，场也随之消失。因此，把这种场称为偶极子的自有场。

对于偶极子附近的场区，交变偶极子的场像稳定偶极子的场一样，场的分布受控于偶极子。其不同特点是场随时间变化，由于交互感应，电场和磁场同时存在且和波源交换能量。所以偶极子附近的场仍可称为自有场或感应场。

交变偶极子除了感应场部分外，尚有一部分场远离偶极子向外辐射出去，脱离场源并以波的形式向外传播，这部分场称为自由场或辐射场。一经辐射出去的辐射场，将按自己的规律传播，而与场源以后的状态无关，即便偶极子消失，辐射电磁波仍继续存在并向外传播。随着距离的增加，辐射场强度也随之衰减，但辐射场强度的衰减比自有场慢，以 $\dfrac{1}{r}$ 的关系随距离而衰减。

偶极子电磁场的数学表达式根据波动方程和给定的边界条件，可以导出在球坐标系中

远区电磁场分量的数学表达式，在垂直电偶极子时为式（5-4），即

$$E_r = \frac{k^3 I l \mathrm{e}^{-i\omega t}}{2\pi\omega\varepsilon}\left[\frac{1}{(kr)^2} + \frac{i}{(kr)^3}\right]\mathrm{e}^{ikr}\cos\theta$$

$$E_\theta = \frac{k^3 I l \mathrm{e}^{-i\omega t}}{4\pi\omega\varepsilon}\left[\frac{-i}{kr} + \frac{1}{(kr)^2} + \frac{i}{(kr)^3}\right]\mathrm{e}^{ikr}\sin\theta$$

$$H_\varphi = \frac{k^2 I l \mathrm{e}^{-i\omega t}}{2\pi}\left[\frac{-i}{kr} + \frac{1}{(kr)^2}\right]\mathrm{e}^{ikr}\sin\theta$$

（5-4）

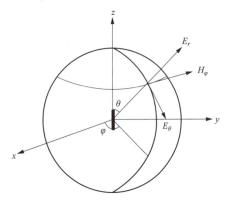

图 5-1　球坐标系中 E_r、E_θ、H_φ 的关系

E_r、E_θ、H_φ 3 个量的关系见图 5-1。

从式（5-4）可以看出 3 个分量与距离的关系不尽相同，当 kr 很大时，式中的各分量中 kr 的低次方项较重要，故在电磁场的辐射区内可保留 kr 的一次方量而略去其他项，于是辐射区电磁场强的近似表达式可改写为

$$E_\theta = \frac{I l \omega \mu}{4\pi r}\sin\theta\cos(\omega t - kr)$$

$$H_\varphi = \frac{I l \omega \sqrt{\varepsilon\mu}}{4\pi r}\sin\theta\cos(\omega t - kr)$$

$$E_r = 0$$

（5-5）

变成指数形式为

$$E_\theta = \frac{I l \omega \mu}{4\pi r}\mathrm{e}^{-\beta r}\sin\theta = E_0 \frac{\mathrm{e}^{-\beta r}}{r}\sin\theta$$

$$H_\varphi = \frac{I l \omega \sqrt{\varepsilon\mu}}{4\pi r}\mathrm{e}^{-\beta r}\sin\theta = H_0 \frac{\mathrm{e}^{-\beta r}}{r}\sin\theta$$

$$E_r = 0$$

（5-6）

式中　　　Il——偶极子电距；

　　　　　β——吸收系数；

$E_0 = \dfrac{I l \omega \mu}{4\pi r}$——初始电场强度；

　　　　　θ——方位角；

$H_0 = \dfrac{I l \omega \sqrt{\varepsilon\mu}}{4\pi r}$——初始磁场强度。

在实际工作中，电磁波 CT 通常使用的都是半波天线。这种天线在空间某点的场强可视为天线上许多电流元产生的场的叠加，因此可以从电偶极子辐射场推导出半波天线的辐射场。

如图 5-2 所示，假设在一井中放置发射天线，在另

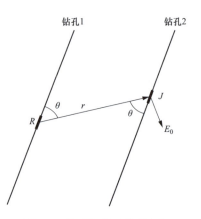

图 5-2　井中接收天线的电场

一钻孔中放置接收天线，则接收天线处的场强表达式为式（5-7），即

$$E' = E_0 \frac{\mathrm{e}^{-\beta r}}{r} f(\theta) \tag{5-7}$$

式中 E_0——偶极天线的初始辐射常数，表示为式（5-8），即

$$E_0 = \frac{\omega \mu I_0}{4\pi\alpha} \tag{5-8}$$

$f(\theta)$ 为偶极天线的方向性因子，表示为式（5-9），即

$$f(\theta) = \frac{\cos\left(\dfrac{\alpha l}{2}\cos\theta - \cos\dfrac{\alpha l}{2}\right)}{\sin\theta} \tag{5-9}$$

式中 α——相位因子，其值为 $2\pi/\lambda$。

对于常用的半波天线来说可写为式（5-10），即

$$f(\theta) = \frac{\cos\left(\dfrac{\pi}{2}\cos\theta\right)}{\sin\theta} \tag{5-10}$$

如果在接收点 J 放置一相同的天线，当两钻孔平行时，场强观测值应为式（5-11），即

$$E = E'l_e'\sin\theta = E_0\frac{\mathrm{e}^{-\beta r}}{r}f(\theta)l_e'\sin\theta \tag{5-11}$$

式中 l_e'——接收天线的等效高度。因为接收天线上的每一点的场强不同，故读出的观测值 E 实际上是某种平均值；

E'——与场强沿接收天线的分布、接收天线的几何性质以及接收点周围的介质情况有关的量。这就是场强观测值的公式，它反映了场在空间的分布。

由式（5-11）可进一步得吸收系数 β，见式（5-12）

$$\beta = \frac{1}{r}\ln\frac{E_0 f(\theta)l_e'\sin\theta}{rE} \tag{5-12}$$

实际上由于测量数据不可避免地受到电磁波在介质中的散射、多次反射及可能存在的衍射的影响，因此，用观测数据进行反演所得到的只是介质电磁波剖面内的吸收系数的视平均效果，简称视吸收系数。

相对衰减电磁波 CT 和绝对衰减电磁波 CT。电磁场包括正常场、背景场、屏蔽系数。正常场是指在无限均匀介质中，在远场区的辐射场；背景场主要是针对局部异常而言，除了局部异常外，曲线的剩余部分都可称为背景场，背景场本身是有变化的，它不要求衰减系数为常数；屏蔽系数是交会法下的一个概念，即是背景场与实测场的比值，在对数方式下为背景场 B 与实测场 A 之差，即

$$C_s = B - A \tag{5-13}$$

相对衰减为探测区域内任一点绝对衰减 β_r 与背景衰减（围岩的衰减）β_b 之差，也称

为剩余衰减，表示为式（5-14），即

$$\Delta\beta = \beta_r - \beta_b \tag{5-14}$$

建立相对衰减方程组式（5-15）为

$$[D][\Delta\beta] = [C_s] \tag{5-15}$$

解上式得到地下介质相对衰减二维分布的电磁波吸收系数重建算法称为"相对衰减CT"或"相对衰减图像重建"。相应的表达式为

$$[D][\beta_r] = [A] \tag{5-16}$$

式（5-16）被称为绝对衰减方程，解上式得到地下钻孔间介质绝对衰减二维分布的电磁波吸收系数，重建算法称为"绝对衰减CT"或"绝对衰减图像重建"。

第二节　现场工作技术

一、电磁波 CT 设备

目前电磁波 CT 仪器以国产为主，如中国电建集团贵阳勘测设计研究院有限公司、武汉智岩、湖南奥成科技均可提供电磁波 CT 仪器。各家厂商的仪器基本原理及大小形态相似，具体的参数与工作方式稍有差别。本文以中国电建集团贵阳勘测设计研究院有限公司的电磁波 EWCT-3 仪器进行说明介绍。

EWCT-3 型电磁波仪器系统包括发射机、接收机、数据采集处理机、功率指示器、天线、测井绞车（带电缆）2 台、井口滑轮 2 个和配套处理软件，如图 5-3 所示。该仪器与当前其他型号的电磁波仪器相比，具有以下特点。

（1）探头内部采用高度集成电路，性能可靠、故障率低。

（2）频带宽，为 3～32MHz，工作频点的频率偏差小于 2Hz。

（3）采用可重复充电的高容量锂电池作探头电源，可充电大容量聚合物电池作采集仪电源，保证仪器连续工作 12h 以上。

（4）发射机电源为 2 节 3.7V 锂电池，接收机电源为 1 节 3.7V 锂电池，功率大于 10W。

（5）体积小，采用最新的无线电技术和电子技术设计，大大缩小了井下仪器的尺寸，使发射和接收更趋于点偶极子，具有较高的屏蔽性能，分辨力更强。

（6）采样精度高，采用 16bit 高精度 ADC，采用数字信号传输数据使传输过程中无信号损失，且测量误差小于±1dB，从而保证了测量精度。

图 5-3　EWCT-3 型电磁波仪器系统

（7）地面工作采用体积更小的数据采集

器，使数据采集、管理为一体。

孔间电磁波层析成像系统 EWCT-3 仪的主要技术参数见表 5-1。

表 5-1　　　　　　　　　　　　　EWCT-3 仪的主要技术参数

序号	参数名称	主要技术参数	备注
1	工作频率	3、4、6、8、12、16、24、32MHz，共 8 个频点	
2	发射功率	≥10W、73Ω 负载	
3	接收机噪声	≤10mV	
4	测量范围	−140～−8dB	
5	测量误差	＜±1dB	
6	工作方式	单频工作	
7	数据采集	人工交互式采集管理	
8	天线	发射机采用偶极天线，接收机采用鞭状天线	
9	探头密封性	≥6MPa	
10	温度	−10～+50℃	
11	功耗	发射机 2 节可充电锂电池一次充电可工作 12h，接收机 1 节可充电锂电池一次充电可工作 12h，地面采集处理机一次充电工作 12h	
12	尺寸	发射机为 φ40×610mm，接收机为 φ40×630mm，采集器为小型密封箱	

孔间层析成像观测现场布置图如图 5-4 所示。

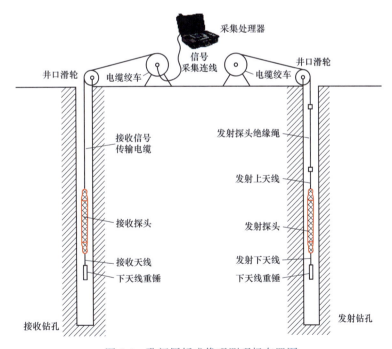

图 5-4　孔间层析成像观测现场布置图

二、现场数据采集

现场工作包括生产前的准备工作和试验工作、工作布置、观测系统的选择、观测、重复观测和检查观测等。

（一）准备工作

（1）收集工区地质、地形、地球物理资料以及以往进行过的成果资料，钻孔或平洞的地质资料，布置图、孔口（洞口）坐标、高程，并作全面的分析和了解，便于指导和参考。

（2）对仪器设备进行全面的检查、检修，各项技术指标应达到出厂规定。

（3）了解钻孔情况，包括孔径变化、套管深度、孔斜、孔内是否发生过掉块或丢钻具等事故、有无大洞穴漏水等，以便对预计发生的问题制定预防措施。

（4）使用重锤对全孔段进行扫孔，避免安全事故的发生，同时指导资料成果的解释。

（二）工作布置

（1）宜选择高频段电磁波进行工作，钻孔宜垂直于地层或地质构造的走向布设。

（2）钻孔、探洞等测量断面应相对规则且共面。

（3）孔、洞间距一般不宜大于50m，成像的孔、洞段深度宜大于其孔、洞间距。地质条件较为复杂、探测精度要求较高的部位，孔距或洞距应相应减小。

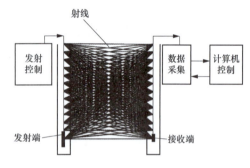

图5-5 孔间电磁波CT完整观测示意图

（4）为了获得高质量的图像，最好进行全空间完整观测（见图5-5）。

（5）接收点距通常选用0.5m、1m或2m。测点过疏会影响探测精度；测点过密会显著增加观测工作量，对图像质量和探测精细程度的提高作用相对有限，应合理选取。

（三）试验工作

生产前首先进行试验工作：使用不同频率分别对观测孔进行全孔段同步观测，目的如下。

1. 选择仪器的最佳工作频率

工作频率主要和目标异常体的形状、大小，以及和围岩吸收系数的差异及其随频率变化的规律有关，选择适当的频率可以获取有效信号并突出异常体。频率、岩体吸收系数和孔距之间的关系直接影响到对异常体的分辨能力。

（1）随着工作频率的增高和介质的吸收系数变大，电磁波的穿透距离随之变小，因此在钻孔距离大或围岩吸收系数高时，使用的工作频率较低。

（2）当选用较低频率工作时，岩石中波长较长，会产生绕射现象，使划分地质体轮廓的分辨率降低，容易漏掉小异常体。因此在保证有效穿透距离的前提下，使用频率一般比较高。

（3）不同结构的地质体对频率变化有不同的反应，因此尽量选择多频工作。

（4）在吸收系数小的岩石中，如灰岩地区电磁波能量衰减小，二次波的强度较大，容易观察到直达波与二次波的干涉现象。频率高时其波程差变化快，出现较多的干涉条纹，使解释复杂化。在这种条件下，不能单一考虑分辨率而采用过高的频率，一般要通过试验选取合适的频率。鉴于工作频率的合理选择与岩体吸收系数、孔距关系密切，因此必须通过试验进行确定。一般选择多个频段进行试验，同时保证这几个频段的同步观测值在仪器测量范围内，选择观测读数居中的频率为最佳工作频率。

（5）为了保证数据的可靠性和处理图像的质量，选择频率时，最大的观测场强值不要过低，当外界干扰信号过强时，观测场强值过低会降低信噪比。

（6）确定初始场强或背景吸收值。取地质条件相对简单的孔段的值为背景值，用于成果解释中对异常的划分。

（7）初步了解电磁波衰减情况。

（8）评价电磁波 CT 的可行性和解决程度。若各种频率段均无法获取合适的观测读数，则表明电磁波信号太弱，确认不具备完成地质任务的基本条件，可申述理由，请求改变方法或撤销任务。

当同一剖面上进行多组孔（洞）间观测时，对孔距基本一致、岩性相同的剖面段可使用相同的工作频率、相同的背景值；反之，当孔距或岩性发生变化时，则应重新通过试验选择合适的频率，确定相对应的背景值。

（四）现场观测

（1）孔（洞）间 CT 可采用两边观测系统，当孔间的地面或洞间边坡条件适宜时，一般采用三边观测系统；在梁柱或多面临空体的情况下，可采用多边观测系统。

（2）观测方式可分为两类，即同步观测方式和定点扇形扫描方式，同步又分为水平同步和斜同步，定点也分为定发和定收。同步方式一般用于试验工作，对探洞、钻孔及自然临空面所构成的区域进行 CT 时，则采用定点扇形扫描方式，射线分布均匀，交叉角度不宜过小，扇形扫描的最大角度以不产生明显断面外绕射为原则。

（3）一般情况下选择定发方式，当移动接收机出现很强的干扰时，也可采用定收方式。

（4）在同一剖面上进行多组孔间或洞间 CT 观测时，观测系统一般保持一致。

（5）现场工作中应注意如下事项。

1）要确保使用电池的电压符合仪器正常工作要求。

2）可能平缓移动探头，避免剧烈抖动。

3）严格校对探头在井下的深度位置，防止深度记录出现错误。

4）如需互换发射与接收孔位，必须再次进行零校工作。

5）当观测值发生畸变时，应在畸变点内及与周边相邻点之间进行加密观测，以进一步确定观测值的准确性和异常范围。

三、观测系统的选择

观测系统一般根据测试目的、异常规模、精度要求和试验目的确定。一般情况下发射点距与接收点距相同，当发射点间距大于接收点间距时，宜采用两孔互换观测系统。在同一剖面上进行多组孔间或洞间层析成像观测时，观测系统宜保持一致。成像区域的孔深、洞长宜超出被探测目的体边界5m以上。宜采用水平同步＋斜同步＋定点扇形扫描及两孔互换的观测系统进行观测。

电磁波工作频率：指发射探头和接收探头的频率，他们的频率是一致的，常用的工作频率在2~36MHz之间。频率越小、穿透性越强，探测孔间距可达30~50m。当然，更高的频率和更小的孔间距可达到更精细的探测效果。

为了对两个钻孔之间所有区域进行探测，发射探头和接收探头均需要在各自钻孔内不同位置进行移动。发射点距与接收点距一般是相同的，岩溶勘探中点距通常选择1m。

探头的移动观测方式：发射探头与接收探头同时移动，固定一个探头，移动另一个探头进行扇形扫描。同步观测包括水平同步和斜同步，水平同步指发射探头和接收探头在同一个高程进行同时向上或向下的扫描观测方式。斜同步指发射探头和接收探头在不同的高程进行同时向上或向下的扫描观测方式。定发指固定发射探头在孔内某一高程位置，移动接收探头进行扇形扫描。定收指固定接收探头在孔内某一高程位置，移动发射探头进行扇形扫描。互换观测指将发射探头与接收探头所在的孔进行互换后再进行观测的工作方式。

各种观测方式有各自的优点、缺点及适用情况。

(一) 水平同步观测

水平同步表示两孔同时从孔口到孔底的同步移动观测。水平距离代表两孔间最短距离，最短距离观测代表限度内最清晰观测，这是水平同步的核心优点。水平同步的不足也是显然的，即只能做这么一组观测，也即是只能从一个水平角度对目标空间进行观测。

水平同步观测一般是第一步做的，之后即可调整射线角度从其他方位对目标空间进行探测观测。

(二) 斜同步观测

做完水平同步观测后即可调整发射或接收探头的相对高度米变化角度再进行同步观测。举例这种观测系统中发射探头与接收探头初始深度设计。

第1组：发射探头在1m深度，接收探头在2m深度，同时向下同步移动观测；

第2组：发射探头在1m深度，接收探头在3m深度，同时向下同步移动观测；

第3组：发射探头在1m深度，接收探头在4m深度，同时向下同步移动观测；

...

这样的同步移动观测可以做到很多组。斜同步观测的目的及应用就是变化不同的角度对目标空间进行探测观测。

斜同步工作时需要发射探头与接收探头同时移动，而且需要来回反复很多次。这对现场工作要求会很高，对钻孔的光滑与顺畅性要求也很高。工程中许多钻孔没有套管，均多多少少存在塌孔或卡孔的风险，探头上下移动的次数越多越容易卡孔造成事故。两边探头同时移动，若不是自动升降绞车，连续长时间工作，现场绞车工人比较吃力，容易增加不确定风险。现场监控主机的采集人员也会难度增加，每次变化角度均需要核对检查，角度变大后现场采样值会整体变大，对异常的现场分析判断会变难。

（三）定点观测系统

定点扫描即固定一端探头，移动另一端探头做扇形扫描。定点扫描可以降低现场工作难度与风险。首先选择相对容易卡孔的一边固定，这样会明显降低卡孔风险。同时每次只移动一端探头做扇形扫描也更利于现场控制。

定点扇形扫描有 2 个主要的参数值得研究，第一是扇形扫描的角度控制；第二是扇形扫描的排列点距。

经过对比研究和实验分析，扇形扫描区域应上下对称以保证后期总的射线均匀分布，扇形的半夹角 A 宜控制在 $45°$ 以内，如图 5-6 所示。当半夹角 $A=45°$ 时，底端射线与顶端射线垂直，从而可确认从两个垂直的方向对异常进行探测。当半夹角 A 继续增大时，真实射线路径越复杂，断面外绕射影响越明显。现场工作中可适当调整扇形扫描的角度，工程中浅孔有时孔深不能达到 $45°$ 则全孔扫描即可。

扇形扫描的排列点距也是工作中的重点，曾经认为若扫描点距是 1m，定点间距可选择 4m 或 5m。经过分析研究，发现这样做会有

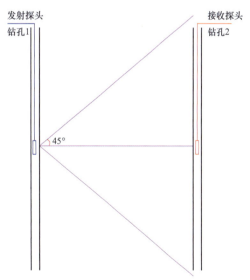

图 5-6　扇形扫描角度示意图

明显缺陷。从射线分布图上看射线分布明显不均匀，特别是在固定端这一侧，定点所在位置射线异常密集，定点没有的位置射线明显稀疏。这样首先是造成现场多个区域观测不够，其次会影响后期的反演，在射线过度密集和过度稀疏的区域造成畸变，如图 5-7 所示。

完整的电磁波 CT 扫描定点点距和接收点距、发射点距应一致。简单地说，若要求探测点距是 1m，那么发射点距和定点点距也应该是 1m。这样才能达到射线的最均匀分布。

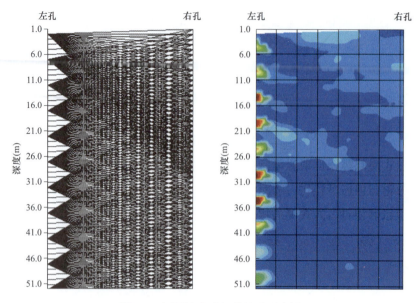

图 5-7　间断性扇形扫描缺陷示意图

（四）互换观测系统

互换观测曾经在间隔定点扫描，互换观测使用较多，互换观测可消除孔壁边缘影响。当采用连续定点扫描时，剖面上电磁波射线已经比较充分，没有完全互换观测的必要。

从理论上对电磁波在地下介质的传播进行分析：由于地下介质的分层性与非均匀性，电磁波在两孔之间传播以折射传播为主。电磁波 CT 中所用的电磁波与光具有同样的折射传播属性，只是频率不同。电磁波的折射传播路径是可逆的，由于电磁波在不同介质中传播速度不同，所以产生电磁波的折射现象，折射只与电磁波在介质中的传播速度相关。根据中国地质大学黄生根等[121] 人的研究，电磁波在地下介质传播过程中的能量衰减主要是由折射现象引起，其他介质内的异常如溶洞等区域的反射、绕射和障碍增益现象等最终电磁波的能量影响微弱。

因此，理论与相关研究者的研究表明，互换观测没有根本上有利于改善观测结果的依据。从定点观测系统试验分析中可看出两个钻孔进行发射探头和接收探头的选择布置有些许差别是因为钻孔及孔壁介质对电磁波接收端的实际接收存在一定平均效应影响。而发射端基本无影响。本文经过实际实验对比分析，相同的观测方式而互换观测最终的观测成果是基本一致的。如图 5-8 所示，现场的观测方式是首先进行水平同步观测，其次从孔底到孔口间隔1m 做定点扫面，最后再做一遍水平同步复核检查数据。左边（电磁波 CT 剖面图 ZK5-ZK6）表示发射探头在 ZK5 钻孔、接收探头在 ZK6 钻孔的观测成果图；右边（电磁波 CT 剖面图 ZK6-ZK5）表示发射探头在 ZK6 钻孔、接收探头在 ZK5 钻孔的观测成果图。反演处理的方法均采用 SIRT 方法，没有经过平滑和滤波，现场采集与反演的参数均一致。从成果对比图可看出，红色的高吸收异常区和黄色的相对异常区分布基本一致，细节与细微的形态存在差异。

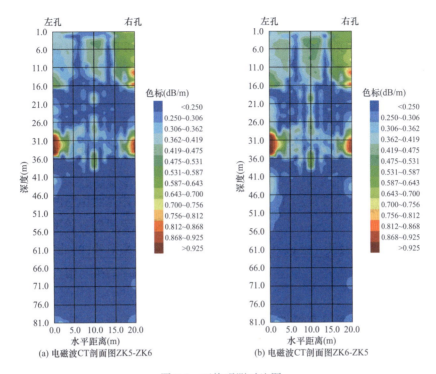

图 5-8　互换观测对比图

（五）水平同步与定点扫描观测系统

经过理论分析与实际效果对比，电磁波 CT 现场数据采集的工作方式可采用水平同步组合定点扫描观测的方案。

现场工作第一步宜进行水平同步从孔口至孔底的观测。这样做的目的主要有以下几点。

（1）检查确认工作频率与仪器工作状态。为了达到更精细的探测目的一般要求现场采用更高的工作频率。工作前一般依据经验与现场孔间距、岩性等大致情况初步设定探头发射与接收的工作频率。地下情况千变万化，经验的东西往往有偏差。初选的工作频率如果不能达到很好的穿透效果则需要换更低的工作频率。如果初选的工作频率低了，整孔扫描下来异常区域体现效果不好应该更换更高的工作频率。

电磁波 CT 的工作目的是为了寻找异常或划分界面。通常依据电磁波的衰减和吸收情况来判断。一张电磁波 CT 成果图宜多数区域电磁波穿透性很好、基本无变化。在部分区域电磁波衰减程度不同对应不同层次的异常或界面。因此我们采集工作频率选择的中心思想应是在能穿透孔间全部区域的情况下在重点区域能体现不同的衰减层次的情况下选择较高的工作频率。

（2）先全孔做一遍水平同步可以初步圈定异常的深度范围及检查钻孔情况。水平距离代表两孔间最短距离，距离最短、探测精度与可信度高。水平扫描所体现的异常深度是基本可信的。

现场工作第二步是进行完整的定点扫描。定点点距和接收点距、发射点距应一致。当钻孔较浅时定点后可进行全孔扫描。当钻孔较深时可在穿透效果较好的情况下适当加大扇形扫描的角度，这样可使电磁波射线从更多的角度对目标空间进行探测。

现场工作第三步是复核检查。全部定点扫描完之后进行一定量的复核和重复扫描检查，特别是在有异常的区域是必要的。

第三节 数据处理方法技术

一、E_0 值的求取

初始场强 E_0 是反演计算中的一个重要的变量，受电磁波发射机发射功率、接收机增益和天线结构及场地的地质条件的影响较大，需要在反演之前确定。E_0 可以根据经验取值，也可以根据迭代线性拟合求取。曹俊兴[122] 等提出了一种双频电磁波电导率层析成像方法，在假设地下介质是良导体的前提下，用比值法来消除 E_0 的影响，能够获得更精确的反演图像。张辉等[123] 详细研究了初始场强对成像结果的重大影响，并进一步探究了该影响特征所呈现的规律性，不同初始场强会造成成像结果形态的不同，因此，可以通过成像结果来寻求合适的初始场强 E_0。肖玉林等[124] 利用发射巷近场源区场强数据计算初始场强 E_0，提高了成像结果的精度。倪建福等[125] 采用相邻道比值法处理正演模型数据，得到的初始场强 E_0 使得成像效果良好。欧洋等[126] 将发射天线、钻孔充填和钻孔周围介质的物性设为未知参数，加入到反演过程中，使反演准确性得到极大的提高。

在实际测量过程中，可以通过监控电磁波仪器信息来对 E_0 进行判断。但是通常情况下仪器并不会将相关参数信息记录下来，所以需要探索合适的数学物理方法。线性拟合法、矩阵反演法和双频电磁波 CT 成像法都可以确定初始场强 E_0 的值，这里以线性拟合法进行说明介绍。

E_0 是未知的，但通常认为在固定频率测量过程中是变化不大的，因此可以将其视作一个未知参数并参与反演过程。基于线性拟合求取初始场强的方法是应用最为广泛的方法。线性拟合法的第一步就是避免地下异常体的影响，获得只反映背景值的数据，再对这些背景数据进行线性拟合，由拟合直线的截距得到比较准确的初始场强。线性拟合方法具体步骤如下[127]。

d_i 是第 i 个观测点的观测值，表达式为

$$d_i = \ln\left[\frac{E_0 f(\theta)}{Er}\right] \tag{5-17}$$

变形可得式（5-18）、式（5-19），即

$$M_i = -\sum_{ij} r_{ij}a_j + \ln E_0 \tag{5-18}$$

$$M_i = \left[\ln \frac{E_r r}{f(\theta)}\right]_i \tag{5-19}$$

在物性参数变化较小的区域，射线经过网格的吸收系数相近，各条射线的 $\sum_{ij} r_{ij} a_j$ 可以视作一个平均吸收系数乘以射线长度，即 $\alpha \times r_i$。对接收的场强进行仪器方向性校正，取对数得 M_i，进一步对 M_i 与射线长度 r_i 数据进行线性拟合为式（5-20），即

$$\widetilde{M}_i = A R_i + B \tag{5-20}$$

式中　A——斜率，即平均吸收系数；

　　　B——截距。

根据截距即可算出初始场强 $E_0 = e^B$，如图 5-9 所示。

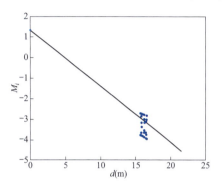

图 5-9　E_0 线性拟合结果图

二、反演方法

（一）Randon 变换

电磁波吸收 CT 广泛使用的数据处理方法的根本出发点都是基于射线原理。

射线反演的理论基础是 Radon 变换。一束平行的直射线投影到被测平面上，这个被测平面区可称为重建区，在重建区上建立固定的 (x, y) 坐标系，再建立一个活动 (p, s) 射线坐标系，其 s 坐标轴正向是射线束的方向，两坐标轴的原点重合。故相当于 (p, s) 坐标系相对于 (x, y) 坐标系逆时针转了角度 φ，如图 5-10 所示。

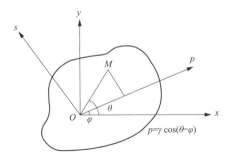

图 5-10　固定的 $(x$-$y)$ 坐标系和活动的 $(p$-$s)$ 坐标系

Radon 变换式可表示为式（5-21），即

$$\lambda(p, \varphi) = \int_l f(x, y) \mathrm{d}s \tag{5-21}$$

式中　$\lambda(p, \varphi)$ ——Radon 变换函数或称为 $f(x, y)$ 的投影函数；

　　　$f(x, y)$ ——图象函数。

令图像函数 $f(x, y)$ 表示电磁波从发射点至接收点沿线路 L 的衰减函数，即吸收系数 $\beta(x, y)$，投影函数 $\lambda(p, \varphi)$ 表示总衰减量，即 $B(p, s)$。将探测剖面均匀划分为 $m \times n$ 个单元，那么可以把 Radon 变换表达成式（5-22），即

$$B_i = \oint_L \beta(x, y) \mathrm{d}l \tag{5-22}$$

式中　B_i——第 i 条射线的总衰减量。

Radon 积分式表达了这样一个内容：在发射点和接收点之间必存在一条路径 L，使得 B_i 的值最小；也就是说：从发射到接收的衰减总量并不一定是一条直线，而是沿着 $\beta(x, y)$

最小的一条路径传播，所以波的传播路径也是与上述路径一致的。

（二）模型模拟

由于 $\beta(x, y)$ 分布较广，式（5-22） L 的路径相当难确定，因此采用网格划分与节点控制技术，来缩小在整个区域求解 L 的范围。

式（5-22）可改写为式（5-23）所示形式，即

$$\sum_{j=1}^{N} \int_{ij} \beta(x, y) \mathrm{d}l = B_r \tag{5-23}$$

式（5-23）中 N 是射线穿过的网格数，$\beta(x, y)$ 为网格内的象函数分布，它可以用这个网格的 4 个节点上的值，采用双线性插值构成，如式（5-24）所示，即

$$\beta(x, y) = ax + by + cxy + d \tag{5-24}$$

式中 a、b、c、d——见式（5-25）～式（5-28），即

$$a = \frac{-\beta_1 + \beta_2 + \beta_3 - \beta_4}{4l} \tag{5-25}$$

$$b = \frac{-\beta_1 - \beta_2 + \beta_3 + \beta_4}{4h} \tag{5-26}$$

$$c = \frac{\beta_1 - \beta_2 + \beta_3 - \beta_4}{4lh} \tag{5-27}$$

$$d = \frac{\beta_1 + \beta_2 + \beta_3 + \beta_4}{4} \tag{5-28}$$

式中 l、h——网格长度和宽度的一半。

这就构成了非块体重建的模型框架。

（三）射线路径反演

射线路径由发射点向接收点传播。在每个网格内，为了更精确地定出射线的传播方向，将网格的四边以一定间距定出一系列的节点，在每个网格中，其中的任一节点到发射点的射线端点衰减总量均是本网格中其他节点的继续，如 K 节点的射线端点衰减总量为式（5-29），即

$$\beta_{FK} = \beta_{Fi} + \int_{Lik} \beta(x, y) \mathrm{d}l \tag{5-29}$$

在同一网格中，可能传播到 K 节点的波共有另外三条边上的 $NN - \left(\frac{NN}{4} + 1\right)$ 个节点，这 $NN - \left(\frac{NN}{4} + 1\right)$ 个节点中，只有保证式（5-29）最小的那个节点才是达到 K 点的真正的射线。因此，必须有式（5-30）来保证下一个点的追踪，即

$$\beta_{FK} = \min\left[\beta_{Fi} + \int_{Lik} \beta(x, y) \mathrm{d}l\right] \tag{5-30}$$

对于 $N \times M$ 的网格，要进行式（5-30）的追踪，需要完成七个步骤。

（1）网格中所有节点赋初值：定点发射的点源所在的节点的 $B_r=0$，其余节点的 $B_r=\infty$；给每个网格的 4 个顶点上的 β 节点赋初值。

（2）从定发点所在最左（或最右）一系列网格开始，自上而下进行追踪，并记下射线来源点的节点号 i 和接收点的 B_r 值，从而完成左边（右边）到上、下两边的射线追踪。

（3）仍在同一列，按式（5 30）条件，从上到下完成每个网格内上边到下边、下边到上边的两次追踪，并记下 B_r 和来源点的序号 i。

（4）在同一列，按式（5-30）条件，从上到下完成每个网格内已追踪过的三条边上的节点到右边（或左边）节点的追踪，并记下每个节点的 B_r 和来源点的序号 i。

（5）转到下一列从步骤"（2）"开始直到全部完成所有列的节点追踪。

（6）反向连接 i 值就得到一个定发射点的射线路径。

（7）选择另外的定发射点，重复步骤"（2）～（6）"，直到完成所有的定发点。

（四）反演算法

图像反演算法有很多，常用的反演方法有代数重建法（ART）、奇异值分解（SVD）、联合迭代（SIRT）、共轭梯度（CG）、阻尼最小二乘（LSQR）等方法，以及由这些方法改进而成的其他方法。联合迭代（SIRT）算法在岩溶探测中应用较多，其算法原理如下。

假定勘探区域有 N 条射线，根据成像精度可以把该区域剖分成 M 个网格单元，每一个网格单元内的相对吸收系数 $\beta(x,y)$ 可以认为是一个常量。根据电磁波衰减和射线理论，半波偶极子天线在有耗介质中的衰减传播方程可以写为式（5-31），即

$$\sum_{j=1}^{m} a_{ij}\beta = \ln[E_0 f(\theta_i)E_i R_i] = b_i \tag{5-31}$$

式中　　　　　E_0——初始场强；

$f(\theta_i)=\sin^2(\theta_i)$ ——第 i 次观测的方向向量函数；

　　　　　　θ_i——相邻两射线间的夹角；

　　　　　　E_i——第 i 次观测的电磁场场强；

　　　　　　R_i——第 i 次观测的射线长度。

式（5-31）可以进一步表达成一个经典的矩阵方程式（5-32），即

$$Ax=b \tag{5-32}$$

式中：$A=(a_{ij})_{N\times M}$，是一个稀疏的雅可比矩阵，任何射线通常仅穿过几个网格单元，其元素 a_{ij} 是第 i 条射线在第 j 个网格单元的射线长度；$x=(\beta_j)^T$ 是一个 M 维的相对吸收系数列向量，其元素 β_j 是第 j 个网格单元的相对吸收系数；$b=(b_i)^T$，是一个 N 维列向量。

如果唯一的系数矩阵 A 能被测量，其逆矩阵 A^{-1} 将可以计算，那么式（5-32）的解向量 x 将很容易被反演，于是可以重建测区内所有单元的吸收系数分布图像。但系数矩阵 A 通常是一个大型、稀疏且病态的矩阵，因此需要使用快速稳定的 SIRT 算法求解方程式（5-32）。SIRT 算法的特点是在某一次迭代过程中，所有单元的解估计将会用前一次迭

代结果加以修正。在第 k 次迭代过程中其迭代修正方程可以表示为式（5-33），即

$$x^{(k+1)} = x^{(k)} + \Delta x^{(k)} \qquad (5-33)$$

在方程式（5-33）中，第 k 次迭代第 j 个网格单元吸收系数的迭代修正公式可以具体地写为式（5-34），即

$$\beta_j^{(k+1)} = \beta_j^{(k)} + \frac{\sum_{i=1}^{n}\left\{[b_i - b_i^{(k)}]a_{ij}/\sum_{j=1}^{m}a_{ij}\right\}}{\mu + \sum_{j=1}^{m}a_{ij}} \qquad (5-34)$$

式中　$b_i^{(k)}$——第 k 次迭代第 i 次观测的理论计算值；

　　　n——穿过第 j 个网格单元的射线总数；

　　　m——第 i 条射线穿过的网格单元总数；

　　　μ——松弛因子。

第 j 个网格单元的初始值可表示为式（5-35），即

$$\beta_j^{(0)} = \sum_{i=1}^{n}\left(a_{ij}b_i/\sum_{j=1}^{m}a_{ij}\right)/\sum_{i=1}^{n}a_{ij} \qquad (5-35)$$

（五）图像重建

在图像重建的初期，射线路径因图像的不稳定而不断地改变，随着方程的收敛，射线路径也确定下来。由式（5-32）和式（5-34）组成的非块体图像反演公式如式（5-36）和式（5-37）所示，即

$$(a_1,\ a_2,\ \cdots,\ a_{m\times n})\begin{vmatrix}\beta_1\\\beta_2\\\cdots\\\beta_4\end{vmatrix} = B_r \qquad (5-36)$$

$$a_k = \sum S_{jk}\delta_{k,ij} \qquad (5-37)$$

若 ij 表示的节点与 k 点相一致，则 $\delta_{k,ij}=1$；否则，$\delta_{k,ij}=0$。对于 L 条射线的情况，反演方程可写成

$$\begin{vmatrix}a_{11},\ a_{12},\ \cdots,\ a_{1m\times n}\\a_{21},\ a_{22},\ \cdots,\ a_{2m\times n}\\\cdots\\a_{L1},\ a_{L2},\ \cdots,\ a_{Lm\times n}\end{vmatrix}\begin{vmatrix}\beta_1\\\beta_2\\\cdots\\\beta_4\end{vmatrix} = \begin{vmatrix}B_{r1}\\B_{r2}\\\cdots\\B_L\end{vmatrix} \qquad (5-38)$$

简写成式（5-39）形式，即

$$[A][\beta] = [B] \qquad (5-39)$$

如果假定每个网格内 $\beta(x,\ y)$ 为常数，那么式（5-39）、式（5-40）变成式（5-38）所示的一般块体重建的简单形式，即

$$\begin{vmatrix} d_{11}, & d_{12}, & \cdots, & d_{1m \times n} \\ d_{21}, & d_{22}, & \cdots, & d_{2m \times n} \\ & & \cdots & \\ d_{L1}, & d_{L2}, & \cdots, & d_{Lm \times n} \end{vmatrix} \begin{vmatrix} \beta_1 \\ \beta_2 \\ \cdots \\ \beta_4 \end{vmatrix} = \begin{vmatrix} B_{r1} \\ B_{r2} \\ \cdots \\ B_L \end{vmatrix} \qquad (5\text{-}40)$$

进一步可简写成式（5-41），即

$$[D][\beta] = [B] \qquad (5\text{-}41)$$

以 $d_{Li \times j}$ 为第 L 条射线穿过第 $i \times j$ 个网格的路径，其值表示为式（5-42），即

$$d_{Li \times j} = \sqrt{(y_{out} - y_{in})^2 + (x_{out} - x_{in})^2} \qquad (5\text{-}42)$$

式中 $(x_{in}、y_{in})$、$(x_{out}、y_{out})$——射线 L 进入网格和穿出网格坐标。

因网格离散化，每条射线仅对很少的网格单元有贡献，所以矩阵 D 为一个大型稀疏矩阵，并且通常是病态的。为了能够稳定快速求解式（5-42），通常采用图像重建的反演算法。

三、非规则形态电磁波 CT 技术

（一）非规则网的数学模型

由平行钻孔或坑道所组成的长方形重建区域，被离散成许多小长方形网格，发射点或接收点均位于离散网格的边界上，这是规则网的主要特征之一。规则网的边界函数表示相当简单，在高级语言中用一定步长值作循环变量，其循环的上界和下界可以用起始深度 $h(0)$ 和终止深度 $h(i)$ 来表达，而其方向性因子 $f(\theta)$ 也可以用两孔或平洞间平距 d 及收发间相对高差 $\Delta h(i)$（或收发距 R）表示，即

$$f(\theta) = f[d, \Delta h(i), R] \qquad (5\text{-}43)$$

因此，规则网在进行图像重建过程中有如下几个优点。

（1）边界函数为简单的等步长直线，占内存少，便于编程和运算。

（2）方向性只改变相对性，不改变绝对性，即发射、接收天线一直保持平行。

（3）发射点和接收点与离散的小矩形的边界重合，反演过程中边界误差和边界效应几乎不加考虑。

有些非规则网根据其特殊的几何形态及特殊的观测系统，只要将其近似的非规则网作一点点变化就可以在规则网中进行图像重建。常见的有三角形区域、少量的四边形或梯形区域。

（二）非规则网的数值模拟

1. 坐标系的建立

在非规则网中建立坐标系：坐标系的建立有 3 个根据：大地坐标系、工区定义坐标系、以一边较平直的最长边为一个轴建立起的自定义坐标系。以大地坐标系为坐标的优点

是边界控制点的大地坐标一般是已知的，便于直接利用，建立坐标系也比较方便；工区定义坐标系的优点是在图像生成以后图的方位和放置习惯符合工区的统一规划，便于工程人员阅读；以一边较平直的最长边为坐标轴的坐标系便于边界函数的构成和计算。

2. 重建区域网格离散

将重建区域置于最小的相对坐标系中，即满足式（5-44）～式（5-45），则

$$X_{min} + \sum_{i=1}^{N-1}(X_i - X_{min}) \rightarrow 0.0 \tag{5-44}$$

$$Y_{min} + \sum_{i=1}^{N-1}(Y_i - Y_{min}) \rightarrow 0.0 \tag{5-45}$$

将坐标系的原点移至（X_{min}，Y_{min}）上，建立一个相对坐标系，相对坐标系的原点（O，O）与（X_{min}，Y_{min}）对应。重建区域就位于（O，O）和（X_{min}，Y_{min}）区域内，将（O，O）—（X_{min}，Y_{min}）区域按 L_x（x 轴间的网格步长）和 L_y（y 轴间的网格步长）的网间距离散成 $Ldx \times Ldy$ 的网，其中，$Ldx = INT(X_{max})+1$；$Ldy = INT(y_{max})+1$。

3. 重建区边界函数求取

由于重建区是非规则的，其边界是离散的非规则函数 $S_i(X_i, Y_i)$。$S_i(X_i, Y_i)$ 的求取有两种方法。

（1）于重建区边界上的每个拐角点（多边形的顶点）都有控制点 C_j，在两个直边 $C_j - C_{j+1}$ 上以观测点距 L_s 内插求出每个测点处的（X_i，Y_i）值。

（2）在"Autocad"中进行边界追踪。将控制点 C_j 的坐标输入"Autocad"中，绘出一个多边形，在其动态状态下选择坐标系"$x-y$"，选择一起始点，以等间距步长 L_s 依次定出（X_i，Y_i）各点在边界的位置，读取每个点的（X_i，Y_i）值，同时，还可以读取每点天线的方向角 θ 和 γ 以便进行方向处理。

4. 原象值 B_r（每条射线的绝对衰减量）

在计算原象值 $B_r\left(\int_R \beta dr\right)$ 方面，规则网与非规则网有着很大的区别，在非规则网中，发射接收的方向是依边界的方向任意变化的，理论公式写为式（5-46），即

$$\int_R \beta dr = E_0 + E - 20\log(r) + 20\log[f(\theta)\cos(\gamma)] \tag{5-46}$$

$$f(\theta) = \frac{\cos\left(\frac{\pi}{2}\cos\theta\right)}{\sin\theta}$$

式中　θ——发射天线与 R 的夹角；

　　　γ——接收天线（边界线）与 R 的夹角。

从式（5-46）看出，θ、γ 在非规则网中各测点都是变化的，确定每点的 θ、γ 是非规则网所独有的，忽略它们的重要性会导致非规则网重建图像的严重失真。

非规则网在反演过程中必须注意以下几个问题：离散模型和成像区的真实边界耦合问

题、"凹边"射线的处理问题。

（三）数字滤波与图像重建方法

由于非规则网一般具有较大的观测方位，从理论上讲，在做好原始数据预处理的情况下，无论用哪一种方法去重建图像，都具有在相同条件下高于（在两侧边观测）规则网的图像质量，其反演方法同规则网的反演方法一样。有一个问题必须引起重视：在重建时，设定象函数的初始值时必须要考虑一个远远低于背景值的数值，以便下一步进行滤波。图像重建完成后，将重建的图像从 $Ldx \times Ldy$ 网中滤出。

1. 图像重建过程中的压缩恢复处理技术

受观测条件的限制，孔间 CT 存在数据不完全的问题，对于不完全投影数据的重建图像，通常使用的技术为内插法插出所缺方位角的数据，这种方法既繁杂又精度低，压缩恢复处理技术对解决这种缺陷具有一定效果。

2. 压缩恢复基本思想如下。

（1）确定一种图像重建方法，用实际测量数据进行重建计算至中度收敛。

（2）临时暂停重建计算，用同样的重建方法在不完全数据方向上进行正演，正演出该方向上的投影测量数据。

（3）用实测投影测量数据和正演投影数据一起组成新的投影数据，恢复重建计算。

重复上述（2）和（3），直到图像精度达到要求。

3. 压缩恢复中主要技术

压缩恢复中主要技术是重建算法、正演射线扫描方式和正演射线寻迹方法。压缩恢复适用于各种图像算法，而效果以迭代类改善最多；正演射线扫描方式多采用平行射线束，至于斜同步或扇形束，从几何投影学方面来分析证明没有价值；正演射线寻迹方法有两种：一是直射线；二是弯曲射线。考虑正演是一种虚拟计算，从技术时间因素考虑选用直射线为宜。

第四节　应用实例

一、[工程案例 1] 某水库岩溶探测

（一）工程概况

某水库是达州市目前实施的首个大型水利工程，坝址位于前河干流中上游渡口乡三道河汇口上游约 1km 处，坝址下游距离樊哙镇约 8km，距离宣汉县城约 100km，距达州市135km。工程以防洪为主，兼顾发电。水库总库容为 1.60 亿 m^3，防洪库容为 1.05 亿 m^3，兴利库容为 1.03 亿 m^3，为Ⅱ等大（2）型水库。电站装机 57MW。工程初设批复总投资42.44 亿元，总工期 55 个月。

水库大坝坝型为碾压混凝土双曲拱坝，最大坝高132m。拦河大坝、坝身泄水建筑物级别为1级，大坝下游水垫塘及二道坝等消能防冲建筑物直接关系大坝的安全，为工程的主要建筑物，其建筑物级别为2级。

坝肩、部分坝基及左右岸帷幕灌浆平洞开挖揭示，坝址区右岸岩溶发育，仅三层灌浆洞揭示具一定规模的溶洞或管道近10处，其中最大溶洞位于中层灌浆洞0+715m处，高达20余米，可探深度约为300m，导流洞施工也揭示了一些大小不等的溶洞，坝肩及边坡开挖也发现一些小规模溶洞或溶蚀破碎带，总的来说，岩溶发育程度及规模远超预期，主要工程地质问题是岩溶渗漏。左岸岩溶发育程度相对较弱，但存在性状较差的盐溶角砾岩，目前已施工完的三层追踪平洞已对盐溶角砾岩进行了一定量的清挖，深部下限及水平分布情况还有待进一步探测后再行处理；左坝肩上部窑洞下游侧的盐溶角砾岩已进行了一定程度的清挖和加固处理。

为确保大坝基础的稳定和有目的地进行地质缺陷处理，中国电建集团贵阳勘测设计研究院有限公司在充分搜集和分析已有勘察资料的基础上，利用已经开挖的灌浆廊道、追踪洞，采用地质测绘、三维GIS进一步复核库首岩溶水文地质条件；采用钻探、物探综合方法初步查明左岸盐溶角砾岩分布特征，评价其对大坝抗滑稳定的影响，为设计复核及工程处理设计提供基本条件和技术支持。利用先导孔结合物探、压水试验综合方法，初步查明右岸鲶鱼泉岩溶系统主要管道在坝址区及防渗线分布情况，提出基坑涌水及防渗处理方案建议。

（二）电磁波CT探测成果

通过电磁波CT及钻孔声纳等探测表明该水库坝址区右岸帷幕区域总体岩溶发育，以鲢鱼泉1号、2号管道为主，此外，在帷幕线不同高程还随机分布有不同规模的溶蚀破碎带、溶缝或小溶洞。

（1）鲢鱼泉溶洞系统在目前岸边30m区域附近平面上相对集中，其溶蚀破碎区高程在390～460m附近。

（2）右岸底层灌浆平洞以下探测区域。平洞底板以下0～16m深度区间部分区域岩体完整性差至破碎，局部强溶蚀。局部表层异常带较厚主要为施工、套管、地下水位变化影响所致。

溶洞及强溶蚀区主要发育在桩号0+739～0+844m（钻孔Y-X22～Y-X29）、高程430～487m区域和桩号0+107～0+222m（钻孔Y-X56～Y-X63）、高程440～565m区域，其余区域零星分布。其中：

桩号0+739m的Y-X29孔460m高程附近有2m左右空腔，桩号0+739～0+844m的高程450～460m区域呈一条带状溶蚀破碎带，局部存在强溶蚀或溶洞，判断该区域对应鲢鱼泉1号管道。本区高程475m以上强溶蚀区为K616溶洞及影响区。

桩号0+122m的Y-X62钻孔460m高程附近空腔高度约为2m，水平直径最大约为

9m；桩号 0+107m 的钻孔 Y-X63 深度为 63.0～65.8m（高程为 417.59～420.59m）见溶洞，目前可探测范围内空腔最大平面直径约为 0.7m；桩号 0+207m 至桩号 0+152m 的高程 445m 以上区域溶蚀破碎，局部存在强溶蚀或溶洞，判断本区溶蚀或溶洞对应鲢鱼泉 2号管道。

桩号 222～270m、高程 390～483m 区域存在多个溶蚀破碎带、盐溶角砾岩或溶洞发育区。其中桩号 255～267m、高程 413～436m 区域解释为强溶蚀或空洞。

本探测区其余区域局部发育裂隙、溶蚀破碎及强溶蚀或相对独立溶洞。

探测区域典型电磁波 CT 探测成果图如图 5-11 所示。

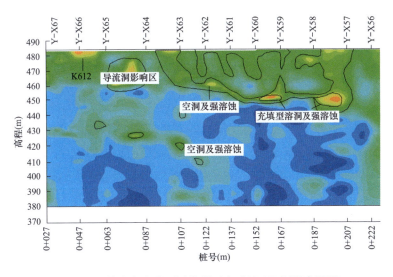

图 5-11　某水库右岸下层帷幕区电磁波 CT 探测成果图

二、[工程案例 2] 某轨道交通 S1 线岩溶探测

(一) 工程概况

某轨道交通 S1 线一期工程全长 30.32km（起点里程为 YCK10+600、终点里程为 YCK40+920），其中地下线 22.47km，高架及地面线 7.85km；共设车站 14 座（含 5 座换乘站），其中地下站 12 座、高架站 2 座，平均站间距为 2.27km，最大站间距为 5.83km，最小站间距为 0.67km。在皂角坝设皂角坝车辆段，在石板镇设石板停车场。主变电站 2座，中曹司主变电站与 3 号线共享，金马中路主变电站与 S2 共享。控制中心与 3 号线和 S2 线合建，设于 3 号线与 S1 线换乘站中曹司站附近。

工作内容主要为对轨道交通 S1 线区间段进行电磁波 CT 探测。目的是综合初勘资料，查明探测某区域内隐伏岩溶、断层带及节理等发育情况，以便指导施工。

(二) 现场工作布置

线路区间布置较多的电磁波 CT 探测，其中石板区域电磁波 CT 探测布置见图 5-12。

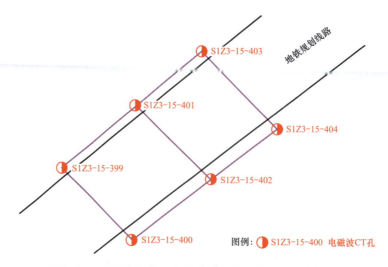

图 5-12　某轨道交通 S1 线石板区域电磁波 CT 探测布置图

本次测试使用仪器为中国电建集团贵阳勘测设计研究院有限公司生产的 EWCT-3 型钻孔电磁波成像仪。观测系统采用同步接收和定点发射、扇形接收、两孔互换的观测系统，选用频率为 24MHz。定发点距为 1m，接收点距为 1m，即发射探头置于一孔内一定深度不变，接收探头于另一孔内以 1m 点距移动接收，每接收一个点即完成一条射线对的测试；完成一次扇形接收后，发射探头移动 1m，接收探头重复扇形接收；完成整孔发射后两孔互换，重复以上操作。整个过程结束后，完成一对剖面的电磁波 CT 测试外业工作。

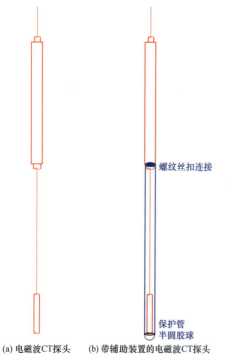

(a) 电磁波 CT 探头　　(b) 带辅助装置的电磁波 CT 探头

图 5-13　电磁波 CT 下天线内置装置设计图

数据处理共分七个步骤，即初始场强的确定、消除干扰波预处理、校正预处理、消除方位、距离预处理、层析反演、图像生成和图像处理，处理软件采用中国电建集团贵阳勘测设计研究院有限公司自主研发的相关软件，成像单元为 1m×1m。

现场大批量电磁波 CT 探测工作中针对天线容易卡孔的问题，技术人员还设计了"一种电磁波 CT 探头结构"，对探头结构进行改进，设计效果如图 5-13 所示。改进后天线连接线不弯曲、下天线不晃动，提高探测精度。同时连接线及下天线部分与探头连接成一个整体。整体上长度不增加、整体上探头及下天线部分直径不增加。使探头整体上由三部分变成一个整体，大幅降低探头卡孔的可能性[128]。

（三）探测成果

某区域共完成 7 对电磁波 CT 剖面测试，其中图 5-14 为 4 对剖面,从该区域电磁波视吸收系数色谱图和解释成果图可知。

(1) 电磁波视吸收系数在 0.4～1.0dB/m 范围内。

(2) 各剖面表层均发现有异常带,由覆盖层和地表影响所致。表层异常带厚度在 1～11m 之间,其中钻孔 S1Z3-15-400、S1Z3-15-401、S1Z3-15-403 附近区域相对较厚。

(3) 图 5-14 (a) S1Z3-15-399～S1Z3-15-401 剖面、图 5-14 (c) S1Z3-15-399～S1Z3-15-400 剖面及 S1Z3-15-403～S1Z3-15-404 剖面在表层以下发现有异常区 4 处,详细成果见图 5-14。

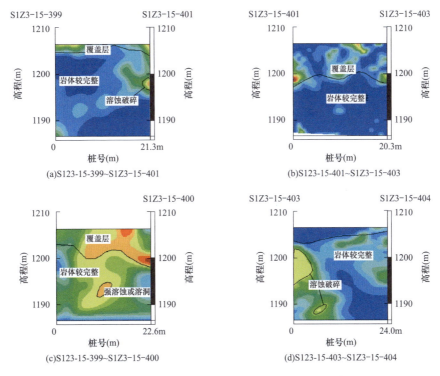

图 5-14　某轨道交通 S1 线石板区域电磁波 CT 探测成果图

(4) 其他剖面表层以下未发现明显溶洞异常区,岩体相对较完整。

三、[工程案例 3]某水库导流洞堵头顶部岩溶探测

(一) 工程概况及工作目的

某水库位于四川省江油市境内的涪江干流上,是涪江流域以防洪、灌溉为主,结合发电兼顾城乡工业生活及环境供水等综合利用的大(Ⅰ)型水利工程。枢纽由碾压混凝土重力坝与坝后式厂房组成,最大坝高 120.14m,坝顶高程 660.14m,正常蓄水位为 658m,总库容为 $5.72 \times 10^8 m^3$,装机容量为 150MW。

水库导流洞为水库主要临时工程之一,洞室全长 363.0m,隧洞净高 13.5m,净宽 11.5m。进、出口底板高程为 572.0～570.0m,比降 $I = 0.55\%$,进、出口均有导流明渠

与涪江河相连接。

工作目的是查明导流洞堵头段上部围岩岩溶等地质缺陷，以便进行针对性处理。

（二）地质概况

测区地层岩性为泥盆系观雾山组（D_2gn）灰岩、白云岩，岩溶极为发育，岩溶形态有岩溶洼地、岩溶漏斗、岩溶落水洞、溶洞、岩溶暗河、溶沟、溶隙、溶孔等。

（三）工作布置

为查明导流洞堵头段上部围岩岩溶等地质缺陷，共布置如图 5-15 所示 14 对电磁波 CT 进行探测，采用定发扇形接收两孔互换观测系统，定发点距为 3.0m，接收点距为 1.0m。

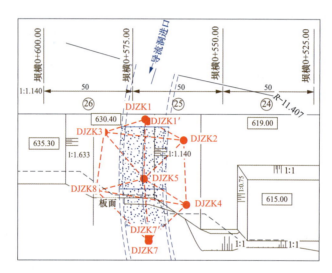

图 5-15 导流洞堵头段电磁波 CT 工作布置图

（四）探测成果

经反演得到导流洞堵头段上方围岩电磁波 CT 成果图，部分成果如图 5-16 所示。由成果图可知，测区剖面电磁波吸收系数在 0.1～1.0dB/m 之间，结合钻孔资料，测区较完整至完整岩体电磁波吸收系数小于 0.3dB/m，岩体裂隙发育或较破碎区域的电磁波吸收系数在 0.35～0.6dB/m 之间，电磁波吸收系数大于 0.7dB/m 的区域为强溶蚀或溶洞发育区，如图 5-16 所示 4 条剖面共发现 32 个岩体裂隙发育或较破碎区及强溶蚀或溶洞发育区，该区为岩溶强发育区，即该区岩体溶蚀破碎、小溶洞极发育。钻孔资料验证了 CT 成果。

四、[工程案例 4] 某水电站防渗帷幕岩溶探测

（一）工程概况及工作目的

某水电站位于某河干流上，是某河规划的梯级电站，坝址位于某乡河口下游约 1.6km 河段内，上游 32.4km 为某水电站，公路里程相距 60km。电站距贵阳市公路里程 402km，

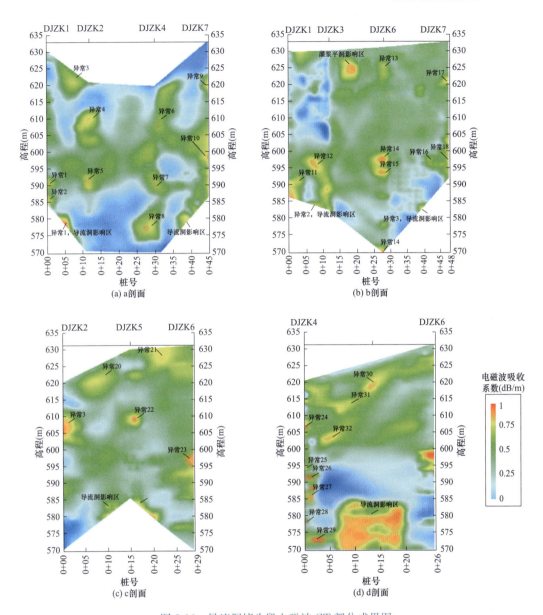

图 5-16　导流洞堵头段电磁波 CT 部分成果图

电站左岸有务川至蕉坝乡公路，右岸有务川至红丝乡公路，对外交通较方便。

该水电站属二等大（2）型工程，电站的开发任务是发电。坝址控制流域面积为 3126km²，多年平均流量为 69.8m³/s。水库正常蓄水位为 420m，相应库容为 1.003 亿 m³，死水位为 416m，调节库容为 0.158 亿 m³，水库具有日调节性能。电站装机容量为 106MW，安装两台单机容量为 53MW 的水轮发电机组；电站保证出力为 18.9MW，年利用小时为 3586h，多年平均发电量为 3.798 亿 kW·h。

工作目的是利用先导孔对右岸顶层帷幕区域进行电磁波 CT 探测，查明顶层帷幕区域的断层、破碎带及岩溶等不良地质体，以指导帷幕灌浆施工和优化帷幕底线。

(二) 地质概况

坝址区出露地层奥陶系湄潭组（O_1m）、红花园组（O_1h）、桐梓组（O_1t）。测区内主要为桐梓组第一段（O_1t^1）及桐梓组第二段（O_1t^2）地层。岩性为浅灰色、深灰色薄—中厚层灰岩，夹灰白色中厚层白云岩及少量泥岩。

坝址位于红丝向斜翘起端附近，无区域性断裂切错，但次级断层、岩性夹层、层间错动及裂隙均较为发育。受向斜影响，坝址区岩层倾角平缓，走向变化较大，总体产状为N60°～80°E，SE∠4°～14°，倾向右岸偏上游。

(三) 工作布置

右岸顶层防渗帷幕布置于2号交通洞内，洞底高程为420～427.30m。帷幕共布置10个先导孔（CT1～CT10）进行电磁波CT探测。孔间距为21～24m、孔深为48～63m。电磁波CT采用定发扇形接收两孔互换观测系统，定发点距5.0m，接收点距1.0m。

(四) 探测成果

经反演得到右岸顶层防渗帷幕线电磁波CT探测成果图，如图5-17所示。由图5-17可知，剖面电磁波吸收系数在0.1～0.9dB/m之间，背景值小于0.35dB/m。结合钻孔资料，将电磁波吸收系数大于0.4dB/m的区域解释为溶蚀破碎区，则右岸顶层防渗帷幕线溶蚀破碎区主要发育于高程395m以上区域及YCT04孔高程365～378m、YCT06孔高程375～385m、YCT08孔高程385～395m附近区域。后续帷幕灌浆证实这些区域耗浆量较大。

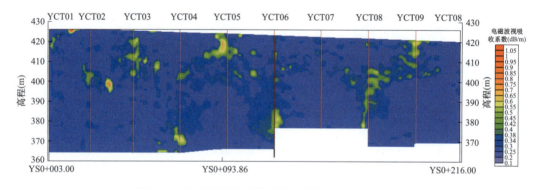

图5-17 右岸顶层防渗帷幕线电磁波CT探测成果图

五、[工程案例5] 某水库防渗帷幕岩溶探测

(一) 工程概况及工作目的

某水库地理位置为东经104°56′～105°03′、北纬26°57′～27°01′，位于贵州省毕节地区纳雍县羊场乡，北邻毕节市，西接赫章县，地处三县交界地带，位置偏僻，距羊场乡政府约9km、纳雍县城约95km，交通较便利。

水库总库容为 1064 万 m^3，调节库容为 654 万 m^3，主要建筑物有水库大坝、引水隧洞、输水管线等。水库开发的主要任务是向纳雍县羊场乡、姑开乡、锅圈岩乡和维新镇提供灌溉和人畜饮水。

工作目的是查明右岸帷幕灌浆线中段上的岩溶、裂隙发育情况，查明主要渗漏可疑带的分布高程，为灌浆处理提供地质资料。

（二）地质概况

右岸帷幕灌浆线中段地层岩性分两组。其中二叠系下统梁山组（P_{1l}）：黄褐色、黄灰色中—厚层石英砂岩夹灰色、灰黑色泥岩及炭质页岩，厚 54.3m。

二叠系下统栖霞组（P_1q）岩性分为两层，P_1q^1 为深灰色、灰色中厚层含泥质灰岩夹黑色薄层炭质页岩，含沥青质，厚度约 6m；P_1q^2 深灰色、灰色中—厚层含燧石泥晶生物碎屑灰岩、波状至透镜状层理含泥质灰岩。

主要分布于库区左、右岸，总厚度为 60～100m。与上覆地层为整合接触。

（三）工作布置

为查明右岸帷幕灌浆线中段（F右0+698.75～F右1+102.90）岩溶、裂隙发育情况，利用先导孔布置了 16 对/17 孔电磁波 CT 进行探测，如图 5-18 所示。采用定发扇形接收两孔互换观测系统，定发点距为 5.0m，接收点距为 1.0m。

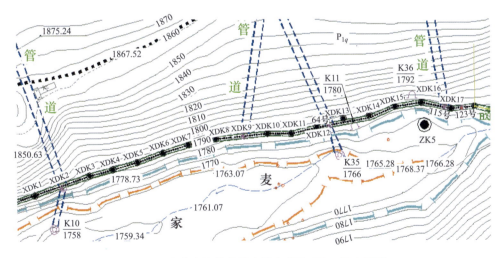

图 5-18　右岸防渗帷幕线中段电磁波 CT 工作布置图

（四）探测成果

经反演处理得到右岸防渗帷幕线中段电磁波 CT 探测成果图，如图 5-19 所示。由图 5-19 可知，剖面电磁波吸收系数在 0.05～1.0dB/m 之间，结合地质及钻孔资料，电磁波吸收系数小于 0.3dB/m 的区域为岩体较完整至完整区域，在 0.3～0.5dB/m 的 I_1 和 I_2 区域为裂隙发育、岩体较破碎区，大于 0.5dB/m 的 II_1、II_2 和 II_3 区域为岩体强溶蚀（或溶洞）发育区，Ⅲ区为 P_1q^1 含泥炭质岩层及 P_{1l} 石英砂岩夹灰色、灰黑色泥岩及炭质页岩。物探建议右岸防渗帷幕线中段底界为剖面图中青色线。

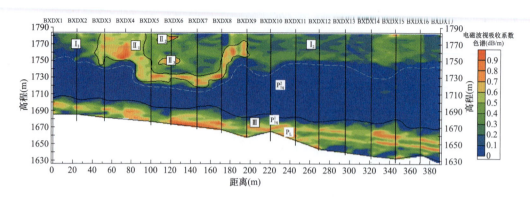

图 5-19   右岸防渗帷幕线中段电磁波 CT 探测成果图

六、［工程案例 6］某水库岩溶探测

（一）工程概况

某水库位于重庆市秀山土家族苗族自治县隘口镇，水库大坝位于平江河上，距下游隘口镇 1.5km，距秀山县城中和镇约 30km，国道 326 线从左坝肩附近通过，交通便利。隘口水库工程主要由大坝、溢洪道组成，大坝为混凝土心墙堆石坝，坝高 80.2m，水库正常蓄水位为 544.45m，总库容为 3580 万 m^3，为中型水利枢纽工程。

1. 工程主要特点

该水库坝区岩溶极其发育，必须针对岩溶发育地层进行防渗处理，其防渗处理能否成功实施是水库成败的关键。其特点是需对坝址及左右岸设置防渗帷幕，以阻止库水外漏。

2. 基础防渗处理工程其特殊性表现

（1）整个基础处理工程为地下式，防渗最大深度大于 190m，需在分层灌浆平洞中进行（三层）。

（2）存在明显的岩溶洞穴，必须填充空洞与灌浆相结合。根据前述工程特点及其重要性，为确保水库基础处理工程建设目标的顺利实现，提高设计、施工工作质量，对水库枢纽基础处理工程实施防渗帷幕灌浆施工先导孔电磁波 CT 探测。中国电建集团贵阳勘测设计研究院承担了水库防渗帷幕灌浆施工先导孔电磁波 CT 探测工作。目的是查明帷幕线上发育的断层、层间错动带、裂隙发育带、岩溶洞穴、裂隙密集带、强透水带的位置及规模，为防渗针对性处理和优化防渗帷幕底线提供基础资料。

（二）探测成果实例

1. 左岸边坡地层界面和溶洞探测

探测工作利用页岩地层和灰岩地层对电磁波吸收差异不同这一特征进行。探测成果图见图 5-20。

隘口水库左岸边坡发育奥陶系下统桐梓组地层，从下至上分别为 O_{1t}^1 地层，O_{1t}^2 地层和 O_{1t}^3 地层。其中 O_{1t}^2 是一组页岩地层，为隔水层；O_{1t}^1 地层和 O_{1t}^3 地层为灰岩地层，岩溶发育。水库业主及参建各方希望准确探明 O_{1t}^2 地层的空间分布及特征，准确探明帷幕区域内的溶洞、破碎带及地质异常。

图 5-20 左侧电磁波 CT 吸收色谱图可看出存在一电磁波吸收相对较高异常带，电磁波吸收系数在 0.20～0.40dB 之间，同时发现 4 处电磁波吸收较高异常带，电磁波吸收系数在 0.50～1.00dB 之间，异常带上、下两侧区域电磁波吸收较低且吸收系数均在 0.10～0.20dB 之间。

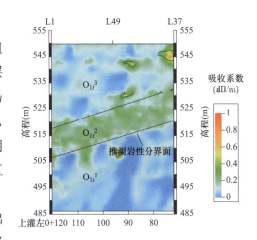

图 5-20 防渗帷幕 CT 探测成果图

从电磁波 CT 吸收色谱图和现场地形地质分析，图 5-20 中居中的电磁波吸收较高异常带推测是因为页岩较灰岩对电磁波吸收高所致，因此判定这一异常带为页岩地层，发育高程在 505～533m 之间，地层厚度在 9～11m 之间，地层倾角约为 16°。异常带上、下两侧电磁波吸收系数及图形形态特征基本一致，推测上、下两侧地层岩性一致或接近，结合现场地质分析，判定上、下两侧为灰岩地层。图 5-20 中 4 个电磁波高吸收异常区出现在灰岩地层区域，依据完整灰岩电磁波吸收系数明显低，溶蚀及破碎区域呈现电磁波高吸收特征推测，4 个局部异常区域为溶蚀破碎区域。

电磁波 CT 探测后，经钻孔 L49 全景成像揭示在 514～525m 高程为页岩，其他部位均为灰岩，录像结果与探测结论一致；L49 孔钻孔至 505～506m 高程时发现岩体破碎，L37 钻孔在 543～545m 高程时发现少量泥质，岩体破碎。

2. 河床下部复杂溶洞探测

水库坝址区平江河河谷以下 200m 以内均为寒武系灰岩地层，且发育一局部断层 F4 断层，区内岩溶强发育。准确探明帷幕区内溶洞及破碎区分布位置对灌浆及施工处理具有重要意义。本小节选择其中的 M69～M81 电磁波 CT 剖面进行举例介绍，实际孔深大于 200m，为展示方便本小节仅选取上半部分进行介绍。电磁波 CT 色谱图和解释成果图见图 5-21。

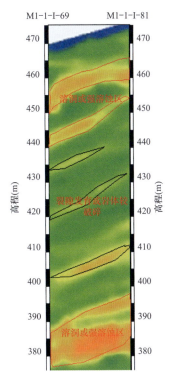

图 5-21 电磁波 CT 色谱图
和解释成果图

在图 5-21 中可看出存在 4 处电磁波 CT 高吸收异常带，4 个异常带分别位于 375～396m 高程、401～410m 高程、439～453m 高程和 449～465m 高程。4 个异常带电磁波吸收系数在 0.70～1.00dB 之间，符合溶洞强溶蚀区的电磁波响应特征，推测为溶洞或强溶蚀区。同时发现 2 处电磁波吸收较高异常带，分别位于 417～431m 高程和 432～439m 高程，电磁波吸收系数在 0.50～0.70dB 之间，符合裂隙发育岩体较破碎区的电磁波响应特征，推测为裂隙发育岩体较破碎区域。电磁波 CT 探测显示该区域岩溶强发育，岩溶发育特征呈分层带状发育，岩溶及异常带倾角在 10°～16°之间，与地层倾角基本一致，岩溶及异常带呈顺层发育特征。

通过电磁波 CT 探测查明了该区域岩溶及异常带的分布位置及发育特征，为电站建设、设计及施工单位采取针对性处理措施提供了参考，电磁波 CT 探测成果及技术得到相关单位认可和好评。

第六章

井间弹性波层析成像

井间弹性波层析成像是通过对观测到的弹性波各种震相的运动学（走时、射线路径）和运动学（波形、振幅、相位、频率）资料的分析，进行而反演地下介质的结构、速度分布及其弹性参数分布等信息的一种地球物理方法，简称弹性波 CT。弹性波 CT 根据激发震源的频率的不同，又可分为地震波 CT 和声波 CT，两者在计算正反演方法、现场工作技术等方面相同，本书中如无特殊说明，均指地震波 CT。

岩溶勘察工作中，除需查明岩溶分布，可能岩溶及不良地质体的分布、规模外，还需对目标区岩体整体质量进行综合判断。如水电水利工程的坝基、防渗帷幕，交通工程的桥基，市政工程的地基等。电法、电磁法、雷达法虽能对岩溶、断层及破碎带等不良地质体具有很好探测的效果，但通常不能直接对岩体力学性能进行评价；另外，由于施工现场各种干扰因素的影响，这些方法在实际工作中难免受到极大的制约。由于弹性波的穿透性和较高的分辨率优势，弹性波 CT 在水电水利工程、交通工程、市政工程等岩溶勘察工作中均得以不同程度的应用[52-59、129]。《水电水利工程物探规程》（DL/T 5010—2005）以及《水电工程物探规范》（NB/T 10227—2019）均将弹性波 CT 法作为水电水利工程岩溶探测的主要方法，《水电工程岩体质量检测技术规程》（NB/T 35058—2015）还将弹性波 CT 成果作为水电工程大坝基础岩体质量的控制和开挖验收的检测依据。

第一节 基 本 原 理

井间弹性波 CT 将震源与检波器分别放置在两个不同的钻井中，其工作方式如图 6-1 所示，在探测范围内部进行震源的激发及检波器的接收，通过研究弹性波在岩层中的传播规律，达到探测地下介质及地层分布，来查找工程中不良地质体的一种地球物理探测方法。其基本原理是通过在物体外部的测量数据，依据一定的物理和数学关系反演物体内部介质速度分布，得到清晰的物体内部波速图像，建立起弹性波速度与地质体的对应关系，根据获得的层析图像和钻井资料对地质体进行解译和评价，达到地球物理勘探的目的。顾名思义，井间弹性波层析成像则是在井中完成弹性波的激发和接收工作，利用接收到的弹

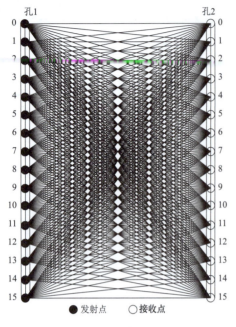

图 6-1 弹性波 CT 射线网络示意图

性波旅行时或振幅等信息，通过求解非线性反演方程组，重建井间介质的速度、衰减特性、密度等参数的空间分布，从而刻画出地层构造分布，进而实现井间不良地质体探测的目的。

一、数学基础

井间弹性波 CT 技术是从医学 CT 技术发展起来的，其数学基础是 Radon 变换。Radon 变换是指在已知全部入射角投影函数的前提下可以求解确定的图像函数。一个已知函数在直线上的积分称为 Radon 正变换，在弧线上的积分称为广义 Radon 正变换。在井间弹性波层析成像中，当相邻两层的介质速度比较接近时，可以用直线来近似初至波的传播路径，因此，初至走时可以视为介质慢度函数的 Radon 正变换，然后根据 Radon 反变换，利用初至走时可以反演地下介质的慢度函数。当地下介质分界面之间的速度变化较大时，射线路径不能再看作是直线。此时，初至波射线路径变为曲线，弹性波走时可以看作是慢度函数的广义 Radon 正变换，所以广义 Radon 逆变换就可以解决由初至走时反演井下介质慢度函数这一问题。Radon 变换是层析成像的基础，仅仅在为数不多的简单地震环境才可以直接使用。而大多数地下介质结构复杂，射线路径不能近似看作是直线，此时，仅能利用网格划分和射线追踪技术模拟层析成像。

Radon 变换是由数学家 Radon 于 1971 年首次提出的，Radon 变换是一种泛函算子，它作用在一个连续的函数上就会产生一个与之相对应的实数。与此同时，Radon 证明了图像函数 $f(x, y)$ 可以通过它的无穷多个 Radon 变换进行唯一的重建。

Radon 变换示意图如图 6-2 所示。设 $f(x, y)$ 为平面上给定的函数，$l_{t,\theta}$ 为任意时刻 t、旋转 θ 角度的直线，如图 6-2 中的直线所示，基方程为式（6-1）和式（6-2），即

$$x\cos\theta + y\sin\theta = t \tag{6-1}$$

或 $$\begin{cases} x = t\cos\theta + s\sin\theta \\ y = t\sin\theta - s\cos\theta \end{cases} \tag{6-2}$$

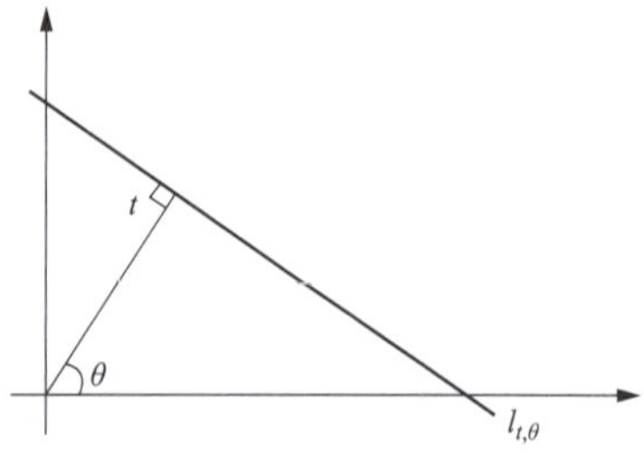

图 6-2 Radon 变换示意图

称函数 $f(x, y)$ 沿直线 $l_{t,\theta}$ 之线积分为其 Radon 变换，记为 $Rf(t, \theta)$，即

$$Rf(t, \theta) = \int_{-\infty}^{\infty} f(t\cos\theta + s\sin\theta, t\sin\theta - s\cos\theta)\mathrm{d}s \tag{6-3}$$

例如：$f(x, y) = e^{-x^2-y^2}$，则

$$Rf(t, \theta) = \int_{-\infty}^{\infty} e^{-(t\cos\theta+s\sin\theta)^2-(t\sin\theta-s\cos\theta)^2} \mathrm{d}s$$

$$= \int_{-\infty}^{\infty} e^{-t^2-s^2} \mathrm{d}s = e^{-t^2} \int_{-\infty}^{\infty} e^{-s^2} \mathrm{d}s = \sqrt{\pi} e^{-t^2}$$

Radon 变换的基本性质如式（6-4）～式（6-7）所示，即

$$Rf(-t, \theta+\pi) = Rf(t, \theta) \tag{6-4}$$

$$R(c_1 f_1 + c_2 f_2) = c_1 Rf_1 + c_2 Rf_2 \tag{6-5}$$

式中　c_1、c_2——两常数。

设 $h(x,y) = f(x-a, y-b)$，则

$$Rh(\theta, t) = Rf(\theta, t - a\cos\theta - b\sin\theta) \tag{6-6}$$

$$R\left\{\frac{\partial f}{\partial x}\right\}(t, \theta) = \cos\theta \frac{\partial Rf(t, \theta)}{\partial t}$$

$$R\left\{\frac{\partial f}{\partial y}\right\}(t, \theta) = \sin\theta \frac{\partial Rf(t, \theta)}{\partial t} \tag{6-7}$$

这是因为

$$\frac{\partial f}{\partial x} = \lim_{\varepsilon\to 0} \frac{f\left(x+\frac{\varepsilon}{\cos\theta}, y\right) - f(x, y)}{\frac{\varepsilon}{\cos\theta}}$$

$$R\left\{\frac{\partial f}{\partial x}\right\}(t, \theta) = \cos\theta \lim_{\varepsilon\to 0} \frac{Rf(t+\varepsilon, \theta) + Rf(t, \theta)}{\varepsilon}$$

$$\cos\theta \frac{\partial Rf(t, \theta)}{\partial t}$$

利用式（6-7）易得

$$R\left\{\frac{\partial^2 f}{\partial x^2}\right\}(t, \theta) = \cos^2\theta \frac{\partial^2 Rf(t, \theta)}{\partial t^2}$$

$$R\left\{\frac{\partial^2 f}{\partial y^2}\right\}(t, \theta) = \sin^2\theta \frac{\partial^2 Rf(t, \theta)}{\partial t^2}$$

以 Δ 记 Laplace 算子 $\frac{\partial^2}{\partial x^2} + \frac{\partial^2}{\partial y^2}$，则有

$$R\{\Delta F\} = \frac{\partial^2 Rf(\theta, t)}{\partial t^2} \tag{6-8}$$

令 $f(x, y) = g \times h(x, y) = \iint_{R^2} g(u, v)h(x-u, y-v)\mathrm{d}u\mathrm{d}v$。表示函数 g 与 h 的卷积，则不难证明存在式（6-9）所示关系，即

$$Rf(t, \theta) = \int Rg(\tau, \theta)Rh(t-\tau, \theta)\mathrm{d}\tau = Rg \times Rh(t, \theta) \tag{6-9}$$

Radon 变换与 Fourier 变换的关系为

以 $\widetilde{f}(\omega_1, \omega_2)$ 记函数 $f(x, y)$ 的 Fourier 变换，如式（6-10）所示，即

$$\widetilde{f}(\omega_1, \omega_2) = \iint_{R^2} f(x, y) \mathrm{e}^{-i(\omega_1 x + \omega_2 y)} \mathrm{d}x \mathrm{d}y \tag{6-10}$$

令

$$\widetilde{Rf}(\omega, \theta) = \int_{R^1} Rf(t, \theta) \mathrm{e}^{-i\omega t} \mathrm{d}t \tag{6-11}$$

在式（6-10）中作代换 $x = t\cos\theta + s\sin\theta$，$y = t\sin\theta - s\cos\theta$，并令 $\omega_1 = \omega\cos\theta$，$\omega_2 = \omega\sin\theta$，即得

$$\widetilde{f}(\omega_1, \omega_2) = \widetilde{f}(\omega\cos\theta, \omega\sin\theta)$$

$$= \iint_{R^2} f(t\cos\theta + s\sin\theta, t\sin\theta - s\cos\theta) \mathrm{e}^{-i\omega t} \mathrm{d}s \mathrm{d}t$$

$$\int_{R^1} Rf(t, \theta) \mathrm{e}^{-i\omega t} \mathrm{d}t = \widetilde{Rf}(\omega, \theta) \tag{6-12}$$

利用 Radon 变换与 Fourier 变换之间的关系式（6-12）及 Fourier 变换的反演公式（6-13）

$$f(x, y) = \frac{1}{(2\pi)^2} \iint_{R^2} \widetilde{f}(\omega_1, \omega_2) \mathrm{e}^{i(\omega_1 x + \omega_2 y)} \mathrm{d}\omega_1 \mathrm{d}\omega_2 \tag{6-13}$$

即可求得 Radon 变换的反演式（6-14），即

$$f(x, y) = \frac{1}{(4\pi)^2} \int_0^{2\pi} \mathrm{d}\theta \int_0^{\infty} \left\{ \int_0^{\infty} Rf(t, \theta) \mathrm{e}^{-i\omega t} \mathrm{d}t \right\} \mathrm{e}^{i\omega(x\cos\theta + y\sin\theta)} \omega \mathrm{d}\omega \tag{6-14}$$

反演式（6-14）还可进一步化简为式（6-15）

$$f(x, y) = -\frac{1}{(4\pi)^2} \int_0^{2\pi} \mathrm{d}\theta \int_{-\infty}^{\infty} \frac{\dfrac{\partial}{\partial t} Rf(t, \theta)}{t - (x\cos\theta + y\sin\theta)} \mathrm{d}t \tag{6-15}$$

由此可见，Radon 变换的反演公式包括求导、Hilbert 变换及对 θ 求平均三种运算（称变换 $g(t) \to Hg(x) = \dfrac{1}{\pi} \int_{-\infty}^{\infty} \dfrac{g(t)}{x - t} \mathrm{d}t$ 为函数 g 的 Hilbert 变换）。因此，当 $f(x, y)$ 满足适当条件时（这在实际问题中一般总是满足的），由 $Rf(t, \theta)$ 可以唯一确定 $f(x, y)$，也就是说 Radon 变换的反演问题是存在且唯一的。但是要成为数学上适定的问题，还必须满足稳定性的要求；另外，反演公式（6-14）或式（6-15）只有理论上的意义，并不适宜具体数值计算。

二、射线追踪技术

射线理论和射线追踪方法是弹性波传播理论研究的一个重要途径。人们常用射线理论研究地下复杂构造和不均匀介质中的弹性波传播问题（Cevug V.，et al.，1986）[130]。射线追踪技术被广泛用于地震波反演、偏移及其他正演模拟中，并在实际应用中得到不断的发展和完善。射线追踪理论的基础是在高频近似条件下，弹性波场的主能量沿射线轨迹传播。传统的射线追踪方法，通常意义上包括初值问题的试射法（Shooting method）和边值问题的弯曲法（Bending method）。试射法是最早提出和使用的射线追踪方法，在数学上描述为初值问题。它已知射线的初始点（震源点）和初始出射方向，求弹性波传播的射线路径。具体作法是从震源点出发，给定一系列的出射角，按 Snell 定律逐段追踪计算扇形区射线束各射线的路径，把满足一定误差条件的最靠近接收点位置的射线作为实际的射线路径。但是，当介质速度结构较复杂时，即使扇形射线束很密，也很难确定震源点到所有接收点的射线路径，而且计算费时，又不能模拟散射射线和阴影区（如屏蔽带）内的射线。

弯曲法基于 Fermat 时间稳定原理，属数学上的两点边值问题。弹性波从震源点到接收点传播的路径，是在真实射线路径附近变动的所有路径中能使波的旅行时最小或稳定的路径。若震源点和接收点给定，先给出射线路径的初始猜测值，再用变分法求泛函极值的有关算法，逐次迭代修正射线路径，直至收敛于真实射线路径。弯曲法相对于试射法效率较高，但有时会陷入局部收敛，得不到全局极小解，而且计算效率仍然很低。

为了克服传统射线追踪方法的这些缺点，近些年来，许多地球物理工作者在这些方面进行了大量的研究，提出了一些精度较高、效率较高而且实用的计算初至波旅行时的波前追踪方法。

Vidale（1988）[131] 提出了用有限差分求解程函方程而获得初至波旅行时的方法，开辟了一条射线追踪的新途径。该方法首先用矩形网格将介质离散化，从震源点开始，能量以方阵形式按网格点次序逐点向外扩展，逐层用有限差分求解程函方程得到各个网格点上的旅行时。然后依据平面波理论，射线路径于波前垂直，那么从接收点沿旅行时数据的最大梯度方向返回到震源点，就得到了震源点与接收点之间的最小旅行时路径。这种方法只能用已经求出的内圈网格点上的旅行时来求取相邻的外圈网格点上的旅行时，且按矩形波前面向外层层推进。但是，有时候初至能量是迂回传播的，也有可能从外圈网格点传到内圈网格点，波前面为任意曲面。在这种情况下，该方法就不能得到真正的全局极小旅行时波前。Van Trier 和 Symes（1991）[132] 修改了 Vidale（1998）[131] 的算法，使用逆向有限差分求解程函方程，避免了依赖模型的映射次序，使其完全矢量化，这样提高了计算效率，但是，与 Vidale（1988）[131] 方法一样，仍不能保证能够得到最小旅行时路径。

Qin（1992）等人[133] 针对扩展方阵在速度差大的介质中可能违背了因果规律，不能得到全局最小旅行时波前的情况，提出了按照实际波前面进行扩展，从而在很大程度上克服了扩展方阵中违背因果律的问题，使有可能计算诸如屏蔽带和波导区的初至旅行时。这种方法的计算效率仍然很低。

Moser（1991）[134] 提出了基于 Huygens 原理和网络理论的最短路径射线追踪方法

（SPR）。该方法将模型划分为由弧线连接的节点构成的网格，每个节点与相邻节点相联系。从震源点到所有结点的最短路径构成一最短路径树，每一射线节点即为绕射点，使能量不断向前传播。计算时从震源点开始，逐步向四周扩展，求出每个单元内任意两射线节点间的走时，并按 Fermat 原理确定出其最小走时和最短路径，最后求出震源点到接收点的最短路径和最小走时。在该方法中，波至能量从一个节点传到另一个节点，能够避免 Vidale（1988）[131] 方法中失去一些潜在的最短射线路径的问题，但是，波至从一个节点传至另一个节点的限制，势必影响该方法的精度，如果节点较密，需消耗大量的计算机时间和内存。Fischer 和 Lees（1993）[135] 在单元边界上用 Snell 定理改变射线方向，提出了在低速度区有效获得正确射线的方法，使各单元上所需计算的节点数大大减少，从而提高了该方法的计算效率。

Scheider 等人（1992）[136] 基于 Fermat 原理提出了计算初至旅行时的动态扫描（dynamic programming）方法。模型被离散成规则矩形单元，每个单元为常速度。在一个单元内用平面波或球面波插值算法，由两个已知节点上的初至旅行时推算出另一个节点上的初至旅行时。通过全局扫描求出每个节点上的初至旅行时，然后，按波旅行时间的最大梯度确定最小旅行时和射线路径。

在以上方法中，有限差分法和动态扫描这两种射线追踪方法包括两个步骤，第一步，计算每个节点的初至旅行时；第二步，利用计算出的旅行时确定射线路径，因而，被称为向前—向后法（Forward-Backward）。它们在第一步中都是从震源点开始，逐层向外或向接收点方向扩展。在第二步中是利用射线垂直波前面的性质获得射线路径的。Matsuoka 和 Ezaka（1992）[137] 利用互利换原理和 Fermat 原理，先计算出从震源点到每个节点的旅行时，再在接收点上虚设一震源，计算从接收点到每个节点的旅行时相加得到每个节点上的总的旅行时，最后追踪总旅行时的极小值点而获得射线路径。

向前或向后法的思想是把射线追踪问题分为两个完全不同的数学问题：一个是怎样计算地下模型各处波的旅行时；另一个是怎样用波的旅行时确定射线路径。这种思路能够使人们对每一个问题选用不同的方法来解决。在每一步中可能考虑直达波、透射波、散射波、绕射波等各种类型的波的传播问题，无论速度结构多么复杂，一旦获得了旅行时资料，就可在第二步中很快确定出射线路径。从而克服了传统射线追踪方法中的许多缺点。

综上所述，射线追踪问题可分为如下几步：

（1）研究区域网格化。

（2）由震源始层层外推计算网格节点上的最小走时。

（3）利用旅行时确定射线路径。

其中，在网格化后由震源点层层外推获取最小走时，忽略了内部节点对计算点走时的影响，损失了射线路径精度。

（一）直射线追踪

工程井间弹性波层析成像利用两个钻孔，对孔间的地质体进行层析成像（如图 6-1 所示），两孔之间恰好能构成一个成像断面，目前大多数采用弹性波穿透原理，利用波的走时进行反演。在一个孔内设置激发点排列，在另一个孔内安放检波器排列，有时也可在地表布置激发或接收排列，对每个激发源都采用一发多收形式构成相互交叉的致密射线网络。对每一个地震波走时为式（6-16），即

$$t_{ij} = \int_{rij} S(x, y) \mathrm{d}l \qquad (6-16)$$

式中 i——激发点序号，$i=1, 2, \cdots, M$；

$\quad\quad j$——接收点序号，$j=1, 2, \cdots, N$。

为了方便求解，采用小扰动方法使问题线性化，如式（6-17）取

$$S(x, y) = S_0(x, y) + \Delta S(x, y) \qquad (6-17)$$

式中 $S_0(x, y)$——参考慢度，即平均速度 v_0 的倒数；可以根据已知的资料估计初值。

令 $\Delta S(x, y)$ 为慢度扰动，可表示为式（6-18），即

$$\Delta S \approx -\frac{\Delta v}{v_0} \qquad (6-18)$$

式中 Δv——速度变化量。

令 Δt_{ij} 为走时扰动，则有

$$\Delta t_{ij} = t_{ij} - \int_{rij} S_0(x, y) \mathrm{d}l = \int_{rij} \Delta S(s, y) \mathrm{d}l \qquad (6-19)$$

采用网络格化方法来解决这个问题，将被测区域分成许多规则的成像单元，每个网络内的慢度扰动被认为是常数，这样式（6-19）就可以写成式（6-20）的形式，即

$$\Delta t_{ij} \approx \sum_{k=1}^{K} \Delta S_k L_{ijk} \qquad (6-20)$$

式中：$i=1, 2, \cdots, M$；$j=1, 2, \cdots, N$；$k=1, 2, \cdots, K$；ΔS_k 为网络区域内第 k 块的平均慢度扰动；L_{ijk} 为从第 i 个激发点到第 j 个接收点的地震波射线在第 k 个单元内的射线长度。这样，求各单元的慢度扰动就成为解一般线性方程组的问题。在各单元内慢度扰动已知后，可以根据式和 $v_k = v_0 + \Delta v_k$（Δv_k 为 k 步速度变化量）得到该块内的速度值。

（二）弯曲射线追踪

当介质速度变化不大时，弹性波射线可以近似认为是从激发点到接收点的直射线。当介质的速度变化较大时，弹性波射线轨迹为曲线。弯曲射线追踪方法主要有试射法（打靶法）、有限差分法、平方慢度法、线性旅行时插值法等。目前最常用的方法是最小走时法和线性旅行时插值法。

最小走时射线追踪：对二维非均匀介质，采用矩形网格将其离散化，设网格内的波速

为均匀的且地震波速度在其网格内按直线传播。在每一网格边界共设置 n 个结点，并使地震波沿连接这些结点的网络传播，根据 Fermat 原理，连接激发点和接收点的穿透射线是时间最小的一条路径，这就是数据结构中最短走时路径问题。

设 $tt(i)$ 为激发点到结点的最小时间，P 为已求出电波时间的结点集合，Q 为"波前面"，最小走时法的计算步骤如下。

（1）设 P 为空集，除震源的旅行时 $t_s=0$ 外，其余结点 $tt(i)=\infty$。

（2）由激发点 S 计算到相邻结点的时间 t_i，并取 $Q=\min[tt(i),t_i]$。

（3）找出 Q 中最小时间点 j 放入 P。

（4）由 j 点计算到相邻结点的时间 t_i，取 $Q=\min[tt(i),t_i]$，重复（3），当 $P=n$ 时终止。

（5）建立旅行时线性方程组，如式（6-21）所示，即

$$t_i=\sum_{i=1}^{m} S_j L_{ij} \tag{6-21}$$

式中 S_j——第 j 个单元内的平均慢度；

L_{ij}——第 i 条射线在第 j 个单元内的射线长度；

m——离散单元个数。

将式（6-21）改写成式（6-22）形式，即

$$AX=b \tag{6-22}$$

式中：A 为 $n\times m$ 阶稀疏矩阵，其元素 $a_{ij}(i=1,2,\cdots,n;j=1,2,\cdots,m)$ 是第 j 个单元慢度 S_j 对第 i 个走时 t_i 的贡献量，此处等于 L_{ij}，m 是离散单元的个数；X 为待求的离散单元慢度值，$X=(X_1,X_2,\cdots,X_m)^T$。

三、走时层析成像反演方法

弹性波层析成像研究按所依据的理论基础一般分为基于射线方程的层析成像和基于波动方程的层析成像。基于射线方程的成析成像按射线追踪时所用的弹性波资料的不同又可分为体波（反射波、折射波）和面波层析成像；按反演的物性参数区分，可分为利用弹性波走时反演弹性波速度的波速层析成像以及利用弹性波振幅衰减反演弹性波衰减系数的层析成像。基于射线理论，弹性波走时层析成像方法由于走时具有较高信噪比、无论是柱面波还是球面波走时的规律都相同等优点，相对来说发展较早，技术方法比较成熟，是目前弹性波层析成像的主要方法。但是射线理论只适用于波速在一个波长范围内变化很小的场合，是波动方程的高频近似，因此它有一定的局限性。而基于波动方程的层析成像方法由于需要超大规模的三维数值计算，目前还有许多问题没有解决。但波动方程包含了弹性波场的全部信息，比仅利用走时资料的射线追踪层析成像更能客观地反映地下结构的信息，因此是未来弹性层析成像的主要发展方向。

初至波旅行时层析成像最终归结为求解层析方程组，一般该方程组是对于每个网格慢度的一个大型、稀疏的非线性方程组。解决此问题的关键是将非线性问题线性化。因此，首先给定步长将模型离散化，也就是网格剖分，一般分成三角形网格、正方形网格或者长方形网格，每个网格又叫一个像素，然后给定初始像素的慢度，依据线性插值计算每条射线的初至波旅行时和射线的传播路径，把求出的射线初至波旅行时与观测的初至波旅行时的差值反演每个像素慢度的修正量，依据结果再修改模型，重复以上过程，直至理论初至走时与实际拾取初至走时的误差达到误差限，最后获得的慢度便是层析反演的成果。

初至波走时层析成像的关键是求解层析方程组。一般来说，该方程组是对于网格慢度的一个大型稀疏非线性矩阵。解决这种问题的关键是将非线性问题转化为线性问题。因此，首先要给定步长，并将模型离散化，也就是我们通常说的网格剖分（一般有三角形网格、矩形网格和交错网格等），如图 6-3 所示。给定初始网格的慢度，根据线性插值计算每条射线的初至波走时和射线的传播路径，求得的射线初至走时和观测得到的初至走时做差可以反演每个网格慢度的修正值，再根据结果来修改模型，反复上述过程，直到理论初至走时和实际拾取时间的误差符合实际要求，此时得到的慢度就是层析反演的结果。

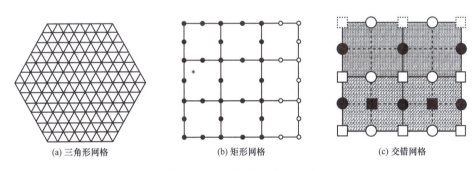

|(a) 三角形网格|(b) 矩形网格|(c) 交错网格|

图 6-3　三种不同网格示意图

（一）计算过程

弹性波层析成像属于离散图像重建技术。首先通过扇形观测系统获取钻孔或平洞的首波走时数据（t_i），然后通过求解大型矩阵方程来获取两孔之间的速度剖面图像，根据速度剖面图像可以直观准确地判定隐患体大小分布，是目前最为有效最为精确的测试方法之一。主要步骤如下。

1. 弹性波走时方程的建立

初至波层析主要利用地震波的初至走时信息来推断波速结构，进而实现对地质异常的探测。波速反演的精度直接决定了地质解译的精度，层析反演的目标泛函可通过合成走时与观测走时的时差能量来描述，如式（6-23）所示，即

$$J(\boldsymbol{S}) = \frac{1}{2} \left\| \boldsymbol{T}_{\mathrm{cal}} - \boldsymbol{T}_{\mathrm{obs}} \right\|_2^2 \tag{6-23}$$

式中：$J(\boldsymbol{S})$ 表示与慢度模型 $\boldsymbol{S}$ 有关的目标函数；$\boldsymbol{T}_{\mathrm{cal}}$ 表示通过射线追踪计算得到的初至

走时；T_{obs} 表示从初至记录中拾取到的观测走时。

根据地震高频近似理论，地震波沿着走时最短的射线路径传播，如图 6-4 所示，其旅行时间 t 可以表示为射线经过区域的慢度 s 沿射线路径 l 的积分，具体为

$$t = \int_{ray} s(x, z) \mathrm{d}l = \int_{ray} \frac{1}{v(x, z)} \mathrm{d}l \tag{6-24}$$

式中：t 表示地震波沿射线 ray 传播所需的旅行时间；慢度 $s(x, z)$ 为地下介质速度 $v(x, z)$ 的倒数，它随空间位置坐标 (x, z) 变化而变化，也是射线路径的函数；$\mathrm{d}l$ 为射线路径的微分。

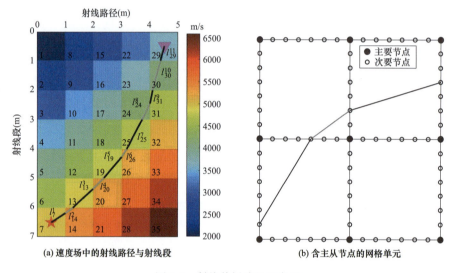

图 6-4　射线传播路径示意图

注：图 6-4（a）中不同颜色表示不同的速度值，每个网格单元左下角的数字为网格的单元编号，为了区分，相邻网格单元中的射线段分别采用黑色与灰色来显示，射线段按照由震源 S 到检波点 R 的顺序依次编号，用 j（$j = 1, 2, 3, \cdots, N$）表示，则第 i 个网格单元中的射线段长度即为 l_i^j。红色五角星表示激发点位置，粉色倒三角表示接收点位置。

2. 参数离散化

将成像区域和式（6-24）离散化，得式（6-25），即

$$t_i = \sum_{l=1}^{m} s_j \cdot l_{ij} \tag{6-25}$$

式中　S_j——第 j 个离散单元内的平均慢度；

l_{ij}——第 i 条射线在第 j 个单元内的射线长度；

m——离散单元个数。

将式（6-25）改写为式（6-26）的一般形式，即

$$AX = b \tag{6-26}$$

也即式（6-27）形式

$$\begin{bmatrix} a_{11} & a_{12} & \cdots & a_{1j} & \cdots & a_{1J} \\ a_{21} & a_{22} & \cdots & a_{2j} & \cdots & a_{2J} \\ \cdots & \cdots & \cdots & \cdots & \cdots & \cdots \\ a_{i1} & a_{i2} & \cdots & a_{ij} & \cdots & a_{iJ} \\ \cdots & \cdots & \cdots & \cdots & \cdots & \cdots \\ a_{Ii} & a_{I2} & \cdots & a_{Ij} & \cdots & a_{IJ} \end{bmatrix} \times \begin{bmatrix} S_1 \\ S_2 \\ \cdots \\ S_i \\ \cdots \\ S_I \end{bmatrix} = \begin{bmatrix} b_1 \\ b_2 \\ \cdots \\ b_i \\ \cdots \\ b_I \end{bmatrix} \tag{6-27}$$

式中 A——$n \times m$ 阶稀疏矩阵，其元素 $a_{ij}(i=1,2,\cdots,n;j=1,2,\cdots,m)$ 是第 j 个单元慢度 S_j（模型参数）对第 i 个走时 t_i（观测值）的贡献量，此处等于 L_{ij}；

  m——离散单元的个数；

  X——待求的离散单元慢度值（模型参数向量），$X=(S_1,S_2,\cdots,S_I)^T$；$b=(b_1,b_2,\cdots,b_i)^T$ 是各射线走时（观测值向量）；

  n——射线个数。

$X=(S_1,S_2,\cdots,S_I)^T$、$b=(b_1,b_2,\cdots,b_i)^T$ 通过求解式（6-27）就可以得到离散慢度（速度）分布，从而实现了井间区域的速度场反演成像。矩阵 A 可用射线追踪方法得到。矩阵 A 通常是大型无规则的稀疏矩阵的方程组，而且常常是病态的，因此，要求求解此方程组算法具有稳定、收敛、节省内存等特点。目前，适用的算法有很多，可分为线性方法和非线性方法。非线性方法主要有遗传算法、模拟退火法、神经网络法等。在体波层析成像中，使用线性反演方法的较多，主要有代数重建法（Algebraic Reconstruction Techniques，ART）、联合迭代法（SIRT）、奇异值分解法（SVD）、共轭梯度法（Conjugate Gradient Method，CG）、最小二乘法（LSQR）等。

3. 计算步骤

（1）将成像区域做网格剖分，给出成像区域内速度分布的初始模型向量 V_0，记其倒数为慢度 S_0。

（2）计算理论走时如式（6-28），即

$$t_i = \sum_{j=1}^{m} \int_{R_{ij}} s_j \cdot \mathrm{d}ri = 1,\ 2,\ \cdots,\ n; \tag{6-28}$$

式中 R_{ij}——第 i 条射线在第 j 个单元内的射线路径长度。

（3）拟合残差采用式（6-29）计算，即

$$\Delta t_i = t_i^{\mathrm{ob}} - t_i^{\mathrm{th}} \quad i=1,\ 2,\ \cdots,\ n \tag{6-29}$$

式中 t_i^{ob}——第 i 条射线的实测值；

  t_i^{th}——第 i 条射线的计算值。

（4）构造走时扰动和速度扰动方程，如式（6-30），即

$$A \cdot \Delta S = \Delta t \tag{6-30}$$

式中　　A——$n \times m$ 阶 Jacobi 矩阵；

　　　　ΔS——m 维列向量，是初始模型参数（慢度）的修正量；

　　　　Δt——n 维列向量，是走时观测值与理论计算值之差。

（5）采用适当的线性方程组求解方法，由式（6-30）解出 ΔS 后，代入式（6-31）对初始模型参数进行修正，则

$$S = S_0 + \Delta S \tag{6-31}$$

重复步骤（2）～（5）进行迭代计算，直到走时观测值与理论计算值之差小于预先给定的某个小量，这时的模型参数 s 即为最终慢度分布结果，取其倒数得速度分布 v，用于成像输出。

（二）共轭梯度法

1. 迭代法求解步骤

共轭梯度法是矩阵迭代求解方法中的一种，若定义 $f(x)$ 为反演的目标泛函，则该问题的求解可转换为求解无约束最优化问题，其迭代法求解的基本步骤可概述如下。

（1）给定初始解 x_0，迭代终止误差为 $\varepsilon > 0$，令 $k := 0$。

（2）若 $\|\nabla f(x_k)\| \leqslant \varepsilon$，达到了算法终止条件，停止迭代，得到无约束最优化问题的近似解 x_k；否则，转步骤（3）。

（3）通过某种方式计算下降方向若 d_k，使得满足如式（6-32）所示条件，即

$$\nabla f(x_k)^T d_k < 0 \tag{6-32}$$

（4）通过某种搜索方式确定步长 α_k，使得步长满足式（6-33）中的条件，即

$$f(x_k + \alpha_k d_k) < f(x_k) \tag{6-33}$$

（5）令 $x_{k+1} = x_k + \alpha_k d_k$，$k := k+1$，转步骤（2）。

当迭代产生的解达到了迭代终止条件或者达到了稳定状态时，该解即为无约束最优化问题的解，也即层析反演方程的解。

2. PRP 共轭梯度法步骤

对于线性方程组 $Ax = b$，$x \in R^n$，其共轭梯度法的基本迭代公式如式（6-34），即

$$x_{k+1} = x_k + \alpha_k d_k, \ k = 0, \ 1, \ 2, \ \cdots$$

$$d_k = \begin{cases} -g_k & k = 0 \\ -g_k + \beta_k d_{k-1} & k \geqslant 1 \end{cases} \tag{6-34}$$

式中：α_k 为步长；d_k 为搜索方向；g_k 为 $f(x_k)$ 的梯度，$g_k = \nabla f(x_k)$；β_k 为共轭系数。对 β_k 的定义有式（6-35）所示几种，即

$$\beta_k^{FR} = \frac{\|g_k\|^2}{\|g_{k-1}\|^2}, \ \beta_k^{PRP} = \frac{g_k^T y_{k-1}}{\|g_{k-1}\|^2}, \ \beta_k^{HS} = \frac{g_k^T y_{k-1}}{d_k^T y_{k-1}}, \ \beta_k^{CD} = \frac{-\|g_k\|^2}{d_k^T g_{k-1}}$$

$$\beta_k^{DY} = \frac{\|g_k\|^2}{d_{k-1}(g_k - g_{k-1})^T}, \ \beta k^{LS} = \frac{-g_k^T(g_k - g_{k-1})}{d_{k-1}^T g_{k-1}} \tag{6-35}$$

参数 β_k 的上标分别对应共轭梯度法中的 FR 法、PRP 法、HS 法、CD 法、DY 法、LS 法，T 作为上标，表示转置。当采用 PRP 共轭梯度法进行求解时，该算法的具体步骤如下。

（1）给定初始解 x_0 和迭代终止精度 ε，计算初始梯度 $g_0 = \nabla f(x_0)$，令 $k=0$。

（2）如果 $\|g_k\| \leqslant \varepsilon$，停止迭代，输出结果 $x^* = x_k$。

（3）计算搜索方向 d_k，d_k 满足式（6-36），即

$$d_k = \begin{cases} -g_k & k=0 \\ -g_k + \beta_{k-1}d_{k-1} & k \geqslant 1 \end{cases} \tag{6-36}$$

式中：当 $k \geqslant 1$ 时，$\beta_k^{PRP} = \dfrac{g_k^T y_{k-1}}{\|g_{k-1}\|^2}$。

（4）使用 Armijo 准则搜索步长 α_k。其中，Armijo 准则为给定的 $\beta \in (0,1)$，$\sigma \in (0,0.5)$，令步长因子 $\alpha_k = \beta^m$，求满足下列不等式的最小非负整数：$f(x_k + \beta^m d_k) \leqslant f(x_k) + \sigma \beta^m g_k^T d_k$。

（5）令 $x_{k+1} = x_k + \alpha_k d_k$，并且计算 $g_{k+1} = \nabla f(x_{k+1})$。

（6）令 $k=k+1$，转步骤（2）。

上述步骤即为共轭梯度法的详细迭代解法。在层析反演中，由于该矩阵方程 $Ax=b$ 为大型稀疏线性反演方程组，且系数矩阵 A 通常不可逆，因此，首先将方程组等式的两边同时乘以 A 的转置 A^T，如式（6-37）所示的正定方程为

$$A^T A x = A^T b \tag{6-37}$$

此时，如果对式（6-37）应用一般的共轭梯度法求解，可取 $\nabla f(x_k) = (A^T A)^{-1} A^T b$。但是，如果方程组式（6-37）的病态性依然很强，即 $A^T A$ 仍然不可求逆，由于共轭梯度法在求解方程组时对 $A^T A p^{(k)}$ 采用了显示计算 [$p^{(k)}$ 为待求的未知向量]，共轭梯度法同样得不到较为精确的数值解。而最小二乘共轭梯度法（Least Squares Conjugate Gradient Method，LSCG）则很好地适应这个问题。

根据恒等式 $[p^{(k)}, A^T A p^{(k)}] = [A p^{(k)}, A p^{(k)}]$，可得到最小二乘共轭梯度法的算法步骤如下。

1）$x^{(0)} = 0$，$s^{(0)} = b$，$r^{(0)} = A^T b$，$p^{(0)} = r^{(0)}$，$q=0$。

2）$\omega^{(k)} = A p^{(k)}$，$\alpha_k = [r^{(k)}, r^{(k)}] / [A p^{(k)}, A p^{(k)}]$。

3）$x^{(k+1)} = x^{(k)} + \alpha_k p^{(k)}$，$s^{(k+1)} = s^{(k)} - \alpha_k \omega^{(k)}$，$r^{(k+1)} = A^T s^{(k+1)}$。

4）如果 $r^{(k+1)} = 0$，则停止；否则，$\beta_k = [r^{(k+1)}, r^{(k+1)}] / [r^{(k)}, r^{(k)}]$。$p^{(k+1)} = r^{(k+1)} + \beta_k p^k$，$k=k+1$，转向步骤 2）继续进行迭代求解。这里 $r^{(k)}$ 是 $A^T A x = A^T b$ 正定方程的残差向量，$s^{(k)}$ 是 $Ax=b$ 方程的残差向量。

虽然最小二乘共轭梯度法可以得到一个收敛的反演解，然而，由于层析矩阵方程个数很大、有限观测角，以及射线盲区的存在，使得矩阵方程的求解具有严重的不适定性，造

成最小二乘共轭梯度法在求解大型稀疏反演矩阵方程时仍然存在一些问题。

（三）代数重建法

ART 方法即代数重建技术（Algebraic Reconstruction Techniques），是按射线依次修改有关象元的图像向量的一类迭代算法，将图像重建问题转化为求解线性方程组，可适用于不完全投影数据的图像重建。其基本过程就是通过给定被重建区域中的 v（速度）或 s（慢度）一个初值，然后将所得到的投影值残差逐个沿其射线方向均匀地反射过去，并不断地重建图像进行校正，直到满足精度条件。下面以求解线性方程组的一般形式 $Ax=b$ 为例简述其求解过程。

从某个初值 x^0 开始，迭代 k 次之后近似解为 $x^{(k)}$，残差记作 $\xi^{(k)}$，则 $\xi^{(k)}$ 可用式（6-38），即

$$\xi^{(k)}=b-Ax^{(k)} \tag{6-38}$$

式（6-38）为递推方程。记修正量为 $\Delta x^{(k)}$，令残差为零，即有

$$\xi_i^{(k+1)}=b_i-A\left[x^{(k)}+\Delta x^{(k)}\right]=0 \tag{6-39}$$

式中：i 表示射线号（也就是第 i 个方程）也即模型编号。从第一个方程求得 $\Delta x^{(0)}$，第 i 个方程求得 $\Delta x^{(k-1)}$，以此类推，记 $i=\mathrm{mod}(k,I)$，即 i 为 k 除以 I 的余数。通常情况才下，$x^{(k)}$ 收敛于其极限，给定 $\Delta x^{(k)}$ 关于 p 的一范数，如式（6-40）

$$\|\Delta x^{(k)}\|=\left[\sum_{j=1}^{J}|\Delta x_j^{(k)}|^p\right]^{\frac{1}{p}} \qquad p\geqslant 1 \tag{6-40}$$

因此，得到第 j 个像素点的修正量如式（6-41）

$$\Delta x_j^{(k)}=\frac{\mathrm{sgn}(A_{ij})|A_{ij}|^{\omega}\xi_i^{(k)}}{\sum_{j=1}^{J}|A_{ij}|^{\omega+1}} \qquad \omega=\frac{1}{p-1} \tag{6-41}$$

在地震层析反演中，射线通过某个像素的长度 $A_{ij}\geqslant 0$。则 ART 算法表达式如式（6-42）

$$\Delta x_j^{(k)}=\frac{A_{ij}^{\omega}\xi_i^{(k)}}{\sum_{j=1}^{J}A_{ij}^{\omega+1}} \tag{6-42}$$

当 $p=2$，$\omega=1$，则有式（6-43）形式，即

$$x_j^{(k+1)}=x_j^{(k)}+\lambda'\frac{A_{ij}\xi_i^{(k)}}{\sum_{j=1}^{J}A_{ij}^2} \tag{6-43}$$

式中：λ' 为松弛因子（$0<\lambda'<2$）。通过逐条射线进行更新，每一轮的迭代都是以上一轮迭代的结果作为初始值，直到满足一定的收敛条件。利用上述公式即可求出所有的未知慢度。

从算法实现的步骤中可以看出，所谓的修正实际上只是针对射线所穿过的那些像素进行的，而对于射线没有穿过的像素，慢度更新量为零，相当于没有做出修正，因此其收敛速度慢，运算时间长。ART 算法性能的影响因素包括了投影数据的读取方式和松弛因子的选择，

由于每次迭代只用到一条射线投影，算法容易被测量数据中含有的噪声影响，这一缺点在一定程度上限制了该算法的应用和发展。另外，对于 ART 算法，不同角度投影之间的先后次序对重建效果有一定影响，选择接近正交的方程，其收敛所需的迭代次数越小，收敛速度越快。

在实际数据处理中，根据线性方程的特点，对代数重建法进行了各种改进和优化，比较有代表性的优化算法有联合迭代重建算法（Simultaneous Iterative Reconstruction Technique，SIRT）、联合代数重建算法（Simultaneous Algebraic Reconstruction Technique，SART）、改进的联合代数重建算法（Modified Simultaneous Algebraic Reconstruction Technique，MSART）、乘型代数重建算法（Multiplicative Algebraic Reconstruction Techniques，MART）。

联合迭代重建算法的基本思想在于利用通过该像素的全部射线，其迭代过程对图像每个像素的更新量是对所有投影线的修正按照贡献因子取加权平均，然后反投影得到。与 ART 每条投影线都对图像更新一次不同，SIRT 算法综合了所有投影线的贡献，可以避免一条投影线上的误差对重建结果带来过大影响，因而可以有效抑制重建图像中的噪声。SIRT 的计算结果与使用数据的次序无关，因此，$i=\text{mod}(n, I)$ 无效，其主要步骤是利用重建图像中的某一个像素中所有通过它的射线的修正值来确定这个像素的平均修正值，消除干扰因素，如式（6-44）所示，即

$$\Delta x_j^{(k+1)} = \frac{1}{M_j} \sum_i \frac{A_{ij}\xi_i^{(k)}}{\sum_j A_{ij}^2} \tag{6-44}$$

式中　k——循环次数；

　　M_j——矩阵 A 中第 j 列非零元素的个数。

从最终的结果来看，利用上式能够消除部分干扰以及随机误差，在计算上更加稳定，收敛性更好，无论方程组是超定还是欠定的，都可以使用该方法进行求解，当然该方法也存在诸如占用计算机内存大、计算效率比 ART 法更低等缺点。修改式（6-44），可得到 SIRT 的递推公式，如式（6-45）所示，即

$$\begin{cases} x_j^{(k+1)} = x_j^{(k)} + \frac{\eta}{\lambda_j} \sum_i \frac{A_{ij}r_i^{(k)}}{\rho_i}, \ 0<\eta<2 \\ \lambda_j = \sum_i |A_{ij}|^\alpha, \ p_k = \sum_k |A_{ik}|^{2-\alpha}, \ 0 \leqslant \alpha \leqslant 2 \end{cases} \tag{6-45}$$

当 $0<\eta<2$ 时，上述方法是收敛的，η 是松弛因子，可加快收敛。综上所述，可得到 SIRT 算法的主要实现步骤如下。

（1）选择初值 $x_j^{(0)}$，与 ART 方法中的初值选择一样。

（2）求旅行时的估计值 $b_i^{(0)}$，$b_i^{(0)} = \sum_{j=0}^{J} A_{ij}x_j^{(0)}$，$i=1, 2, \cdots, I$。

（3）求估计旅行时和观测值的差 $r_i = b_i - b_i^{(0)}$。

（4）假定像素内有 N_j 条射线通过，计算第 j 个像素内平均修正值 $\Delta x_j^{(k)}$，$\Delta x_j^{(k)} =$

$$\frac{1}{N_j} \frac{\sum\limits_i \xi_i}{\sum\limits_j A_{ij}} \text{。}$$

（5）第 j 个像素的慢度值 x_j 用平均修正值 $\Delta x_j^{(n)}$ 修正，$x_j^{(k+1)} = x_j^{(k)} + \Delta x_j^{(k)}$，同时加上 ART 方法中用到的约束条件。

（6）设 e 为都已残差值，则当 $|x_j^{(n)} - x_j^{(n+1)}| \leqslant e$，$j = 1$，2，…，$J$ 时，迭代停止；否则，继续下一次迭代，重复上述步骤，直至满足精度要求。

由于 SIRT 算法对所有投影线的修正量进行了加权平均，显著地降低了迭代的收敛速度。另外，对每个像素更新时，需要计算好所有投影线的贡献，因此在实际计算中需要对各个投影线的贡献量进行存储，存储量至少比 ART 算法多一倍。因此，SIRT 算法具有更好的稳定性，但是收敛速度慢、存储容量大，这两点成为影响其应用的主要问题。

联合代数重建算法是 A. H. Anderson 和 A. C. Kak 于 1984 年提出一种改进的迭代重建算法，只需要很少的迭代次数就可以得到很好的重建质量和精度。SART 算法对 ART 算法做了一些改进，即利用同一投影角度下通过像素的所有射线的误差来确定对该个像素进行校正值，而不是只考虑一条射线。其效果相当于是对 ART 算法中的误差进行了平滑处理，从而降低了重建结果对测量误差的敏感度。

由于 ART 法在迭代过程中通常只用到一条射线的投影信息，所以当该信息出现误差较大的情况时，求得的解也会带有误差，为了对此类问题进行优化，发展了联合代数重建法，经过不断的发展与完善克服了代数重建法的不足。其主要步骤与 ART 相似，但迭代公式不同，如式（6-46）

$$x_j^{(k+1)} = x_j^{(k)} + \frac{\sum\limits_{j=1}^{j} \lambda \dfrac{A_{ij} \xi_i^{(k)}}{\sum\limits_{j=1}^{j} A_{ij}^2}}{\sum\limits_{j=1}^{j} A_{ij}} \tag{6-46}$$

在实际应用中，为了有效控制噪声，通常引入 λ'，即松弛因子（$0 < \lambda' < 2$），其根据投影数量的多少、是否有噪声以及噪声大小而有所不同，通常在迭代过程中会寻求合适的 λ'，从而加快收敛速度，k 是迭代次数。

跟 ART 算法相比，SART 算法不是按照逐条射线对图像像素进行更新，而是在计算完一个特定投影角度的整个投影之后再进行更新。因此，SART 算法的计算效率更高。且在每个投影角度下对像素点进行修正时，ART 算法中只考虑了一条射线，与之相比，SART 算法则是利用了通过像素点的所有射线，稳定性和并行性都更高。

SIRT 算法和 SART 算法都能控制测量误差和干扰因素在迭代重建中的传播。虽然 SIRT 算法会使得像素点修正在一定程度上有所改善，但在计算量方面会比 SART 算法大，因此，在实际应用中广泛使用的算法还是 SART 算法。

另外，对于 SART 算法，不同角度投影之间的先后次序对重建效果也有一定影响。选择接近正交的方程，其收敛所需的迭代次数越小，收敛速度越快。

改进的联合代数重建算法，针对简单的中心对称图像进行重建时，若投影角度较少，SART 会出现严重的边缘效应。虽然边缘噪声分布区域并非图像感兴趣区域，而且也不是影响图象质量的主要因素，但边缘噪声使重建图像和原始图像之间的误差趋近于零，导致迭代过程无法进行，最终重建结果的中间区域也将出现失真，无法达到重建要求。改进的联合代数重建算法就是为了解决边缘效应问题而提出的，由于投影和重建数据计算过程均来自于加权因子和估值的乘积，误差来源于迭代过程中估值的前后不一致，而权因子只是起到了放大误差的作用，因此不应采取联合代数重建中以加权因子作为误差分配的唯一准则的方法，而应对图像边缘部分和中间部分采取相同量级的修正。MSART 的初始值不能采用零，而应设置为非零的相等值。此外，MSART 对应的迭代公式应改为式（6-47），即

$$x_j^{(k+1)} = x_j^{(k)} + \sum_{i=1}^{i} \frac{A_{ij}^{\omega} \xi_i^{(k)}}{\sum_{j=1}^{J} A_{ij}^2} \tag{6-47}$$

乘型代数重建算法相较于上述 ART 法中用到的"加型"方法，当每一个像素的校正是通过乘以上一个校正值来实现的时，便得到所谓的"乘型"代数重建方法，MATR 算法的特点是初始估计值中的每个分量值必须大于零，并且在迭代过程中像素的值变为零的点，将始终保持为零。其解的迭代公式为式（6-48），即

$$x_j^{(k+1)} = \lambda \frac{b_i}{\sum_{j=1}^{J} A_{ij}^2} x_j^{(k)} \tag{6-48}$$

（四）QR 因子分解法

QR 因子（正交三角）分解法是求一般矩阵全部特征值的最有效并广泛应用的方法，一般矩阵先经过正交相似变化成为 Hessenberg 矩阵，然后再应用 QR 方法求特征值和特征向量。它是将矩阵分解成一个正规正交矩阵 Q 和上三角形矩阵 R，所以称为 QR 分解法，其命名与正规正交矩阵的通用符号 Q 和上三角形矩阵 R 有关。如果实（复）非奇异矩阵 A 能够化成正交（酉）矩阵 Q 与实（复）非奇异上三角矩阵 R 的乘积，即 A＝QR，则称其为 A 的 QR 分解。早已证实，阻尼最小二乘 QR 反演算法在层析反演中最为可靠，还能够处理非对称方程组。

LSQR（最小二乘 QR 因子分解法）用于求解大型稀疏矩形具有较好的稳定性，这种方法不会受到矩阵稀疏性的影响，反而有效地利用这点缩小计算量，加快收敛速度，在地震层析问题中得到广泛应用。上面讨论的几种方法都要求 A 为对称矩阵，求解时都是考虑求取原方程组的解，而 LSQR 方法不要求系数矩阵为对称矩阵，系数矩阵可以是非对称矩阵，考虑的就是原方程组的求解，而且该方法占用内存小，其双对角形势对求解稀疏矩阵方程有很好的适应性，收敛速度快而且稳定，因此是最具优势的线性反演方法。

求解矩阵方程 $Au=b$，可等价于最小二乘优化问题 $\min \frac{1}{2}\|Au-b\|_2^2$，也等价于求解式（6-49）问题，即

$$\begin{bmatrix} I & A \\ A^T & 0 \end{bmatrix} \begin{bmatrix} r \\ u \end{bmatrix} = \begin{bmatrix} b \\ 0 \end{bmatrix} \tag{6-49}$$

式中　r——残差向量。

式（6-49）可以写成 $\boldsymbol{Bx}=\boldsymbol{f}$ 的形式，其中 $\boldsymbol{B}$ 可表示为

$$\boldsymbol{B} = \begin{bmatrix} I & A \\ A^T & 0 \end{bmatrix}, \quad \boldsymbol{x} = \begin{bmatrix} r \\ u \end{bmatrix}, \quad \boldsymbol{f} = \begin{bmatrix} b \\ 0 \end{bmatrix} \tag{6-50}$$

首先，将经典的 Lanczos 求解正交基的方法应用于方程组式（6-50），可以得到一组正交基向量组 $\boldsymbol{v}^{(0)}$，$\boldsymbol{v}^{(1)}$，$\cdots\boldsymbol{v}^{(2k+1)}$，其中，$\boldsymbol{v}^{(0)}$，$\boldsymbol{v}^{(2)}$，$\cdots\boldsymbol{v}^{(2k)}$ 的数据格式为 $\begin{bmatrix} y \\ 0 \end{bmatrix}$，$\boldsymbol{v}^{(1)}$，$\boldsymbol{v}^{(3)}$，$\cdots\boldsymbol{v}^{(2k-1)}$ 的数据格式为 $\begin{bmatrix} 0 \\ z \end{bmatrix}$。因此，这组 Lanczos 矢量构成了方程组 $Au=b$ 的一个正交基。将方程组投影到这组正交基表示的子空间上，得

$$\left.\begin{aligned}
\boldsymbol{Bv}^{(0)} &= \alpha_0 \boldsymbol{v}^{(0)} + \beta_1 \boldsymbol{v}^{(1)} \\
\boldsymbol{Bv}^{(2)} &= \alpha_2 \boldsymbol{v}^{(2)} + \beta_2 \boldsymbol{v}^{(1)} + \beta_3 \boldsymbol{v}^{(3)} \\
&\cdots \\
\boldsymbol{Bv}^{(2k)} &= \alpha_{2k} \boldsymbol{v}^{(2k)} + \beta_{2k} \boldsymbol{v}^{(2k-1)} + \beta_{2k+1} \boldsymbol{v}^{(2k+1)} \\
\boldsymbol{Bv}^{(1)} &= \alpha_1 \boldsymbol{v}^{(1)} + \beta_1 \boldsymbol{v}^{(0)} + \beta_2 \boldsymbol{v}^{(2)} \\
\boldsymbol{Bv}^{(3)} &= \alpha_3 \boldsymbol{v}^{(3)} + \beta_3 \boldsymbol{v}^{(2)} + \beta_4 \boldsymbol{v}^{(4)} \\
&\cdots \\
\boldsymbol{Bv}^{(2k-1)} &= \alpha_{2k-1} \boldsymbol{v}^{(2k-1)} + \beta_{2k-1} \boldsymbol{v}^{(2k-2)} + \beta_{2k} \boldsymbol{v}^{(2k)}
\end{aligned}\right\} \tag{6-51}$$

将式（6-51）写成矩阵的形式，可得

$$\boldsymbol{BV}_{2k+1} = \boldsymbol{V}_{2k+1} \boldsymbol{T}_{2k+1} + \beta_{2k+1}(0,\ 0,\ \cdots\boldsymbol{v}^{(2k+1)}) \tag{6-52}$$

式（6-52）中，$\boldsymbol{V}_{2k+1}$ 是这组正交基构成的矩阵，即

$$\boldsymbol{V}_{2k+1} = [\boldsymbol{v}^{(0)},\ \boldsymbol{v}^{(2)},\ \cdots\boldsymbol{v}^{(2k)},\ \boldsymbol{v}^{(1)},\ \boldsymbol{v}^{(3)},\ \cdots\boldsymbol{v}^{(2k-1)}] \tag{6-53}$$

式（6-53）中，$\boldsymbol{T}_{2k+1} = \begin{bmatrix} I_a & C \\ C^T & I_b \end{bmatrix}$，其中，

$$\boldsymbol{I}_a = \begin{bmatrix} \alpha_0 & & & \\ & \alpha_1 & & \\ & & \ddots & \\ & & & \alpha_{2k} \end{bmatrix}$$ 是 $(k+1)\times(k+1)$ 的对角阵；

$$\boldsymbol{I}_b = \begin{bmatrix} \alpha_1 & & & \\ & \alpha_3 & \ddots & \\ & & & \alpha_{2k+1} \end{bmatrix} \text{是 } k \times k \text{ 的对角阵;}$$

$$\boldsymbol{C} = \begin{bmatrix} \beta_1 & & & \\ \beta_2 & \beta_3 & & \\ & \beta_4 & \beta_5 & \\ & & \cdots & \\ & & & \beta_{2k-2} & \beta_{2k-1} \\ & & & & \beta_{2k} \end{bmatrix} \text{是 } (k+1) \times k \text{ 的对角阵。}$$

根据 Lanczos 方法求解方程正交基的过程可知：$\alpha_0 = \alpha_2 = \cdots = \alpha_{2k} = 1$，$\alpha_1 = \alpha_3 = \cdots = \alpha_{2k-1} = 0$，也就是说 $\boldsymbol{I}_a = \boldsymbol{I}$，$\boldsymbol{I}_b = 0$。

构成的新方程组 $\boldsymbol{Bx} = \boldsymbol{f}$ 的解是由上述正交基构成的子空间，即 $\boldsymbol{x}^{(2k+1)} \in \boldsymbol{K}^{(2k+1)}$（$\boldsymbol{B}$；$\boldsymbol{f}$），因此 $\boldsymbol{Bx} = \boldsymbol{f}$ 的解向量可以表示为 $\boldsymbol{x}^{(2k+1)} = \boldsymbol{V}_{2k+1} \boldsymbol{y}^{(2k+1)}$。

进一步可以推出：$\boldsymbol{T}_{2k+1} \boldsymbol{y}^{(2k+1)} = \beta_0 \, (1, 0, 0, \cdots 0)^T$，求解此方程组即可得到 $\boldsymbol{y}^{(2k+1)}$，再将 $\boldsymbol{y}^{(2k+1)}$ 回代到 $\boldsymbol{x}^{(2k+1)} = \boldsymbol{V}_{2k+1} \boldsymbol{y}^{(2k+1)}$ 这个方程，就可得到原始方程组 $\boldsymbol{Au} = \boldsymbol{b}$ 的解。

综上所述，最小二乘 QR 因子分解法（LSQR）的计算步骤可总结如下。

（1）$\boldsymbol{u}^{(0)} = 0$，$\beta^{(0)} = \|\boldsymbol{b}^{(0)}\|$，$\boldsymbol{b}^{(0)} = \boldsymbol{b}^{(0)}/\beta^{(0)}$，$\boldsymbol{v}^{(0)} = \boldsymbol{A}^T \boldsymbol{b}^{(0)}$，$\alpha^{(0)} = \|\boldsymbol{v}^{(0)}\|$，$\boldsymbol{v}^{(0)} = \boldsymbol{v}^{(0)}/\alpha^{(0)}$，$\boldsymbol{w}^{(0)} = \boldsymbol{v}^{(0)}$，$q = 0$。

（2）$\boldsymbol{b}^{(q+1)} = -\alpha^{(q)} \boldsymbol{b}^{(q)} + \boldsymbol{A} \boldsymbol{v}^{(q)}$，$\beta^{(q+1)} = \|\boldsymbol{b}^{(q+1)}\|$，$\boldsymbol{b}^{(q+1)} = \boldsymbol{b}^{(q+1)}/\beta^{(q+1)}$，$\boldsymbol{v}^{(q+1)} = -\beta^{(q+1)} \boldsymbol{v}^{(q)} + \boldsymbol{A}^T \boldsymbol{b}^{(q+1)}$，$\alpha^{(q+1)} = \|\boldsymbol{v}^{(q+1)}\|$，$\boldsymbol{v}^{(q+1)} = \boldsymbol{v}^{(q+1)}/\alpha^{(q+1)}$。

（3）$\gamma = \sqrt{\alpha^{(q)} \cdot \alpha^{(q)} + \beta^{(q+1)} \cdot \beta^{(q+1)}}$，$\boldsymbol{u}^{(q+1)} = \boldsymbol{u}^{(q)} + \boldsymbol{w}^{(q)} \alpha^{(q)} \beta^{(q)}/\gamma$，$\boldsymbol{w}^{(q+1)} = -\alpha^{(q+1)} \beta^{(q+1)}/\gamma \boldsymbol{w}^{(q)} + \boldsymbol{v}^{(q+1)}$。

（4）$q = q+1$ 转向（2）继续迭代求解。由于本小节所指弹性波 CT 研究的层析速度反演方程组的系数矩阵具有很强的稀疏性，而 LSQR 求解方程组的内存占用小，且双对角形式对求解矩阵方程具有一定的便利性，加上该方法具有较快的收敛速度和稳定性等优势，因此，LSQR 算法非常适合于求解本小节研究的层析速度反演问题。

第二节　现场工作技术

一、影响井间弹性波 CT 分辨率的因素

分辨率是指方法所能识别的异常体的最小尺度，是岩溶勘察工作最为关心的指标之一。自井间弹性波 CT 问世以来，大量学者对井间弹性波 CT 分辨率进行了大量研究。曹俊兴（1995）[138] 通过理论与数值实验对低速球状异常体和低速倾斜板状异常体的地震 CT

探测分辨能力研究表明：对球状体的低速异常体而言，分辨率同临界速度有关，而临界速度同背景速度和异常体相对于观测系统的相对尺度有关，这意味着对低速异常体的分辨率特随背景速度和观测系统尺度的不同而会有所不同。对于低速倾斜板状异常体，跨孔层析成象对低速板状体分辨率受多种因素的影响，就表达式而言，产状的影响十分重要。然而，跨孔层析成象观测系统的特点决定了总存在一些射线路径使得板状异常体相对于这些射线路径来说近于直立。这意味着对于低速板状体而言，特别是当其长、宽度远大于厚度时，板状体倾角对分辨率的影响实际上是很小的。严又生（1997）[139] 针对井间层析成像中直达透射波旅行时的确定、大倾角地层层析的不确定性、射线分布不均匀的影响等问题，通过模型正演计算，从理论上定量或定性地分析其形成机制，提出相应的改正方法和对策。裴正林（2002）等[140] 的研究表明，分辨率与激发地震波的波长有关，地震 CT 成像垂直分辨率好于水平分辨率。王运生（2005）等[141] 对通过实例讨论了成像算法与射线追踪、观测系统与分辨率、数据校正和误差控制等影响地震 CT 成像分辨率和解的唯一性的影响因素。许韬（2022）等[142] 为研究探测误差的规律和影响因素，通过现场试验，对广州白云区同一桥桩采用不同孔距的多条 CT 剖面进行探测，统计分析了跨孔地震波 CT 探测误差与发射-接收孔距的关系。结果表明探测误差随孔距增加近似呈指数级增长。李卫卫（2022）等[143] 从对影响跨孔地震波初至 CT 成像精度的 3 个因素（孔间距、岩溶尺寸及水平间距）开展的正反演研究表明，孔间距小于孔深时，成像效果较为理想。

大量研究及应用表明，影响分辨率的因素除异常体速度与背景介质速度之间的差异和异常体的形态、产状、分布、尺度（绝对与相对而言观测系统的相对尺度）这几个客观条件外，还与现场工作质量和室内资料处理与解释有直接关系，主要包括：

（1）观测系统的布置与射线分布以及震源特性。

（2）仪器设备的精度。

（3）现场工作质量。

（4）旅行时判读精度，即在记录上所能分辨的最小时间单位，由采样间隔和信号频率所决定。

（5）射线追踪与反演方法等。

二、观测系统设计

层析成像的精度和分辨率与观测系统的关系非常密切，观测系统的优劣，直接影响工程地球物理层析成像的精度。要达到成果的高精度，观测系统就必须满足相应的要求。

目前，弹性波层析成像中，最为理想的观测系统为四侧透射，其数据采集是密集的、全方位的，射线密度和射线分布均为最佳。然而，在实际工程层析成像中，常常只有钻井、平洞或地面可以利用，且受激发器和接收器的安置限制，除部分可利用地面形成三侧透射外，绝大部分仅能两侧透射。

  井间弹性波层析成像一般要求孔深不小于两孔间距，一个孔中放置震源，另一个孔中放置接收传感器。对于两孔观测而言，由于难于进行全方位观测，造成被测区域某些部位射线过密，而另一些部位射线偏稀，尤其是在钻孔的底部，射线相对稀疏，交角较小，约束条件差，势必影响成像精度和分辨率。因此，在激发能量足够大的情况下，设计观测系统时，应尽量增大排列长度，使得探测目标体最好位于成像范围的中部，以保证目标区成像单元都有足够的射线密度。对于钻孔底部有岩溶揭露的情况，则需对钻孔进行加深，并超过异常体底部5m以上为宜。

  目前，在井间弹性波走时层析成像工作采用较多的工作方式仍是两侧透射系统，如图6-5所示，这种系统通常有两种观测方式。一是单边发射单边接收方式，即一孔作为发射孔，按一定间隔逐点进行激发弹性波，另一孔作为接收孔，进行全孔段或部分空段接收，如图6-5（a）所示；受激发能量的限制，这种方式一般适于孔深度较小的情况。第二种是两孔互为激发和接收点，采用全孔段逐点发射，另一孔全孔段接收；或按一定间距进行发射，另一孔全孔段接收或部分孔段逐点接收，如图6-5（b）所示。例如，对于两孔均为50m，采用激发和接收间距均为1m，采用单边发射单边接收方式，形成的射线数为2500条；而采用两孔互换激发与接收，激发距为3m，接收距仍为1m，则形成的射线数为1700条，工作量减少1/3左右。

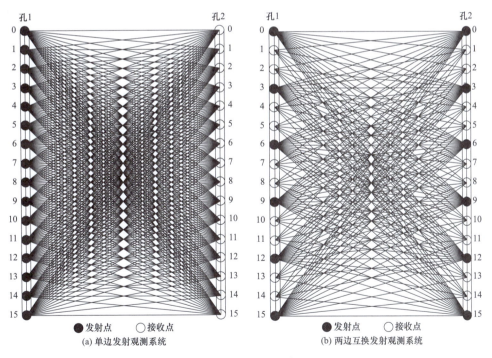

图 6-5 观测系统示意图

  因此，观测系统的设计需首先广泛收集关于研究区域已知的地质和地球物理资料，考虑目标体可能的形状是球状体、柱状体还是板状体，对于板状体还得考虑其倾角和倾斜板状体的分辨能力。然后，根据这些先验知识，整理出该测区域粗略的地球物理模型，利用层析成像迭代方法对不同观测系统进行重建图像的尝试，综合考虑探测目的、经济性、现场工作条件等因素，合理选择最佳观测系统。

三、仪器设备选择

井中弹性波层析成像系统包括井中弹性波发射机、井中弹性波接收机、地面收录控制器及附件设备等，如井下震源、井下检波器、专用弹性波记录仪器及辅助设备。野外数据采集中，测量设备包括井下震源地面控制系统和弹性波信号采集系统。井下震源主要包括震源发生器和电缆（拖缆），由地面控制操作。地面控制系统一般设在现场，由震源升降控制器和激发控制器等装置组成，两者构成井间弹性波排列中的信号激发系统。弹性波信号采集系统由井下信号接收器和地面数据记录两个子系统组成。其中信号接收系统包括检波器装置和电缆。数据记录系统通常是专用的设备，负责控制井下装置和记录数据，以计算机为核心，主要配备记录仪、存储器、输出装置和电缆升降控制器。

国内井间弹性波 CT 层析成像数据采集设备与系统均比较成熟，国内地震数据采集设备一般是工程地震仪，主要厂家有中地装（重庆）地质仪器有限公司的 DZG 系列高分辨率地震仪、骄鹏科技有限公司的 Mini-seis24A/48A 综合工程探测仪、SE2404EI 综合工程探测仪、SE2404NT 遥测地震数据采集系统等。井间声波 CT 系统方面，则成熟的或商业化的产品不多，楼加丁、丁朋、付华等[144-147] 团队研发了大功率声波 CT 数据采集系统，实现了多通道采集，采样精度达 $1\mu s$，大大提高了岩溶探测、构造破碎带等不良地质体的探测精度，还可以对工程建设中岩体质量、混凝土施工质量等进行精细化检测。

震源系统是井间弹性波走时层析成像系统中必不可少的部分，激发能量的大小关系到探测距离大小，而触发与接收同步时间精度则事关成像的分辨能力。采用炸药用为震源时，雷管的触发时间精度限制，如延迟触发、提前触发都有发生，导致采集到弹性波初至的数据质量大打折扣。电火花震源因环保、能量可控、震源信号成分稳定可调等优点，在众多震源中有着不可取代的位置。可控震源已成为井间弹性波层析成像研究的主要内容之一。国内众多研究机构和学者开展了大量研究，取得了十分突出的成绩。于维刚（2012）[148]、卢松（2014）等[149] 研究了 10kJ 大功率电火花震源及其配套地震仪在跨孔弹性波 CT 探测中的应用，并通过地基 CT 检测实例说明大跨孔 CT 检测成本远低于传统小跨孔 CT 检测。TD-Sparker 系列大功率电火花震源，激发能量从 10~800kJ 可按档位调整，电火花产生的能量与炸药产生的能量经过换算后，大概与 120kJ 的电火花震源和 440g TNT 炸药（相当于 1760kJ）所得到的地震记录效果相当。信号频带宽且高频丰富（频率略高于炸药震源频率），重复激发时一致性较好，平均充电时间为 3~5min（500kJ 激发）。湖南省湘潭无线电有限责任公司生产的 XW5512B 型电火花震源，激发电压从 2~5kV 可调，采用最大电压时可激发大约 2kJ 能量，体积小、质量轻、携带方便，平均充电时间为

40～60s（5kV激发）。集电火花震源、数据采集与处理的整套地震波成析成像系统，电火花震源采用光电隔离技术，提供的触发时间精度优于 20us，激发频率范围为 100～2000Hz，激发能量从 1000～50000J 可调，穿透距离可达 200m。中国电建集团贵阳勘测设计研究院有限公司楼加丁带领的团队经过十余年研究，成功研发了集电火花震源、数据采集与处理为一体的大功率声波 CT 系统，该系统支持多通道采集，采样间隔最小可达 1μs；电火花震源（如图 6-6 所示）可进行自动、手动操作，充电时间可根据所需能量大小 1～60s 可调，可进行按一定时间间隔自动充电，且连续发射次数不受限制，大大提高充、放电效率；还实现了储能电容中剩余的能量清除，提高了设备安全性，技术指标如表 6-1 所示。

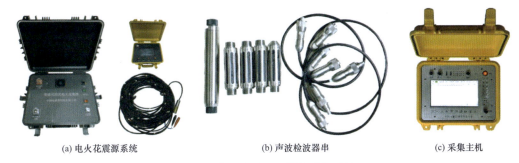

(a) 电火花震源系统　　　　　　　　(b) 声波检波器串　　　　　　　　(c) 采集主机

图 6-6　井间声波 CT 数据采集系统

表 6-1　　　　　　　　　　　　　　　电火花震源主要技术指标

设备名称	参数名称	技术指标
电火花震源	工作电压	220V±10%，50Hz
	最大蓄能	能量可控，2500～10000J
	充电时间	1～60s
	操作控制	支持全自动、半自动、手动三种工作方式
	收发距	最大可达 100m
	充放电次数	不受限制
	整体重量	＜50kg
数据采集仪器	采样间隔	1～200μs 可选
	道记录长度	1～8k
	采集通道	1～12 道可选
	前放增益	24dB、36dB
	A/D 转换	16bit
	通频带	1～3000Hz
	动态范围	≥100dB
检波器	频率	5Hz～60kHz
	转换灵敏度	≥1000μV/Pa
	噪声电平	≤6uVrsm
	直径	ϕ42mm
	道间距	1m、2m
	温度	－10～＋50℃
	密封性	≥3MPa

四、现场工作质量控制

井间层析成像现场工作是整个成像反演工作的基础，事关探测工作的成败。除上两小节中提到的观测系统和仪器设备外，还与现场工作质量有很大关系，如生产前的准备工作、工作布置、试验工作、数据采集等。

（一）准备工作

准备工作是顺利开展现场工作的基础，该阶段主要包括以下几个方面。

（1）收集工区地质、地形、地球物理资料以及以往的成果资料，如钻孔或平硐的地质资料、布置图、井口坐标、高程等。

（2）对仪器设备进行全面的检查。仪器校零，时钟同步，辅助设备检查，包括绞车、电缆、集流环等环节的绝缘和接触的检查，电缆深度标记的检查，如深度标记否因移位而不准确，是否有脱落或不明显等，避免点测条件下造成观测结果的深度误差。

（3）了解钻孔情况，包括孔径变化、套管深度、孔内井液、钻孔过程中的掉块或掉钻等，以便对预计发生的问题制定预防措施，避免安全事故的发生，确保探测工作的顺利进行，同时也可对后期的资料处理和成果的解释加以指导。

（4）对层析成像孔进行波速测试或孔内摄像，获取测试区域岩土体的波速值和孔壁完整情况，为合理构建初始速度模型提供资料，以提高孔间层析成像反演精度，也为对反演结果进行地质解释提供依据。

（5）开展孔斜测试，特别是对于孔深较大的钻孔；当存在孔斜时，若不进行孔斜校正，由于弹性波传播路径与理论计算的路径长度存在一定差异，以致反演得到的速度剖面不可避免地会整体波速偏大或偏小，最终导致波速值偏离实际，无法进行正确的地质解释。

（二）工作布置

工作布置是否得当对后期成像反演有重要作用，《水电水利工程物探规程》（DL/T 5010）、《水利水电工程物探规程》（SL 326）以及《水电工程建基岩体质量检测规程》（NB/T 35058—2015）、《水利水电工程勘探规程 第1部分：物探》（SL/T 313—2021）等均对井间层析成像工作布置做了明确规定，主要有几个方面。

（1）弹性波层析成像剖面应垂直于地层或地质构造的走向，探洞等应相对规则且共面。

（2）井、孔间距应根据任务要求、物性条件、仪器设备性能和方法特点合理布置。地震层析成像可根据激发方式和能量大小适当选择；成像的井、孔深度应大于其井、孔间距。地质条件较为复杂、探测精度要求较高的部位，井距相应减少。

（3）地震层析成像的钻孔应进行测斜和声波测井；探洞应进行地震波或声波速度测试。

（4）点距应根据探测精度和方法特点确定，地震层析成像宜小于3m，声波层析成像点距宜小于1m。

（三）试验工作

（1）试验工作是必不可少的一个环节。激发能量、仪器工作参数等均需要根据试验进行确定；并且试验过程中，激发、接收点尽量涵盖钻孔所揭露的所有不同条件。

（2）激发能量的大小的选择。根据试验，在确保弹性波初至清晰可读的情况下，掌握不同能量级别在探测区域的传播距离，为确定观测系统提供依据。

（3）仪器工作参数的选择。不同地质条件下，弹性波在其中传播过程中，吸收、衰减程度不一，滤波参数、检波器间距、记录长度、采样间隔等都需要通过试验工作来确定。如采样间隔设置不能完全以设备最小采样间隔进行设置，而需要试验，选择最佳采样间隔；记录长度的设置，通常除能正常读取初至走时外，还需记录一定长度的后续波，可全面分析弹性波传播过程中衰减情况，为全波列成像或波动成像提供条件，同时可佐证走时反演成果质量。

（4）数据采集过程中，遇到激发、接收条件较差或记录质量不好的情况下，也需通过分析试验记录，查找原因。

（四）数据采集

实际工作中，不可避免地存在各种噪声。如施工机械产生的噪声、人类活动噪声、车辆噪声、爆破等。弹性波 CT 数据采集过程中，需采取适当措施，如夜间作业，减小随机振动、噪声等干扰源对现场数据采集工作的影响。

另外，数据采集过程中，还需经常对激发点、接收点位置进行校对，避免因位置差错导致探测工作失败。

对已发现有异常存在的剖面加密点距进行观测，以精确测试异常体大小，同时避免遗漏规模较小的异常体。

（五）现场资料检查

现场资料的检查工作需及时进行，以减少因现场资料记录不完整、原始数据质量不合格而导致返工。主要包括现场操作人员对原始记录的自检、对数据异常点的重复观测和检查观测以及对仪器、试验及班报等原始记录检查等。对不合格记录，需及时进行补测，确保原始数据的精确性；对记录不清楚或记录不完整的，要及时进行核对并补全，以便资料处理人员查询。

第三节　数据处理与解释技术

一、数据处理

弹性波 CT 数据处理主要涉及资料的预处理、抽道集、数据质量检查、走时拾取、射线平均速度的估计、初始模型的建立、数据反演与成图、成果解释等步骤。

(一) 抽道集

通常，工程井间地震 CT 数据采集检测波器组为 12 道、24 道，共炮点记录通常为多个记录，为后期反演以及走时拾取过程中便于进行检查等，需将同一发射点发射、所有接收点接收到的地震波记录进行道集排列，即抽道集，形成共炮点记录。如图 6-7 所示，其中图 6-7(a)、图 6-7(b)、图 6-7(c) 所示分别为发射点深度 68m、接收点深度范围为 69～92m、68～45m 和 44～21m 的单炮记录，图 6-7(d) 所示为经抽道集后形成的发射点深度为 68m、接收点深度范围为 92～21m 的共炮点记录。经抽道集后，从图 6-7(d) 可以看到，通过该深度炮点形成的 72 个接收点记录，可以检查各单炮记录间是否存在延迟触发、提前触发问题，以便于进行校正；同时，以对初至波走时拾取时，通过各接收点走时是否连续或存在突变，检查走时拾取是否正确，分析各射线通过路径上是否存在异常等。由于目前常见的声波 CT 采集设备中，检波器串的道数更少，所以抽道集工作是必不可少的环节。

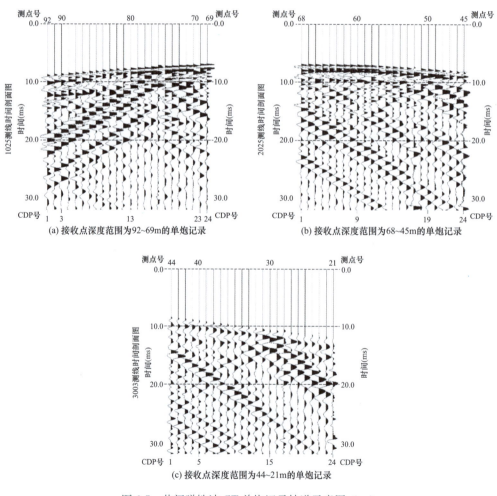

(a) 接收点深度范围为 92~69m 的单炮记录

(b) 接收点深度范围为 68~45m 的单炮记录

(c) 接收点深度范围为 44~21m 的单炮记录

图 6-7　井间弹性波 CT 单炮记录抽道示意图（一）

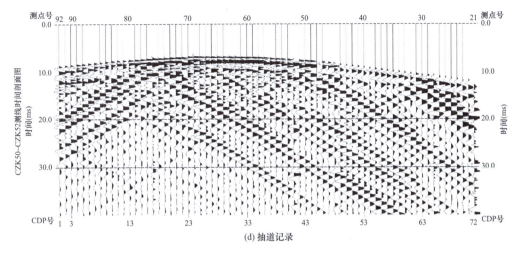

图 6-7　井间弹性波 CT 单炮记录抽道示意图（二）

（二）走时拾取

旅行时判读精度在记录上所能分辨的最小时间单位取决于采样间隔和信号频率。

初至波走时拾取的是否正确、精度如何直接关系到弹性波 CT 反演成像结果是否正确，是弹性波 CT 工作中极为重要的一环。在拾取过程中，需做好波形识别工作，特别是当激发点、接收点位于岩溶、破碎岩体等低速层中的情况。

每个共炮点道集走时拾取完成后，需进行检查，复核走时异常点、畸变点。对误拾走时的接收点，进行重拾；对不明原因的走时异常点、畸变点，可进行剔除或根据两相邻道走时插值处理。全孔地震 CT 剖面走时拾取完成后，需再次检查各共炮点道集初至时间，也检查各共炮点道集间是否存在延迟触发、提前触发的现象。

走时拾取完成后，可根据激发点与接收点均位于同一高程地震波射线走时，结合地质资料与钻孔资料，初步计算各射线的平均波速，对平均波速偏离正常范围，分析原因。如为初至时间误拾，则重新拾取；如为因钻孔倾斜导致钻孔间距变化，根据共激发点道集时距曲线计算钻孔间距，作孔斜校正。

（三）初始模型的建立

目前，弹性波 CT 实际工作中，多数采用初至波走时成像。对于井间地震波走时层析成像反演，由于走时反演对初始模型的依赖程度高，导致初始模型与实际地质情况越接近，反演成果越能真实反映实际情况。因此，需根据收集到的地质剖面资料、钻孔资料、钻孔摄像、声波测井资料绘制合理的成像区域初始速度模型。

二、反演方法的选择

层析成像中的反演方法可分为线性方法和非线性方法两种。非线性反演方法主要有遗传算法、模拟退火法和神经网络法等，目前非线性反演方法尚不很成熟，但非线性反演方法为发展方向。代数重建技术（ART）是按射线依次修改有关像元的图像向量的一类迭代算法，ART计算速度较快，但迭代收敛性能较差，并且依赖于初值选择，通常需要较多的迭代次数，否则解的误差较大。奇异值分解法（SVD）最大优点是反演数值稳定，收敛速度快，但需要内存较多。联合迭代重建技术（SIRT）是在某一轮迭代中，所有像元上的图像函数平均值都用前一轮的近似值来修改，虽然要求内存较大，但收敛性好，适用于地质条件变化不大的情况。阻尼最小二乘法（LSQR）利用Lanczos方法求解最小二乘问题，极大地节省了内存，又克服了ART算法的不稳定性，是较为理想的线性反演方法。

目前，适用于井间弹性波走时层析成像的算法有很多种，主要有代数重建法（Algebraic Reconstruction Techniques，ART）、联合迭代法（SIRT）、奇异值分解法（SVD）、共轭梯度法（Conjugate Gradient Method，CG）、最小二乘法（LSQR）等。各种反演方法均有不同特点，针对不同的数据质量，反演效果也不尽相同，因此，实际工作中，选择合适的反演方法，对取得较好探测成果也十分重要。

三、成果解释

弹性波CT走时成像的物理量是波速，对岩性敏感，不同的岩石类型具有不同的波速，特别是岩溶、破碎带、空腔出现的周围岩体波速差异明显；另外，波速与密度正相关，密度越高波速越高。一般情况下，介质越致密完整，波速就越高；介质越疏松破碎，波速就越低。波速异常体是重点分析对象，由于层析成像反演结果的多解性和精度问题，波速异常体应结合地质、物探等资料进行综合分析和推断。

在进行地质解释前，可对CT速度剖面进行一定整理。如将同一条剖面的多组层析成像反演数据合并为一个数据文件，以消除各断面独立成图后造成拼接部位的图像错位。对于如桥墩、坝基、建筑场地等，可能存在一个钻孔对应多条剖面，可将同一桥墩、坝基、建筑场地所有速度剖面进行三维可视化处理，判断异常范围及延伸方向等。

由于波速与岩性的关系不是固定的，相同完整程度的不同岩性岩石波速可能不同，同类岩石也会因完整程度不同而呈现不同的波速；但在一个小的研究区内，岩性的种类是有限的，其产出关系及组合有规律可循，这可作为岩性解释的约束条件。地质解释中最小地质划分受弹性波CT分辨率的限制，需把握好最小尺度这一概念。

地质解释一般可按以下几个方面考虑：

（1）依据波速分布初步划定岩性分布形态，区分高速岩体、低速岩体和线性低速带等位置与界限，大致划分出波速差异界线。

（2）根据钻孔揭露的地质情况，如岩性、产状等，在波速分析的基础上进行岩性划分。

（3）对同类岩石而言，岩体越破碎，其波速值要比完整的同类岩石越低，这是在同类岩石中进行低速异常划分的基础。

（4）构造破碎作用多表现为线性构造带，它可能穿越不同岩性区，形成相对低速的异常带。

第四节 应 用 实 例

井间弹性波层析成像是利用既有的钻孔，将震源与检波器置于钻孔中，能最大程度减少地面干扰，使得地表黏土层对弹性波信号高频成分的吸收作用降低，接收到的弹性波信号频率更高，同时，可获得具有更高的信噪比的观测数据，也有利于提高探测信息的分辨率。通过软件对获取的数据资料进行处理、分析，并与钻井成果相结合，对探测区域内异常体的位置与形态进行很好的判别，可以利用该技术对该工区的岩性进行进一步的分析判别，甚至可利用前期的先导钻孔对溶洞处理后的注浆孔的灌浆效果进行评价，能最大程度地发挥钻孔的利用率。另外，井间弹性波 CT 激发震源技术的成功研发与不断改进，使得可控电火花震源技术可替代管控严重的炸药，不仅在工作效率上得以提升，而且在安全上也得到了保证。现在电子技术发展迅速，电火化能量大小不仅可组合，而且在能量释放上完全实现智能化。部分产品发射能量可达数十万焦尔，使得弹性波的穿透能力得以大幅度提升。井间弹性波层析技术自 20 世纪 90 年代问世以来，在水电水利工程、交通工程、市政工程岩溶勘察工作得到了广泛应用。近几年发展起来的井间大功率声波 CT 探测方法，因激发和接收信号频率更高，其探测的精度与地震波 CT 相比有明显的改善和提高，在岩溶探测、岩体质量检测、灌浆质量检测中应用日益广泛。

一、[工程案例 1] 某水电站岩溶探测

（一）工程概况

某水电站位于北盘江干流中游河段贵州省六盘水市水城县顺场乡境内，是北盘江流域综合规划中的梯级电站，距水城 118km，距贵阳市 362km。上游距石板寨水电站约 23km，下游距已建的水电站 75km。工程以发电为主。电站水库正常蓄水位为 885m，总库容为 0.850 亿 m³。电站总装机容量为 185.5MW，其中主厂房装机容量为 180MW，生态流量小机组装机容量为 5.5MW，保证出力为 20.78MW，多年平均发电量为 6.788 亿 kW·h。工程枢纽主要由碾压混凝土拱坝、坝身泄洪系统、右岸引水系统及地下厂房和生态流量小机组引水发电系统等组成。

坝轴线上河床及两岸地层为二叠系下统栖霞组第二段（P_1q^2）深灰色、灰色厚层灰岩，局部含少量燧石结核。河床 735m 高程以下为栖霞组第一段（P_1q^1）薄层夹中厚层灰岩、泥炭质灰岩夹泥页岩。下伏梁山组（P_1l）石英砂岩及泥页岩，顶部见辉绿岩侵入岩床。河床覆盖层厚一般为 10～15m，成分为冲积砂卵砾石及大块石。两岸坡脚有少量崩塌堆积块石夹碎石、黏土，左岸向上游变厚，右岸向下游变厚。

坝轴线 P_1q^2 灰岩弱风化水平深度为 $18\sim25m$，河床弱风化下限为 $8m\sim16m$。两岸水平卸荷深度为 $18\sim25m$，其中强卸荷带水平深度 $6m$ 左右，弱风化岩体裂隙及层面多夹泥。

(二) 现场工作

为查明坝基范围内的隐伏溶洞、溶缝、溶槽，复核断层带的破碎区范围、宽度、充填物性质、影响带及产状的变化情况，沿断层的岩溶发育特征；对原设计建基面的岩层及结构面分布、岩体质量及相关力学与强度参数进行复核，确定是否存在对原设计建基面进行适当调整的可能性。

于坝基范围内布置了大功率声波 CT 剖面 17 对，如图 6-8 所示，CT 孔间距为 $14\sim26m$、孔深 $25\sim34m$。数据采集系统为中国电建集团贵阳勘测设计研究院有限公司研发的大功率声波 CT 系统，采用如图 6-5(b) 所示的两边互换发射接收观测系统，激发点间距为 $3m$、检测波点间距 $0.5m$。

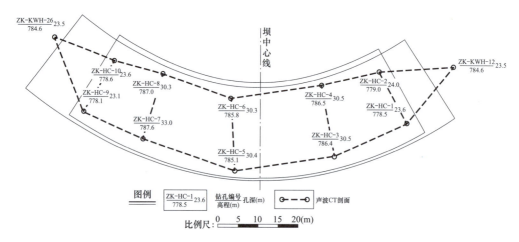

图 6-8　某水电站坝基岩溶探测工作布置图

(三) 数据处理与解释

数据反演采用 SVD 分解法进行。对各 CT 剖面分别进行反演后，将垂直河床的上、下游的 CT 断面，分别合并形成两个垂直于河床的断面，如图 6-9、图 6-10 所示；其他平行于河床的 CT 剖面这里不一一展示。从图 6-9、图 6-10 中看到，两个断面中，声波 CT 测试声波波速值在 $3100\sim6000m/s$ 之间，除表层外，未发现较大范围的低波速异常区。

将所有 CT 剖面数据，根据钻孔位置、高程统一后，形成坝基速度分布三维视图，如图 6-11 所示；高程 EL785～775m 范围内，速度分布平切图如图 6-12 所示，从图 6-12 中可看到，从上至下的速度剖面中，低波速区（图 6-12 中黄色部分）分布逐渐减小，至 EL775m 高程以下，整个剖面上波速均在 $4000m/s$ 以上。

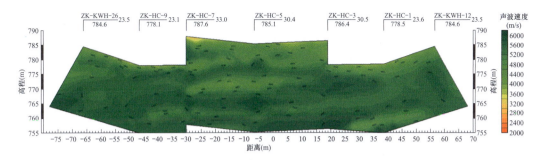

图 6-9　上游侧剖面速度分布图

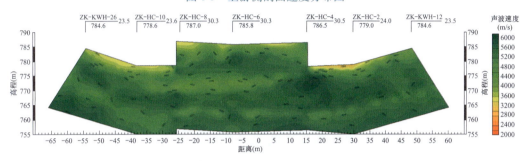

图 6-10　下游侧剖面速度分布图

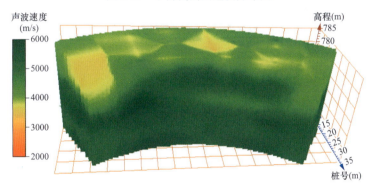

图 6-11　坝基岩体波速分布三维视图

对反演结果进行统计分析后，测试范围内声波波速在 3100～6000m/s 之间，除表层外，没有发现明显大范围低速异常。

地质资料显示，坝基内主要为灰岩，局部含少量燧石结核，少量存在层间夹泥。同时，钻孔过程中，部分钻孔有涌水现象，其中 ZK-HC-3 号孔涌水位置为高程 781.9m 和 780.4m；ZK-HC-4 号孔涌水位置为高程 780.0m，偶见河沙涌出；ZK-HC-5 号孔涌水位置为高程 779.9m 和 757.6m，其中高程 757.6m 处出水量较大。各个孔在钻进过程中，均有不同程度的卡钻现象。

根据声波 CT 探测成果，结合地质、钻孔资料的分析后认为：坝基探测范围岩体整体完整性好，不存在具有一定规模的岩溶；声波 CT 速度剖面中表层部分低波速为爆破松动带的反映，下部存在的少量低波速带，为层间夹泥所致。

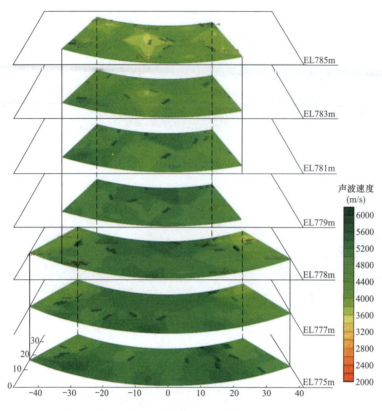

图 6-12 坝基不同高程岩体波速分布平切图

本次岩溶探测工作中，还对所有钻孔进行了孔内全景成像和孔内原位变模测试，进一步佐证了探测成果的可靠性。设计方根据提供的探测成果，充分研究、论证后，最终通过调整坝基处理方案，将坝基开挖深度进行了大幅度优化，在节省施工工期的同时，为工程节约数千万元建设资金。

二、[工程案例2] 某水电站坝基岩溶探测

(一) 工程概况

某水电站为北盘江干流（茅口以下）规划梯级的一级，位于北盘江干流（茅口以下）中游尖山峡谷河段。工程枢纽由碾压混凝土重力坝、坝身溢流表孔、左岸引水系统、左岸地下厂房及右岸预留通航建筑物等组成。电站装机容量为 558 MW（3×180MW＋1×18MW），保证出力为 97MW，多年平均发电量为 15.61 亿 kW·h。水库正常蓄水位为585m，死水位为580m，正常蓄水位以下库容为 1.365 亿 m³，调节库容为 0.307 亿 m³，水库具有日调节性能。

坝轴线位于补朗堆积体下游约 1.8km 处，河段河流流向 S40°～50°E，河谷呈不对称的 V 形，总体地形左岸陡右岸缓，左岸地形较完整，右岸因冲沟切割完整性较差。

坝址区出露地层为三叠系中统杨柳井组第一段（T2y¹）、第二段（T2y²）、第三段

（T2y³）、第四段（T2y⁴）及关岭组第二段第二层（T2g²⁻²）、第三层（T2g²⁻³）白云岩、白云质灰岩、灰岩及泥晶灰岩、晶洞灰岩，以及第四系冲积砂卵砾石覆盖层、崩塌堆积体及残坡积黏土夹碎块石层。岩层产状变化较小，产状为 N55°～75°W、NE ∠8°～15°。坝址区共统计断层 12 条，除 F3、F6 断层外，其余规模均较小，与枢纽建筑物有关的主要为 F6、f1、f8、f9 等断层。平洞揭露的断层主要为 NW、NE 向断层，规模均较小。坝址区裂隙均以陡倾角为主，充填物主要为泥质、方解石。

（二）现场工作

为查明坝基范围内是否有影响坝基变形、沉降的隐伏溶洞存在；复核断层破碎带的范围、宽度、充填物性质、影响带及产状的变化情况，沿断层发育的岩溶。

于坝基范围内布置了大功率声波 CT 剖面 24 对，如图 6-13 所示；CT 孔间距为 20m、孔深为 21～31m。数据采集系统为中国电建集团贵阳勘测设计研究院有限公司研发的大功率声波 CT 系统，采用两边互换发射接收观测系统，激发点间距为 3m，检测波点间距为 0.5m。

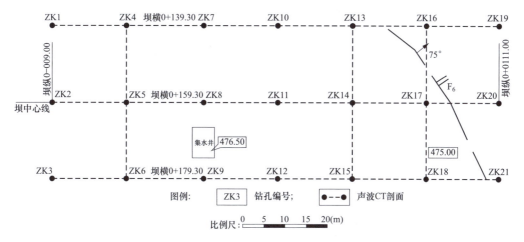

图 6-13　某水电站坝基岩溶探测工作布置图

（三）数据处理与解释

数据反演采用 SVD 分解法进行。对各 CT 剖面分别进行反演后，将沿河床的方向的 CT 剖面，分别合并形成三个垂直于河床的断面，如图 6-14～图 6-16 所示，可看到，三个断面中，探测范围内岩体波速在 2500～6000m/s 范围内，除表层外，低速异常区波速一般在 3000～4500m/s；低波速异常区多成层分布，分布高程自上游向下游、自左岸向右岸逐渐升高，除局部分布高程较低外，低波速区主要分布在 465m 高程以上。

将所有 CT 剖面数据，根据钻孔位置、高程统一后，形成坝基速度分布三维视图，如图 6-17 所示；高程 EL480～460m 范围内，速度分布平切图如图 6-18 所示，从图 6-18 中可看到，从上至下的速度剖面中，低波速区（图中黄色部分）分布逐渐减小，至 EL470 高程以下，整个剖面上波速均在 4500m/s 以上。

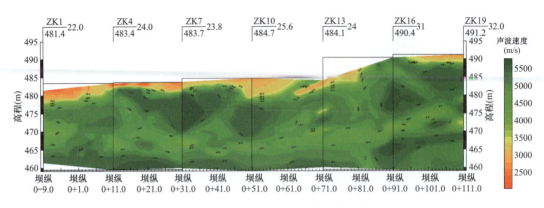

图 6-14　ZK1～ZK19 剖面速度分布图

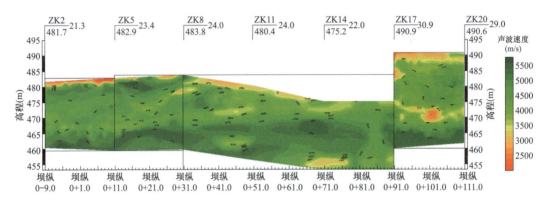

图 6-15　ZK2～ZK20 剖面速度分布图

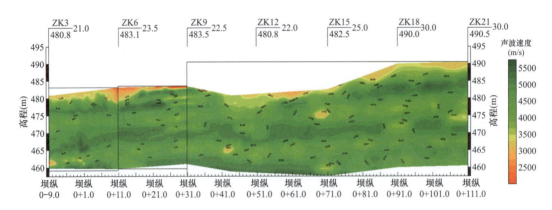

图 6-16　ZK3～ZK21 剖面速度分布图

地质资料显示，坝基地层主要为白云岩及灰岩，均为可溶岩类，但岩溶发育程度较弱。地表岩溶形态有溶蚀洼地、溶蚀裂隙，局部发育小型溶洞。地下岩溶，据河心及坝肩钻孔揭露，除 ZK25 钻孔在 EL664～661.5m 、 EL637.9～635.6m 高程范围内遇 2m 左右无充填型溶洞外，其余钻孔均未遇溶洞。岩溶主要表现为溶蚀晶孔、沿层面或裂隙溶蚀充填黏土，局部发育溶蚀破碎带。

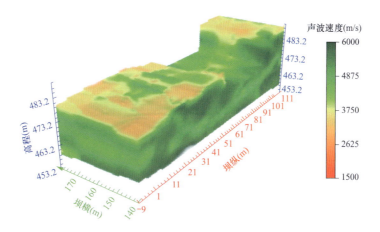

图 6-17　马马崖一级水电站坝基岩体波速分布三维视图

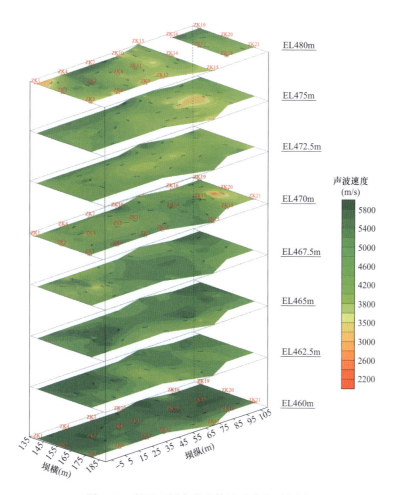

图 6-18　坝基不同高程岩体波速分布平切图

根据声波 CT 探测成果，结合地质、钻孔资料的分析后认为：坝基探测范围岩体整体完整性较好，低速异常主要为表层爆破松层及破碎岩体或裂隙发育区引起；低波速异常区多成层分布，分布高程自上游向下游、自左岸向右岸逐渐升高，除局部分布高程较低外，低波速区主要分布在 EL465m 高程以上。探测成果与地质情况吻合，为设计坝基灌浆处理方案和评价灌浆效果提供了可靠依据。

三、［工程案例 3］某水库防渗帷幕岩溶探测

（一）工程概况

某水库是涪江流域规划确定近期开发的以防洪、灌溉为主，结合发电，兼顾城乡工业生活及环境供水等综合利用的大型水利工程，是四川腹地大型骨干水利工程。水库工程设计拦河大坝为碾压混凝土重力坝，最大坝高为 119.14m，坝顶高程为 660.14m，总库容为 $5.72 \times 108m^3$，坝后式发电厂房装机容量为 150MW。

枢纽区属侵蚀—溶蚀型低山地貌，河水位为 571～572.5m，河谷两岸相对宽缓，岸坡以斜坡地形为主，地形坡度为 30°～42°，右岸坝线附近岸坡为陡崖，两岸地面高程为 572～766m，相对高差为 194m。

坝区出露地层岩性为志留系中上统罗惹坪群—沙帽群（$S_{2～3}$）页岩、粉砂质泥岩夹砂岩，分布于 F_5 断层上盘，厚 230～350m；泥盆系下统平驿铺群（D_1pn）石英砂岩、粉砂质泥岩、泥质粉砂岩，位于 F_7 逆冲于三叠系中统嘉陵江组与雷口坡组地层之上；泥盆系中统白石铺群观雾山组（D_2gn）灰岩、白云岩、白云质灰岩、泥灰岩、角砾状灰岩，坝区内总厚度为 242～505m，岩性复杂，工区内分为九层，各层中多见透镜体状岩层、夹层与层间错动带分布，为坝基持力层。

坝基岩体为可溶岩，据前期勘探资料，左、右两岸岩体强风化带厚分别为 7～9m 和 4～6m，弱风化带厚分别为 15～37m 和 16～26m，河床无强风化，弱风化带一般厚 10～26m，在水平溶洞与落水洞相通地段，岩体多呈囊状风化。

坝址位于龙门山褶断带前山断裂带北段，处于 F_5 与 F_7 断层之间，主要构造线呈 NE 向展布，岩层产状：N50°～60°E、NW∠70°～86°，涪江在坝区近于垂直岩层走向发育，河谷为横向谷。受 NW—SE 向区域构造应力的挤压作用，区内形成了 NE 向的峡口向斜及以 NE 向为主，其次为 NW 向、近南北向或近东西向的断裂，区内勘察揭示断层 74 条，F_5、F_{11}、F_7、F_9、F_1 属第一序次断裂。坝基分布有 F_{31}、F_{58}、F_{72}、F_{73}、F_{74} 等断层。坝区岩体中主要发育六组裂隙，即①N50°～70°E、NW∠55°～75°；②N15°～35°W、SW∠50°～75°；③N25°～35°E、SE∠40°～50°；④N50°～70°W、NE∠45°～65°；⑤N40°～50°E、SE∠12°～28°，裂隙连通率为 34.5%～39.6%；⑥N35°～45°W、NE∠11°～25°，裂隙连通率为 25%～33.4%。

坝址上、下游分别为志留系与泥盆系砂、页岩隔水层，其间为泥盆系观雾山组（D_2gn）灰岩、白云岩岩溶含水透水层，两岸地下水位高于河水位，为补给型河谷。作为坝基持力层的泥盆系观雾山组（D_2gn）灰岩、白云岩岩溶极为发育，岩溶形态有岩溶洼

地、岩溶漏斗、岩溶落水洞、溶洞、岩溶暗河、溶沟、溶隙、溶孔等，左、右岸各发育一岩溶管道暗河系统，左岸各种岩溶形态属观涪洞岩溶管道暗河系统，右岸各种岩溶形态属摸银洞岩溶管道暗河系统。左岸 610～680m 高程主要发育落水洞，属中等岩溶发育带；570～610m 以水平岩溶管道为主，属强岩溶发育带；500～570m 以小于 0.5m 的溶洞或溶隙为主，属弱岩溶发育带；500m 高程以下属微岩溶发育带。右岸 610～688m 高程主要发育落水洞，属中等岩溶发育带；551～610m 以水平岩溶管道为主，属强岩溶发育带；490～551m 以小于 0.5m 的溶洞或溶隙为主，属弱岩溶发育带；490m 高程以下属微岩溶发育带。河床 550m 高程以上以发育小于 0.5m 的溶洞为主，550～475m 高程主要发育溶蚀裂隙、溶孔，属弱岩溶发育带；475m 高程以下溶蚀现象不明显，属微岩溶发育带。

(二）现场工作

该水库防渗帷幕线长约 1.1km，其中左岸山体布置灌浆廊道 3 层，洞口高程分别为 EL660.14m、EL623m、EL574m；右岸山体布置灌浆廊道 2 层，洞口高程分别为 EL623m、EL574m，顶层帷幕采用地表灌浆；河床防渗帷幕设置深度为 150～160m（设计帷幕底线 427.5m 高程），河床坝基最低建基面高程为 541m，灌浆廊道高程为 574m。

为查明 574 灌浆廊道防渗帷幕线上地层内的岩溶发育情况、岩溶规模、分布等情况，采用了多种地球物理方法进行探测，部分孔段采用了大功率声波 CT 进行。其中，于 574 高程灌浆廊道渗帷幕线布置了两对声波 CT 探测剖面，ZK2～ZK3 剖面 CT 孔间距为 24m、孔深为 110m；ZK8～ZK9 剖面孔深为 130m。现场采用中国电建集团贵阳勘测设计研究院有限公司研发的大功率声波 CT 系统，现场采用如图 6-5（b）所示的两边互换发射接收观测系统，激发点间距为 5m、检测波点间距为 1m，为确保射线覆盖发射孔每个发射点，接收孔相应接收点数不少于 40 个。

(三）资料处理与解释

数据反演采用 SVD 分解法进行，ZK2～ZK3、ZK8～ZK9 剖面声波 CT 探测成果如图 6-19 所示。从图 6-19 中可看到，两个剖面中，声波速度在 3400～5800m/s 范围内，低波速区主要分布在高程 EL450 m 以上。

钻孔揭露情况如下。

(1) ZK2 号孔：EL573.4～EL504m 高程范围内主要为中厚层灰岩，岩石致密，部分为薄层状泥质灰岩，岩芯完整；其中 EL569～EL568m 高程范围内为溶洞，返水颜色为黄色，充填黏土、卵石；EL553.2～EL551.3m 高程范围内为溶洞，充填黏土和鹅卵石，卵石粒径为 3～5cm，磨圆度好。EL504～EL482m 高程范围为薄层状泥质粉砂岩，岩芯完整呈长柱状、柱状、少量块状，岩性软弱，强度低，岩石新鲜，裂隙不发育。EL482m 高程以下孔段为薄中层厚石英岩状砂岩，岩芯多呈柱状、长柱状，致密坚硬较完整，部分孔段发育方解石脉充填的裂隙。

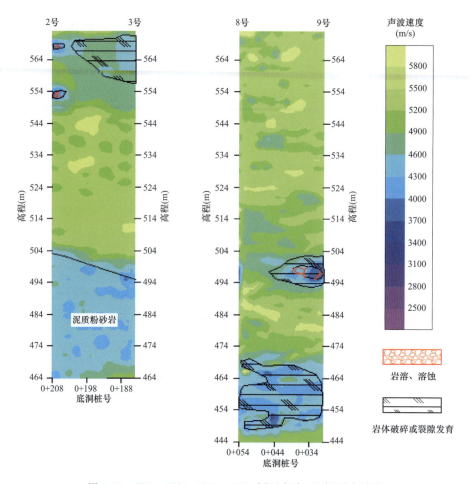

图 6-19　ZK2～ZK3、ZK8～ZK9 剖面声波 CT 探测成果图

（2）ZK3 号孔：EL573.4～EL548m 高程孔段为薄层状泥质灰岩，岩芯呈柱状，少量块状，微裂隙发育，宽 0.1～0.3cm，方解石胶结，岩性软弱，易软化。EL548～EL496m 高程段为薄层状泥质灰岩，岩芯呈长柱状、柱状，岩芯完整，发育少量方解石胶结的微裂隙，岩性软弱，易软化。EL496m 高程以下孔段为薄层状泥质粉砂岩，岩芯完整呈长柱状、柱状、少量块状，岩性软弱，强度低，裂隙不发育，局部充填方解石，钙质。

（3）ZK8 号孔：EL573.4～EL503.4m 高程段，浅灰色中厚层白云质灰岩。岩芯呈长柱状、柱状、碎块，岩石致密，坚硬，微细裂隙发育，轻微溶蚀；其中 EL567.2～EL565.4m 高程段岩芯呈碎块状，微细裂隙发育，轻微溶蚀；EL560～EL558.4m 高程段为灰白色中厚白云岩，局部见溶孔，直径为 $\phi0.5cm$～$\phi2.0cm$。EL503.4m 高程以下孔段为灰黑色薄至中厚层灰岩，岩芯呈长柱状、柱状，新鲜完整，微细裂隙较为发育，方解石脉胶结良好；其中 EL448.4～EL447.1m 高程段发育溶蚀裂隙，局部溶蚀，溶孔直径为 $\phi0.3$～$\phi1.8cm$，发育方解石晶体。

（4）ZK9 号孔：EL573.4～EL509m 高程段为中厚层白云岩。岩芯较破碎呈柱状、短柱状、碎块状，岩石致密，坚硬；其中 EL511～EL510.8m、EL510.1～EL509.9m 高程段发育溶蚀隙。ZK 9 号孔 EL509～EL489m 高程段为中厚层白云岩、白云质灰岩。岩芯呈长柱状、柱状，方解石脉发育；其中 EL503.6～EL502.9m 高程段发育溶蚀裂隙；EL498～EL495.9m 高程段发育溶蚀裂隙，充填钙质、黏土；EL493.2～EL492.4m 高程段发育溶蚀裂隙，裂隙面风化呈褐黄色。EL489m 高程以下孔段为中厚层白云质灰岩、中厚层灰岩，岩芯呈长柱状、柱状，岩石新鲜完整，裂隙不发育。

结合钻孔资料，将探测范围内声波速度介于 3400～4000m/s 之间的区域解释为岩溶、溶蚀破碎区；波速在 4000～4800m/s 范围的区域解释为岩体破碎或裂隙发育区；波速在 4800m/s 以上的区域解释为完整岩体区；ZK2-ZK3 剖面中，在 ZK2 号孔 EL504 m、ZK3 号孔 EL498 m 高程以下区域为泥质粉砂岩，剖面中声波速度在 4000～5200m/s 之间，测试记录显示，通过该区域的记录频率有明显降低。

四、[工程案例 4] 某水电站下游围堰左堰肩岩溶探测

(一) 工程概况及工作目的

某水电站施工过程中揭露 1 号导流洞 0+633 桩号和 2 号导流洞 0+590m 桩号附近存在岩溶管道系统，鉴于岩溶地区构造发育的随机性，为确保截流后左右岸下游施工期厂房施工、运行及围堰的稳定，左右岸需设阻水帷幕。经设计和地质计算分析，左岸帷幕线全长约 320m，帷幕线自 13 号施工支洞洞底和导流洞下游施工支洞向下延伸为 40～50m；右岸帷幕线全长约 89m，帷幕线自 15 号公路 995m 高程向下延伸约 45m。钻孔灌浆是形成防渗帷幕的重要方式，帷幕区内的溶洞、破碎岩体则是防渗的重点，虽然这些不良地质体在帷幕线上的分布是随机的，但却与地质构造有关，其具体的位置有待进一步确定，而帷幕面内岩体完整、不透水的地段可不灌浆或少灌浆，这样将大大节约防渗处理费用，同时也缩短施工工期。

工作目的：查清帷幕区内可能存在渗漏因素的溶洞、裂隙、破碎带的位置、大小和规模，为后续进行的防渗处理提供明确的靶区，以达到优化防渗帷幕灌浆。

(二) 地质概况

左岸防渗帷幕线洞段的岩性为 T_1y^{3-1} 泥质灰岩和 T_1y^{2-5} 厚层、中厚层灰岩，ZK4-ZK5 剖面间有 F13 断层通过；右岸下游围堰堰肩的岩性为 T_1y^{2-3}、T_1y^{2-4} 厚层、中厚层灰岩。

(三) 工作布置

利用先导孔在下游围堰左堰肩帷幕线布置 12 对钻孔 CT、在下游围堰右堰肩帷幕线布置 4 对钻孔 CT 进行探测，如图 6-20 所示。能蓄水的钻孔采用声波 CT 法，无法蓄水的孔间采用电磁波 CT 法，采用定点发射和扇形接收加同步观测的两孔互换观测系统，定点间距为 5m，接收点间距为 0.5m。

下游围堰帷幕线物探 CT 工作布置如图 6-20 所示。

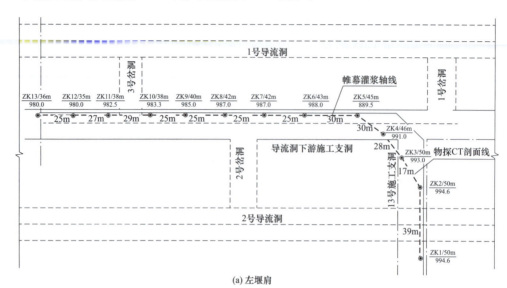

(a) 左堰肩

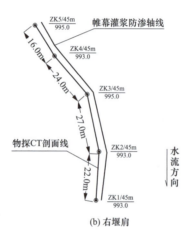

(b) 右堰肩

图 6-20　下游围堰帷幕线物探 CT 工作布置图

(四) 探测成果

该案例仅就左堰肩部分声波 CT 成果进行展示。经 SVD 图像反演方法数据处理得到下游围堰左堰肩帷幕线 ZK9～ZK13 段剖面声波 CT 成果，如图 6-21 所示。由图 6-21 可知，剖面声波波速在 3000～6000m/s 之间，绝大多数波速都大于 5000m/s，岩体较完整，仅在局部存在相对低速区。在剖面高程为 984m、桩号为 225m 到高程为 953m、桩号为 321m 的右上区域波速相对较低，在 4200～5600m/s 之间，而在其左下区域波速相对较高，在 5400～6000m/s 之间，结合地质资料解释其为 T_1y^{3-1} 九级滩泥质灰岩（右上）与 T_1y^{2-5} 玉龙山灰岩（左下）的分界面；另外，在 zk12 孔高程 960m 附近分界面右上侧存在一波速小于 4600m/s 的相对较低速异常，结合地质解释为溶蚀破碎区、局部强溶蚀或溶洞。在 zk12 孔的高程 960m 见一约 2.0m 溶洞，验证了 CT 成果。

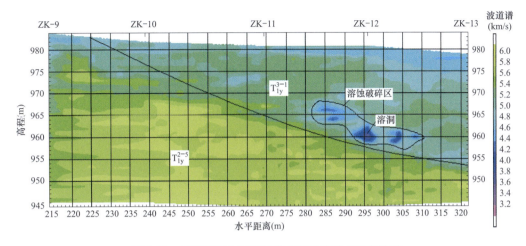

图 6-21　下游围堰左堰肩帷幕线部分声波 CT 成果图

五、［工程案例 5］某水库坝基岩溶探测

（一）工程概况及工作目的

某引水工程枢纽位于四川省江油市境内的涪江干流上，是涪江流域规划确定近期开发的以防洪、灌溉为主，结合发、电兼顾城乡工业生活及环境供水等综合利用的大（1）型水利工程，也是四川腹地大型骨干水利工程。枢纽由碾压混凝土重力坝与坝后式厂房组成，最大坝高 119.14m，坝顶高程 660.14m，正常蓄水位为 658m，总库容为 $5.72 \times 10^8 m^3$，装机容量为 150MW。

工作目的：该水库工程碾压混凝土拦河大坝属于 1 级建筑物，由于坝址区构造复杂，岩溶、裂隙密集带、溶蚀裂隙、构造破碎带、缓倾角结构面发育，根据规程规范和设计的要求，必须对大坝建基面岩体进行弹性波速度测试，查清存在的地质缺陷，并对碾压混凝土大坝的建基面进行鉴定验收，合格后才能进行建基面的封闭。

（二）地质概况

坝区出露地层岩性为志留系中上统罗惹坪群—沙帽群（$S_{2\sim3}$）页岩、粉砂质泥岩夹砂岩，分布于 F_5 断层上盘，厚 230～350m；泥盆系下统平驿铺群（$D_1 pn$）石英砂岩、粉砂质泥岩、泥质粉砂岩，位于 F_7 逆冲于三叠系中统嘉陵江组与雷口坡组地层之上；泥盆系中统白石铺群观雾山组（$D_2 gn$）灰岩、白云岩、白云质灰岩、泥灰岩、角砾状灰岩，坝区内总厚度为 242～505m，岩性复杂，工区内分为九层，各层中多见透镜体状岩层、夹层与层间错动带分布，为坝基持力层。

坝址位于龙门山褶断带前山断裂带北段，处于 F_5 与 F_7 断层之间，主要构造线呈 NE 向展布，岩层产状：N50°～60°E、NW∠70°～86°，涪江在坝区近于垂直岩层走向发育，河谷为横向谷。受 NW～SE 向区域构造应力的挤压作用，区内形成了 NE 向的峡口向斜

及以 NE 向为主，其次为 NW 向、近南北向或近东西向的断裂，区内勘察揭示断层 74 条，F_5、F_{11}、F_7、F_9、F_1 属第一序次断裂。坝基分布有 F_{31}、F_{58}、F_{72}、F_{73}、F_{74} 等断层。

坝址上、下游分别为志留系与泥盆系砂、页岩隔水层，其间为泥盆系观雾山组（D_2gn）灰岩、白云岩岩溶含水透水层，两岸地下水位高于河水位，为补给型河谷。作为坝基持力层的泥盆系观雾山组（D_2gn）灰岩、白云岩岩溶极为发育，岩溶形态有岩溶洼地、岩溶漏斗、岩溶落水洞、溶洞、岩溶暗河、溶沟、溶隙、溶孔等，左、右岸各发育一岩溶管道暗河系统，左岸各种岩溶形态属观涪洞岩溶管道暗河系统，右岸各种岩溶形态属摸银洞岩溶管道暗河系统。左岸 610～680m 高程主要发育落水洞，属中等岩溶发育带；570～610m 以水平岩溶管道为主，属强岩溶发育带；500～570m 以小于 0.5m 的溶洞或溶隙为主，属弱岩溶发育带；500m 高程以下属微岩溶发育带。右岸 610～688m 高程主要发育落水洞，属中等岩溶发育带；551～610m 以水平岩溶管道为主，属强岩溶发育带；490～551m 以小于 0.5m 的溶洞或溶隙为主，属弱岩溶发育带；490m 高程以下属微岩溶发育带。河床 550m 高程以上以发育小于 0.5m 的溶洞为主，550～475m 高程主要发育溶蚀裂隙、溶孔，属弱岩溶发育带。475m 高程以下溶蚀现象不明显，属微岩溶发育带。

（三）工作布置

在整个坝基共布置单孔声波测试 97 孔、1526m，大功率声波 CT 测试 68 对，地质雷达 111 条、测线总长 3989m，孔内录像 16 孔、316.3m，孔内弹模 8 孔、40 组，对坝基岩体质量进行检测。其中，声波 CT 采用定点发射和扇形束接收与同步观测相结合的两孔互换观测系统，定点间距为 2.0m，接收点间距为 0.5m。

（四）探测成果

该案例仅就部分声波 CT 成果进行展示。经 SVD 图像反演方法数据处理得到声波 CT 成果图，部分声波 CT 成果如图 6-22 所示。

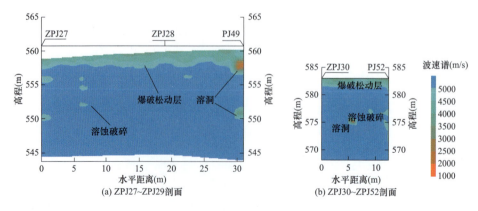

图 6-22　坝基右岸部分声波 CT 成果图（一）

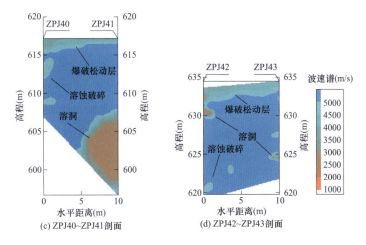

图 6-22　坝基右岸部分声波 CT 成果图（二）

由图 6-22 可知，测区声波波速在 1460～5800m/s 之间，其中爆破松动层波速在 3000～4850m/s 之间，厚度为 0.8～2.2m；其下部零星分布波速在 3000～5000m/s 之间的相对低速区，为裂隙密集或岩体较破碎区；局部还存在波速小于 3000m/s 的低波速区，为强溶蚀或溶洞发育区。

通过声波 CT、探地雷达等综合物探方法测试，基本查明了建基岩体的爆破松动层厚度、裂隙密集或岩体较破碎区和岩溶发育情况，为后续的固结灌浆和地质缺陷处理提供了基础资料。

六、[工程案例6] 某数码创业园四期岩溶探测

(一) 项目简介

某数码创业园四期项目位于某市龙平西路与黄阁北路交汇处，占地面积约 44934m²。其中超高层区占地约为 55m×55m，拟建高度超过 200m 的超高层建筑一栋，设计采用 ϕ1600mm 和 ϕ1200mm 的大直径嵌岩桩基础。

根据前期场地基础钻探结果显示，该区域溶洞见洞率近 90%，属于岩溶强烈发育区。鉴于基础采用嵌岩桩基础，为保证基础设计、施工的安全，控制施工风险及成本，需更加严格地查明桩端持力层及桩身周边溶洞的发育和分布情况。根据国家及行业相关规范，需要开展专门的施工阶段岩溶补充勘察。

根据钻探揭露情况，场地内岩土层依次为人工填土层、第四系冲洪积层、第四系残积层及石炭系下统大塘阶沉积岩（大理岩）。本次超前钻探施工过程中均遇有丰富的地下水，本场地地下水主要为岩溶裂隙承压水，赋存于可溶性碳酸岩（大理岩）的溶蚀裂隙和溶洞中，水量丰富，透水性强，对桩基础和地下室施工均有较大影响，钻探时地下水位均高出孔口，出现涌水（冒水）和自流现象。

场地揭露的溶洞一般充填可塑状含砾黏性土、松散-稍实状砂岩角砾。鉴于本场地溶洞位于地下水水位以下，溶洞内固态充填物一般饱和含水，无固态充填物的溶洞内一般均充填

有水。根据以往同类工程经验，溶洞内介质的压缩波波速 vp 在 $1500\sim2500\mathrm{m/s}$ 之间。溶洞外介质为中微风化大理岩，压缩波波速 vp 在 $5500\sim6000\mathrm{m/s}$ 之间。溶洞内外介质存在极为明显的波速差异。基岩顶面以上的土层一般均饱和含水，纵波波速 vp 在 $1500\sim2000\mathrm{m/s}$ 之间。基岩与土层之间存在极为明显的波速差异，这种波速差异的存在，为本次使用跨孔弹性波 CT 法和管波探测法提供了较好的物性条件，因此场地具备开展跨孔弹性波 CT 法、管波探测法的地球物理条件。

（二）现场工作

1. 仪器设备

广东省地质物探工程勘察院采用跨孔弹性波 CT 法和管波探测法进行了本次勘察工作，现场工作布置如图 6-23 所示。

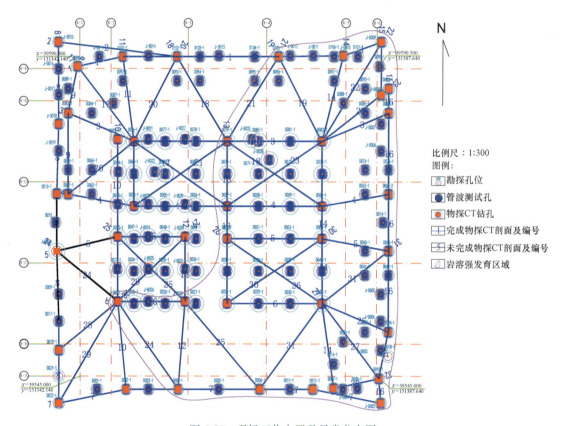

图 6-23　现场工作布置及异常分布图

地震 CT 采用美国 Geometrics 公司生产的 Geode 型浅层地震仪，该设备为外接计算机控制的全数字化信号增强型高分辨率工程地震仪；震源为国产 XW5512B 型电火花震源；接收探头为广州量米勘探科技有限公司研制的 CH3 型高灵敏度 12 道声波探头 2 套，每个接收探头均采用 20 倍集成运算放大器进行阻抗匹配、抑制道间串扰。

2. 观测系统

观测系统采用如图 6-5(a) 所示，以一个钻孔为发射孔，另一个钻孔为接收孔。在发射孔按 1.0m 间距设置激发点，在接收孔按 1.0m 间距设置接收点，每一个激发点在接收孔中进行全孔接收。

3. 工作参数

野外工作开始前，现场进行了方法参数试验，根据现场试验资料，跨孔弹性波 CT 法选择的野外工作参数如下。

(1) 测试工作频率：≥1000Hz。

(2) 接收点距：1.0m。

(3) 激发点距：1.0m。

(4) 采样间隔：20.833μs。

(5) 滤波通带：400～4000Hz。

(6) 接收信道数：24 道。

(7) 叠加次数：2～5 次。

(三) 资料处理与解释

资料处理按本章第三节一进行，3 号线跨孔弹性波反演波速影像及地质解释剖面图见图 6-24。

根据本次工作目的，勘察工作中，跨孔弹性波 CT 资料的地质解释，主要解释 CT 剖面中存在的溶洞、软弱夹层、裂隙发育带及中风化岩面，物探解释的原则如下。

(1) 先对钻探资料及波速影像图进行充分的综合分析、对比，确定各类岩土层的波速范围及特征。

(2) 根据综合分析、对比确定的岩土层波速范围和特征进行岩土层分类。

(3) 根据岩土层分类对波速影像进行地质解释。从图 6-24 中可知，岩溶发育区与周围的完整基岩之间存在明显的波速差异，在反演的波速影像图中十分容易识别，一般在红色的基岩中出现蓝色的区域即解释为岩溶发育区；溶蚀裂隙发育区及软弱夹层与周围的完整基岩之间存在一定的波速差异，在反演的波速影像图中较容易识别，一般在红色的基岩中出现灰红色的区域即解释为溶蚀裂隙发育区及软弱夹层。

钻孔揭露显示，该场地内岩溶强烈发育，且分布不均，钻探揭露场地溶洞见洞率约为 92%。整个场地岩溶发育也存在一定规律，东南侧岩溶强烈发育，连通性强，体积大；西北侧发育程度不及东南侧，部分剖面岩溶微弱发育。根据物探结果，场地揭露最大洞高 35.1m；揭露最小洞高 0.5m。揭露溶洞最大标高 28.4m；揭露溶洞最大洞跨 32.2m，且该洞体规模较大。

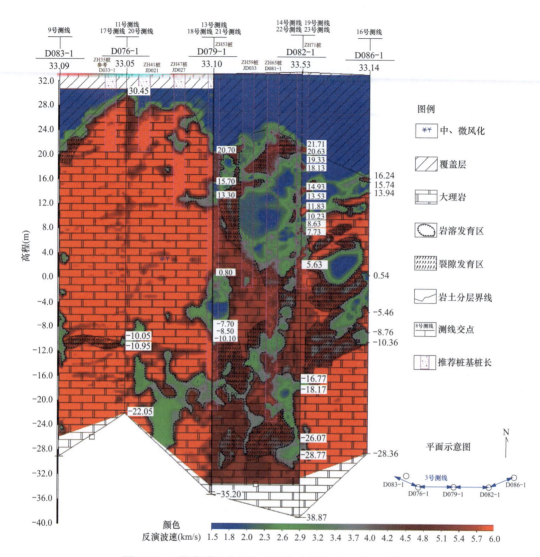

图 6-24　3 号线跨孔弹性波反演波速影像及地质解释剖面图

第七章

地 震 法

地震勘探是利用地下介质弹性和密度的差异，通过观测和分析大地对人工激发地震波的响应，推断地下岩层的性质和形态的地球物理勘探方法。

地震勘探期始于 19 世纪中叶，1845 年，R. 马利特利用人工激发的地震波来测量弹性波在地壳中的传播速度，这是地震勘探方法的萌芽。1913 年前后 R. 费森登发明了反射波法地震勘探。1921 年 J. C. 卡彻将反射法地震勘探投入实际应用[150]。20 世纪早期德国 L. 明特罗普发明了折射波法地震勘探；20 世纪 20 年代，在墨西哥湾沿岸地区，利用折射波法地震勘探发现很多盐丘；20 世纪 30 年代末，苏联 Г. A. 甘布尔采夫等吸收了反射法的记录技术，对折射波法作了相应的改进。早期的折射法只能记录最先到达的折射波，改进后的折射法还可以记录后到的各个折射波，并可更细致地研究波形特征。20 世纪 50～60 年代，反射法的光点照相记录方式被模拟磁带记录方式所代替，从而可选用不同因素进行多次回放，提高了记录质量。20 世纪 70 年代，模拟磁带记录又为数字磁带记录所取代，形成了以高速数字计算机为基础的数字记录、多次覆盖技术、地震数据处理技术相互结合的完整技术系统，大大提高了记录精度和解决地质问题的能力；从 20 世纪 70 年代初期开始，采用地震勘探方法研究岩性和岩石孔隙所含流体成分。根据地震时间剖面振幅异常来判定气藏的"亮点"分析，以及根据地震反射波振幅与炮检距关系来预测油气藏（见圈闭）的 AVO 分析。

1955 年，我国煤炭工业开始采用地震勘探技术，并在华东组建了全国第一支地震勘探队伍；1972 年，我国自主研发了第一套半导体磁带记录地震仪并进行了推广应用；1979 年，研制了 MDS-1 型数字地震仪。至 1994 年，有中国矿业大学和安徽煤田物探测量队联合开展的"煤矿采空区高分辨率三维地震技术"研究项目，取得重大的技术突破[151-152]。

地震勘探用于岩溶勘察较为广泛的方法有地震映像法、微动法、折射层析层像法等方法。

1994 年，北京水电物探研究所首次在兰州机场扩建中采用地震映像进行勘探，2001—2003 年，单娜林（2003）等[153] 在桂林工学院学报发表《地震映像方法及其应用》将地震映像法用于混凝土检测、岩溶塌陷区、土洞等检测，开始了地震映像探测岩溶的新纪元；杨祥森（2007）[154] 等在工程地球物理学报上发表《地震映像法在铁路隧道隐伏岩溶勘查中的应用》将地震映像用于宜万铁路隧底 15～20m 深度范围内的隐伏岩溶进行探测。陈斌文（2009）[6] 的硕士论文《公路岩溶洞穴探测的综合物探方法研究》中对地震映像进行了更加深入的研究，取得了较好的研究效果，至此，地震映像勘探技术日渐成熟，目前，地震映像应用领域已十分广泛，包括隧道超前预报、城市垃圾坑勘察、市政管线探测、煤炭采空区探测、构造破碎带等勘探[155-159]。

20 世纪 80 年代末 90 年代初，王振东和冉伟彦首次把微动勘探引进到中国。微动勘探主要应用于两个方面：一方面是应用在对地面表层的评估和工程建筑方面，利用获得浅层的频散曲线来推断出地层下不同层面的厚度和波速，依据这些获得的数据来评价地面表层的软硬程度；另一方面，借助该方法研究地层速度异常体。比如探测地下掩埋物及空洞、孤石、研究场地分层中的力学性质以及评价处理地基的效果等。2009 年。徐佩芬（2009）在地球物理学报上发表了《利用天然源面波勘察方法探测煤矿塌落柱》的论文，首次将微动应用于煤矿采空区勘探，取得了较为理想的效果，此后，微动勘探被应用于地下孤石、地下岩溶[161-162] 等勘探。

层析成像技术最早应用于医学，随后引入了地震勘探领域[163]。在 20 世纪 70 年代，Aki 最早应用地震初至波走时层析成像方法反演地球深部壳幔结构，随后该方法广泛应用于地球深部结构成像的相关研究，是了解地球内部精细结构的唯一有希望的手段。地震层析成像也应用于工程与勘探地球物理领域，由于其对射线密度的依赖性，井间层析成像研究取得了很好的效果，而在地面走时层析成像方面，主要用于反演近地表速度结构，并为精度更高的波形反演方法提供初始模型。我国的层析层像工作始于 20 世纪 80 年代初，其研究内容主要是井间跨孔层析层像，地表层析层像研究相对较少，谭显红等（2013 年）在南水北调与水利科技上发表的《地震层析成像的理论研究及其在岩溶发育区的应用》、宋振东（2018）的硕士论文《成贵高铁隧底岩溶三维地震层析成像数值模拟及应用研究》是国内为数不多的采用层析层像研究岩溶的案例。

第一节　地　震　映　像　法

一、基本原理

地震映像又称地震共偏移距法或高密度地震勘探法，是基于反射波中的最佳偏移距技术发展起来的一种浅层地质勘探方法[166-167]。当地下介质密度、速度、泊松比存在差异时，会导致岩土体弹性性质不同。不同性质的岩土体对地震波的传播速度、能量的吸收会不同，通过研究人工激发的地震波在地下介质中的传播速度及能量的变化，来判断地层岩性、地质构造等不良地质体的一种地球物理勘探方法。该方法可以有效利用地震波的反射波、折射波、绕射波、面波、横波、转换波等多波勘探信息，利用叠加后的波形记录（包括时间、相位和振幅等）判断不良地质体的性质，并通过纵波速度计算出地层的埋深。地震映象技术观测系统如图 7-1 所示。

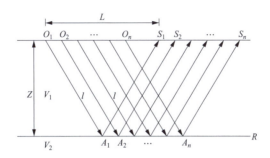

图 7-1　地震映像技术观测系统

O—震源点；S—检波点；A—地下介面（R）的反射点

对水平和倾斜界面而言，波的传播旅行时可表示为式（7-1），即

$$t = \frac{1}{v}\sqrt{x_0^2 + 4(h\cos\alpha)^2} \tag{7-1}$$

式中　x_0——偏移距；

　　　h——真深度；

　　　v——波在介质中的传播速度；

　　　α——倾斜界面的视倾角。

当偏移距 x_0 很小时，即可视为自激自收时，有式（7-2）形式，即

$$t \approx \frac{2h\cos\alpha}{v} \tag{7-2}$$

当偏移距 $x_0 \neq 0$ 时，必须作等偏移距正常时差校正，其校正量为式（7-3），即

$$\begin{cases} t_0 = \dfrac{2h\cos\alpha}{v} \\[2mm] t_0 = \dfrac{1}{v}\sqrt{x_0^2 + 4(h\cos\alpha)^2} \end{cases} \tag{7-3}$$

式中　t_0——法线回声时间。

而对于垂直界面而言，如图 7-2 所示（NM 代表垂直界面），由几何关系有式（7-4）～式（7-7），即

$$\tan\beta = \frac{h_i}{x_i} = \frac{h - h_i}{x_p} \tag{7-4}$$

则

$$x_p = \frac{(h - h_i)x_i}{h_i} \tag{7-5}$$

$$\tan\alpha = \frac{x_i}{h_i} = \frac{x_0 + x_i - x_p}{h} = \frac{(x_0 + x_i)h_i - (h - h_i)x_i}{hh_i} \tag{7-6}$$

则

$$h_i = \frac{2hx_i}{2x_i + x_0} \tag{7-7}$$

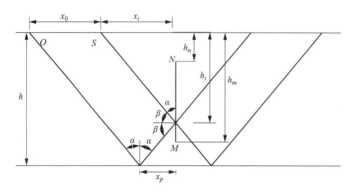

图 7-2　等偏移距地震映像工作原理示意图

显然，当偏移距 $x_0 = 0$ 时，即自激自收，有 $h_i = h_0$，此时，无垂直界面（或裂缝）反射，说明仅当偏移距 x_0 不为零时，才能得到垂直界面（或裂缝）的反射。因此，实际探测时必须采用偏移距 x_0 不为零的等偏移距映像法进行探测，否则不能对垂直界面（或裂缝）进行有效检测。

将式（7-7）代入式（7-5），得式（7-8），即

$$x_\rho = \frac{(h - h_i)x_i}{h_i} = \frac{x_0}{2} \tag{7-8}$$

可见，不管激发和接收点处于什么位置，裂隙（或裂缝）的反射在水平界面上的反射点均与激发和接收点同侧，且距垂直界面（或裂缝）1/2 偏移距处。于是，在实际探测中必须适当选择偏移距 x_0，以便有效从事垂直界面（或裂缝）的探测。垂直界面（或裂缝）的反射时间可用双曲线函数形式表示为

$$t = \frac{1}{v}\left(\frac{h}{\cos\alpha} + \frac{h - h_i}{\cos\alpha} + \frac{h_i}{\cos\alpha}\right) = \frac{2h}{v}\sqrt{1 + \tan 2\alpha} = \frac{1}{v}\sqrt{(2x_i + x_0) + 4h^2} \tag{7-9}$$

从而垂直界面或裂缝两侧的反射同相轴构成似"八"字形，这是判别是否存在垂直界面或裂缝的标志特征和依据。

则 $h_i = \dfrac{2hx_i}{2x_i + x_0}$ 可写成

$$x_i = \frac{x_0 h_i}{2(h - h_i)} \tag{7-10}$$

当 $h_i = h_n$ 时，有

$$x_n = \frac{x_0 h_n}{2(h - h_n)} \qquad (7\text{-}11)$$

当 $h_i = h_m$ 时，有

$$x_n = \frac{x_0 h_m}{2(h - h_m)} \qquad (7\text{-}12)$$

式中：h_n 和 h_m 分别为垂直界面或裂缝顶底端点的埋深。因此，仅在 $x_n = x_m$ 之间可接收到垂直界面或裂缝的反射，否则只能接收到垂直界面或裂缝两端点的绕射。

二、现场工作技术

（一）道间距的选择

在地震映像法勘探中，调查目的不同，道间距也不一样。一般说来，道间距小，测量精度高，但若兼顾工作效率，道间距不宜太小，并且还应根据目的层或新鲜基岩的深度来综合确定。道间距的选择原则是要求各道间相位关系清楚，同相轴明显。能否可靠辨认同一相位，主要决定于地震反射波到达相邻检波器的时间 Δt、所记录有效波的视周期及其他波对有效波的干扰程度。如果有效波在地震记录上的视周期为 T_a，那么道间距 Δx 选择的基本原则是使时间 Δt 小于周期 T_a 的一半，即 $\Delta t \leqslant T_a/2$，这样便能可靠地辨认有效波的相同相位；反之，若 $\Delta t > T_a/2$，则有可能造成相位对比错误，即有可能把不同的相位错认。再考虑地震有效波的视速度，通常把道间距的最大限度定为式（7-13）所示形式，即

$$\Delta X_{\max} = \frac{1}{2} v_a T_a \qquad (7\text{-}13)$$

式中：v_a 为有效波的视速度，并且 $\Delta t = \dfrac{\Delta X}{v_a}$。

一般说来，偏移距的长度不应小于最浅的目的层深度，一般为道间距的整数倍。

（二）最佳偏移距的确定

最佳偏移距是可以很好地反映出检测目标有效波的偏移距离，也是采集有效波的最佳距离，采集的有效波可以多于一个，不再仅仅是反射波意义上的最佳。为了在数据采集的过程中利用尽量多的信息，需要工作中选择偏移距离，但工作中的难点也是最佳偏移距的选择，由于不同的地质条件下最佳偏移距的选择原则也不同，为了使时间剖面中反射波、面波等有特征的波，在时间上最大可能地彼此分离，受干扰波的影响比较小，记录信号清晰，需要根据所要勘探的深度及层速度来确定最佳偏移距的取值范围。

首先，通过动校正拉伸与偏移距的关系确定最大偏移距。

根据式（7-14）所示形式的动校正近似公式，即

$$\Delta t \approx \frac{X^2}{2t_0 v^2} \qquad (7\text{-}14)$$

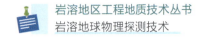

可得动校正拉伸百分比 D 为

$$D = \frac{X^2}{2t_0^2 v^2} \tag{7-15}$$

因此，可满足动校正拉伸百分比 D 的最大偏移距为

$$X_{\max} = \sqrt{2D t_0^2 v^2} \tag{7-16}$$

式中 D——动校正拉伸百分比，一般取值 $D < 10\%$。

其次，由速度误差与偏移距的关系确定最小偏移距。

常规浅层地震勘探中，对某一目的层而言，速度误差越小，则使用的偏移距则越大；反之，偏移距越小，则会使速度误差相对较大。由此，通过动校正速度误差的允许值，选择最小偏移距。

反射波时距曲线公式为

$$t = \frac{1}{v}\sqrt{4h^2 + x^2} = t_0 \sqrt{1 + \frac{x^2}{v^2 t^2}} \approx t_0\left(1 + \frac{x^2}{2v^2 t_0^2}\right) \tag{7-17}$$

设速度误差为 Δv，则引起的时间误差为 ΔT，取 $\Delta T = \frac{1}{2f_{\max}}$ 为速度分析时可检测到的最小时差，则有

$$X_{\max} = \sqrt{\frac{t_0 v^2 (1 - k^2)}{f_{\max}(2k - k^2)}} \tag{7-18}$$

$$k = \frac{\Delta v}{v}$$

式中 t_0——双程旅行时；

$f_{\max}$——反射波最高频率；

Δv——允许的速度误差；

v——叠加速度。

最终，确定偏移距范围可用式（7-19）表示，即

$$\sqrt{\frac{t_0 v^2 (1 - k^2)}{f_{\max}(2k - k^2)}} \leqslant X \leqslant \sqrt{2D t_0^2 v^2} \tag{7-19}$$

（三）观测系统的设计

目前的地震映像勘探观测系统，一般采用直线排列，即激发点（炮点）与接收点位于同一直线上，一次激发一次接收（单点激发、单点接收）或一次激发多偏移距接收（单点激发、多点接收）的观测系统。在地质结构比较单一或地质构造走向比较明确的地区，该种观测系统基本能够满足勘探精度要求，但在地质条件复杂，由于不同地质异常体常常埋深不同、性质不同、规模不同，一次激发一次接收观测系统往往达不到"最佳"的效果。一次激发多偏移距接收观测系统虽然通过多种偏移距来满足"最佳"，但在实际地震勘探

中，一般要求测线要与地质异常体主发育方向垂直，对于地质条件复杂，尤其是岩溶发育不规则的喀斯特地区，事先并不知道地质异常体的主发育方向，因此仅沿测线方向布置勘探测线，往往也不是真正的"最佳"，以致常常达不到理想的勘探效果。为提高地质条件复杂地区，尤其是岩溶发育无规律地区的地质映像勘探精度，提出双向多偏移距地震映像观测系统，该系统由于沿测线方向和垂直测线方向均布置有不同偏移距的检波器，通过对比分析同一方向不同偏移距和不同方向同一偏移距的波形特征，进而达到提高地震映像勘探精度的目的。

1. 单偏移距地震映像观测系统

单偏移距地震映像观测系统是以相同偏移距逐步移动测点来接收地震信号的，即"单点激发、单点接收"，如图7-3所示。该观测系统优点是采集效率高、速度快，具有波形不会被拉伸畸变等特点；其缺点表现在：

（1）能量不能水平叠加，只能进行垂直叠加[167]。

（2）当存在多个不同性质、不同埋深、不同规模的异常体时，单一偏移距往往不能同时达到偏移距"最佳"。

2. 多偏移距地震映像观测系统

由于单偏移距地震映像法存在的缺陷会对勘探效果造成影响，为进一步提高勘探精度和效率，避开常规单偏移距的局限性，通过采用共偏移距处理技术，进行多偏移距联合勘探，即"单点激发、多点接收"的多偏移距地质映像观测系统[167]，如图7-4所示。在数据处理中，将不同偏移距的各道抽出，然后把等偏移距的地震道合并显示在同一剖面上，形成多个不同偏移距的共深度点的时间剖面，通过分析研究不同偏移距的地震时间剖面，解决不同地质异常问题，取得了较好的勘探效果。

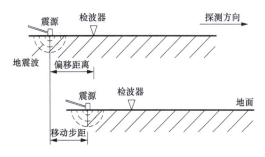

图 7-3　单偏移距地震映像观测系统

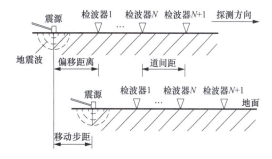

图 7-4　多偏移距地震映像观测系统

3. 双向多偏移距地震映像观测系统

多偏移距地震映像观测系统[70]虽然克服了常规单偏移距针对多个不同性质、不同埋深、不同规模难以同时达到"最佳"偏移距的局限性，但在实际地震勘探中，尤其在地质条件比较复杂、岩溶发育不规则的喀斯特地区，事先常常不知道地质异常体的主发育方向垂直，因此无法针对性地布置勘探测线，即使使用了多偏移距的观测系统，也常常不能同时达到偏移距的真正"最佳"，因此其勘探效果受很大的影响。为提高复杂地区地震映像勘探效果，提出双向多偏移距地震映像观测系统，如图 7-5 所示，该观测系统是在现有多偏移距观测系统的基础上，再在垂直测线方向上布置不同偏移距的接收检波器，通过接收不同激发方向同一偏移距和同一激发方向不同偏移距的地震信号，通过对比分析多个波组的地震时间剖面，获取更加丰富的地震有效波信息，以此来提高地震映像勘探精度。

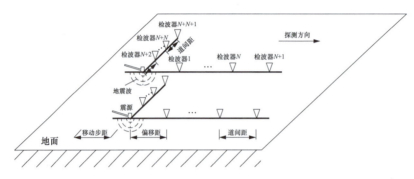

图 7-5　双向多偏移距地震映像观测系统

双向多偏移距地震映像观测系统有如下优点：

（1）在激发炮点不变的情况下，可针对不同性质、不同规模、不同埋深的地质异常体，选择不同方向、不同偏移距的最佳地震时间剖面进行资料解译，实现一次探测，同时获得多个不同性质、不同规模、不同埋深地质异常体的最佳偏移距。

（2）在激发炮点不变的情况下，可以获取不同激发方向同一偏移距和同一激发方向不同偏移距的地震时间剖面，通过多剖面对比分析，提高勘探精度。

（3）在城市道路地震映像勘探中，可有效避免地下管线的持续干扰，更加适应于城市道路地下地质隐患探测。

（四）地震波的激发

激发条件是影响地震记录好坏的第一个因素，它是得到好的有效波的基础条件，如果激发条件很差，仅通过改进接收条件也得不到好的效果。地震映像法勘探对激发条件的要求一般有以下几个。

（1）激发的地震波要有一定的能量，以保证获得勘探目的层的反射。

（2）要使激发的地震有效波能量较强，而干扰波相对微弱，有较高的信噪比要使激发的地震波频带较宽，使激发的波尽可能接近 δ 脉冲（尖脉冲），以利提高地震勘探的分辩率。

（3）在同一震源点重复激发时，地震记录要有良好的重复性。

锤击是目前地震映像法勘探中采用最为广泛的一种简便激发方式，通常采用大锤锤击置于地面的钢板和铝合金板，大锤一般是 18 磅或 24 磅的铁锤。

测区地表结构对锤击震源的激发效果影响很大，如在干燥松软的地面锤击效果较差，而在潮湿密实的地面锤击效果较好。因此，在干燥松软的地面激发地震波时应保持金属垫板与地面的耦合状态良好，且应多次重复激发，与此同时为保证多次激发时波的重复性较好，一般对应把较疏松的覆盖层部分刨去。

（五）地震波的接收

地震记录是研究地质现象的原始资料，因此在选择最佳激发条件的同时，应选择良好的接收条件，以确保地震记录具有如下特点。

（1）接收的地震记录有效波突出，并有明显的特征。

（2）与各地震界面相应的有效波层次分明，波间关系清楚，尤其是目的层反射应明显。

（3）干扰波少，强度弱，并易于分辨。

选择良好的接收条件，主要从检波器的性能、检波器与大地的耦合状况以及检波器间距的选择等方面来考虑。

三、数据处理与解释

（一）数据处理

地震映像法数据处理相对来说是比较简单的，其主要包括数据格式转换、坐标参数编辑、频谱分析、数据滤波、道内均衡与道间均衡、时深转换等过程。

1. 格式转换

格式转换的目的是把仪器采集的数据格式转换成处理系统内部格式。在野外地震映像数据采集时，把每一个激发点所记录的全部数据存储在一个文件上，并进行编号，其数据存储是按事先规定的格式进行编排存储的。

2. 坐标参数编辑

将原始记录的坐标归一到实际的里程桩号坐标。

3. 频谱分析

频谱分析的目的在于了解有效波和干扰波的频谱分布范围，以便选取合适的频率滤波器，压制干扰波，突出有效波，提高记录的信噪比。进行频谱分析先要选好地震记录，然后确定分析参数。地震记录选好之后，就可以确定频谱分析的时窗长度，采样点数。如果用频率分辨间隔 δ 表示频谱分析精度，则频率采样间隔 Δf 应小于或等于 δ，由于时窗长度 T 和采样点数 N 的关系为 $T = N\Delta t$。那么：$\Delta f = \dfrac{1}{N\Delta t} \leqslant \delta$。

从而采用点数表示为

$$N = \frac{T}{\Delta t} \qquad (7\text{-}20)$$

在实际资料处理中，由于种种原因，一个频谱提供的数据不十分有把握，需要多做几个频谱分析，最后得到一个统计平均值。

4. 数据滤波

数据滤波的目的是压制随机噪声，提高地震数据的信噪比。根据有效波频率和速度上的差异，利用滤波程序剔除干扰信号。滤波可分为一维带通滤波和二维 F-K 滤波。一维带通滤波首先对采集的数据进行频谱分析，分析其主频所在区间。若该测线主频所在区间为 $50\sim$ $100Hz$ 区间，则低于 $50Hz$ 频率的信号和高于 $100Hz$ 频率的信号不能被保留，介于两者之间的有效波形信息被保留下来。二维 F-K 滤波是针对有效波和干扰波重合度较高，难以区分的情况，在二维傅里叶变换基础上设计的扇形滤波器，基于两者之间在频率波速域视速度方面的差异。实际处理过程中，滤波器采用巴特沃斯滤波器，类型为带通，分别设置其高陡度和低陡度。

5. 道内均衡与道间均衡

道内均衡与道间均衡目的是为了平衡记录中剖面上的能量，便于进行资料解释。道内均衡也即道内动态均衡。道内均衡是将一道记录的振幅值在不同的时间段内乘以不同的权系数，能量强的时间段上权系数小，而能量弱的时间段上权系数大。结果，强波与弱波之间的能量相对差异会大为减少，最终控制在一定的动态范围之内。道间均衡是要使反射能量强的记录道振幅减小，使反射能量弱的记录道振幅增强，从而使各道的振幅达到均衡。

6. 时深转换

地震映像法无法直接获得速度，可以通过 P 波速度测井法（简称 PS 测井）等来获取平均速度和层速度（在读取 P 波的初至后，绘制时距曲线，将测井中记录中得到的波沿射线传播的旅行时间换算成井口到达检波器的垂直入射时间，在此基础上就能计算出层速度和平均速度），通过获得的速度可以将时间剖面转换成深度剖面。如果实际中取得的速度是平均速度，则该地面到地层界面的深度 H 为

$$H = \frac{1}{2}t_0 \bar{v} \tag{7-21}$$

式中 t_0——所求深度处的回声时间；

$\bar{v}$——平均速度。

（二）成果解释

地震映像数据的分析解释主要通过以下两方面来进行。

（1）通过反射波的能量的强弱关系来进行解释。通过检波器接收的反射波能量的强弱，反映了弹性界面两侧介质的波阻抗差异大小。当地震波传播中经过溶洞时，反射波的振幅会很大，伴随着在溶洞内可能会发生多次反射。

（2）通过同相轴的形态特征来进行解释。通过同一反射波同向轴的起伏情况，可以对地下的弹性界面进行追索。当反射波经过溶洞时，反射波同向轴往往会表现出双曲线的形态特征。

但是在实际测量中，当地下有溶洞或破碎带存在时，同相轴的形态特征不完全同地下

弹性界面的形态相对应，是因为地下复杂结构会对弹性波的传播产生各种各样的影响，大多情况，异常地质体的反射波同相轴特征是很杂乱的，并且可能出现同向轴部分错断现象，反射波频率和能量均会有较大变化。

第二节　微　动　法

一、基本原理

面波勘探按震源可分为人工源面波勘探和天然源面波勘探，其中人工源面波勘探又分为稳态人工源面波勘探和瞬态人工源面波勘探。面波是沿着自由表面传播的，波的穿透深度大概为一个波长，频率越低的面波波长越大，可以穿透的地层越深，现在一般应用半波长理论，也就是认为所得面波波速约为半波长深度处到自由地表面的速度的加权平均值，即

$$H=\frac{\lambda_R}{2} \tag{7-22}$$

式中　H——勘探深度；

　　　λ_R——面波波长。

由于 λ_R 为式（7-23）所示形式，即

$$\lambda_R=\frac{v_R}{f} \tag{7-23}$$

式中　v_R——面波波速；

　　　f——面波频率。

可将 H 表示为

$$H=\frac{v_R}{2f} \tag{7-24}$$

H 即为相应频率的面波的勘探深度。如果测出不同频率的面波波速 v_R，就可以得到 v_R-f 曲线，也可以得到相应的 $v_R-\frac{\lambda_R}{2}$ 曲线，这两种曲线就是频散曲线。然后对频散曲线进行反演就可以得到地下结构情况。

对于人工源面波勘探，若在地面沿着波动行进的方向布置检波器，可以接收到面波的传播过程的信号。面波波速可以表示成式（7-25），即

$$v_R=\frac{\Delta x}{\Delta t} \tag{7-25}$$

也可写成式（7-26），即

$$v_R=\frac{2\pi f_i \Delta x}{\Delta \varphi} \tag{7-26}$$

式中　Δx——道间距；

Δt——相邻检波器所记录信号的时间差；

f_i——瑞雷波频率；

$\Delta \varphi$——相邻检波器所记录信号的相位差。

则整个测量范围的平均速度用式（7-27）表示，即

$$v_R = \frac{N\Delta x}{\sum_{i=1}^{N} \Delta t_i} \tag{7-27}$$

或者表示为式（7-28），即

$$v_R = \frac{2\pi f_i N\Delta x}{\sum_{i=1}^{N} \Delta \varphi_i} \tag{7-28}$$

稳态人工源面波勘探通常是震源激发单一频率的面波，且以稳态的形式在地表传播，在勘探过程中不断改变震源频率，产生不同频率的面波，测得每个频率下面波的速度，就可以完成不同深度的勘探。瞬态人工源面波的震源所产生的面波都是含有不同频率的面。在处理数据时，需要把得到的时域谱通过快速傅里叶变换（FFT）计算，转化为频谱。然后通过对不同频率的信号分析，提取出不同频率下的面波相速度。

二、现场工作技术

（一）观测系统的设计

采用空间自相关法（SPAC）的微动观测台阵一般都是三角台阵、三角嵌套台阵、圆形台阵，如图7-6所示，可是在实际工程中往往受到地形的约束，没有足够的空间来布置这些台阵，尤其是在交通复杂的城市中根本无法施展开来。为了解决这一问题，在空间自相关法（SPAC）的基础上进行进一步改进得到扩展空间自相关法（ESPAC）。空间自相关法的原理是计算圆周与各圆心台站之间的空间自相关系数；再根据空间自相关系数与第一类零阶贝塞尔函数相等的关系，求得瑞雷波相速度频散曲线。扩展空间自相关法与之不同的是固定某一频率，拟合自相关系数关于台阵半径的贝塞尔曲线。与之对比扩展空间自相关法的优势在于它的布阵方式没有约束，在复杂条件下的场地，可以根据其地形相应布置成L形、十字形、直线形、多边形或者不规则形，如7-7所示。

(a) 三角台阵　　　　　(b) 三角嵌套台阵　　　　　(c) 圆形台阵

图 7-6　空间自相关法的台阵布置形式

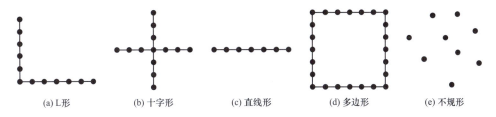

(a) L形　　　　(b) 十字形　　　　(c) 直线形　　　　(d) 多边形　　　　(e) 不规形

图 7-7　扩展空间自相关法的台阵布置形式

(二) 野外数据采集

（1）野外地质环境调查。微动勘探要求环境周围的振动是无规律的自然或人为振动，因此需确保工程场地周围无持续的强干扰源。一般为了减少人为干扰，常常选择在夜间观测。

（2）根据探测深度设计台阵半径。探测深度一般为面波波长的一半左右，一般来讲，台阵的最大半径为感兴趣的最长波长的一半，台阵的最小半径为最短波长的一半；若事先不能确定探测深度，可采用多个不同尺度的台阵进行观测试验。

（3）精确定位台站之间的相对位置。数据采集方式通常分为统一采集和分散采集两种：统一采集是由各个测点数据经导线传送并记录在一台多道的记录仪上，当观测半径不大且无障碍物时可采用皮尺丈量定位，适用于观测台阵尺度较小的情况；分散采集时各接收点间独立观测，无连接线，各接收点一般通过 GPS 由内部同步时钟控制，适合大尺度的观测排列。

（4）采用灵敏度高、稳定性好、易布设的低频检波器，自然频率应足够低以便于接收低频信号，一般采用 1Hz 或 2Hz 的检波器。通常用于人工源的检波器（如 4.5Hz 的检波器）也可用于被动源面波勘探。地震仪和检波器相位特性一致性要好。

由于天然源面波的震源位置未知，假设是来自于台阵四周，无固定方向，数据处理时通常假设波动的主要能量是基阶面波，所以在采集数据时，人员不要在排列附近，尤其在排列内部随意走动，也要尽量避开排列附近的强震源，否则其产生的震动将不同程度地对频散提取产生影响。

三、数据处理与解释

(一) 数据预处理

微动信号是一种难以感觉到的微弱振动，在实际场地采集数据的过程中，常常会有一些无法避免的干扰，比如大型车辆、建筑施工，还有仪器自身零点漂移，以至于采集到的数据中有很多干扰信息，并且杂乱的信号会把主要的地层信息掩盖掉。因此，在对数据分析提取频散曲线之前，要对采集到的原始数据进行预处理。预处理是十分有必要的，它可以提高数据的准确性，其处理方式主要有以下四种。

（1）平滑处理：观测信号中有许多毛刺，还会出现不规则的趋势项，经过平滑处理后，曲线变光滑。

（2）消除趋势项：由于观测系统采集站会受到一些因素干扰（例如温度变化发生了零点漂移），采样点的信号会出现较大的基线偏离不规则的趋势项，它会严重影响频谱导致出现失真。

（3）数字滤波：通过数学运算从原始数据中分离出有用的信号，数字滤波可以平滑数据，去除噪声提高信噪比，同时还可以抑制干扰噪声。

（4）自相关分析：通过观察自相关曲线的收敛情况来判断信号中是否有周期的存在，如果收敛则没有，反之则有。

1. 平滑处理

由观测系统采集到的微动信号，往往会有一些来自环境中无法避免干扰信号，这些干扰性的信号一般具有随机性和周期性的特点，高频会使离散信号出现毛刺的现象。经过平滑处理后可以去除毛刺，使曲线光滑。平滑处理一般采用五点三次平滑法对数据进行平滑处理，其处理过程是基于最小二乘法理论，采用最小二乘多项式的方法，对数据进行三次平滑处理。方法的计算公式如式（7-29）所示，即

$$
\begin{cases}
y_1 = \dfrac{1}{70}\left[69x_1 + 4(x_2 + x_4) - 6x_3 - x_5\right] \\[2mm]
y_2 = \dfrac{1}{35}\left[2(x_1 + x_5) + 27x_2 + 12x_3 - 8x_4\right] \\[2mm]
\cdots \\[2mm]
y_i = \dfrac{1}{35}\left[-3(x_{i-2} + x_{i+2}) + 12(x_{i-1} + x_{i+1}) + 17x_i\right] \\[2mm]
\cdots \\[2mm]
y_{m-1} = \dfrac{1}{35}\left[(2(x_{m-4} + x_m) - 8x_{m-3} + 12x_{m-2} + 27x_{m-1}\right] \\[2mm]
y_m = \dfrac{1}{70}\left[-x_{m-4} + 4(x_{m-3} + x_{m-1}) - 6x_{m-2} + 69x_m\right]
\end{cases}
\tag{7-29}
$$

由上述计算公式可以得出平滑函数 $y(n)$，其中 $n = 1, 2, \cdots, m$。这个函数方法可以处理频域和时域信号，当对时域进行处理时可以去除高频噪声，对频域处理可以平滑曲线，通过该方法对实测信号进行处理。

2. 消除趋势项

在微动信号采集过程中，采样点信号经常会出现不规则的趋势项，它是指信号中周期比记录长度大与非线性或线性变化的部分，导致的原因是由于仪器受温度影响造成信号发生零点漂移现象和数据采集站被干扰偏离基准线预处理过程中一般用最小二乘法来消除趋势项，可以同时消除非线性、线性趋势项。原始数据为 $\{x_i\}$（$i = 1, 2 \cdots N$），每间隔 1s 进行一次采样，设 M 阶趋势项为式（7-30），即

$$\hat{x}_i = \sum_{j=0}^{M} a_j i^j \tag{7-30}$$

消除趋势项的公式为式（7-31），即

$$y_i = x_i - \hat{x}_i = x_i - \sum_{j=0}^{M} a_j i^j \tag{7-31}$$

误差平方和的导数为零，趋势项系数 a_j 需满足误差平方最小，即有

$$\begin{cases} E(a) = \sum_{i=1}^{N} (x_i - \hat{x}_i)^2 = \sum_{i=1}^{N} \left(x_i - \sum_{j=0}^{M} a_j i^j \right)^2 \\ \dfrac{\partial E(a)}{\partial a_j} = 2 \sum_{i=1}^{N} \left(x_i - \sum_{j=0}^{M} a_j i^j \right) i^j = 0 \end{cases} \tag{7-32}$$

对线性方程组求解，可得趋势项系数 a_j，见式（7-33），即

$$\sum_{i=1}^{N} x_i i^j - \sum_{i=1}^{N} \sum_{j=0}^{M} a_j i^{j+k} = 0 \qquad k = 0, 1, 2 \cdots M \tag{7-33}$$

当 $M=0$ 时，趋势项的常数项为式（7-34）形式，即

$$\hat{x}_i = a_0 = \frac{1}{N} \sum_{i=1}^{N} x_i \tag{7-34}$$

从式（7-34）可知，原始数据的平均值是零阶趋势项，则消除趋势项的公式为式（7-35），即

$$y_i = x_i - \hat{x}_i = x_i - \frac{1}{N} \sum_{i=1}^{N} x_i \tag{7-35}$$

当 $M=1$ 时，为线性趋势则有式（7-36），即

$$\begin{cases} \sum_{i=1}^{N} x_i - \sum_{i=1}^{N} (a_0 + a_1 i) = 0 \\ \sum_{i=1}^{N} i x_i - \sum_{i=1}^{N} (a_0 i + a_1 i^2) = 0 \end{cases} \tag{7-36}$$

解出趋势项的系数见式（7-37），即

$$\begin{cases} a_0 = \dfrac{2(2N+1) \sum_{i=1}^{N} i x_i - 6 \sum_{i=1}^{N} i x_i}{N(N-1)} \\ a_1 = \dfrac{12 \sum_{i=1}^{N} i x_i - 6(N+1) \sum_{i=1}^{N} x_i}{N(N+1)(N-1)} \end{cases} \tag{7-37}$$

则消除趋势项的公式为式（7-38），即

$$y_i = x_i - \hat{x}_i = x_i - (a_0 + a_1 i) \tag{7-38}$$

当 $M \geqslant 2$ 时为曲线趋势项，在实际信号处理中，$M=10$ 来对数据进行去除多项式的处理。

3. 数字滤波

采用数字滤波对一组采集到的实测数据进行滤波处理，它能够剔除数据中的噪声、虚

假部分这些无用信号，从而提高有用信号信噪比，还能抑制干扰信号。数字滤波法一般分为两种：一种是 IIR 滤波法；另一种为 FIR 滤波法。两者相互比较，FIR 滤波法相对于 IIR 滤波法更具有优势，因为 FIR 滤波法处理信号时稳定、不失真、误差小，所以一般数字滤波时都首选用 FIR 滤波。数字滤波主要有三个步骤。

（1）对采样信号进行频谱分析。

（2）确定有用信号集中的区间段。

（3）选择合适的滤波方法。

数字滤波公式为式（7-39），即

$$y(n) = x(n) \times h(n) \tag{7-39}$$

式中　$h(n)$——滤波响应。

等波纹切比雪夫滤波法相对于其他方法具有很大的优势，它的优点在于阶数需求低、同阶最大误差小，采用"最大误差最小化"优化法则，公式为

$$\delta = \min\{\max |E(\omega)|\} = \min\{\max |W(\omega)[H_d(e^{j\omega}) - H(e^{j\omega})]|\}$$

式中　$W(\omega)$——误差加权函数；

　　　$H_d(e^{j\omega})$——期望滤波幅度特性；

　　　$H(e^{j\omega})$——实际滤波幅度特性。

数字滤波所需参数包括滤波长度 N；通带和阻带截止频率 ω_p 和 ω_s；权系数 w。

这种方法可以有效确定通带和阻带截止的频率，频率响应呈现等波纹性是因为误差均匀分布在通带和阻带内。

4. 自相关分析

微动是地球自然产生的一定频率的振动，因此采集到的数据是在固有频率上叠加噪声的信号。从采集到的信号中用相关性分析可以有效地提取出有用的信息。信号中有没有干扰性的周期信号常采用自相关函数的特点来判断，如果自相关收敛，则表明没有干扰性的周期信号；反之则有。

离散型信号 $x(t)$、$y(t)$ 自相关函数与互相关函数计算公式如式（7-40）、式（7-41）所示，即

$$R_x(n) = \sum_{m=0}^{N-1} x(m)x(n-m) \tag{7-40}$$

$$R_{xy}(n) = \sum_{m=0}^{N-1} x(m)y(n-m) \tag{7-41}$$

（二）频散曲线的提取

设微动是一个平稳随机的过程，以固定的速度 c 传播的微动波，其表达式为式（7-42），即

$$\mu(x, y, t) = \sum \sum A_{nm} \exp(ik_n x \cos\theta_m + ik_n ys \cos\theta_m)\cos(\omega_n t)$$

$$+ \sum \sum \frac{B_{nm}}{\omega_n} \exp(ik_n x \cos\theta_m + ik_n ys \cos\theta_m) \sin(\omega_n t) \tag{7-42}$$

式中：$k_n = \frac{2\pi}{\lambda} = \frac{\omega_n}{c}$；$\theta_m$ 是波 $\mu(x, y, t)$ 水平分量的入射方向。

傅立叶系数 A_{nm}、B_{nm} 和白噪声傅立叶系数 E_{nm} 为式（7-43），即

$$\begin{cases} A_{nm} = E_{nm}^{(A)}(k_n, \theta_m) G^{(A)}(k_n, \theta_m) \\ B_{nm} = E_{nm}^{(B)}(k_n, \theta_m) G^{(B)}(k_n, \theta_m) \end{cases} \tag{7-43}$$

式中 $G^A(k_n, \theta_m)$、$G^B(k_n, \theta_m)$——有空间谱密度有关变量。

波在 t 时刻的空间自相关函数 $\phi(\xi, \eta, t)$ 定义为式（7-44）所示形式，即

$$\phi(\xi, \eta, t) = \overline{\mu(x, y, t)\mu(x + \xi, y + \eta, t)} \tag{7-44}$$

空间自相关函数在假设白噪声随机性质和平稳随机过程的前提下是与时间 t 无关的变量 $\phi(\xi, \eta)$，即式（7-45），

$$(\xi, \eta) = \frac{1}{4\pi^2} \iint |G(k, \theta)|^2 \exp(ik\xi\cos\theta + ik\eta\sin\theta) k \, dk \, d\theta \tag{7-45}$$

式中 $|G(k, \theta)|^2$——空间谱密度。

空间自相关函数的谱密度 $\phi(\omega_n)$ 为式（7-46），即

$$\phi(\omega_n) = \frac{1}{4\pi c} \int_0^{2\pi} |G(k_n, \theta)|^2 k_n \, d\theta$$

$$= \frac{1}{4\pi c} \int_0^{2\pi} k_n \, d\theta \iint \phi(\xi, n) \exp(-ik_n\xi\cos\theta - ik_n\eta\cos\theta) \, d\xi \, d\eta \tag{7-46}$$

采集观测系统采用同心圆的布阵方式，进行极坐标变换方便对数据进行处理，具体公式如式（7-47）所示，即

$$\begin{cases} \xi = r\cos\phi \\ \eta = r\sin\varphi \end{cases} \tag{7-47}$$

则有

$$\phi(\omega) = \frac{1}{2c} \iint \phi(r, \varphi) J_0\left(\frac{\omega}{c}r\right) \frac{\omega}{c} r \, dr \, d\varphi \tag{7-48}$$

式中 J_0——零阶贝塞尔函数。

设半径为 r 圆形台阵上有很多观测点，通过式（7-49）积分定义来平均自相关函数，

$$\bar{\phi}(r) = \frac{1}{2\pi} \int \phi(r, \varphi) \, d\varphi \tag{7-49}$$

将式（5-42）代入式（5-41）中得式（7-50），即

$$\phi(\omega) = \frac{\pi\omega}{c^2} \int \bar{\phi}(r) J_0\left(\frac{\omega}{c}r\right) r \, dr \tag{7-50}$$

将式（5-41）进行汉克尔变换，可得式（7-51），即

$$\bar{\phi}(r) = \frac{1}{\pi} \int_0^\infty \phi(\omega) J_0\left(\frac{\omega}{c}r\right) d\omega \tag{7-51}$$

速度是频率的函数时说明它们存在频散关系，则对应空间相关函数如式（7-52）所示，即

$$\bar{\phi}(r) = \frac{1}{\pi} \int_0^\infty \phi(\omega) J_0\left[\frac{\omega}{c(\omega)}r\right] d\omega \tag{7-52}$$

用频率为 ω_0 的窄带滤波器来处理采集到的微动信号，其波普为式（7-53），即

$$\phi(\omega) = P(\omega_0)\delta(\omega - \omega_0), \quad \omega > 0 \tag{7-53}$$

则与之相对应的空间相关函数如式（7-54）所示，即

$$\bar{\phi}(r, \omega_0) = P(\omega) J_0\left[\frac{\omega_0}{c(\omega_0)}r\right] \tag{7-54}$$

空间相关系数定义为式（7-55）所示形式，即

$$\bar{\rho}(r, \omega_0) = \frac{\overline{\phi(r, \omega_0)}}{\phi(r, \omega)} = J_0\left[\frac{\omega_0}{c(\omega_0)}r\right] \tag{7-55}$$

微动的振幅会随时间 t 位置 $\xi(x, y)$ 变化而变化，因为它是一个平稳随机的过程，虽然振幅会随时间变化，但它的统计性质关于时间是不会变动的。在理想的情况下微动被视为一个样本函数 $x(t, \xi)$，它是一个平稳随机的过程，它的频谱可以表示为式（7-56），即

$$x(t, \xi) = \int\!\!\int\!\!\int_{-\infty}^{+\infty} e^{i\omega t + ik\xi} dZ(w, \xi) \tag{7-56}$$

式中 ω——角频率；

$\quad\quad k$——波数矢量。

在极坐标下 $\xi = r(\cos\theta, \sin\theta)$，$k = k(\cos\varphi, \sin\varphi)$，则

$$x(t, r, \theta) = \int_{-\infty}^{+\infty}\int_0^{+\infty}\int_0^{2\pi} e^{i\omega t + ikr\cdot\cos(\theta-\varphi)} dZ(w, k, \varphi) \tag{7-57}$$

只考虑基阶面波采用瑞雷波来探测，波数 k 与 ω 相对应，式（7-57）可改写为式（7-58），则

$$x(t, r, \theta) = \int_{-\infty}^{+\infty}\int_0^{2\pi} e^{i\omega t + ik(\omega)r\cdot\cos(\theta-\varphi)} dZ(\omega, \varphi) \tag{7-58}$$

圆周上第 i 观测点记录的空间自相关函数为式（7-59）所示，即

$$S(r, \theta_i) = E[x^*(t, 0, 0)x(t, r, \theta_i)] = \lim_{T\to\infty} \frac{1}{2T}\int_{-T}^{T} x(t, 0, 0)\cdot x(t, r, \theta_i) dt \tag{7-59}$$

圆周各点的空间自相关函数的平均可表示为式（7-60），即

$$\overline{S(r)} = \frac{1}{2\pi}\int_0^{2\pi} S(r, \theta) d\theta = \frac{1}{2\pi}\sum_{i=1}^n S(r, \theta_i)\Delta\theta_i = \int_{-\infty}^{+\infty} h_0(\omega) J_0(k_r) d\omega \tag{7-60}$$

根据微动信号处理的式（7-61）形式为

$$\rho(r, f) = J_0\left[\frac{2\pi f r}{c(f)}\right] \tag{7-61}$$

在空间自相关法的基础上进行改进后得到了扩展空间自相关法，空间自相关法中固定台站半径，将自相关系数与贝塞尔函数拟合求得自相关系数随频率的变化关系，在 ES-PAC 法中，不同距离台站，自相关系数与塞尔函数拟合，求自相关系数随距离的变化关系如式（7-62）、式（7-63）所示，即

$$\rho_{on}(f,\ r_{on}) = J_0\left[\frac{2\pi f r_{on}}{c(f)}\right] (n=1,\ 2,\ 3,\ \cdots,\ N-1) \tag{7-62}$$

$$Error = \sum_{n=1}^{N-1}\left\{S_{on}(f,\ r_{on}) - J_0\left[\frac{2\pi f r_{on}}{c(f)}\right]\right\}^2 \tag{7-63}$$

式中：$S_{on}(f,\ r_{on})$ 表示某频率 f 不同半径下的空间自相关系数；r_{on} 表示中心点和其他点之间的距离 $Error$ 表示拟合误差。

利用扩展自相关法提取微动信号频散曲线的步骤如下。

（1）同时对不同半径的台阵观测点进行数据采集。

（2）对采集到的数据进行滤波处理。

（3）分别计算不同半径圆中心 O 与圆周上第 i 个观测点微动信号的自功率谱 $S(r,\ \omega)$、$S(r,\ \omega,\ \theta_i)$ 和互功率谱 $S_{oi}(r,\ \omega,\ \theta_i)$，得到该半径下的自相关系数 $\rho(r,\ \omega)$。

（4）将自相关系数与塞尔函数拟合，求自相关系数随距离的变化关系。

（三）数据处理基本流程

从采集好数据中提取出瑞雷波的频散曲线，并将其反演，便可以得到排列下方的地下横波速度结构。

1. SPAC 方法的具体操作步骤

（1）对多个台阵半径同时观测的记录，按照半径大小分别处理。

（2）固定台阵半径，将得到的记录分成 M 段。查看微动记录，对干扰较大的噪声记录段进行切除处理。因为一方面高频噪声严重掩盖了有用信号，另一方面高频噪声中包含的震源信息会掩盖场地的特征。

（3）对微动记录用中心频率为 ω_0 的带通滤波器进行滤波，得到该频率的面波记录。

（4）对各个分段记录，分别计算圆形观测台阵中心测点与圆周上 i 观测点记录的空间自相关函数 $S(r,\ \theta_i)$，求出各个记录的平均值，再取中心测点与圆周各个点的空间自相关函数的平均值$\overline{S(r)}$，得到该台阵半径下的空间自相关函数 $\rho(r,\ \omega_0)$。

（5）重新滤波，按照上述步骤，依次求出不同频率的空间自相关函数，得到该台阵半径下空间自相关函数随频率的变化关系。

（6）利用自相关系数 $\rho(r,\ \omega_0)$ 与第一类零阶贝塞尔函数 J_0 相等的关系，求得瑞雷波的相速度频散曲线。为了得到稳定的频散曲线，可以根据需要处理多个被动源面波记录，求出平均频散曲线。

（7）反演频散曲线得到地下介质的横波速度结构。

2. ESPAC 方法的资料处理步骤

（1）将记录分成 M 段，查看微动记录，切除干扰较大的噪声记录段。

（2）用中心频率为 ω_0 的带通滤波器对微动记录滤波。

（3）选定中心台站，计算同距离的各个台站与中心台站的自相关系数，求得自相关系数随着距离的变化关系，再根据最小误差原则将其与第一类零阶贝塞尔函数 J_0 进行拟合，求得该频率下的瑞雷波的相速度 $C(\omega_0)$。

（4）重复滤波，按照上述步骤，依次求出每一频率下的瑞雷波的相速度，获取频散曲线。

（5）反演频散曲线得到地下介质的横波速度结构。

第三节　折射层析法

一、基本原理

走时层析的理论基础是 Radon 变换，假设 $v(x, y)$ 为连续速度场，则走时可用式（7-64）表示，即

$$t = \int_L s(x, y)\mathrm{d}L \tag{7-64}$$

式中：t 是地震波的旅行时场；$s(x, y) = \dfrac{1}{v(x, y)}$ 是慢度场；积分路径 L 是源点到接收点的射线路径。这时层析反演问题变为旅行时沿着射线路径累计，携带着射线穿过的慢度网格信息，而求解慢度模型的过程就是一个经典的反问题。求解此类问题首先要将慢度场离散网格化，即

$$t_i = \sum_j l_j^i s_j \tag{7-65}$$

式中：i 指第 i 条射线；j 指第 j 个被离散的慢度网格；l 为每个慢度网格内的射线段长度；离散化意味着一整条射线被离散化的网格分割成了若干射线段，而 l_j^i 就是第 i 条射线在第 j 个网格内传播的距离，如图 7-8 所示，宏观上，射线路径表现为弯曲射线；微观上，即在每个慢度网格内射线路径表现为直线段。

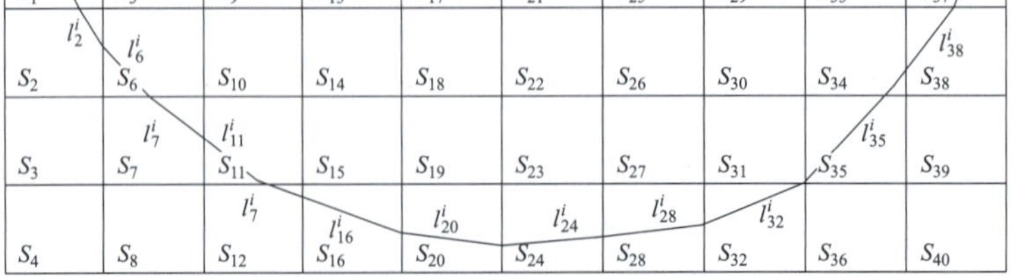

图 7-8　射线路径示意图

T_i—炮点；R_i—检波点

基于此，可以将走时层析反演这个非线性问题转化为线性问题，当有 M 条射线穿过待反演的区域时，式（7-65）变成由 M 个方程组成的线性方程组，即式（7-66），则

$$\begin{bmatrix} t_1 \\ t_2 \\ t_3 \\ \cdots \\ t_M \end{bmatrix} = \begin{bmatrix} L_{10} & L_{11} & \cdots & L_{1N} \\ L_{20} & L_{21} & \cdots & L_{2N} \\ L_{30} & L_{41} & \cdots & L_{2N} \\ \cdots & \cdots & \cdots & \cdots \\ L_{M0} & L_{M1} & \cdots & L_{MN} \end{bmatrix} \begin{bmatrix} S_0 \\ S_1 \\ S_2 \\ \cdots \\ S_N \end{bmatrix} \tag{7-66}$$

式中：$t_i(i=1,2,3,\cdots,M)$ 是旅行时向量；$s_i(i=1,2,3,\cdots,N)$ 是慢度向量；距离矩阵 $L_{M \times N}$ 是大型稀疏矩阵，根据 $L_{M \times N}$ 的性质，该线性反演问题可以分为以下四类。

（1）适定问题：$M=N=r$。

（2）超定问题：$M>N=r$。

（3）欠定问题：$N>M=r$。

（4）混定问题：$\min(M,N)>r$。

式中　r——矩阵的秩。

适定问题存在唯一的解；超定问题不存在常规意义上的解，通常求取最小二乘意义上的解；欠定问题存在不唯一的解，通常需要一些先验信息来约束；混定问题表现为部分欠定、部分超定，通常求取模型先验约束信息的最小二乘解。解混定问题的方法一般称为马夸特（Marquardt）法，也叫阻尼最小二乘法。折射波走时层析成像的观测数据量大于反演的模型参数量，但由于射线分布不均匀，部分地区表现为欠定，且观测的旅行时由于噪声等干扰因素的存在，使得层析反演问题成为典型的混定问题。而混定问题的解的一般形式为

$$s = [L^T L + \lambda^2 I]^{-1} L^T t \tag{7-67}$$

式中：I 表示单位矩阵，λ 是阻尼因子，而折射波走时层析反演问题一般为病态问题，为了减小病态方程组解的不稳定性，可以采用迭代的方式求解，主要步骤为：①引入初始慢度模型 s_0，则 $\Delta s = s_i - s_0$；②计算初始慢度模型 s_0 的走时矩阵 t_0，则 $\Delta t = t_i - t_0$；③由于 s_0、t_0 和 s_i、t_i 均满足 $T = L \times S$，则 $t_i - t_0 = L \times (s_i - s_0)$，即 $\Delta t = L \times \Delta s$；④求解 $\Delta t = L \times \Delta s$ 得 Δs，则 $s_i = s_0 + \Delta s$。

因而式（7-66）可变为式（7-68）所示形式，即

$$\begin{bmatrix} \Delta t_1 \\ \Delta t_2 \\ \Delta t_3 \\ \cdots \\ \Delta t_M \end{bmatrix} = \begin{bmatrix} L_{10} & L_{11} & \cdots & L_{1N} \\ L_{20} & L_{21} & \cdots & L_{2N} \\ L_{30} & L_{41} & \cdots & L_{2N} \\ \cdots & \cdots & \cdots & \cdots \\ L_{M0} & L_{M1} & \cdots & L_{MN} \end{bmatrix} \begin{bmatrix} \Delta S_0 \\ \Delta S_1 \\ \Delta S_2 \\ \cdots \\ \Delta S_N \end{bmatrix} \tag{7-68}$$

重复②～④步骤进行慢度矩阵的迭代更新，直到观测走时数据与计算走时数据的误差

在精度要求范围内，这时的慢度模型就可以认为是真实的慢度模型。

然后引入吉洪诺夫正则化函数将式（7-68）的反演问题转化为求解式（7-69）所示的目标函数的极小值的问题，即

$$\Phi(s) = \Phi_d(s) + \lambda^2 \Phi_m(s) \tag{7-69}$$

式中：$\Phi_d(s)$ 和 $\Phi_m(s)$ 分别为数据空间和模型空间上的目标函数；λ 为正则化因子，用于调节数据空间 $\Phi_d(s)$ 和模型空间 $\Phi_m(s)$ 之间的权重，当 λ 较小时，计算结果受数据空间影响较大；当 λ 较大时，计算结果受模型空间影响较大，在折射波走时层析反演中，$\Phi_d(s)$ 可用式（7-70）表示，即

$$\Phi_d(s) = \| W_d [t - d(s)] \|^2$$
$$= \frac{1}{2} \sum_{i,j}^{N_d} [t_i - d_i(s)] W_{ij}^d [t_j - d_j(s)] \tag{7-70}$$

$\Phi_m(s)$ 可用式（7-71）表示，即

$$\Phi_m(s) = \| W_m [s - s^0] \|^2$$
$$= \frac{1}{2} \sum_{i,j}^{N_m} [s_i - s_i^0] W_{ij}^m [s_j - s_j^0] \tag{7-71}$$

式中：W_d 和 W_m 分别为数据加权矩阵和模型加权矩阵；t 和 $d(s)$ 分别为观测走时数据和计算走时数据，其中携带的先验信息可以有效地降低反演结果的多解性。将式（7-70）和式（7-71）代入式（7-69），并将其最小化，即令其对 s 的偏导数为 0，可得式（7-72），即

$$\lambda^2 W_m^T W_M (s - s^0) = J^T W_d^T W_d [t - d(s)] \tag{7-72}$$

式中：$J = \partial d / \partial s$ 为灵敏度（雅各比）矩阵，且一般情况不易直接求得，因此采用迭代的方式进行求解，将 $d(s)$ 进行一阶泰勒展开，即

$$d(s) \approx d(s^0) + J^0 (s - s^0) \tag{7-73}$$

则式（7-72）可化为式（7-74），即

$$[(J^0)^T W_d^T J^0 + \lambda^2 W_m^T W_m](s - s^0) = (J^0)^T W_d^T W_d [t - d(s^0)] \tag{7-74}$$

可写成如式（7-75）的迭代形式，即

$$[(J^k)^T W_d^T J^k + \lambda^2 W_m^T W_m](s^{k+1} - s^k) = (J^k)^T W_d^T W_d [t - d(s^k)] \quad (k=1, 2, 3, \cdots) \tag{7-75}$$

迭代过程如前文所述，在给定初始慢度矩阵 s^0 后，可计算雅各比矩阵 J^0，根据式（7-75）计算得到 s^k，不断重复该过程直至计算走时 $d(s^k)$ 与观测走时 t 之间的误差在精度要求的范围内停止，此时慢度模型 s^{k+1} 即为最终慢度模型。

在求解式（7-75）时可以通过求解其等价方程的最小二乘解来提高计算效率，雅可比矩阵如式（7-76）所示，即

$$\begin{bmatrix} W_d J^k \\ \lambda W_m \end{bmatrix} (s^{k+1} - s^k) = \begin{bmatrix} W_d [t - d(s^k)] \\ 0 \end{bmatrix} \quad (k=1, 2, 3, \cdots) \tag{7-76}$$

式中：雅可比矩阵 J 与距离矩阵 L 的关系为

$$J = \frac{\partial d(s)}{\partial s} = \frac{\partial t}{\partial s} = \frac{\partial (Ls)}{\partial s} = L + s\frac{\partial L}{\partial s} \tag{7-77}$$

其中，由于射线路径依赖于介质的慢度分布，当慢度模型发生小扰动时，模型慢度扰动量和走时数据变化量可以近似为线性关系，因此为了保证解的存在性，假设慢度模型发生微小变化时，射线路径近似不变，即

$$s\frac{\partial L}{\partial s} = 0 \tag{7-78}$$

则式（7-77）变为式（7-79），即

$$J = L \tag{7-79}$$

因此，求解雅各比矩阵 J 就可以转化为求解距离矩阵 L 的射线追踪过程。

二、现场工作技术

（一）测线的布置

地震勘探一般分为普查、详查、细测等不同的阶段，但浅层地震勘探一般只分为可行性勘探与详勘两个阶段。尤其是小面积的工程物探，一般并不严格划分不同的勘探阶段。浅层地震勘探的测线布置，取决于工作任务的要求，探测对象的大小，地质构造的复杂程度，测区地形、地貌及地震地质条件。尽可能多地收集有关地质、地球物理勘探资料，尤其是收集有关钻井及测井资料是十分重要的。在正确分析评价前期工作的基础上，设计地震测线。

（1）测线最好为直线。这时垂直切面为一平面，所反映的构造形态比较真实。相反，如果测线为弯线，则在资料处理中往往把一个共反射面元内反射的地震记录道进行叠加处理，尤其当地下界面倾斜或地质构造比较复杂时，这种叠加处理不利于提高记录的分辨率。

（2）测线应尽量垂直岩层或构造的走向。这样做的目的是最大限度地控制构造形态，利于地震资料的分析与解释。

（3）测线应尽可能与其他物探测线或钻探勘探线相一致。便于综合分析解释物探资料和地质资料。若测区有已知钻孔，测线应尽可能通过已知钻孔。

（4）测线的疏密程度应根据地质任务的要求、探测对象的大小及复杂程度等因素来确定。除此之外，地震测线的布置还应考虑地形、地物等因素，对于各种复杂的地表地形条件，也可以使用弯曲测线方式，将测线进行分段观测，力求以最少的工作量来解决地质问题。

（二）观测系统的设计

1. 道间距

相邻两道检波器的间距叫作道间距，一放用 ΔX 表示。在浅层地震勘探中，调查目的不同，道间距也不一样。一般说来，道间距越小，测量精度越高，但若兼顾工作效率，道间距不宜太小，并且还应根据目的层以新鲜基岩的深度来综合确定。目前在工程地质调查

中，浅层折射波法的道间距一般采用 5m 或 10m。有时为了求准表层速度而加密震源附近的检波点，缩短这些检波点之间的道距构成等间距排列。

2. 排列长度

一般把第一道与最后一道检波器的距离叫作排列长度，用 L 表示。如果工作中确定了某种型号地震仪的接收道数 N 以后，那么排列长度为 $L = (N-1)\Delta X$。显然，道间距越大，排列长度也越大，工作效率也就越高。但如果排列长度太大，各相邻记录道之间同一个波的相位追踪和对比会发生困难，不利于分辨有效波，并且离震源较远处的有效波会由于波的能量的衰减而被干扰波所覆盖，无法识别。

3. 偏移距

炮点离最近一个检波器之间的距离叫作偏移距，一般用 1X 表示。如果端点放炮时，则端点既是炮点又是检波点。在实际地震工作中，由于炮点井口喷出物及面波对炮点附近（锤击也一样）的几道检波器都会产生严重的干扰，因此一般情况下端点不设置检波器，即紧挨震源的检波器离开震源一定距离，这个距离就称为偏移距。一般说来，偏移距的长度不应小于最浅的被探测目的层的深度，一般为道间距的整数倍。

4. 最大炮检距

炮点与检波点的间距叫作炮检距。离开炮点最远的检波点与炮点的距离叫作最大炮检距，一般用 max$X$ 表示。最大炮检距与探测深度有关系，并受地形、地质及地层波速的影响。对于折射波层析成像法，最大炮检距至少要为目的层或新鲜基岩深度的 5~7 倍以上，如果长度不够便不能掌握深部基岩状况，甚至导致错误的解释推断。

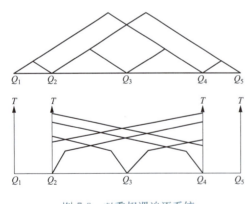

图 7-9 双重相遇追逐系统

5. 双重相遇追逐观测系统

地震波折射勘探观测系统一般有单边观测系统、相遇系统、追逐观测系统、相遇追逐观测系统和双重相遇追逐观测系统几种观测系统，折射层析一般采用双重相遇追逐观测系统，如图 7-9 所示。

（三）地震波的激发与接收

1. 地震波的激发

激发条件是影响地震记录好坏的第一个因素，它是得到好的有效波的基础条件，如果激发条件很差，仅通过改进接收条件也得不到好的效果。折射层析成像法勘探对激发条件的要求一般有以下几个。

（1）激发的地震波要有一定的能量，以保证获得勘探目的层的折射波。

（2）要使激发的地震有效波能量较强，而干扰波相对微弱，有较高的信噪比要使激发的地震波频带较宽，使激发的波尽可能接近 δ 脉冲（尖脉冲），以利提高地震勘探的分辨率。

（3）在同一震源点重复激发时，地震记录要有良好的重复性。

锤击是目前地震映像法勘探中采用最为广泛的一种简便激发方式，通常采用大锤锤击置于地面的钢板和铝合金板，大锤一般是 18 磅或 24 磅的铁锤。应在激震点下敷设专用垫板，并防止反跳造成的二次触发。为了压制干扰，激发时采用多次叠加，每个激发点不少于 3 次叠加。

2. 检波器的埋设

检波器应与地面接触良好，安置牢固，埋置条件力求一致。

（1）检波点位于松散土层时，检波器安置应挖坑并压实。

（2）对检波器周围的杂草、小旗等会对检波器造成扰动的物体进行清除。风力过大时将检波器挖坑深埋。

（3）检波器与电缆连接极性应正确。防止漏电、短路或接触不良等故障。

（四）原始资料的检查与验收

每天野外工作结束，仪器操作员及时将原始记录进行初步整理，交室内组。室内组将全部野外资料进行检查和初步验收，并做出评价。发现较大质量问题及时通知仪器操作员，并提出改进建议。项目负责人每天对原始资料的质量进行监督和检查，发现问题及时处理。

三、数据处理与解释

1. 参数选择

为了减少病态、混定反演问题的多解性，引入包含先验信息的吉洪诺夫函数来进行连续介质反演问题的求解，由式（7-69）、式（7-70）和式（7-71），可将吉洪诺夫正则化函数写作式（7-80），即

$$\Phi(s)=\|W_d[t-d(s)]\|^2+\lambda^2\|W_m[s-s^0]\|^2 \tag{7-80}$$

其中，需要确定数据加权矩阵 W_d、模型加权矩阵 W_m 和正则化因子 λ 这三个反演参数，接下来将探讨这三个反演参数的选择问题。

（1）数据加权矩阵。一般情况下，W_d 选取 $M\times M$ 阶单位矩阵，如式（7-81）所示，在折射波走时层析反演中表示观测走时数据被均匀加权。

$$W_d=\begin{bmatrix}1&&&&&&&\\&1&&&&&&\\&&1&&&&&\\&&&\cdots&&&&\\&&&&\cdots&&&\\&&&&&1&&\\&&&&&&1&\\&&&&&&&1\end{bmatrix}_{M\times M} \tag{7-81}$$

（2）模型加权矩阵。根据模型加权矩阵 W_m 的选择不同，常用的正则化约束条件可分为四种。

1）最小模型约束：$W_m = \|m\|^2$。

2）最平缓模型约束：$W_m = \|m'\|^2$，其中 m' 是模型空间一阶导数。

3）最光滑模型约束：$W_m = \|m''\|^2$，其中 m'' 是模型空间二阶导数。

4）最小扰动解约束：$W_m = \|m - \tilde{m}\|^2$，其中 $\tilde{m}$ 是模型空间二阶导数。

在最小模型约束情况下，W_m 取 $N \times N$ 阶单位矩阵，如式（7-82）所示，即

$$W_m = \begin{bmatrix} 1 & & & & & & & \\ & 1 & & & & & & \\ & & 1 & & & & & \\ & & & \cdots & & & & \\ & & & & \cdots & & & \\ & & & & & 1 & & \\ & & & & & & 1 & \\ & & & & & & & 1 \end{bmatrix}_{N \times N} \tag{7-82}$$

式中　N——慢度模型总网格数。

在最平缓模型约束情况下，如图 7-10 所示，其实质是令 $s(i,j)$ 网格参数值与其最相邻的网格参数值和为零。

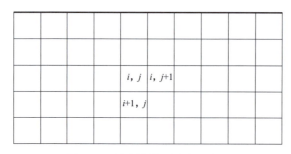

图 7-10　最光滑模型约束示意图

垂向一阶导数型正则化矩阵如式（7-83）所示，即

$$W_{my} = \begin{bmatrix} -1 & 1 & & & & & & \\ & -1 & 1 & & & & & \\ & & -1 & 1 & & & & \\ & & & \cdots & \cdots & & & \\ & & & & \cdots & \cdots & & \\ & & & & & -1 & 1 & \\ & & & & & & -1 & 1 \\ & & & & & & & -1 & 1 \end{bmatrix}_{N \times N} \tag{7-83}$$

横向一阶导数型正则化矩阵如式（7-84）所示，即

$$W_{mx} = \begin{bmatrix} -1 & \cdots & \cdots & 1 & & & & \\ & -1 & \cdots & \cdots & 1 & & & \\ & & -1 & \cdots & \cdots & 1 & & \\ & & & \cdots & \cdots & 1 & & \\ & & & \cdots & \cdots & 1 & & \\ & & & & -1 & \cdots & \cdots & 1 \\ & & & & & -1 & \cdots & \cdots & 1 \\ & & & & & & -1 & \cdots & \cdots & 1 \end{bmatrix}_{N \times N} \tag{7-84}$$

式中：W_{mx} 中每行的 -1 和 1 之间间隔 $n-1$ 个 0 元素，由式（7-83）和式（7-84）可得到如式（7-85）一阶导数型正则化矩阵的一般形式，即

$$W_m = a_x W_{mx} + a_y W_{my} \tag{7-85}$$

式中：a_x 和 a_y 可以取 0 或 1。当 $a_x = 1$ 且 $a_y = 0$ 时，表示只对慢度模型进行横向加权；当 $a_x = 0$ 且 $a_y = 1$ 时，表示只对慢度模型进行垂向加权。对二维空间介质，对慢度模型的横向和垂向均进行加权，取 $a_x = a_y = 1$。此时 W_m 为式（7-86），即

$$W_m = \begin{bmatrix} -2 & 1 & \cdots & 1 & & & & \\ & -2 & 1 & \cdots & 1 & & & \\ & & -2 & 1 & \cdots & 1 & & \\ & & & \cdots & \cdots & \cdots & 1 & \\ & & & \cdots & \cdots & & 1 & \\ & & & & -2 & 1 & \cdots & 1 \\ & & & & & 1 & \cdots & 1 \\ & & & & -2 & 1 & \cdots & 1 \end{bmatrix}_{N \times N} \tag{7-86}$$

在最光滑模型约束情况下，如图 7-11 所示，其实质是令 $s(i, j)$ 网格参数值的四倍与周围相邻的四个网格参数值的和为零。

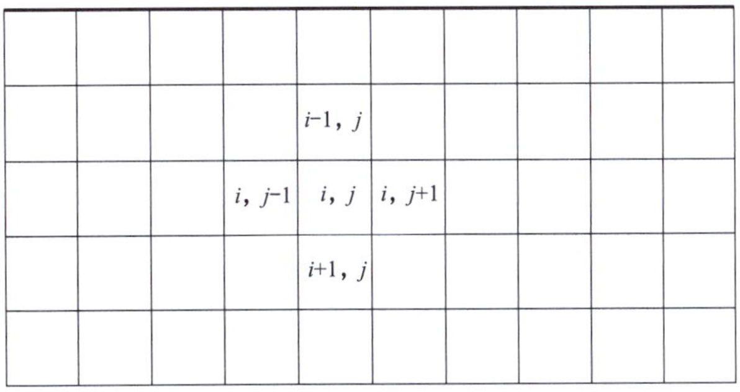

图 7-11　最光滑模型约束示意图

相对应的垂向二阶导数型正则化矩阵和横向二阶导数型正则化矩阵如式（7-87）和式（7-88）所示，即

$$W_{mx} = \begin{bmatrix} -1 & 2 & -1 & & & & \\ & -1 & 2 & -1 & & & \\ & & \cdots & \cdots & -1 & & \\ & & & \cdots & \cdots & -1 & \\ & & & & -1 & 2 & -1 \\ & & & & & -1 & 2 & -1 \end{bmatrix}_{N \times N} \qquad (7\text{-}87)$$

$$W_{mx} = \begin{bmatrix} -1 & \cdots & 2 & \cdots & -1 & & \\ & -1 & \cdots & 2 & \cdots & -1 & \\ & & \cdots & \cdots & 2 & \cdots & -1 \\ & & & & 2 & \cdots & -1 \\ & & & -1 & \cdots & 2 & \cdots & -1 \\ & & & -1 & \cdots & 2 & \cdots & -1 \end{bmatrix}_{N \times N} \qquad (7\text{-}88)$$

在最小扰动模型约束情况下，引入先验信息 $\widetilde{m}$，使先验信息参与反演过程，在迭代过程中不断对方程的解进行约束，使得反演解能趋于唯一且合理。

在本节中，先验信息采用上文提出的 t_0 差数法的解释结果作为先验慢度模型，但由于 t_0 差数法也有其局限性，因此，采用最小扰动模型约束和最光滑模型约束相结合的复合约束方法，这样既能保证解的唯一性和合理性，又能够保证解的稳定性和收敛性。

（3）正则化因子。正则化因子 λ 决定了目标函数中数据空间和模型空间之间的相对比重关系，从解的角度上来说，当 λ 趋于零时，解趋于最小二乘解，对数据的拟合度更好，模型更粗糙；当趋于无穷大时，解趋于零，对数据的拟合度更差，模型更光滑。正则化因子的选取方法一般采用 L 曲线法，如图 7-12 所示，代表了选取不同正则化因子的情况下数据拟合度和模型拟合度之间的关系，通常需要多次试验来选择使得数据适配度最小的 λ，通常认为，L 型曲线曲率最大处的正则化因子值为最优正则化因子，此时数据空间与模型空间对解的综合影响最佳，图 7-12 中 $L=6$ 为最优 λ 值。

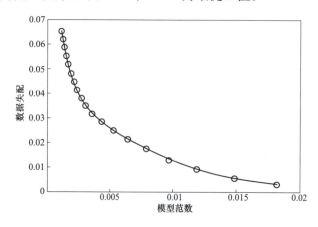

图 7-12　L 型曲线法确定最优 λ 值示意图

正则化因子决定了正则化约束条件在目标函数极小化过程中的重要性，正则化因子的值代表了数据拟合程度和模型拟合程度的权重关系，因此想要最大程度地提高数据拟合程度和模型拟合程度，就要根据迭代过程不断调整正则化因子的值。根据上述原因，设计了这样一种动态正则化因子的选取办法。在迭代过程中，首先采用较大的正则化因子，勾勒出模型的大尺度形态，此时反演结果更光滑；再不断减小正则化因子，用以精细刻画小尺度慢度模型的扰动，此时反演结果将更接近真实模型。该方法既保证了反演结果的收敛性和稳定性，又提高了数据的拟合度。假定数据与模型的拟合差与正则化因子存在简单的线性关系，可以根据每次迭代反演的拟合差的变化值来选取下一个，随着数据拟合差不断减小，正则化因子也不断减小，从而达到动态选取正则化因子的目的。

2. 折射波走时层析成像的实现

走时层析成像理论是基于速度（慢度）模型发生微小扰动，而射线路径保持不变这种线性假设的前提而实现的，因此在反演过程中依照最小二乘线性迭代来进行反演。

具体的实现步骤如下：

（1）对采集到的地震剖面数据进行走时提取，得到走时观测值 t。

（2）将反演区域进行网格化离散。

（3）根据 t_0 差数法结果建立一个初始慢度模型 s^0，并根据真实模型设置炮点和检波点位置。

（4）并根据该初始模型使用正演走时算法（FMM、MSFM）计算各个网格节点的走时值。

（5）记录所有检波点位置的走时值，记为走时计算值 $d(s^0)$，从而得到走时残差 Δt。

（6）根据检波点位置进行反向射线追踪得到射线路径构成的系数矩阵 L^0（即雅可比矩阵 J^0）。

（7）选取合适的数据加权矩阵 W_d、模型加权矩阵 W_m 和正则化因子 λ。

（8）根据最小二乘反演方法计算 Δt，并更新慢度模型。

（9）进行迭代线性反演，重复步骤（5）～（7），直至误差收敛在允许范围内或达到最大迭代次数。

完整的折射波走时层析反演流程图如图 7-13 所示。

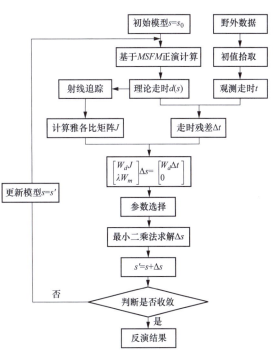

图 7-13　折射波走时层析反演流程图

第四节　应　用　实　例

一、[工程案例1] 某轨道交通工程岩溶探测

(一) 工程概况

某市轨道交通 3 号线一期工程全长约 43km，地下线约 41.7km，高架线约 0.7km，过渡段约 0.6km。全线设车站 29 座，均为地下车站，以明挖施工为主（局部半盖挖），部分车站采用暗挖法施工。

某站—某站区间为盾构法施工，采用物探岩溶勘察段里程范围为 YDK10＋215～YDK10＋525。

(二) 地质概况

1. 地形地貌

拟建某站—某站区间东侧主要为居民住宅区、试验种植大棚，西侧主要为居民楼、厂房等建（构）筑物，南北两侧地形稍有起伏。

2. 地质及岩性特征

本工点各地层岩性、描述情况如下。

(1) 人工杂填土（Q_4^{ml}）。人工杂填土广泛分布于场地表层范围内，清溪路表层为碎块石，局部为砖块、瓷片，夹杂粉质黏土、建筑垃圾，局部夹素填土，分布极无规律性，层厚一般为 1.0～5.0m；既有路面表层分布 0.2～0.4m 混凝土路面，东南侧钻孔揭露有 5m 以上为新建挡土墙的混凝土。

(2) 黏土（Q_4^{el+dl}）。黏土呈黄褐色、棕黄色，可塑状，偶见铁锰质结核土且质纯，具有高液限、遇水软化、失水强烈收缩、裂隙发育、易剥落的工程性质，层厚为 1.6～13.5m。

(3) 洞穴堆积（Qca）：为溶洞内填充物，主要充填软塑—可塑状黏土，填充局部微含碎石。

(4) 白云岩（T_2^{sz}）。中风化白云岩为灰白色、肉红色，微晶结构，块状构造，主要由白云石构成，充填少量方解石呈细小脉状、团块状分布，岩芯呈短柱状或块状，以碎块状为主，局部溶蚀作用发育，岩层产状为 90°∠53°。4 个钻孔揭露的岩石饱和抗压强度为 44MPa，属于较硬岩，取芯率为 65％～90％；根据物探波速测试结果，岩体完整性系数为 0.67。

(5) 白云岩（T_1a^2）。中风化白云岩：灰白色，肉红色，薄层—中厚层为主，局部以薄层为主，块状细晶—粗晶结构，块状构造，局部相变为白云质灰岩、泥质白云岩，岩体节理较发育-发育，节理面多呈微张型，张开度为 1～3mm，少数密闭型，微张节理多为方

解石细脉充填，局部节理面可见铁质侵染，岩芯以碎块、短柱状、碎块状为主，岩层的产状为 $90°\angle 53°$。25 个钻孔揭露岩石的平均饱和抗压强度为 44MPa，属于较硬岩，取芯率为 65％～95％，岩体完整性系数为 0.59，总体较完整，局部较破碎，岩石基本质量等级为Ⅲ级～Ⅳ级。

（三）地震映像勘探

1. 测线及观测系统布置

微动沿线于左中线布设 1 条测线，道间距为 1m，偏移距为 3～9m。受场地条件及干扰源限制，局部测点稍做偏移。

2. 现场工作参数

此次勘探使用的设备为 GS101 分布式高精度陆地地震仪，采用 100Hz 的高频检波器接收信号，大锤激发震源，采集间隔 $\Delta t = 0.25$ms，记录长度 $t_1 = 150$ms，沿测线方向和垂直测线方向均布置 3 道检波器。

3. 不同偏移距地震映像勘探成果

图 7-14 所示为垂直测线方向，图 7-15 所示为平行测线方向。从图 7-14 和图 7-15 可以看出，图 7-14 整个剖面地震波波形比较杂乱、频率比较低、振幅比较大；而图 7-15 有桩号 11＋550～11＋570、11＋620～11＋645、11＋675～11＋690 三段曲线异常，并且桩号 11＋675～11＋690 段双曲线特征最明显；桩号 11＋550～11＋570、11＋620～11＋645 两段解释为岩溶溶蚀破碎，局部强溶蚀；桩号 11＋675～11＋690 段为岩溶发育。通过钻探验证，图 7-15 与实际比较吻合。图 7-14 由于测线方向与沿线管线一致，受沿线管线持续影响，波形比较杂乱，异常难以分辨。

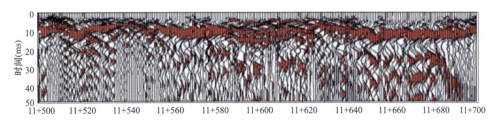

图 7-14　垂直测线方向 6m 偏移距地震时间剖面

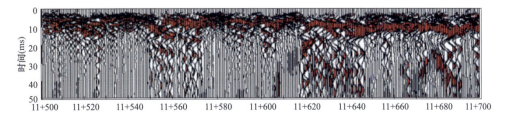

图 7-15　沿测线方向 6m 偏移距地震时间剖面

图 7-16、图 7-17、图 7-18 是桩号 10＋210～10＋460 里程段地震偏移时间剖面，其中图 7-16 所示为平行测线方向 6m 偏移距地震时间剖面，图 7-17 所示为平行测线方向 9m 偏移距地震时间剖面，图 7-18 所示为垂直测线方向 9m 偏移距的成果。从图 7-16～图 7-18 可以看出，异常比较吻合，均在桩号 10＋340～10＋360、10＋430～10＋450 段存在明显的双曲线反射特征，且频率比低、振幅比较大，局部地区波形杂乱，但相对于图 7-16、图 7-17、图 7-18 显示的异常特征更明显，说明垂直测线方向 9m 偏移距才是该异常的最佳偏移距。

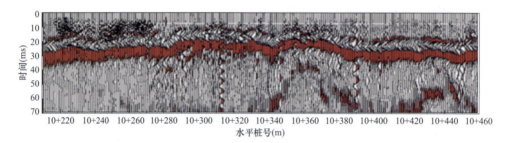

图 7-16　平行测线方向 6m 偏移距地震时间剖面

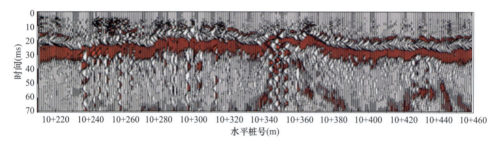

图 7-17　平行测线方向 9m 偏移距地震时间剖面

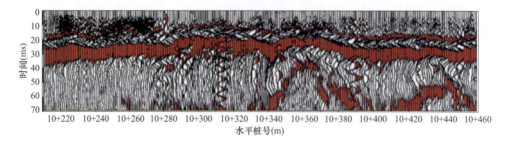

图 7-18　垂直测线方向 9m 偏移距地震时间剖面

4. 结论

通过对比部分同一方向不同偏移距和不同方向相同偏移距的地震映像勘探成果，得出如下结论：探测区域覆盖层以下存在 7 处地震反射信号同相轴不连续、反射能量较强区域，如图 7-19 所示，其编号为 DZ1～DZ7，其中 DZ1、DZ3、DZ4、DZ5 解释为充填型溶蚀，其余解释为破碎带。

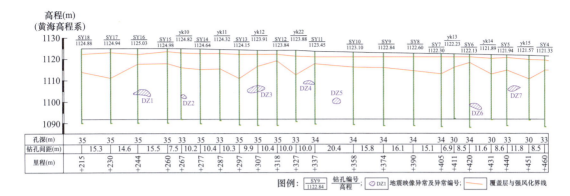

图 7-19　地震映像成果解释图

（四）微动勘探

1. 测线布置

本次微动沿线位左中线布设 1 条测线，点距为 5m。受场地条件及干扰源限制，局部测点稍做偏移。

2. 观测系统

本次面波勘探在综合考虑探测深度、精度后选用嵌套式等边三角形台阵，外三角型距中心点的距离 R 为 2.5m，检波器个数为 10 个，数据采样间隔为 2ms，记录时长大于 40min。每个观测阵列形成一个微动测点，测点间距为 5m。如图 7-20 所示，每个观测阵列由 7 个 0.1Hz 低频检波器组成，满足本次探测深度需求。

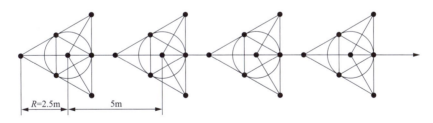

图 7-20　现场观测系统布置

本次微动探测均采用逐点连续观测方式，以形成二维剖面观测。

3. 资料处理

本次采用拓展的空间自相关法（ESPAC），该方法是空间自相关法（SPAC）的扩展和改进方法，数据处理采用骄佳公司的面波处理软件，设置频率为 0～30Hz，相速度范围为 0～2500m/s，分别计算单个记录的频散谱后再合并多次观测记录得到合成的该观测点的频散谱图。利用提取出来的频散曲线求得相速度并反算出视横波速度。

4. 资料质量评价

在正式采集数据之前，进行仪器的一致性测试，确保数据资料准确、可靠。将全部检波器放置到同一点，连接地震仪，同步采集 15min 左右。根据采集数据的原始波形形态、功率谱分布等综合评价地震仪、连接线缆及检波器的一致性能力，并可对测试场地的环境干扰状态作出初步分析。

图 7-21 所示仪器一致性测试功率谱记录，可见各道能量、带宽相当，中心频率一致。测试结果表明，整个观测系统的一致性优于 98%，达到本次微动探测对仪器一致性的要求。

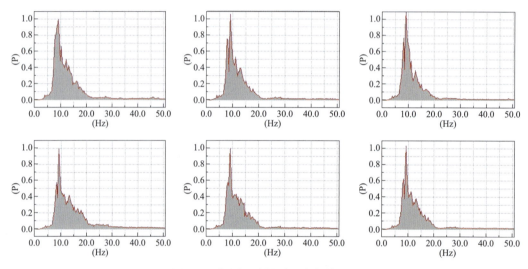

图 7-21　仪器一致性测试功率谱记录

5. 探测成果

图 7-22 所示为微动勘探成果。

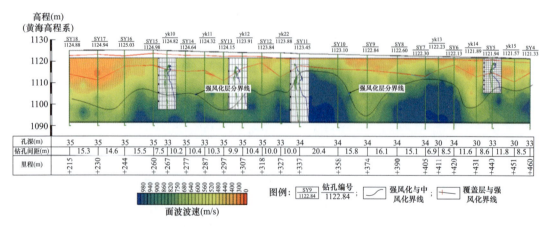

图 7-22　微动勘探成果

（五）综合解释

该市轨道交通 3 号线某站—某站区间地震映像及微动勘探综合成果解释如图 7-23 所示。

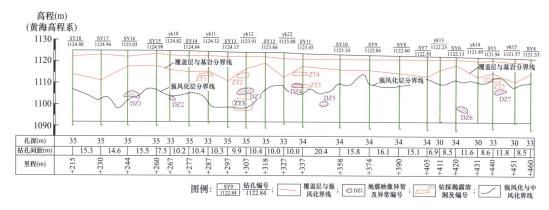

图 7-23　地震映像及微动勘探综合成果解释图

二、［工程案例 2］某水库枢纽工程岩溶探测

（一）工程概况

某水库枢纽工程位于文山州文山市盘龙河上游厚河上，是一座以农业灌溉和工业供水为主的综合利用的水利工程，工程由大坝枢纽工程、防渗工程和输水工程组成，拦河坝为黏土心墙堆石坝，最大坝高为 70.9m，水库总库容为 1.13 亿 m³。工程等别为Ⅱ等，工程规模为大（2）型。

坝址区防渗包括坝基防渗和大坝两岸防渗，均采用帷幕灌浆。坝址区防渗帷幕线路总长为 1894m，其中左岸长 1155m，坝基长 182m，右岸长 557m。灌浆主要在平洞内进行，大坝两岸设置双层灌浆平洞，灌浆顶界为正常蓄水位 1377.5m，灌浆底界进入弱岩溶发育带内 10m，最大帷幕深度约为 176.5m，帷幕平均深度约为 123.6m。右岸防渗帷幕先导孔 YXQ394（1）钻孔揭露在孔深 72m 以下存在较大规模溶洞[24]。

（二）地质概况

1. 第四系（Q）

（1）冲洪积层（Qpal）：碎石土、砂质黏土、砂卵砾石夹漂石混杂堆积，局部夹大孤石，卵砾石呈次棱角状—浑圆状，磨圆度中等，无分选，砾径一般为 5～20cm，厚度为 0～15m。分布于河床。

（2）残坡积层（Qedl）：为棕黄、棕红色含碎石砂质黏土，结构较为松散，透水性好，厚 1～4m。主要分布在两岸缓坡及溶蚀洼地。

2. 二叠系（P）

（1）上统峨眉山玄武岩组（P₂β）：黄褐色、黄灰色拉斑玄武岩，斑状玄武岩及辉石玄武岩，致密状，表层风化后呈碎块状、砂土状。区域厚度为 286～455.4m，主要呈条带状分布于河流右岸坝址下游。

（2）龙潭组（P₂L）：该套地层顶部为硅质岩，中部为粉砂岩、页岩夹煤层，底部为铝土岩，分布于坝段下游右岸一带。

（3）下统（P_1）：厚层状隐晶—微晶灰岩，下部夹硅质灰岩，局部具硅质条带，上部夹白云质灰岩，岩溶强烈发育，分布于坝址区右岸。

（4）二叠纪华力西期基性侵入岩（$\beta\mu$）：为浅层基性侵入岩（辉绿岩），仅分布于坝址区右岸及库区局部地带，其中河床 BZK26 钻孔在孔深 179～188m 段也有揭露，揭露高程为 1134～1143m。

3. 石炭系（C）

（1）上统（C_3）：浅灰色、灰色块状结晶灰岩，岩溶强烈发育，大面积分布于右岸坡。

（2）中统（C_2）：为浅灰—灰色块状结晶灰岩，局部夹硅质条带，岩溶强烈发育，主要呈条带状分布于右岸。

（3）中统（C_1）：灰白色、灰色厚层块状结晶灰岩，含硅质灰岩及硅质岩，岩溶强烈发育，条带状分布于岔河口一带。

坝址区位于季里寨山字型构造东侧，受东北侧区域断裂构造文麻断裂切割影响，次级地质构造相对较为发育。坝址区岩层呈单斜状产出，走向 N30～60°E，倾向 SE，倾角一般为 17°～50°，岩层总体倾向下游偏右岸，属一斜向谷地质结构。坝址区出露岩层主要为厚层、巨厚层状灰岩，除表部岩体外，层面基本无连续夹泥（或泥化现象），无Ⅲ级以上的断裂构造穿越坝址区。坝基岩体结构面以四、五级为主，结构面性状具多样性。

本次勘察 WT3～WT3′ 为重合于防渗帷幕轴线走向并向防渗帷幕设计边界方向延伸的测线，前期勘探地质剖面图如图 7-24 所示。

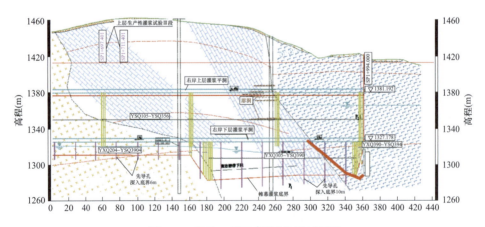

图 7-24　WT3～WT3′测线地质剖面图

YXQ394（1）钻孔揭露 P_1 灰岩与 $P_2\beta$ 玄武岩分界面存在向上倾斜的趋势（红色实线）。

本次面波勘探在综合考虑探测深度、精度和地形条件后，选用嵌套式等边三角形台阵（外三角形包络半径为 90～100m），检波器个数为 10 个，主频为 0.1Hz，数据采样间隔为 2ms，记录时长大于 40min。

（三）资料处理

本次采用拓展的空间自相关法（ESPAC），该方法是空间自相关法（SPAC）的扩展和改进方法，数据处理采用骄佳公司的面波处理软件，设置频率为 0～30Hz，相速度范围为 0～2500m/s，分别计算单个记录的频散谱后再合并多次观测记录得到合成的该观测点的频散谱图。利用提取出来的频散曲线求得相速度并反算出视横波速度。

（四）探测成果

1. WT1～WT1′测线成果

WT1～WT1′测线垂直于右岸防渗帷幕线布置，测线长 1000m，测线方向为 S67°E，平距 445m 处与 WT3～WT3′测线相交。穿过地层 P_1 灰岩、$P_2\beta$ 玄武岩、T_1f 粉砂质页岩夹细砂岩及 T_1y^1 泥质灰岩。WT1～WT1′测线成果视横波波速色谱图及解释图见图 7-25，详细解释如下。

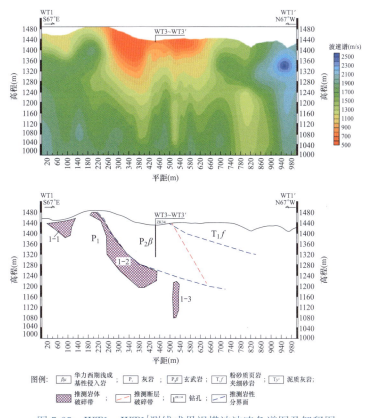

图 7-25　WT1～WT1′测线成果视横波波速色谱图及解释图

（1）平距 220m 附近，自地表向南东方向（大桩号方向）倾斜一明显横向波速差异带，差异带西北方向视横波速整体约为 1600m/s，差异带南东方向视横波速整体小于1000m/s。结合地质剖面图及 ZK34 钻孔揭露的岩性情况，解释为 P_1 灰岩与 $P_2\beta$ 玄武岩的接触带，在 1200m 高程附近，差异带向下倾斜角度有变缓趋势。

（2）平距 500m 附近，自地表向南东方向（大桩号方向）倾斜一相对横向波速差异带，差异带附近虽波速相近，但存在较为明显的视横波速等值线错断、扭曲。结合地质剖面图，解释为 $P_2\rho$ 玄武岩与 T_1f 粉砂质页岩夹细砂岩的接触带，同时，根据地质资料，两者接触带附近发育有走向北东、倾向南东的 F2 断层，由于断层两侧都为低速岩体，本身物性差异较小，故难以通过视横波速准确判断断层性状及规模。但断层倾向与附近低阻范围向测线大桩号方向下延的趋势是吻合的。

（3）平距 20～130m、高程 1385m 至地表为团带状低速异常，解释为溶蚀破碎带，编号为 1-1；平距 190～450m、高程 1100m 至地表，即沿差异带灰岩一侧为团状低速异常，解释为溶蚀破碎带，编号为 1-2；平距 510～538m、高程 1080～1220m 为条带状低速异常，解释为溶蚀破碎带，编号为 1-3。

2. WT2～WT2′测线成果

WT2～WT2′测线垂直于右岸防渗帷幕线布置，测线长 1000m，测线方向为 S67°E，平距 454m 处与 WT3～WT3′测线相交。穿过地层 $\beta\mu$ 华力西期浅成基性侵入岩、P_1 灰岩、$P_2\beta$ 玄武岩、T_1f 粉砂质页岩夹细砂岩及 T_1y^1 泥质灰岩。WT2～WT2′测线成果视横波波速色谱图及解释图见图 7-26，详细解释如下。

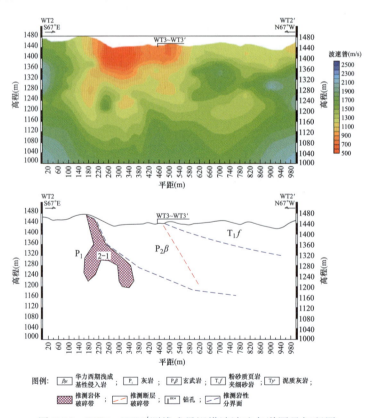

图 7-26 WT2～WT2′测线成果视横波波速色谱图及解释图

（1）平距 218m 附近，自地表向南东方向（大桩号方向）倾斜一明显横向波速差异带，差异带西北方向视横波波速整体大于 1700m/s，差异带南东方向视横波波速整体小于 1200m/s。结合地质剖面图，解释 P_1 灰岩与 $P_2\beta$ 玄武岩的接触带，在 1200m 高程附近，差异带向下倾斜角度有变缓趋势。

（2）平距 480m 附近，自地表向南东方向（大桩号方向）倾斜一相对横向波速差异带，差异带附近虽波速相近，但存在较为明显的视横波波速等值线错断、扭曲。结合地质剖面图，解释为 $P_2\beta$ 玄武岩与 T_1f 粉砂质页岩夹细砂岩的接触带，同时，根据地质资料，两者接触带附近发育有走向北东、倾向南东的 F2 断层，由于断层两侧都为低速岩体，本身波速差异较小，故难以通过视横波波速准确判断断层性状及规模。但断层倾向与附近低阻范围向测线大桩号方向下延的趋势是吻合的。

（3）平距 160～360m，高程 1200m 至地表为似条带状低速异常，解释为溶蚀破碎带，编号为 2-1。

3. WT3～WT3′测线成果

WT3～WT3′测线沿防渗帷幕线布置，测线长 1000m，测线方向为 S19°W，平距 413m、512m 处分别与 WT1～WT1′、WT2～WT2′测线相交。穿过地层 P_1 灰岩、$P_2\beta$ 玄武岩及 T_1f 粉砂质页岩夹细砂岩。WT3～WT3′测线成果视横波波速色谱图及成果解释图见图 7-27，详细解释如下。

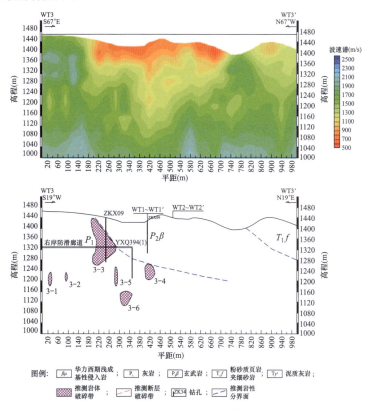

图 7-27　WT3～WT3′测线成果视横波波速色谱图及解释图

（1）平距 210m 附近，自地表向南东方向（大桩号方向）倾斜一明显横向波速差异带，差异带西北方向视横波速整体大于 1400m/s，差异带南东方向视横波速整体小于 1000m/s。结合地质剖面图及 CZK03 及 YXQ394 钻孔揭露的岩性变化情况，将该差异带解释为 P_1 灰岩与 $P_2\beta$ 玄武岩的接触带，在 1200m 高程附近，差异带向下倾斜角度有变缓趋势。

（2）平距 740m 附近，自地表向南东方向（大桩号方向）倾斜一明显横向波速差异带，差异带西北方向视横波速整体大于 1400m/s，差异带南东方向视横波速整体小于 1200m/s。结合地质剖面图，解释为 $P_2\beta$ 玄武岩与 T_1f 粉砂质页岩夹细砂岩的接触带，在 1200m 高程附近，差异带向下倾斜角度有变缓趋势。

（3）平距 35~40m、高程 1180~1238m，平距 90~100m、高程 1200~1238m 为条带状低速异常，解释为溶蚀破碎带，编号为 3-1 和 3-2。由于其靠近 $\beta\mu$ 华力西期浅成基性侵入岩，故不排除为侵入岩破碎软岩引起的可能；平距 190~280m、高程 1260m~地表，平距 400~440m、高程 1200~1260m，即沿差异带灰岩一侧为团状低速异常，解释为溶蚀破碎带，编号为 3-3 和 3-4。3-4 异常与 1-2 异常底部的空间位置、规模相近，应为同一异常在不同测线的反应；平距 280~300m、高程 1180~1250m，平距 305~350m，高程 1105~1160m 为条带状、团状低速异常，解释为溶蚀破碎带，编号为 3-5 和 3-6。

（五）结论

（1）测线控制范围内 P_1 灰岩与 $P_2\beta$ 玄武岩接触带体现较为明显的波速差异带。1200m 高程以上，差异带向下倾斜角度有变缓趋势。

（2）P_1 灰岩与 $P_2\beta$ 玄武岩接触带附近灰岩侧存在明显的低波速异常，异常顺接触带发育特征显著，在 1200m 高程以上直至地表，推测接触带灰岩侧溶蚀发育较为强烈。

（3）由于两侧岩体波速差异小，故 $P_2\beta$ 玄武岩与 T_1f 粉砂质页岩夹细砂岩接触带附近发育的断层难以通过视横波速进行解译，但断层附近低阻的延伸方向与地质资料显示的断层倾向吻合。

三、[工程案例 3] 某氧化铝赤泥堆场岩溶探测

（一）工区概况

某拟建氧化铝赤泥堆场工程位于某地的一个 V 形沟谷中。西与集镇中心有乡村公路相通，距离约 2km；南与县城（都濡镇）有 350 县道相通，距离约 21km。县城（都濡镇）与周边县市有各类公路相连接，场区外围交通尚属方便。但场区内地形高差大，坡度较陡，地表已开挖，地表基岩裸露。检波器或电极接地难度较大。施工难度大。

赤泥堆场占地面积 675.25 亩（1 亩＝$6.6667\times10^2\,m^2$），共设三道坝，即下游挡水坝、上游挡渣坝及十三级子坝、后部挡渣坝。在用地红线周边设置截洪沟。下游挡水坝位于场

地南西角沟谷出口处，坝轴线走向为140°，冲沟走向为230°。坝长68m，坝高36m（设计坝顶高程656m），坝顶宽6m，坝底宽129.50m，坝内外坡单阶坡比为1：2。上游挡渣坝位于挡水坝上游，坝轴线走向为118°，冲沟走向为208°。坝长163.50m，坝高36m（设计坝顶高程666m），坝顶宽6m，坝底宽156m，坝内外坡单阶坡比为1：2。

赤泥子坝共十三级，第一至第十二级子坝每级高6m，第十三级子坝高4m，坝坡坡比为1：2.5。赤泥堆积最大高程为742m，总库容为1097万 m³。赤泥子坝轴线与挡渣坝轴线平行。后部挡渣坝位于场区北东部冲沟的中段，坝轴线走向为140°，冲沟走向为230°。坝长44.50m，坝顶标高为726m高程，坝高16m，坝顶宽为8m，坝底宽为35.50m，坝内外坡坡比为1：2。下游挡水坝与上游挡渣坝之间形成回水池。

（二）地质概况及地球物理条件

场区地貌属构造溶蚀低中山沟谷地貌。场地区所处沟谷北东-南西长约1200m，北西-南东宽约650m，呈南西收紧、北东开阔的"口小腹大的倒葫芦状"地形，南东侧山脊高程为725.67～931.67m，北西侧山脊高程为757.20～825.25m，南西侧山脊高程为673.56～723.67m，北东侧图幅内山顶高程为800.74～841.52m。沟谷底部高程为604～656m。场区岭谷相对最大高差约为327.67m。

场区微地貌有溶丘、溶谷。溶丘浑圆，溶丘之间为宽缓不一、发育深度不同的溶谷。场地内主要发育3条溶蚀沟谷。L1、L2溶谷发育在场地北西侧，走向分别为153°和203°，与L0相汇，谷宽为27～209m，纵坡一般为0°～3°，最大纵坡为15°，溶谷两侧斜坡坡度为30°～40°；L0贯穿整个场地，总体走向为235°，在堆场中部变为210°并最终与岩门河相接，谷宽为5～48m，纵坡一般为0°～5°，最大纵坡为35°，溶谷两侧斜坡坡度为30°～55°，溶谷中发育一条季节性冲沟，沟宽为2～5m，沟底基岩出露，该沟为场地地表水汇集的主要渠道，勘察时，局部地段有地表水径流。

堆场挡渣坝及挡水坝坝址位于场地南西侧，坝址谷底高程为610～615m，谷底宽约20m。左坝肩为一直径约175m的浑圆状溶丘，丘顶高程为723.64m，谷坡坡角为35°（上部）～55°（下部）。右坝肩为一走向为203°、坡形平直的溶蚀谷坡，谷坡坡角为40°～50°，坡顶高程为790m。

布置测线位置都为地表开挖后，因此局部地形与原始地形有一定差距。

工区地层岩性：场地上覆松散盖层主要是第四系全新统红黏土（Q4el＋dl），钻探深度内所见下伏基岩为寒武系上统后坝组（€3h）白云岩夹透镜状含泥质白云岩。

自上而下分述如下。

（1）红黏土（Q4el＋dl）。灰黄色、褐黄色，呈可塑—硬塑状，土质结构均匀，无摇震反应，切面光泽反应中等，韧性中等，干强度及韧性中等，属残坡积成因，局部含少量2～20mm的碎石。

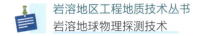
（2）基岩。属寒武系上统后坝组（∈3h），以白云岩为主，局部夹透镜状含泥质白云岩。白云岩为浅灰色、灰白色，粉晶—细晶结构，中厚—厚层状构造。具砂状感。

（三）现场工作

本次地震层析成像一次性布置48个检波器，道间距为5m（重点区域2m），除各个检波器位置为炮点位置外，在首道检波器和末道检波器外15m、30m（道间距2m处为12m、24m）各为炮点，以采集一个排列的数据。

（四）资料处理

野外数据采集过程中难免存在各类干扰，因此，需对数据进行优化处理。目前常用的方法有剔除突变点，即对与相邻电阻率相比有数十倍的差异的测点，在数据预编辑时将其剔除，然后进行曲线插值；数据平滑，为消除测量过程的随机干扰，采用滑动平均等方法处理数据。

（五）探测成果

1. DZ3～DZ3′测线

该测线位于库盆主冲沟左边，测线长度为300m，测线高程在625～649m之间，整条剖面视波速值在800～4000m/s之间，根据其波速大小和变化梯度，可做如下解释。

（1）表层厚度3～18m之间，平均厚度为5m左右，波速在800～1610m/s之间，相对下部为低速带，结合地质解释为强溶蚀破碎带。

（2）剖面桩号105～153m、高程615～629m，剖面桩号197～242m、高程610～637m位置视波速在1610～2200m/s之间（异常编号为3-1、3-2），相对围岩波速较低，结合地质解释为溶蚀破碎区；成果色谱图及解释图见图7-28。

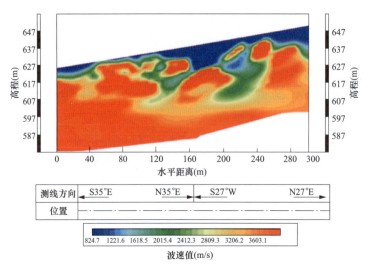

图7-28　DZ3～DZ3′测线成果色谱图及解释图（一）

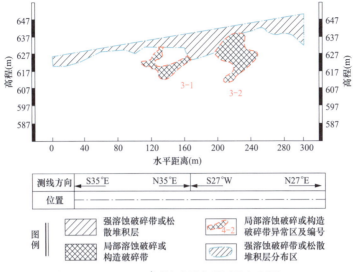

图 7-28　DZ3～DZ3′测线成果色谱图及解释图（二）

2. DZ4～DZ4′测线

该测线位于库盆 NW 侧支沟，测线长度为 300m，测线高程在 655～705m 之间，整条剖面视波速值在 800～4000m/s 之间，根据其波速大小和变化梯度，可做如下解释：

（1）表层厚度在 5～30m 之间，平均厚度为 8m 左右，波速在 800～1610m/s 之间，相对下部为低速带，结合地质解释为强溶蚀破碎带；

（2）剖面桩号 98～130m、高程 550～668m，剖面桩号 190～242m、高程 665～677m，剖面桩号 210～255m、高程 660～675m，位置视波速在 1610～2200m/s 之间（异常编号为 4-1、4-2、4-3），相对围岩波速较低，结合地质解释为溶蚀破碎区；

成果色谱图及解释图见图 7-29。

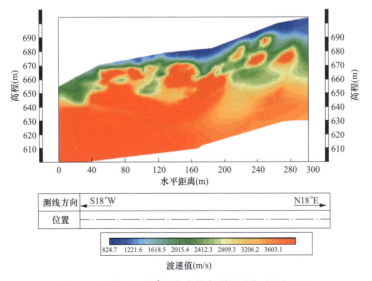

图 7-29　DZ4～DZ4′测线成果色谱图及解释图（一）

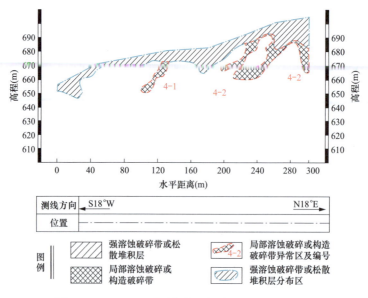

图 7-29 DZ4～DZ4′测线成果色谱图及解释图（二）

3. DZ11～DZ11′测线

该测线位于库盆 NE 侧支沟，测线长度为 300m，测线高程在 667～700m 之间，整条剖面视波速值在 800～4000m/s 之间，根据其波速大小和变化梯度，可做如下解释：

（1）表层厚度在 4～16m 之间，平均厚度为 6m 左右，波速在 800～1610m/s 之间，相对下部为低速带，结合地质解释为强溶蚀破碎带。

（2）剖面桩号 118～146m、高程 664～672m，剖面桩号 170～244m，高程 644～658m，位置视波速在 1610～2200m/s 之间（异常编号为 11-1、11-2），相对围岩波速较低，结合地质解释为溶蚀破碎区。

成果色谱图及解释图见图 7-30。

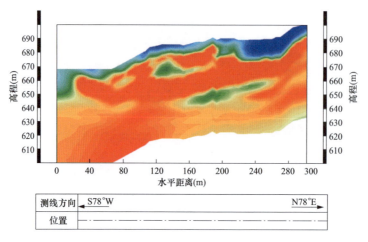

图 7-30 DZ11～DZ11′测线成果色谱图及解释图（一）

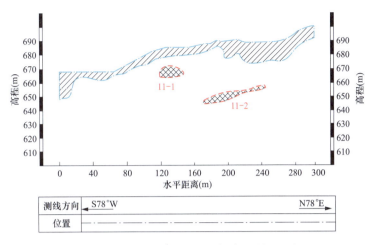

图 7-30　DZ11～DZ11′测线成果色谱图及解释图（二）

（六）结论

本次物探补勘工作完成了地震层析成像测线 4338m/16 条，通过上述各剖面资料的分析解释，可对测区地质情况作出如下结论。

（1）坝轴线附近，强溶蚀破碎带深度多在 3～10m 之间，其下部存在 6 处溶蚀破碎区，未发现明显的岩溶管道或规模较大的溶洞。

（2）在主冲沟内，强溶蚀破碎带深度多在 3～8m 之间；其下部存在 7 处溶蚀破碎区，未发现明显的岩溶管道或规模较大的溶洞。

（3）在库盆 NW 侧支沟，强溶蚀破碎带厚度主要集中在 3～11m 之间；其下部存在 5 处溶蚀破碎，未发现明显岩溶管道或规模较大的溶洞。

（4）在库盘 NE 侧支沟，强溶蚀破碎带厚度主要集中在 3～7m 之间；其下部存在 7 处溶蚀破碎，未发现明显岩溶管道或规模较大的溶洞。

（5）在坝轴线下游，强溶蚀破碎带厚度主要集中在 3～8m 之间；其下部未发现明显岩溶管道或规模较大的溶洞。

（6）综合分析地震折射层析成果的异常位置关系，各个测线异常位置之间无明显的连通性，主要异常为局部小范围内的溶蚀破碎或构造破碎所引起。

第八章

其 他 方 法

岩溶探测方法除前面几章中介绍的主要方法，在岩溶探测工作中，为了解岩溶发育形态、岩溶空腔大小、岩溶充填物性质等，在实际工作，还采用孔洞三维激光成像、钻孔全景数字成像、温度场、管波法等进行辅助探测。

第一节 孔洞三维激光成像

一、方法原理

三维激光扫描技术是近年来出现的新技术，在国内越来越引起研究领域的关注。它是利用激光测距的原理，通过记录被测物体表面大量的密集的点的三维坐标、反射率和纹理等信息，可快速复建出被测目标的三维模型及线、面、体等各种图件数据。由于三维激光扫描系统可以密集地大量获取目标对象的数据点，因此相对于传统的单点测量，三维激光扫描技术也被称为从单点测量进化到面测量的革命性技术突破。该技术在文物古迹保护、建筑、规划、土木工程、工厂改造、室内设计、建筑监测、交通事故处理、法律证据收集、灾害评估、船舶设计、数字城市、军事分析等领域也有了很多的尝试、应用和探索。按照载体的不同，三维激光扫描系统又可分为机载、车载、地面和手持型几类。

应用扫描技术来测量探测对象的尺寸及形状等原理来工作。主要应用于逆向工程，负责曲面抄数、工件三维测量，针对现有三维实物（样品或模型）在没有技术文档的情况下，可快速测得物体的轮廓集合数据，并加以建构、编辑，修改生成通用输出格式的曲面数字化模型。

针对岩溶问题，通常采用钻孔三维激光测距仪器进行钻孔或硐室内部三维激光扫描，通过对岩溶发育范围的不同深度位置进行 360°扫描，然后利用所采集的数据进行二维、三维建模，还原钻孔内部空腔岩溶发育空间特征。在有井液的钻孔可以利用三维声呐进行探测。

二、数据采集

仪器可使用国内外三维激光测距仪，对于空腔型溶洞的发育规模，测试时采用 0.2～1m 点距，每个测试位置可以设置 100～1000 个点，根据移动的方位角大小进行选择。

三、数据处理

所采集的数据，带入钻孔坐标信息，可以通过每一个测试位置的数据进行二维、2.5维建模，可以得到每一个测试位置的平面分布情况。也利用三维建模软件进行三维建模，得到探测对象三维空间分布特征。钻孔三维激光 2.5 维建模效果图见图 8-1、图 8-2，钻孔三维激光三维建模效果图见图 8-3。

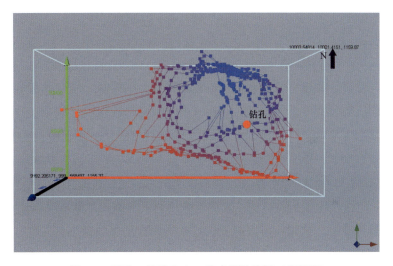

图 8-1　钻孔三维激光 2.5 维建模效果图（俯视图）

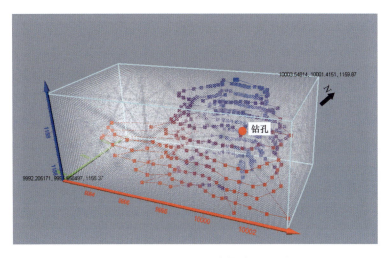

图 8-2　钻孔三维激光 2.5 维建模效果图（侧视图）

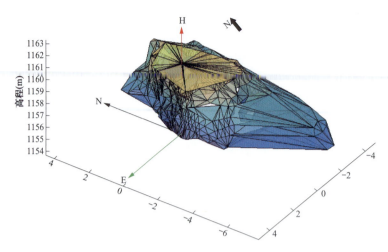

图 8-3 钻孔三维激光三维建模效果图（侧视图）

四、应用实例

贵阳某房建项目，在施工阶段有一定数量的钻孔全部揭示发育空腔型岩溶，且具有一定规模，为查明岩溶发育的空间特征，利用三维激光测距在该项目岩溶发育可能范围测试两个钻孔 YR22、YR23。YR22 钻孔测试深度范围为 8～14.5m，测试高程范围为 1091.126～1097.626m，利用三维激光测距仪测试，发现空腔溶洞水平距离范围在 0.08～13.18m；YR23 钻孔测试深度范围在 11～14.5m，测试高程范围为 1090.809～1094.309m，利用红外线测距仪测试，发现空腔溶洞水平距离范围在 0.08～14.31m。

通过三维激光数据二维建模可以确定岩溶整体发育的方向呈 N45°W，且往东南 45°方向延伸。平面图最大投影面积约为 183.4m²，效果图见图 8-4，三维建模确定岩溶体积约 754.88m³，三维建模效果图见图 8-5。

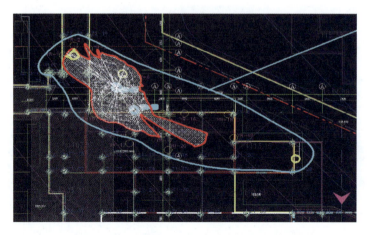

图 8-4 贵阳某项目钻孔三维激光二维建模图

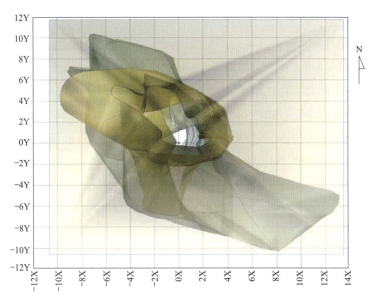

图 8-5　贵阳某项目钻孔三维激光三维建模效果图（侧视图）

第二节　温　度　场　法

一、方法原理

　　像重力场、速度场等一样，物理中存在着温度的场，称为温度场，它是各时刻物体中各点温度分布的总称，温度场有两大类。一类是稳态工作下的温度场。这时，物体各点的温度不随时间变动，这种温度场称为稳态温度场（或称定常温度场）。另一类是变动工作条件下的温度场，这时，温度分布随时间改变，这种温度场称为非稳态温度场（或非定常温度场）。

　　在岩溶勘查工作中，温度和温度场的变化反映的是岩溶异常情况。例如钻孔温度测试，孔口温度与环境温度基本一致；在水位线的位置有一个明显的变化；在岩溶发育的部位温度值有变化。在大坝渗漏治理中，渗漏点的温度会趋于出水点位置的温度变化，因此温度场法在坝体渗漏治理中也是较为常用的物探方法之一。

二、数据采集

　　进行数据采集时首先进行温度仪的标定，在钻孔或水体中，每 0.2～0.5m 采集一个温度值，对温度有明显变化的位置进行复核无误后，得到钻孔或水体相应位置的温度位置。对多个位置进行温度测试，进行统计分析，然后可以得到一定区域的温度场变化规律。

三、应用实例

(一) [工程案例1]

贵州某水库工程任务主要是提供猫场镇及周边乡镇的人畜饮水，同时兼顾下游农田灌溉。坝址以上流域面积为 $5.02km^2$，水库正常蓄水位为 1392.00m，坝前抬高水头为 31.8m，相应回水长约 1.04km，总库容为 188 万 m^3。枢纽工程由混凝土面板堆石坝、左岸正槽开敞式溢洪道、左岸取水兼放空隧洞（导流洞改造而成）等组成。

坝址区位于老乌河与张家沟汇合口约 160m 的河段，河谷呈基本对称宽"V"形，河床宽约 50m。枯期河水位为 1360.50m 时河宽约为 2m，水深约为 0.2m。水库正常蓄水位为 1392m 时，对应谷宽约为 126m，宽高比为 4.25：1。两岸坡地形较陡，坡度约为 45°。2021 年初发现水库坝后出现比较严重的渗漏情况，漏水情况：17～43L/s，出水情况见图 8-6，水库蓄水达不到要求。

图 8-6　坝后漏水情况

水库坝址区出露地层为寒武系明心寺组（薄-中厚砂质泥岩）、第四系地层，岩层倾角平缓，岩层产状为 N20～80°W、NE∠3°～6°。

根据相关要求，项目物探勘测采用温度场、伪随机流场法、示踪法等探测方法进行，探测目的为查明坝基附近渗漏点分布区域、规模、形态和位置以及相关施工指导与工程验收配合工作。

在坝址区布置了 5 个测试点，在坝后出水点布置若干个测点，测试结果为坝址区水温在 6.42～7.48℃之间，渗漏点水温在 6.35～6.45℃之间，且底部有明显的上升趋势，出水点水温在 8.18～8.42℃之间，温度场测试成果图见 8-7。

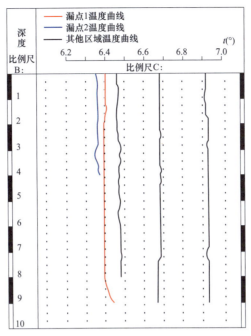

坝址区水温：6.42°~7.48°基本稳定不变；渗漏点6.35°~6.45°，
底部明显呈上升趋势。出水点：8.18°~8.42°。

图 8-7　贵州某水库渗漏治理工程温度场测试成果图

（二）［工程案例 2］

国电红枫水力发电厂窄巷口电站位于乌江右岸一级支流猫跳河下游，处于深山峡谷及岩溶强烈发育区，为猫跳河上第四个梯级水电站，距贵阳 55km。

该电站 1960 年开始地质勘探工作，1964 年 6 月完成初步设计，1965 年动工兴建，1970 年 9 月发电，1972 年工程竣工。建成至今已运行 30 余年，取得了较好的经济、社会效益，为缓解贵州省的电力不足起到了重要作用。

该电站在勘测阶段，由于受勘探技术手段和勘探时间的限制，对发育复杂的岩溶问题未能完全查明；在施工阶段，由于各种原因未能完成设计的防渗面貌，且大部分是在蓄水后甚至在蓄水情况下以会战的形式完成，以及当时的施工技术、建筑材料和施工时间的限制等，造成电站建成后水库深岩溶严重渗漏。初期渗漏量约 $20m^3/s$，约占多年平均流量的 45%，虽经 1972 年和 1980 年两次库内渗漏堵洞取得一定效果，目前渗漏量仍为 $17m^3/s$ 左右。

最后一次防渗处理工程分为两期：一期重点解决坝基及近坝库岸渗漏稳定问题，按三区进行；二期以处理左岸岩溶管道集中渗漏为主，最终形成防渗帷幕总体，确保库首及坝址区安全并达到减小渗漏的目的。

处理期间，开展了温度场测试，通过在钻孔温度测试成果，见图 8-8，可以分析得到：①地下水位在 1036.2~1046.2m 高程范围内；②在几处有明显温度变化的地方，通过钻孔数字成像可以直接明确岩溶较发育。

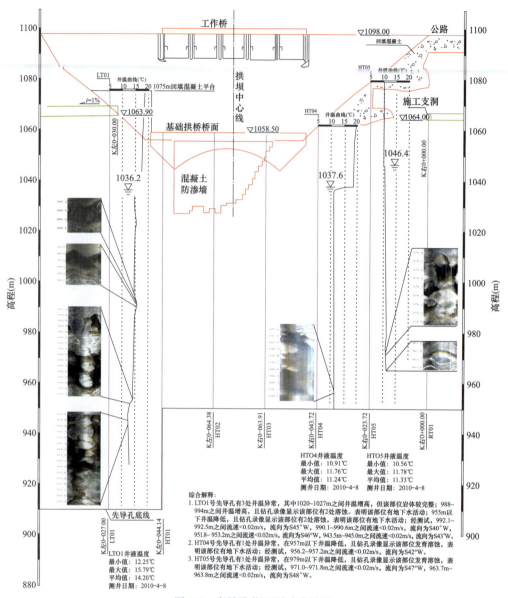

图 8-8　先导孔井温测试成果图

比例尺 0　5　10　15　20(m)

第三节　钻孔全景数字成像

岩溶勘察项目中钻孔全景数字成像法主要是针对其他物探方法揭示的有异常的地方进行成像，可以进一步探明岩溶异常发育情况，揭示岩溶发育方向和规模。

一、方法原理

钻孔全景数字成像系统是采用一种堆面反射光学变换，其转换原理如图 8-9 所示，它实现将 360°孔壁图像转换成为二维平面图像，这种二维平面图像称为全景图像。能为工程提供视觉直观的钻孔资料，直观了解地层的原始形象，包括岩层产状、软弱夹层、裂隙发育程度以及浆液对缝隙的充填情况等。

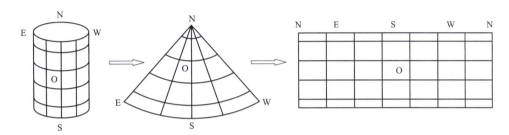

图 8-9　钻孔全景数字成像系统堆面反射光学变换原理

二、数据采集

数据采集过程中，为防止钻孔对成像设备造成损坏，保证成像清晰度的成像精度，现场数据采集需注意以下事项。

（1）了解钻孔的钻井情况，了解井下地层分布，特别是软弱、破碎、变径、垮孔的位置，以作必要的防备措施，对所测钻孔进行两次以上的扫孔，等井液清晰后再进行钻孔数字成像工作。

（2）仪器调制，清晰地观察到被测物体的自然状态；控制好探头下移速度，对异常体进行追踪观察，便于描述其性状及规模。

（3）测试前用清水冲洗孔壁或用明矾使井液清澈。

（4）由孔口向孔底测试，摄像探头居中，光线亮度适中。

（5）测试时保持探头摄像窗口清洁、透明，以保证采集图像质量。

（6）测试时电缆升降速率以采集图像清晰为准，每隔一段校对一次深度。

三、数据处理

通过国内外先进设备可实现实时监控、自动拼接、显示钻孔柱面展开图、方位、深度等处理，成果以全孔壁展开图像展示，并揭示探测对象的产状、规模、充填及充填物成分等情况仔细观察、分析和描述，然后将成像资料进行整理、剪辑，制作成用户所需的成果。

四、应用实例

某水库是达州市目前实施的首个大型水利工程，坝址位于前河干流中上游渡口乡三道河汇口上游约 1km 处，坝址下游距离樊哙镇约 8km，距离宣汉县城约 100km，距达州市135km。工程以防洪为主，兼顾发电。水库总库容为 1.60 亿 m³，防洪库容为 1.05 亿 m³，兴利库容为 1.03 亿 m^3，为Ⅱ等大（2）型水库。电站装机为 57MW。工程初设批复总投资 42.44 亿元，总工期 55 个月。

该水库大坝坝型为碾压混凝土双曲拱坝，最大坝高 132m。拦河大坝、坝身泄水建筑物级别为 1 级，大坝下游水垫塘及二道坝等消能防冲建筑物直接关系大坝的安全，为工程的主要建筑物，其建筑物级别为 2 级。

坝肩、部分坝基及左岸帷幕灌浆平洞开挖揭示，坝址区左岸岩溶发育，仅三层灌浆洞揭示具一定规模的溶洞或管道近 10 处，其中最大溶洞位于中层灌浆洞 0＋715 处，高达 10 余米，可探深度 200 余米，导流洞施工也揭示了一些大小不等的溶洞，坝肩及边坡开挖也发现一些小规模溶洞或溶蚀破碎带，岩溶发育程度及规模远超预期。

为确保大坝基础的稳定和有目的地进行地质缺陷处理，综合采用岩溶水文地质勘察、物探探测、工程测量、室内试验及其他方法进行专题研究工作。其中物探部分工作采用地质雷达、声波 CT、电磁波 CT、单孔声波、钻孔全景数字成像、三维激光（声纳）扫描、EH4 探测、微动探测等综合方法对土溪口水库坝址区左岸盐溶角砾岩进行探测。利用钻孔全景数字成像探测左岸顶层、底层灌浆平洞内各先导孔。目的是直观反映各先导孔内裂隙及岩溶发育情况，同时对钻孔进行视频录像。

库区第四系覆盖层主要为崩坡积、坡残积和冲（洪）积堆积层，基岩为志留系、二迭系和三迭系地层。

在项目实施中，上层廊道布置 31 个钻孔，从钻孔成像的结果可以看出岩溶角砾岩的分布范围，以钻孔 Z-S9 为例，揭示了该部位的岩溶角砾岩发育规模。根据各个钻孔的钻孔成像结果统计分析，圈定了岩溶角砾岩的发育范围，为后续设计施工提供了依据。Z-S9 钻孔成像异常统计情况见表 8-1，Z-S9 钻孔成像成果图见图 8-10。

表 8-1　　　　　　　　　　Z-S9 钻孔成像异常统计情况表

钻孔编号	深度（m）	高程（m）	图像描述
Z-S9 (565.12)	0.0～0.8	565.12～564.32	混凝土
	1.8～3.4	563.32～561.72	强溶蚀破碎
	5.0	560.12	裂隙、张开、宽 10～20cm，微溶蚀破碎
	5.4～7.2	559.72～557.92	强溶蚀破碎
	7.8～8.2	557.32～556.92	强溶蚀破碎
	10.4～12.0	554.72～553.12	强溶蚀破碎
	12.0～12.4	553.12～552.72	裂隙、张开、宽 5～10cm，微溶蚀破碎
	13.0～13.4	552.12～551.72	强溶蚀破碎
	14.2～17.0	550.92～548.12	强溶蚀破碎带
	18.0～19.0	547.12～546.12	强溶蚀破碎
	19.6～21.8	545.52～543.32	强溶蚀破碎
	22.4～45.6	542.72～519.52	强溶蚀破碎带

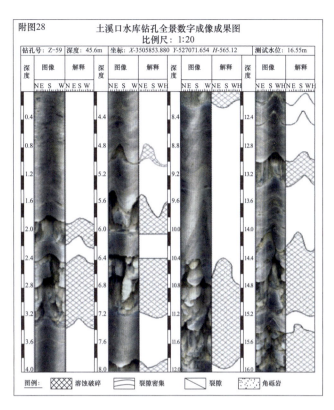

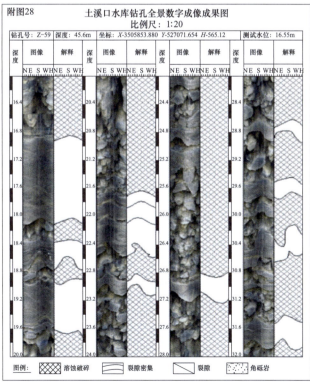

图 8-10　Z-S9 钻孔成像成果图

第四节　管　波　法

一、方法原理

根据波动理论，在充满液体的钻孔中，任何扰动，都会产生沿钻孔轴向传播的管波（司通莱波）。管波在孔液和孔壁外一定范围内传播。管波在传播过程中，在存在波阻抗差异（波阻抗 Z 为介质的弹性波波速 v 与介质密度 ρ 的乘积）的界面处发生透射和反射。

根据现有观测系统，反射管波的同相轴为视速度稳定的倾斜波组。当岩土层中不存在波阻抗差异界面或界面两侧波阻抗差异不大时，管波时间剖面中只有与（平行于钻孔轴线的）空间轴平行的直达波组，无明显的反射波组（剖面中的倾斜波组）。当岩土层中存在明显的波阻抗差异界面时，管波扫描剖面（时间剖面）中除存在明显的直达波组外，还存在明显的反射波组，即剖面中的倾斜波组。

也就是说，在剖面中存在明显的倾斜反射波组的位置，必定存在波阻抗差异界面。对灰岩地区，波阻抗差异界面即为孔中、孔旁溶洞边界或软弱夹层顶底界面。管波探测法的原理就是通过分析反射管波的波幅特征，探测波阻抗差异界面，通过对界面的解释，推断孔旁溶洞或软弱夹层的发育情况。根据波动理论中的半波长理论，管波探测法的探测范围为以钻孔中心为圆心、半径为管波波长的 $1/2$ 的圆柱状空间。

根据管波探测法理论研究成果和工程实践成果，管波探测法可分辨大于 $0.3m$ 的孔旁洞穴，对洞穴的定位误差小于 $0.3m$，具有非常高的垂向探测精度。

二、数据采集

经过多年的应用，管波探测法已经是一种非常成熟的孔中物探方法，其固定采用自激自收观测系统，收发探头间距为 $0.6m$，测点间距为 $0.1m$，测试方式按从下至上进行。

主要的野外试验包括发射能量试验、采样频率试验及前放增益试验，在现场进行。经现场试验确定。

野外数据采集过程中，对采集的管波信号进行实时监控，所采集的波形要求初至清晰、波形正常，发现波形畸变即进行重复观测，两次观测相对误差小于 2%，并做好野外班报填写。

三、数据处理

观测得到的数据从仪器传输到计算机中，使用专门处理软件（TWP3.4—管波探测法处理解释系统）进行处理，生成管波探测时间剖面图。最后进行资料推断解释，并绘制管波探测解释成果图。

四、应用实例

（一）工程概况

某绿色金融商业项目 C 地块（T3、T4 组团），场地地处岩溶地区，岩溶极其发育，工程地质条件异常复杂；设计采用大口径嵌岩桩基础，如果采用"一桩一孔"的勘探方法进行施工勘察，则桩基持力层中可能存在未发现的岩溶，对结构安全产生潜在威胁。经讨论，最后确定对部分桩位采用"一桩一孔＋一管波"的综合勘探方法进行施工阶段勘察工作。

根据本项目的工程特点，本次管波探测法共测试 317 孔：详细查明以钻孔为中心、直径 2.0m 范围内的基岩完整性情况及岩溶、裂隙、软弱夹层发育情况，为设计、施工提供可靠依据。

（二）数据采集

管波探测仪是管波探测法（专利号 ZL200310112325.0）的实体化勘探系统，专门用于管波探测法，包含方法、硬件、软件整套技术。

野外数据采集过程中，对采集的管波信号进行实时监控，所采集的波形要求初至清晰、波形正常，发现波形畸变即进行重复观测，两次观测相对误差小于 2%，并做好野外班报填写。

现场采集过程实时处理数据，并对管波资料进行初步分析，一旦发现管波解释的完整基岩段不满足设计的厚度要求时，立即通知钻探单位加深钻孔，并在加深后重新测试。直至持力层厚度满足设计要求为止。

本次管波探测所采集的数据记录全部合格，原始记录质量满足有关规范的要求。

（三）资料处理与解释

（1）资料处理。观测得到的数据从仪器传输到计算机中，使用经过大量工程应用验证的专门处理软件（TWP3.0—管波探测法处理解释系统）进行处理，生成管波探测时间剖面图。最后进行资料推断解释，并绘制管波探测解释成果图，如图 8-11 所示。

（2）资料解释。根据管波探测法的探测原理，结合钻孔揭露的岩土分层情况，对发现的波阻抗差异界面进行地质解释，找寻孔中及孔旁岩溶边界或软弱夹层顶底界面。其判别准则如下。

1）无倾斜反射波组的基岩段为完整基岩段。

2）存在振幅较大的倾斜反射波组的位置，一般为孔中、孔旁溶洞的边界或钻孔穿过波阻抗差异较大的软弱夹层。

3）存在振幅较小的倾斜反射波组的位置，同时直达波速度较大时（直达波同相轴平直），一般为钻孔穿过存在波阻抗差异较小的软弱夹层。

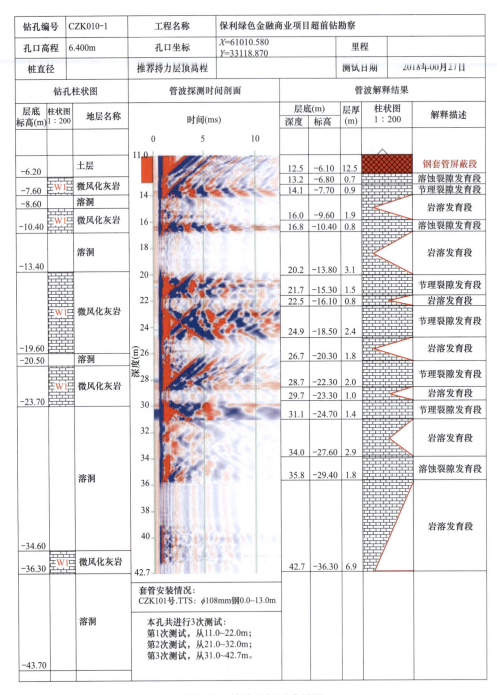

图 8-11　管波法探测成果图

4）存在振幅较小的倾斜反射波组的位置，同时直达波速度较小时（直达波同相轴向下弯曲），一般为孔旁岩石裂隙发育。

根据上述判别准则，管波探测法岩土层分类一览表见表 8-2。

表 8-2   管波探测法岩土层分类一览表

序号	物探分类	工程性质	地质柱状图描述参照
1	完整基岩段	基岩完整，岩质坚硬，无溶洞。在厚度达到设计要求时，可作为端承桩持力层	定名为微风化灰岩。岩质坚硬，岩芯完整，呈长柱状
2	节理裂隙发育段	基岩较完整，岩质较硬，裂隙发育，无大溶洞。在厚度和抗压强度达到设计要求时，建议可考虑作为端承桩持力层	定名为微风化或中风化灰岩。岩质较坚硬，岩芯多呈饼状、碎块状或短柱状，节理裂隙发育
3	溶蚀裂隙发育段	总体上表现为基岩，存在溶蚀现象及小的溶洞、裂隙发育，部分包含层厚较小的完整基岩或局部夹有岩状强风化岩。不宜作为端承桩持力层	定名为微风化或中风化灰岩。岩质较软—硬，岩芯较破碎，多呈饼状、碎块状，岩体裂隙发育，局部夹有岩状强风化岩，钻进时漏水，存在溶蚀现象或半边岩溶
4	软弱岩层	总体上表现为基岩，风化程度大，岩体破碎，岩质较软。不应作为端承桩持力层	定名为全风化、强风化岩，岩质较软，岩芯多呈土状、半岩半土状
5	岩溶发育段	总体上表现为岩溶及溶蚀裂隙发育，局部包含较薄的岩层。严禁作为端承桩持力层	定名为溶洞或裂隙发育的微风化或中风化岩，见溶蚀、漏水现象
6	土层	第四系土层、强风化、全风化岩的统称，不应作为端承桩持力层	定名为第四系土层、土洞，全风化、强风化岩。包含规模较小的岩溶、裂隙发育及土洞、溶洞充填物

（3）管波法及钻孔资料的对比情况。

1）钻孔揭露的岩溶，在管波探测成果中必定有反映，具有很好的吻合性。

2）管波发现了较多钻孔未揭露岩溶发育段。

3）管波发现的岩溶比钻孔揭露的要大。

资料对比表明：对于钻孔揭露的岩溶，管波法均有发现，并且是吻合的。管波法还可发现钻孔未揭露的岩溶发育段，并且管波发现的岩溶比钻孔揭露的要大，看似不吻合。这种不吻合是由于探测范围的不同引起的，钻孔对岩溶的探测有效范围为钻孔直径范围，管波探测法的探测有效范围是以钻孔为圆心，直径约 2m 的圆柱形（圆筒形）区域。两者对比，管波探测法的探测范围更加适合于桩位岩溶的探测。

（四）结论

（1）本阶段工作采用管波探测法进行桩位岩溶勘察，共完成管波探测法 317 孔；查明了 317 个桩位的岩溶垂向分布情况。

（2）根据勘察成果，场地范围岩溶非常发育、岩面起伏强烈，微观上无明显规律。管波探测法成果结合钻探揭露成果为本项目桩基设计、施工提供了可靠地质依据。

第九章

展　望

第一节　岩溶探测技术现状

新中国成立之前，岩溶研究几近空白，通过五十多年来科技人员的努力，尤其是近三十年大型水电站的开发建设、国家科技攻关，以及不断发展的勘测、探测手段，岩溶地区的常规勘测技术和理论分析已日臻成熟，现在，我们已经可以查明这些岩溶景观形成的来龙去脉了。通过地质调查，可以知道可能出现岩溶的位置；通过各种手段的探测，可以知道哪里有地下洞穴，甚至哪里的岩石破碎，强度低；更重要的是还可以通过地质调查、地下水的物理化学和同位素探测等综合手段的调查和综合分析，知晓哪些暗河水从哪涌来，流到哪去。查明了岩溶发育的林林总总，枝枝节节，就有条件从工程选址开始就尽可能地趋利避害。建坝时候避开破碎岩体，让水库不与渗漏管道相接，因势利导地开展水电建设。

我国的岩溶探测技术，尤其在水电水利工程中的应用起步较早，在 20 世纪 50 年代至改革开放期间，我国水利水电工程建设属于起步阶段，岩溶探测技术设备主要来源于苏联的地矿物探仪器，主要物探方法包括电法（电剖面、电测深、激发极化、自然电场）、无线电波透视、地震、声波测井、综合测井等，成功应用于包括猫跳河梯级水电站、乌江渡水电站，以及众多中小型水利水电工程，其中的猫跳河梯级水电站被誉为中国大坝设计"博物馆"和"流金溢彩的艺术长廊"，物探在勘察阶段对岩溶探测起到辅助作用，主要属于适应、探索阶段，积累了非常丰富的工作经验和成果，也给国内仪器厂商和科研院所新仪器研发提供了重要数据。改革开放至 2000 年加入世贸期间，随着微电子和计算机技术的迅猛发展，国外新兴物探技术不断涌入国内，随着国内水电水利工程建设的快速发展，岩溶探测对物探技术提出了更高要求，物探仪器设备和技术取得长足发展，如高密度电法、探地雷达、CT 技术、瞬变电磁、微重力技术等成功应用于水电工程工作中，在"西电东送"中发挥了重要作用，尤其是洪家渡、索风营、引子渡、构皮滩等一批大中型水电工程的建设，物探岩溶探测技术在成库论证、坝基岩溶检测、帷幕勘测等关键点上，发挥重要作用。加入世贸后，水电工程建设迎来了大发展，国内外物探技术也取得了快速发展。

到当前为止，岩溶探测的方法按物理特性可分为地震法（包括反射、折射、面波、CT 等）、电法（直流电法、激发极化、自然电场、人工/天然源电磁法、瞬变电磁法、感应电磁法、探地雷达等）、微重力探测、地球物理测井、粒子/量子探测等，按应用条件可分为地面探测、空中探测、孔/洞中探测、水下探测等方法，按应用目的可分为洞穴探测、岩溶渗漏探测、岩溶地下水及充填物探测、岩溶地基基础检测、洞穴空间形态成像等。

地震用于岩溶探测主要采用微动面波、地震映像、浅层反射等。面波，尤其是天然源面波，是近十来年发展的具有环保、便捷、经济的一种方法，近年来获得广泛应用，主要用于浅埋藏溶洞探测，现场观测方式采用直线型、台阵型两种方式，反演算法主要有空间自相关（SPAC）和谱比法，反演介质的横波速度，利用岩溶的波速异常来判别溶洞。地震映像和浅层地震反射属于同一类别的地震探测方法，地震映像是一种固定偏移距的单道反射，接收的地震波信号成分复杂，适合于浅埋藏岩溶的探测，近年来逐渐被多道浅层地震所取代。近年来，随着扫频震源车的广泛应用，地震浅层反射在道数、覆盖次数、工作效率上有了较大的发展，已成为地震岩溶探测的主导方法。

直流电法在岩溶探测中使用最广泛的是高密度电法，近年来，分布式三维高密度电法也有使用，数据处理技术方面，越来越向全地形 2.5 和 3 维方面发展。自然电位法在探测岩溶地下水方面有着独特的效果，尽管其工作效率不尽人意，但依然获得了广泛使用。

电磁法方法应用最广泛的是人工/天然源大地电磁法，由于其具有较深的探测能力，多通道、灵活的布极方式，在探测深埋岩溶方面具有较大优势。近年来，新型的 EH-5 等仪器不断推出，占有了广泛的市场，甚至向 3 维勘探方向发展。瞬变电磁法基本淘汰了常规的手工布线框模式的设备，广泛更新到反磁通模式，线框改进成了体积小、质量轻、操作方便的天线模式，抗干扰能力、分辨率、工作效率大大提高，甚至向车载、飞机载方向发展，可轻松完成三维勘探方式。频域电磁法在工作效率方面具有一定优势，近年来也有进行车载、飞机载方向的发展趋势。

探地雷达作为岩溶探测的利器，由于其产品型号繁多，适用不同条件和任务要求，广泛应用于岩溶探测的各领域，近年来雷达用于岩溶探测表现较突出的是大深度探测雷达、阵列三维雷达和无人机载雷达。

CT 作为探测岩溶的独特方法有电磁波、声波、地震波三种方法，适用于不同的条件和任务要求，就使用的方便程度和效率上来讲，电磁波 CT 是最受欢迎的。近年来 CT 反演技术在全波形反演、三维反演方面取得一些进步。

地球物理测井是一种包含多种方法的集成，包括电磁、声、光、核等，可有效测试和探测孔周的岩溶发育情况。

微重力、粒子/量子探测近年来在质子重力仪、缪子探测、核磁共振等方面的研究取得长足发展，要用于实际工作还有一段时间。

隧道超前地质预报包含了岩溶探测的主要内容，用为一种特别场景条件和任务要求，其中的许多预报方法是依托地面物探方法研制而成，主要包括后偏移地震反射法（TSP、TRT）、聚焦电流法、HSP法等，是物探岩溶探测方法的预报版，这些方法也在向无线、三维、TBM机载等方向发展。

第二节　物探新技术在岩溶探测领域的展望

随着物探联网、无人机、信息化、大数据、人工智能、量子技术等先进技术的快速发展，物探岩溶探测仪器设备、数据成果也将发生较大变化，主要表现在如下方面。

1. 物联网技术

与物联网相关的各种网络通信技术，包括5G、蓝牙、ZigBee等[168]。随着各种无线通信技术的发展，无线通信的应用越来越多。以地震仪器为例，有线与无线混合的地震仪器成为主流，海量数据通过高速网络上传到仪器主机，避免了节点仪器中间回传的烦琐、易错率的弊端[169]。Kiss Connector技术为进行大数据采集提供了基础。更先进的纳米、MEMS传感器、光纤传感技术，将会推动地球物理数据更高灵敏度和更低功耗的采集。在电磁勘探仪器方面，MEMS磁通门磁探头能够降低系统噪声，更加轻便，取代当前沉重的感应线圈式磁探头。MEMS传感器与微电源集成在一起，实现电源与MEMS传感器的集成化[170]，更低功耗使数据采集信息更丰富。

2. 物探机器人技术

随着无人机技术的不断成熟完善，鉴于其部署便捷、应用成本、测量效率、人员安全性等方面的优势，无人机载探测岩溶已成为重要发展方向，资源勘探行业长期开展航空磁法、重力勘探，目前国内外已在交通行业成功开展航空电磁法探测工作，现在研究的热点在无人机载瞬变电磁、探地雷达应用技术[171]。各种航空物探系统虽然原理大同小异，但对分辨率、探测深度和效率成本之间存在较大差异，集成方法和硬件的选择要取决于探测目标和数据处理能力。依托航空探测大数据，机器学习算法研究已在广泛开展[172-174]。

相比资源勘探，岩溶探测偏向小尺度、大范围、浅埋藏目标体，基于量子重力、探地雷达、瞬变电磁的岩溶识别AI算法是研究的重点。

3. 量子技术

量子地球物理探测技术主要围绕高精度观测地球磁场和重力场，根据采集的参量类型进行分类，可分为标量总场、总场梯度、矢量三分量、张量梯度测量系统；按照搭载平台类型进行分类，可分为地面、航空、井中、海洋、卫星平台，包括地面和海洋、井中、地空超导量子时域电磁探测系统，航空超导量子磁矢量梯度探测系统，航空超导重力系统，航空超导重力梯度系统，地面原子绝对重力，航空原子绝对重力系统，航空原子绝对重力梯度系统等[175]。量子磁场传感器是利用环境磁场对量子本身特性的影响实现高精度测量，包括超导量子干涉磁力仪（SQUID）、金刚石氮空位色心（NV center）原子磁力计、冷原子磁力仪和铯光泵磁力仪等。量子重力传感器在真空环境中利用激光和磁场捕获、控制冷铷原子的量子态，通过测量不同能级的原子比率来实现重力场和重力梯度场的测量。随着超导量子磁测 SQUID 芯片、冷原子测量绝对重力技术的快速发展以及量子重力梯度传感器的突破，基于高精度量子地球重磁场传感器的量子地球物理探测技术已经成为地质精细化探测的颠覆性技术之一，成为地球物理探测装备的重点发展方向。研究现状：

（1）高精度铯光泵磁力测量技术：以加拿大 Scintrex 公司的 CS-3 型和美国 Geometrics 公司的 G-824A 型为代表，灵敏度分别为 0.6 pT/@1Hz 和 0.3pT/@1Hz。航磁探测系统主流产品为加拿大 RMS 公司的 AARC510 数据收录与补偿系统，分辨率可达 0.32pT，系统噪声为 0.1pT，补偿后剩余噪声水平为 10pT（0.05～1Hz，RMS 均方根值）。

（2）航空超导全张量磁探测技术：以德国耶拿物理学高技术研究所（IPHT）与 Supracon 公司研制的直升机吊舱式低温超导航空全张量磁梯度系统 Jessy Star，系统噪声优于 10 pT/m（4.5Hz 带宽，RMS 均方根值）。澳洲科学与工业研究组织（CSIRO）与中国五矿集团合作研制高温超导地面全张量磁梯度测量系统 GETMAG，系统噪声为 2pT/m@10Hz。美国特瑞斯坦技术公司利用高温超导磁传感器研制了航空全张量磁梯度系统（T877），系统噪声为 8pT/m。2020 年，IPHT 采用变压器型耦合结构、亚微米尺寸约瑟夫森结和厘米尺度拾取环等新技术，研制出新一代磁矢量梯度计，其本征噪声为 13fT/m/$\sqrt{\text{Hz}}$[176]。

（3）地面超导电磁探测技术：该技术被列为对全球矿业贡献的 38 项创新性技术之一。德国、日本、澳大利亚等国家长期致力于高温和低温超导量子传感芯片研制，通过近 30 年的技术攻关，已经将高、低温超导量子传感器成功用于地面电磁系统和井中电磁探测系统中，2007 年，CSIRO 研制了高温超导电磁系统 LandTEM。2011 年，IPHT 研制了低温亚微米级直流超导量子干涉器（简称 SQUID）、亚 fT 量级超导磁传感器，IPHT 与 Supracon 公司合作研制了地面低温超导电磁探测系统，低温超导技术水平处于世界领先。2013 年，日本超导传感技术研究协会（SUSTERA）研发了高温 DC SQUID 芯片，并与原日本金属矿业事业团（现 JOGMEC）合作研发了系列高温超导电磁系统 SQUITEM，高温超导技术水平处于世界领先[177]。

（4）地面和航空超导重力测量技术：超导航空重力梯度系统作为新一代技术，是目前航空重力梯度勘探系统研究的重点和热点。美国斯坦福大学率先开展低温超导重力梯度系统的研制，其他研究机构紧跟其后。目前，研发设备已经成型或正处于试飞准备阶段的主要有英国 ARKeX 公司研制的 EGGTM 航空重力梯度系统，加拿大 Gedex 公司和马里兰大学联合研制的 HD-AGG 航空重力梯度系统，实际飞行测量精度达到 20E[178]；澳大利亚的力拓集团和西澳大学联合研制的 VK-1 重力梯度仪，地面车载测量精度达到 20E。

（5）原子绝对重力和原子重力梯度探测技术：美国斯坦福大学研制了冷原子干涉重力仪，测量不确定度达 4μGal[179]。法国巴黎的由下落冷铷原子重力测量不确定度达到

4.3μGal。2019 年，美国加州理工学院研制的车载可移动原子重力仪，准动态试验测量灵敏度为 0.5mGal。英国伯明翰大学研制了搭载在无人机上的小型化航空重力梯度仪。2022年，英国国家量了技术中心的伯明翰大学研究人员，成功研制了世界上第一台在实验室条件之外的量子重力梯度仪，在真实世界的条件下找到埋在地表下 1m 的户外隧道，并将这一事件称为"这是传感领域的一个'爱迪生时刻'，将改变社会、人类的理解和经济发展"，随着重力感应技术的成熟，水下导航和揭示地下的应用将成为可能[180]。

4. 缪子探测技术

缪子是带单位负电荷、自旋为 1/2 的基本粒子在标准模型中，缪子与电子和陶子具有相似的性质，同属于轻子的范畴，目前尚未发现其有任何内部结构与标准模型的其他粒子类似，缪子也有与之对应的反粒子—反缪子，其与缪子相比只是带有相反的电荷，而质量、自旋等其他基本物理性质则完全相同。得益于宇宙射线的高能量，宇宙线缪子本身具有很高的能量，其平均能量达到了 4UeV 且最高能量超过了 2TeV。在确定的地理位置与海拔高度的地面观测点，宇宙线缪子的通量随缪子能量 E 和天顶角 B 具有相对确定的分布规律，因此是一种天然的、广泛分布的、相对稳定的高能粒子源[181]。用于成像的宇宙缪子源的最大劣势在于通量低，为了达到足够的测量精度，通常需要较长的测量时间。同时，通过对缪子的能损和散射规律的认识，结合缪子的穿透性强和径迹近似为直线的特点，近几年缪子探针成像技术得到迅速发展，尤其是高能宇宙线缪子的应用技术根据应用场景和探测器结构的不同，缪子成像技术大致分为"透射成像"和"散射成像"，分别利用穿透缪子的数量和偏转角来重建地质体的结构[182]。

5. AI 技术

人工智能（Artificial Intelligence，AI）是研究、开发用于模拟、延伸和扩展人的智能的理论、方法、技术及应用系统的一门新的技术科学。人工智能从诞生以来，理论和技术日益成熟，应用领域也不断扩大，可以设想，未来人工智能带来的科技产品，将会是人类智慧的"容器"。2016 年以来，基于深度学习的地震资料解释、处理技术快速发展，EAGE、SEC 相关文章的数量呈现爆发式增长。2019 年 SEC、EAGE 年会论文显示，人工智能在物探领域的应用研究十分广泛，在石油地震中用于断层识别、去噪、速度分析、反演、成像、岩石物理等[183]，在探地雷达中广泛用于异常目标的快速识别，在高密度电法、微动勘探中的反演和异常识别，综合测井及图像处理中使用的图像提取与识别技术等。总之，随着科技技术的快速发展，更多的先进仪器设备和解释技术将为岩溶探测提供更多的帮助，将岩溶探测技术推向更精确、快捷、经济的工作模式。

随着我国经济的蓬勃发展，结合我国基础设施建设的现代化步伐，在以后工程建设的过程中，我国仍将处于工程建设的高峰阶段，遇到的各种地质问题越来越复杂。岩溶地球物理探测技术也在不断前进发展，要解决问题的精度也会不断地提高，未来的地球物理技术发展将朝着"攻深""攻新"和"攻细"方向发展。观测方式将从二维、三维发展到全时空连续领域探测；仪器装备将由电子机械发展到高度集成、智能时代。

  岩溶地球物理探测具有采样密度大、速度快、成本低、科技含量高、服务领域广的特点。与传统钻探相比，采用工程物探手段对地下地层探测可以取得连续剖面，而不是"一孔之见"或"数孔之见"，克服了钻井之间地层是推测的特点，这就是使用工程物探的优势。在不久的将来工程物探技术将会出现大的飞跃发展，也是工程建设中一个必不可少的勘探手段，必将在未来的国民经济建设中发挥重大作用。

参 考 文 献

[1] 沈春勇，余波，等. 水利水电工程岩溶勘察与处理［M］. 北京：中国水利水电出版社，2015.

[2] 欧阳孝忠. 岩溶地质［M］. 北京：中国水利水电出版社，2013.

[3] 毛邦燕. 现代深部岩溶形成机理及其对越岭隧道工程控制作用评价［D］. 成都：成都理工大学，2008.

[4] 谭天元，王波，楼加丁. 复杂地质条件隧洞超前地质预报技术［M］. 北京：中国水利水电出版社，2017.

[5] 吴明鑫. 高层建筑下岩溶空洞地基的稳定性分析［D］. 广州：广州大学，2010.

[6] 甘伏平. 岩溶区地球物理方法选择及思考［C］. 地球物理信息监测与计算技术应用研讨活动论文，2015.

[7] 潘友宏，杨乃磊，张言林. 复杂岩溶的地球物理异常特征及分布区探测［J］. 山东水利，2007，(7)：36-39.

[8] 王波. 水电工程物探规范［S］. 北京：水利水电出版社，2005.

[9] 赵群，曲寿利，薛诗桂，等. 碳酸盐岩溶洞物理模型地震响应特征研究［J］. 石油物探，2010，49(4)：17-18＋351-358＋400.

[10] 才庆喜. 用充电法和声电法探测岩溶地下水通道［J］. 河北地质学院学报，1984，27(03)：83-90.

[11] 谭文农，高超英. 电阻率法探测青石岭库区岩溶的地质效果［J］. 东北水利水电，1994，116(2)：34-37.

[12] 李印侠. 电阻率法在鲁中某电厂厂址岩溶探测中的应用［J］. 电力勘测，1994，(4)：30-33.

[13] 邹成杰. 水利水电岩溶工程地质［M］. 北京：水利电力出版社，1994.

[14] 沙丽. 复杂条件下岩溶探测技术研究［D］. 长沙：中南大学，2012.

[15] 谭天元，皮开荣，文豪军. 连续电导率剖面法在岩溶勘探中的应用［J］. 物探装备，2003，13(3)：188-190＋215.

[16] 袁景花. 电磁测深 EH-4 在水电站岩溶探测中的有效性［J］. 水利水电技术，2005，36(9)：77-80.

[17] 胡立强，高发中，伍校军，等. 电磁勘探法在岩溶探测中的应用［J］. 物探装备，2009，19(4)：262-265.

[18] 袁伟，李天亮，李东北. 音频大地电磁法在某灰岩地区煤炭资源勘查中探测岩溶和陷落柱的应用［J］. 物探化探计算技术，2016，38(6)：727-733。

[19] 王银，席振铢，蒋欢，等. 等值反磁通瞬变电磁法在探测岩溶病害中的应用［J］. 物探与化探，2017，41(2)：360-363.

[20] 孙怀凤，吴启龙，陈儒军，等. 浅层岩溶瞬变电磁响应规律试验研究［J］. 岩石力学与工程学报，

2018，37（3）：652-661.

[21] 朱海东，蒋才洋. 连续电导率成像系统（EH-4）在喀斯特地区水库成库条件论证中的应用 [J]. 施工技术，2019，46（11）：67-68.

[22] 李煜，肖晓，汤井田，等. 广域电磁法与 CSAMT 在岩溶区探测效果对比分析 [J]. 中国科技信息，2020，（12）：74-79.

[23] 芦安贵，朱红锦. 新田水库 EH4 探测研究 [J]. 企业科技与发展，2022，490（8）：33-35.

[24] 任明海. 直流电测深法探测岩溶的效果 [J]. 中国煤田地质，1989，1（02）：49-53.

[25] 孟琪，丑景俊. 高密度电阻率法探测岩溶的应用研究 [J]. 东北地震研究，1996，12（03）：58-63.

[26] 陈灿华，陈绍求. 电测深法在岩溶探测中的应用 [J]. 中南工业大学学报自然科学版，2000，31（1）：9-12.

[27] 邓居智，刘庆成. 高密度电阻率法在岩溶探测上的应用 [J]. 地质与勘探，2003，39（21）：61-64.

[28] 朱自强，戴亦军. 高密度电阻率法在高速公路岩溶探测中的应用 [J]. 工程地球物理学报，2004，1（4）：309-312.

[29] 曾玉娇，李文尧，刘志荣. 高密度电阻率法不同装置在岩溶勘查中的效果对比 [J]. 科技情报开发与经济，2008，18（18）：129-130＋133.

[30] 陈灿华，廖秀英，陈绍裘. 高速公路不同地层路基中岩溶洞穴的探测 [J]. 中南大学学报（自然科学版），2004，35（6）：1014-1018.

[31] 胡树林，陈烜，帅恩华. 超高密度电阻率法在岩溶及破碎带探测中的应用 [J]. 物探与化探，2011，35（6）：821-824.

[32] 聂细江，崔亮，陈润桥. 电测深在岩溶探测中的应用 [J]. 岩土工程技术，2015，29（6）：316-319.

[33] 李文忠，孙卫民. 分布式高密度电法装置类型选择及工程勘查应用 [J]. 长江科学院院报，2019，36（10）：161-164.

[34] 邓世坤，王惠濂. 探地雷达图像的正演合成与偏移处理 [J]. 地球物理学报，1993，36（4）：528-536.

[35] 王传雷，祁明松. 地下岩溶的地质雷达探测 [J]. 地质与勘探，1994，2（30）：58-60.

[36] 李玮，梁晓园. 对地质雷达探测岩溶的方法和实例的探讨 [J]. 勘察科学技术，1995，（03）：61-64.

[37] 刘红军，贾永刚. 探地雷达在大面积场区岩土工程勘察中应用 [J]. 工程勘察，1999，（2）：70＋71-73.

[38] 邓居智，莫撼，刘庆成. 探地雷达在岩溶探测中的应用 [J]. 物探与化探，2001，25（6）：474-476.

[39] 葛双成，邵长云. 岩溶勘察中的探地雷达技术及应用 [J]. 地球物理学进展，2005，20（2）：476-481.

[40] 王亮，李正文，王绪本. 地质雷达探测岩溶洞穴物理模拟研究 [J]. 地球物理学进展，2008，23（1）：280-283.

[41] 张小俊，宋雷，陈勇等. 山区高速公路岩溶路基的地质雷达探测 [J]. 贵州大学学报（自然科学版），2009，26（5）：28-31.

[42] 赵明杰，张桂玉. 地质雷达在建筑物地基岩溶探测中的应用 [J]. 山东水利，2010，(03)：27-28.

[43] 刘立振，张子玲，何建文，等. 电磁波层析成像在岩溶探测中的应用与发展 [J]. 中国岩溶，
1988，7 (4)：88-92.

[44] 楼加丁. 电磁波层析成像在乌江东风电站帷幕灌浆中的应用 [J]. 贵州水力发电，1994，(01)：24-
28.

[45] 李张明. 电磁波层析成像技术在岩溶探测中的应用 [J]. 中国岩溶，1995，14 (4)：372-378.

[46] 郭生浦，林维芳，刘永翔，等. 钻孔电磁波法在地基岩溶探测中的应用效果 [J]. 物探与化探，
1996，20 (1)：22＋71-72.

[47] 皮开荣. CT 技术在东风水电站 978 廊道帷幕灌浆工作中的应用 [J]. 物探装备，2003，13 (4)：
263-265＋284-285.

[48] 甘伏平，李金铭，黎华清等. 跨孔电磁波透视法在岩溶探测中的应用 [J]. 物探与化探，2006，30
(4)：303-307.

[49] 杜兴忠，曹俊兴. 电磁波层析成像在岩溶勘查中的应用研究 [J]. 工程地球物理学报，2008，5
(5)：524-527.

[50] 芦安贵. 电磁波 CT 技术在防渗帷幕中的应用 [C]//贵州省岩石力学与工程学会贵州省岩石力学与
工程学会 2013 年学术年会论文集，中国水电顾问集团贵阳勘测设计研究院有限公司；2013：5.

[51] 邓小虎，傅焰林. 跨孔电磁波层析成像在岩溶三维空间分布上的应用 [J]. CT 理论与应用研究，
2022，31 (1)：13-22.

[52] 裴正林，任晨虹. 井间地震层析成像应用研究 [J]. 勘察科学与技术，2001，(02)：56-61.

[53] 牛建军，杜立志，谷成. 岩溶探测中的弹性波 CT 方法 [J]. 吉林大学学报（地球科学版），2004，
34 (4)：630-633.

[54] 毛先进，陈绍青，杨玲英，等. 地震 CT 技术在复杂岩溶坝基渗漏探测工程中的应用 [J]. 地震研
究，2008，31 (2)：171-173＋197.

[55] 汪兴旺，杨勤海，孙党生，等. 岩溶探测中井间地震波层析成像的应用 [J]. 物探与化探，2008，
32 (1)：105-108.

[56] 张华，李红立. 井间地震成像技术及其在岩溶探测中的应用 [J]. 勘察科学技术，2012，(6)：57-60.

[57] 郑亚迪. 井间地震反射成像方法在岩溶探测中的研究与应用 [D]. 徐州：中国矿业大学，2019.

[58] 朱海东. 大率声波 CT 在岩溶堵漏质量检查中的应用 [J]. 工程建设与设计，2019，(14)：279-
280.

[59] 丁朋，付华，兰盛. 一种孔间声波 CT 仪系统的研制及其应用 [J]. 地下空间与工程学报，2019，
15 (S2)：802-807.

[60] 李卫卫，熊鑫，蒙爱军. 跨孔地震 CT 探测基岩面附近岩溶研究 [J]. 工程地球物理学报，2022，
19 (1)：6-15.

[61] 覃政教，陈滋康，卢呈杰，等. 用浅层地震方法探测岩溶 [J]. 中国岩溶，1987，6 (3)：213-
223.

[62] 王俊茹，陈烈南. 应用浅层地震探测岩溶塌陷的技术研究 [J]. 物探与化探，1997，21 (4)：289-
292＋304.

[63] 王万合，王晓柳，刘江平，等. 地震映像法在某高速公路岩溶探测中的应用 [J]. 工程地球物理学报，2007，4（2）：141-145.

[64] 吴博，王佐强，赵雪峰. 地震映像在浅部隐伏岩溶探测中的应用及分析 [J]. 西部探矿工程，2013，25（3）：151-152＋154.

[65] 张继龙，蒋正红，刘洪瑞，等. 地震映像法在隧底岩溶探测中的应用效果研究 [J]. 工程地质学报，2016，（24）：927-932.

[66] 王兆宁. 地震映像法在铁路隧道隧底岩溶探测中的应用 [J]. 铁道建筑，2018，58（6）：80-82.

[67] 张一梵. 微动勘探法在浅层探测中的研究与应用 [D]. 北京：中国地质大学，2019.

[68] 梁东辉，甘伏平，张伟，等. VSR法在岩溶区探测地下河管道和溶洞的有效性研究 [J]. 中国岩溶，2020，39（1）：95-100.

[69] 张伟，杜兴忠，李永铭. 双向多偏移距及同步挤压变换在岩溶地层地震映像资料处理中的应用研究 [J]. 物探化探计算技术，2022，44（2）：165-171.

[70] 崔政权. 红外技术在岩溶探测中的运用 [J]. 人民长江，1979，（2）：11-19.

[71] 李兴春，王宏，李兴高. 红外技术在开挖隧道岩溶探测和预报中的应用 [J]. 工矿自动化，2008，4（2）：70-71.

[72] 张保贤. 放射性探测岩溶的初步应用. 水文地质工程地质 [J]，1985，（04）：51-52＋62.

[73] 蔡国斌，韦吉益，徐远光. 岩溶地区地面放射性丫测量探测地下水的机理 [J]. 中国岩溶，1983，10（2）：73-84.

[74] 唐岱茂. 氡气测量用于地表探测岩溶陷落柱的位置与范围. 核技术 [J] 1999 22（4）：223-227.

[75] 卢放，聂明龙. 应用α卡法和微重力法探测岩溶陷落柱 [J]. 煤炭工程，2010，（5）：82-84.

[76] 王泽峰，钟世航. 陆地声纳法在探测岩溶区高铁隧道基底隐患中的应用 [J]. 中国岩溶，2019，38（4）：573-577.

[77] 张峰，丁小满. 管波探测法在桩位岩溶探测中的应用效果 [J]. 建材与装饰，2007（8）：264-265.

[78] 朱振华，邓劲松，易萍华. 管波探测法在岩溶勘察中的应用 [J]. 山西建材，2010，36（4）：105-106.

[79] 田占峰，郝立铎. 管波探测法在工程中的应用. 工程技术与应用，2021，6（5）：99-100＋215.

[80] 李关勇. 管波探测法在桩底岩溶勘察及桩身质量检测中的应用 [J]. 工程地球物理学报，2021，18（2）：282-287.

[81] 陈斌文. 公路岩溶洞穴探测的综合物探方法研究 [D]. 长沙：中南大学，2009.

[82] 杨新明，李永铭. 物探技术在轨道交通勘察中的应用 [J]. 低碳世界，2016，（28）：215-217.

[83] 余凯. 综合物探法在铁路基底岩溶探测的应用研究 [D]. 成都：成都理工大学，2016.

[84] 杨嘉明. 大藤峡水利工程岩溶探测中地球物理方法研究与应用 [D]. 长春：吉林大学，2017.

[85] 孙永清，楼加丁. 岩溶探测的有效性研究 [J]. 水力发电，2018，44（7）：38-41.

[86] 李文杰. 物探方法在岩溶探测中的应用研究 [D]. 成都理工大学硕士学位论文，2020.

[87] 余涛，王小龙，王俊超. 综合物探方法在城市地铁岩溶勘察中的应用 [J]. CT理论与应用研究，2022，31（5）：587-596.

[88] 张兴昶，罗延钟，高勤云. CSAMT技术在深埋隧道岩溶探测中的应用效果 [J]；工程地球物理学

报，2004，1（4）：370-375.

[89] 袁景花. 索风营水电站岩溶及地下水物探勘查 [J]. 贵州水力发电，2004，18（2）：39-42.

[90] 高拴会，胡伟华，鲁辉，等. 太行峡谷某水库库坝区岩溶探测研究 [J]. 河南水利与南水北调，2011，（24）：11-13.

[91] 楼加丁，杨正刚；EH-4 电导率剖面成像技术在库区岩溶管道探测中的应用研究 [C]. 中国水力发电工程学会地质及勘探专业委员会，中国水利电力物探科技信息网，中国水电顾问集团贵阳勘测设计研究院，中国水力发电工程学会地质及勘探专业委员会中国水利电力物探科技信息网 2012 年学术年会论文集、中国水电顾问集团贵阳勘测设计研究院. 2012；7. 2012 年学术年会，2012，（9）：273-279.

[92] 袁伟，李天亮，李东北，等. 音频大地电磁法在某灰岩地区煤炭资源勘查中探测岩溶和陷落柱的应用 [J]. 物探化探计算技术，2016，38（6）：727-733.

[93] 张子平. 瞬变电磁在干旱地区探测岩溶水的应用 [J]. 中国煤田地质，2000，12（2）：64-65.

[94] 朱国正，卿志. 时域瞬变电磁法在裸露灰岩地区岩溶探测研究 [J]. 铁道勘察，2004，（1）：45-48.

[95] 杨金凤，庞炜，王世林，等. 瞬变电磁法在城市岩溶探测中的应用 [J]. 工程勘察，2014，42（12）：88-93.

[96] 席振铢，龙霞，周胜，等. 基于等值反磁通原理的浅层瞬变电磁法 [J]. 地球物理学报，2016，59（9）：3428-3435.

[97] 杨建明，王洪昌，沙椿；基于等值反磁通瞬变电磁法的岩溶探测分析 [J]；物探与化探；2018，42（4）：846-850.

[98] 谢嘉，刘洋，李兴强，等. 等值反磁通瞬变电磁法在岩溶塌陷区探测应用 [J]. 煤田地质与勘探，2021，49（3）：212-218＋226.

[99] 刘恒达. 基于等值反磁通瞬变电磁法的城镇岩溶探测研究 [J]. 矿产与地质，2021，35（3）：511-516.

[100] 李世聪，刘亚军，彭荣华，等. 瞬变电磁法对隐伏岩溶探测的影响因素研究 [J]. 地球物理学进展，；2022，37（1）：397-412.

[101] 罗延钟. 关于有限元对二维构造作电阻率法模拟的几个问题 [J]. 地球物学报，1986，29（6）：613-621.

[102] 陈文华，张献民. 用边界单元法计算二维任意形状地电断面的视电阻率测深曲线 [C]. //中国勘探地球物理联合会，美国勘探地球物理学家协会、勘探地球物理北京（89）国际讨论会论文摘要集、南京建筑工程学院；南京建筑工程学院，1989；3.

[103] 徐世浙. 点电源二维电场问题中付式反变换的波数 k 的选择 [J]. 物探化探计算技术，1988，10（3）：235-239.

[104] 冯治汉. 有限元和有限差分计算中的波数选取 [J]. 物探化探计算技术，2000，22（1）：5-7.

[105] Xu S Z. Selection of the wave numbers k using an optimization method for the inverse Fouriertransform in 2. 5D electrical modeling [J]. Geophysical Prospecting，2000，48（5）：789-796.

[106] 简兴祥，王绪本，杨利容，等；高密度电阻率法地形影响校正 [J]. 物探化探计算技术，2008，30（4）：303-307＋263.

[107] 苏兆锋，陈昌彦，张在武. 小波降噪技术在高密度电阻率信号处理中的应用 [J]. 工程勘察，

2018，（1）：72-74.

[108] 余金煌，陶月赞. 小子域滤波在高密度电阻率法图像处理中的应用 [J]. 水利水电技术，2015，46（1）：107-109.

[109] 杜兴忠. 一种现场测试岩土体相对介电常数的方法 [P]；中国发明专利 CN201310227541. 3，2013. 09.

[110] 吴以仁，邢凤桐. 钻孔电磁波法 [M]. 北京：地质出版社，1982.

[111] 杨文采，李幼铭. 应用地震层析成像 [M]. 北京：地质出版社，1993.

[112] 吴律. 层析基础及其在井间地震中的应用 [M]. 北京：石油工业出版社，1997.

[113] 常旭，刘伊克. 地震正反演与成像 [M]. 北京：华文出版社，2001.

[114] 吴燕清. 地下电磁波探测及应用研究 [D]. 长沙：中南大学，2002.

[115] 袁志亮. 井间电磁波层析成像技术应用研究与软件研发 [D]. 北京：中国地质大学，2007.

[116] 吴有林，陈贻祥，聂士诚. 跨孔电磁波透视法在荷叶塘高架桥岩溶探测中的应用 [J]. 物探与化探，2009，33（1）：102-104.

[117] 何禹，李永涛，朱亚军. 钻孔电磁波 CT 技术在深部岩溶勘探中的应用 [J]. 工程地球物理学报，2010，7（4）：451-455.

[118] 段春龙，杨亚磊. 电磁波 CT 技术在岩溶勘查和注浆检测方面的应用 [J]. 工程地球物理学报，2017，14（4）：435-441.

[119] 刘四新，倪建福. 井间电磁法综述 [J]. 地球物理学进展，2020，35（1）：153-165.

[120] 黄生根，刘东军，胡永健. 电磁波 CT 技术探测溶洞的模拟分析与应用研究 [J]. 岩土力学，2018，39（S1）：544-550.

[121] 曹俊兴，朱介寿. 双频电磁波电导率层析成象 [J]. 物探化探计算技术，1997，19（4）：329-332.

[122] 张辉，潘冬明，刘朋，等. 模拟分析初始场强对坑透反演结果的影响 [J]. 地球物理学进展，2016，31（6）：2788-2795.

[123] 肖玉林. 煤矿综采工作面无线电波透视技术研究 [D]. 合肥：安徽理工大学，2010.

[124] 倪建福，刘四新. 跨孔电波衰减成像初始振幅估算方法比较 [J]. 物探与化探，2019，43（3）：634-641.

[125] 欧洋，高文利，李洋，等. 估计辐射参数的井间电磁波层析成像技术 [J]. 地球物理学报，2019，62（10）：3843-3853.

[126] 武焕平. 井间电磁波 CT 成像图像重建算法 [D]. 长春：吉林大学，2021.

[127] 芦安贵，朱云茂. 一种电磁波 CT 探头结构 [P]. 中国专利：CN214375314U，2021. 10. 08.

[128] 李克友. 声波 CT 在岩溶地区城市引水工程坝址选择中的应用 [J]. 城市建设理论研究（电子版），2017，（21）：203-204.

[129] Cevug V.，Molotkov I. A. and Psencik I.. 地震学中的射线方法 [M]，北京：地质出版社，1986.

[130] Vidal J.. Finite-difference calculation of travel time. Bull. Seis. Soc. Am.，1988，（78）：1821-1839.

[131] Van Trier J.，and Symes W. W.. Upwind finite-difference calculation of travel times. Geophysics,

1991, (56): 812-821.

[132] Qin F., Olsen K. B., Cai W. and Schuster. Finite-difference solution of the eikonal equation along expanding wavefronts. Goephysics, 1992, 57 (3): 478-487.

[133] Moser, T. J.. Shortest path calculation of seismic rays. Geophysics, 1991, 56 (1): 79-67.

[134] Fischer, R. and Lees, J. M., Shortest path ray tracing with sparse graphs; Geophysics, 1993, 58 (7): 987-996.

[135] Schneider W. A., Jr, Ranzinger K A., Balch A. H., and Kruse C.. A dynamic propraming approach to first arrival traveltime computation in media with arbitrarily distributed velocities. Geophysics, 1992, 57 (1): 39-50.

[136] Matsuoka, T. and Ezaka, T.. Ray tracing using reciprocity. Geophysics, 1992, 57 (2): 326-333.

[137] 曹俊兴, 严忠琼. 地震波跨孔旅行时层析成像分辨率的估计 [J]. 成都理工学院学报, 1995, 22 (4): 95-101.

[138] 严又生, 魏新. 关于井间地震层析成像中几个问题的探讨 [J]. 石油地球物理勘探, 1997, 32 (4): 492-502.

[139] 裴正林, 余钦范, 狄帮让. 井间地震层析成像分辨率研究 [J]. 物探与化探; 2002, 26 (3): 218-224.

[140] 王运生, 王家映, 顾汉明. 弹性波 CT 关键技术与应用实例 [J]. 工程勘察, 2005, (3): 66-68.

[141] 许韬, 等. 岩溶地区跨孔地震波 CT 探测误差与孔距关系 [J]. 中山大学学报 (自然科学版), 2022, 61 (1): 105-111.

[142] 李卫卫, 熊鑫, 蒙爱军. 孔间距对地震 CT 探测岩溶的影响模拟研究 [J]. CT 理论与应用研究, 2022, 31 (1): 33-45.

[143] 楼加丁, 丁朋, 付华, 等. 利用孔间声波层析成像技术探测岩性异常体的方法及装置 [P]; 中国专利: CN207751937U, 2018. 08. 21.

[144] 付华, 楼加丁, 丁朋, 等. 应用于工程勘察、检测领域的自动控制电火花震源装置 [P]. 中国专利, CN209542853U, 2019. 10. 25.

[145] 丁朋, 付华, 楼加丁, 等. 孔间声波 CT 技术的电火花震源设计及应用 [J]. 水利水电快报, 2019, 40 (12): 74-77.

[146] 兰盛, 楼加丁, 丁朋, 等. 弹性波数据采集起跳点的自动识别方法及其所用的设备 [P]. 中国专利: CN109061725B, 2020. 05. 05.

[147] 于维刚, 陈俊栋, 卢松, 等. 大功率 ZDF-3 型电火花震源研制及其应用 [J]. 工程地质学报, 2012, (20 增刊): 627-630.

[148] 卢松, 杨玲洁, 谷婷. ZDF-3 型大功率电火花震源声学特征分析 [J]. 声学技术, 2014, 33 (04): 346-348.

[149] 刘旭. 浅谈地球物理勘探中的地震勘探 [J]. 城市建设理论研究. 2013, (14): 1-2.

[150] 长春地质学院等合编. 地震勘探——原理和方法 [M]. 北京: 地质出版社, 1980.

[151] 米现芳. 中国煤矿采区地震勘探技术回顾与展望 [C]. 煤矿物探学术论文集, 2007: 311-318

[152] 单娜琳，程志平. 地震映像方法及其应用 [J]. 桂林工学院学报，2003，(1)：36-40.

[153] 杨祥森，林昀，崔德海. 地震映像法在铁路隧道隐伏岩溶勘查中的应用 [J]. 工程地球物理学报，2007，4 (5)：470-474.

[154] 杨家凯，齐甦，乔松林. 地震映像法在公路隧道超前地质预报中的应用 [J]. 武汉理工大学学报，2009，31 (13)：33-36.

[155] 王玉清，周立波，范鹏举. 浅埋偏压公路隧道综合超前地质预报方法应用研究 [J]. 公路交通科技（应用技术版），2009，5 (06)：184-187.

[156] 杨良权，李波，魏定勇，等. 地震映像法在垃圾坑勘察中的应用 [J]. 地球物理学进展，2012，27 (4)：1788-1794.

[157] 丁荣胜，张殿成，王仕昌，等. 高密度电阻率法和地震映像法在采空区勘察中的应用 [J]. 物探与化探，2010，34 (6)：732-736.

[158] 张华，徐红利. 地震映像法在地质灾害调查中的应用 [J]. 工程勘察，2010，38 (5)：89-93.

[159] 徐佩芬，李传金，凌甦群，等. 利用天然源面波勘察方法探测煤矿陷落柱 [J]. 地球物理学报，2009，52 (7)：1923-1930.

[160] 徐佩芬，侍文，凌苏群，等. 二维微动剖面探测"孤石"：以深圳地铁 7 号线为例 [J]. 地球物理学报，2012，55 (6)：2120-2128.

[161] 张伟，甘伏平，梁东辉，等. 利用微动法快速探测岩溶塌陷区覆盖层厚度 [J]. 人民长江，2016，47 (24)：51-54.

[162] 朱怡诺. 折射波走时层析成像方法研究 [D]. 长春：吉林大学，2019.

[163] 谭显红，付小明. 地震层析成像的理论研究及其在岩溶发育区的应用 [J]. 南水北调与水利科技，2013，11 (3)：177-179＋188.

[164] 宋振东. 成贵高铁隧底岩溶三维地震层析成像数值模拟及应用研究 [D]. 成都：西南交通大学，2018.

[165] 徐涛，许顺芳. 多偏移距地震映像法应用技术研究 [J]. 工程地球物理学报，2009，6 (3)：273-276.

[166] 李明，雷宛，陈宁，等. 多偏移距地震映像法与瞬态瑞雷波法在隧底岩溶探测中的综合应用 [J]. 物探化探计算技术，2017，39 (5)：663-668.

[167] 戴国华，余骏华. NB-IoT 的产生背景、标准发展以及特性和业务研究 [J]. 移动通信，2016，40 (7)：31-36.

[168] 韩晓泉，张晓莉，郭庆. 地震勘探装备中采用 4G 移动通信技术的可行性分析 [J]. 物探装备，2013，23 (2)：71-77.

[169] 侯贺刚，张世林，郭维廉，等. 应用于无源 UHF RFID 标签的 CMOS 兼容集成微型太阳能电池研究 [J]. 光电子激光，2012，23 (6)：1051-1056.

[170] Canciani A，Kaquet，J. Airborne magnetic anomaly navigation [J]. IEEE，Transactions on Aerospace and Llectronic Systems，2017，53：67-80. doi：10. 1109／ＩΊAES 2017 2649238.

[171] Poddar S，Kumar V，Kumar A. A comprehensive overview of iner-tial sensor calibration techniques [J]. Journal of Dynamic Systems Measurements and Control，2017，139：011006-011017. doi：

10. 1115/1. 4034419.

［172］Zhdanov M S，Wei L． Adaptive multinary inversion of gravity and gravity gradiometry data ［J］. Geophysics，2017，82（6）：101-114. doi：10. 1190/geo2016-0451. 1.

［173］Gao Q，Cheng D，Wang Y． A calibration method for the misalign-ment error between inertial navi-gation system and tri-axial magne-tometer in three-component magnetic measurement system ［J］. IEEE Sensors Journal，2019，19（24）：12217-12223. doi：10. 1109/JSEN. 2019. 2938297.

［174］朱童，孙振涛. 量子计算在石油物探中的应用前景分析 ［J］. 地球物理学进展，2021，36（5）：2274-2280.

［175］Schmidt P，Clark D，Leslie K，et al. GETMAG-a SQUID magnetic tensor gradiometer for mineral and oil exploration ［J］. Exploration Geophysics，2004，35（4）：297-305.

［176］Motoori M，Ueda S，Masuda K，et al. A newly developed 3chsystem of SQUITEM Ⅲ and the result of its field test ［C］. Porto：2nd Conference on Geophysics for Mineral Exploration and Min-ing，2018.

［177］Difrancesco D. Advances and challenges in the development and deployment of gravity gradiometer systems ［C］. Capri：EGM 2007 International Workshop，2007.

［178］Menoret V Vermeulen P，Le Moigne N，et al. below 10^{-9} g with a transportable absolute quantum gravimeter ［J］. Scientific Reports，2018，8（1）：1-10.

［179］林君，嵇艳鞠，赵静，等 . 量子地球物理深部探测技术及装备发展战略研究 ［J］. 中国工程科学，2022，24（4）：156-166 .

［180］陈羽，杜浠尔，罗光，等 . 缪子探测及其多学科应用 ［J］. 物理实验，2019，39（10）：1-15. DOI：10. 19655/j. cnki. 1005-4642. 2019. 10. 001.

［181］霍勇刚，严江余，张全虎. 缪子多模态成像图像质量分析 ［J］. 物理学报，2022，71（2）：38-47.

［182］杨午阳，魏新建，何欣. 应用地球物理＋AI 的智能化物探技术发展策略 ［J］. 石油科技论，2019，38（5）：40-47.